ENTWICKLUNG, BAU UND BEDEUT DER KEIMDRÜSENZWISCHENZEL

EINE KRITIK DER STEINACHSCHEN „PUBERTÄTSDRÜSENLEHRE“

VON

DR. MED. ET PHIL. H. STIEVE
PRIVATDOZENT FÜR ANATOMIE UND ANTHROPOLOGIE,
II. PROSEKTOR AM ANATOMISCHEN INSTITUT DER UNIVERSITÄT LEIPZIG

(SONDERDRUCK AUS ERGEBNISSE DER ANATOMIE UND ENTWICKLUNGSGESCHICHTE, BAND XXIII)

MÜNCHEN UND WIESBADEN
VERLAG VON J. F. BERGMANN

ISBN-13:978-3-642-90434-9 e-ISBN-13:978-3-642-92291-6
DOI: 10.1007/978-3-642-92291-6

Softcover reprint of the hardcover 1st edition 1921

Inhaltsübersicht.

Einleitung.

Eine stattliche Zahl von Untersuchungen, die größtenteils erst während der letzten Jahre ausgeführt wurden, haben zweifellos dargetan, daß eine ganze Reihe derjenigen Eigenschaften, durch die sich die beiden Geschlechter bei den höheren Tierarten voneinander unterscheiden, in ihrer Ausbildung abhängig sind von der Anwesenheit der männlichen oder weiblichen Keimdrüse. Bei niederen Tieren, so besonders bei Insekten konnte eine solche Abhängigkeit vielfach nicht nachgewiesen werden, bei höheren Tieren dürfen wir es aber heute als Tatsache bezeichnen, daß die sogenannten sekundären Geschlechtsmerkmale in ihrer Ausbildung abhängig sind von der inkretorischen Tätigkeit der Gonaden. Neben der Erzeugung der Geschlechtszellen kommt diesen also offenbar noch eine weitere Aufgabe zu, die Absonderung eines Hormones, das seine Wirkung auf den Gesamtorganismus ausübt. Verschieden wie die von den Keimdrüsen erzeugten Zellen, die Geschlechtszellen, ist also auch ihr Einfluß auf den Gesamtorganismus.

Es kann heute also als feststehende Tatsache bezeichnet werden, daß bei den höheren Tieren die Keimdrüsen neben ihrer Hauptaufgabe, der Hervorbringung von Geschlechtszellen noch eine Nebenaufgabe erfüllen, die sich in ihren Folgen am Bau des sie tragenden Körpers geltend macht, an ihm Eigenschaften zur Ausbildung kommen läßt, die bei der geschlechtlichen Zuchtwahl oder bei der Brutpflege von Bedeutung sind.

Diesen zweifellos vorhandenen Einfluß der Hoden bzw. Ovarien auf den Bau des Gesamtorganismus hat man als die Wirkung der innersekretorischen (inkretorischen Roux) Tätigkeit bezeichnet, ausgehend von der Anschauung, daß ein geschlechtsspezifisches Hormon die betreffenden Eigenschaften zur Ausbildung kommen läßt. Daß dieses Hormon von den Keimdrüsen abgesondert wird, darüber kann heute kein Zweifel mehr bestehen. In der letzten Zeit haben sich aber eine Reihe von Forschern dahin ausgesprochen, daß die inkretorische Tätigkeit der Keimdrüsen nicht von den Keimzellen selbst ausgeübt wird, sondern von anderen Zellarten, den Zwischenzellen, die sich ja in den Hoden und Ovarien der meisten höheren Tiere nachweisen lassen. Viele Forscher unterscheiden deshalb heute in den Keimdrüsen einen generativen und einen inkretorischen Anteil, beide sollen sich angeblich funktionell und morphologisch vollkommen voneinander abgrenzen lassen.

Allein diese scharfe Trennung der beiden Anteile stellt heutzutage noch eine reine Annahme dar, die hauptsächlich von einigen Wiener Gelehrten verteidigt wird. Ja Schaffer (1920) geht sogar so weit in seinen Vorlesungen über Histologie, die für Studierende und Ärzte berechnet sind, die interstitiellen Zellen der Hoden und der Ovarien vollkommen getrennt von den eigentlichen Keimdrüsen zu besprechen, gewissermaßen als hätten sie mit der Hervorbringung der Geschlechtszellen überhaupt nichts zu tun.

Von vielen Seiten werden ja die Zwischenzellen als besondere Drüse bezeichnet, so von den Franzosen als „Glande interstitielle", von Steinach aber als „Pubertätsdrüse". Inwieweit diese Benennungen berechtigt sind, soll weiter unten besprochen werden, ich will hier nur bemerken, daß alle diese Bezeichnungen allein aus dem Grunde begriffsverwirrend wirken müssen, weil sie ohne weiteres den Zwischenzellen eine besondere Funktion zusprechen, die wir bisher noch nicht beweisen können.

Ein Schüler Steinachs, Lipschütz (1919) hat nun kürzlich die bisherigen Untersuchungsergebnisse über die Bedeutung der Zwischenzellen zusammengestellt, ein Unternehmen, das an und für sich gewiß dankenswert war, wäre die Darstellung der Verhältnisse eine rein sachliche gewesen. Dies ist aber leider nicht der Fall, Lipschütz ist in seinen Ausführungen, wie er selbst (Seite VI der Einleitung) angibt nicht objektiv, sondern rein subjektiv, und zwar nicht nur in der angewendeten Kritik, dies ist ja mehr oder weniger jeder Forscher, sondern auch „subjektiv in der Wahl des Materials". Seine Darstellungen sind also einseitig und deshalb nicht zu verwerten; der nämliche Vorwurf darf auch einem Referat Kammerers (1920) gemacht werden, in welchem er über die Steinachschen Untersuchungen berichtet, gleichzeitig aber Erörterungen über das Wesen der Zwischenzellen im allgemeinen anknüpft. Von ähnlichem Geiste getragen sind auch die Ausführungen von Biedl (1916). Alle diese Sammelreferate gehen von der vorgefaßten Meinung aus, daß den Zwischenzellen die inkretorische Tätigkeit der Keimdrüse zufalle und führen um ihre Ansicht zu stützen und zu verbreiten in erster Linie diejenigen Beobachtungen an, welche sich, ob mit Recht oder Unrecht soll erst im folgenden gezeigt werden, zur Stütze ihrer Hypothese verwenden lassen. Die zahlreichen Befunde, welche das Gegenteil beweisen, werden dabei entweder gar nicht, oder aber in nicht gebührender Weise erwähnt.

Gerade diese rein subjektiv gehaltenen Referate sind wohl der Hauptgrund, daß die Lehre von der inkretorischen Tätigkeit der Zwischenzellen heute in vielen, hauptsächlich weniger unterrichteten Kreisen, denen die Zeit und Gelegenheit zu einer ausführlichen Bearbeitung der Originalliteratur fehlt, in Bahnen geraten ist, die dem Stande unserer Kenntnisse nicht entsprechen. Dies ist um so bedauerlicher, als eine ganze Reihe der Untersuchungen, welche für die inkretorische Tätigkeit der Zwischenzellen sprechen, ich habe besonders die Steinachschen im Auge, ohne genauere Berücksichtigung des mikroskopischen Baues der Keimdrüsen vorgenommen wurden, ohne auch nur ein einziges Mal eine der spezifischen, zum Nachweis der Zwischenzellen unbedingt notwendigen Konservierungs- und Färbungsmethoden anzuwenden.

Es erscheint daher wohl wichtig die Ergebnisse der bisherigen Untersuchungen über die Zwischenzellen der Keimdrüsen zusammenzufassen, um nicht durch die Aufstellung einer, durch die Tatsachen nicht genügend gestützten Theorie einer falschen Anschauung weitere Verbreitung in wissenschaftlichen und Laienkreisen zu verschaffen. Ich werde mich also im folgenden bemühen, die Untersuchungsergebnisse objektiv zu prüfen, vor allem um festzustellen, ob die histologischen Befunde, auf sie kommt es in erster Linie an, wirklich eine inkretorische Tätigkeit im Sinne einer „Pubertätsdrüse" beweisen. Ich werde daher alle Arbeiten, ohne jede Rücksicht auf den Standpunkt, den ihr Verfasser einnimmt, besprechen, soweit sie mir zugänglich waren. Es ist möglich, daß mir die eine oder andere Arbeit, besonders solche, die im Auslande erschienen sind, entgangen ist, die schwierigen Verhältnisse mögen einen solchen Mangel entschuldigen[1]).

Den Ausdruck „Pubertätsdrüse" werde ich bei den folgenden Besprechungen vermeiden, er ist auf jeden Fall unzutreffend und stellt nur ein Schlagwort dar, das die Verbreitung der fraglichen Anschauung in Laienkreisen erleichtert. Wissenschaftlich begründet ist die Bezeichnung nicht. Die Pubertät stellt nur einen kleinen Abschnitt in der Entwicklung des Individuum dar, der sich beim Menschen auf die Zeit der Geschlechtsreife, also auf das 14.—20. Lebensjahr erstreckt. Während dieser Zeit beginnt

[1]) Im Verzeichnis der erwähnten Arbeiten sind dabei nur diejenigen Untersuchungen angeführt, die Rückschlüsse auf die Tätigkeit der Zwischenzellen gestatten, nicht aber alle diejenigen, die die inkretorische Tätigkeit der ganzen Keimdrüsen behandeln.

sich die eigentliche produktive Tätigkeit der Keimzellen auszubilden, und im Zusammenhang damit vollziehen sich entsprechende Veränderungen am Gesamtorganismus, als Folge der inkretorischen Tätigkeit der Keimdrüsen. Nach Beendigung der Pubertät befindet sich das Individuum im Zustand der Geschlechtsreife, die inkretorische Tätigkeit der Keimdrüsen, die wahrscheinlich, ja man darf sagen sicher, auch schon vor der Pubertät das Wachstum des Organismus beeinflußte, dauert aber bis zum Zeitpunkt des Erlöschens jeglicher Geschlechtsfunktionen fort.

Die inkretorische Tätigkeit der Keimdrüsen findet also während fast des ganzen intra- und extrauterinen Lebens statt und beeinflußt das Wachstum und die Funktionen des Organismus, nicht nur während des kurzen Entwicklungsabschnittes, den wir als Pubertätszeit abgrenzen können. Infolgedessen ist die Bezeichnung „Pubertätsdrüse", gleichgültig auf welche Zellelemente sie nun angewendet wird, unzutreffend. Im Grunde genommen ist das Wort „Pubertätsdrüse" auch nur ein Verlegenheitsausdruck, ein Sammelbegriff, unter dem eine ganze Reihe von histologisch vollkommen verschiedenen Gebilden vereinigt werden, im engeren Sinne wird er auf die Gesamtmasse der Zwischenzellen angewendet. Wie wenig zutreffend der Name ist, geht wohl am besten aus der Bemerkung von Aschner (1918) hervor, man bezeichne die Zwischenzellen als „Pubertätsdrüse" weil sich ihre Zahl zur Zeit der Pubertät stark verringert.

A. Die Zwischenzellen im Hoden.

I. Die Zwischenzellen im Hoden der Säugetiere.

Bevor ich auf die Besprechung der eigentlichen inkretorischen Tätigkeit komme, obliegt es mir, die bisherigen Befunde über den histologischen Bau der Zwischenzellen zusammenzustellen, und zu ermitteln, was wir eigentlich in histologischer und entwicklungsgeschichtlicher Hinsicht als Zwischenzellen anzusehen haben. Es ist ja bezeichnend für die Arbeitsweise von Steinach, Kammerer und Lipschütz, daß sie dauernd über eine Gewebsart reden und schreiben, ohne sich genaue Rechenschaft über ihre Morphologie zu geben. In seinem Buch über die Pubertätsdrüse (1919) erwähnt Lipschütz nur „daß die sogenannten Leydigschen Zellen des Hodens, die „Zwischensubstanz" oder die „Zwischenzellen", die im Bindegewebe eingebettet zwischen den Samenkanälchen liegen bei den Säugetieren die innersekretorischen Funktionen besorgen können, die wir den Geschlechtsdrüsen zuschreiben".

Der Entdecker der Zwischenzellen im Hoden ist bekanntlich Leydig (1850), er fand sie bei einer ganzen Reihe von Säugetieren als „zellenähnliche Masse welche, wenn sie nur in geringer Menge vorhanden ist, dem Laufe der Blutgefäße folgt, die Samenkanälchen aber allenthalben einbettet, wenn sie an Masse sehr zugenommen hat. Ihr Hauptbestandteil sind Körperchen von fettartigem Aussehen, in Essigsäure und Natr. caust. unveränderlich, farblos oder gelblich gefärbt; sie umlagern helle, bläschenförmige Kerne und ihre halbflüssige Grundmasse mag sich auch wohl zu einer Zellmembran verdichten, wenigstens zieht bei manchen Säugetieren um den ganzen Körnerhaufen eine scharfe Kontur, auch ist bisweilen der ganze Habitus so, daß man von einer fertigen Zelle sprechen kann." Als wichtigste Eigenschaft der Zwischenzellen betont also Leydig die Einlagerung der Fettkörnchen und die Tatsache, daß es sich um synzytiale Bildungen handelt, in denen sich die einzelnen Zellelemente nicht immer deutlich abgrenzen lassen.

Im menschlichen Hoden werden die Zwischenzellen zum ersten Male von Koelliker (1854) beschrieben, in der ersten Auflage seiner mikroskopischen Anatomie. Er erwähnt dort (S. 392), daß die Septula testis neben lockerem Bindegewebe viele blasse, rundliche Zellen enthalten, „ähnlich denen, die im embryonalen Bindegewebe vorkommen, von denen bei älteren Leuten einzelne oder viele, oft haufenweise beisammenliegende sich vergrössern und Fettropfen oder braune Pigmentkörner in sich erzeugen. Ähnliche Zellen finden sich auch spärlicher in dem wenigen, die Kanälchen eines Läppchens vereinenden Bindegewebe". Weit ausführlicher werden die Zwischenzellen dann in den späteren Auflagen des Lehrbuches beschrieben, am besten wohl in der letzten, von v. Ebner herausgegebenen (1902). Nach den dortigen, durch zwei klare Abbildungen belegten Angaben beträgt der Durchmesser der Zwischenzellen — abgesehen von vereinzelten längeren Protoplasmafortsätzen — 14—21 μ, der der Kerne 7—10 μ. Die Kerne liegen gewöhnlich exzentrisch und besitzen ein feines Chromatinnetz, und einen, seltener zwei Nukleolen von 1—2 μ Durchmesser. Nicht selten finden sich Zellen mit zwei und mehr Kernen. Die Beschreibung macht auf zwei sehr wichtige Tatsachen aufmerksam, nämlich erstens auf die recht erheblichen Größenunterschiede, die sich zwischen den Zellen ein und desselben Hodens nachweisen lassen und weiterhin wieder auf das häufige Vorkommen synzitialer Bildungen.

Die Koelliker-Ebnersche Schilderung wurde in das Lehrbuch der Histologie von Stöhr-Schultze aufgenommen, sie ist aber doch einigen Forschern heute noch unbekannt. Denn Steinach bringt (1920) die Schilderung des histologischen Baues des Hodens bei homosexuellen Männern, bei denen durchweg, was wohl das wichtigste Ergebnis der ganzen Untersuchungen ist, die Geschlechtszellen mehr oder weniger starke Anzeichen der Degeneration zeigen. Die Zwischenzellen sind nicht vermehrt, eher verringert, ein Teil von ihnen ist sehr klein, unregelmäßig geformt und hier und da stark vakuolisiert. Die Zellgrenzen sind stellenweise verwischt. Außerdem finden sich noch größere Zwischenzellen mit hellerem Kern, sie sind besonders reich an Protoplasma. Dieses ist schwächer färbbar und enthält nur ausnahmsweise Kristalle. Genaue Größenmaße werden nicht angegeben, desgleichen vermeidet es Steinach hier, wie überhaupt in allen seinen Arbeiten, eine der spezifischen Methoden zum Nachweis der Zwischenzellen anzuwenden, wie sie in den neueren Lehrbüchern der Mikrotechnik (bes. Romeis 1919) angegeben werden. Aus seiner Beschreibung und den beigegebenen Abbildungen geht aber deutlich hervor, daß die Zwischenzellen bei homosexuellen Männern die nämlichen Strukturverhältnisse und Größenunterschiede aufweisen, wie sie Koelliker und v. Ebner im normalen Hoden schildern, es besteht also keineswegs die Möglichkeit aus dem histologischen Bild Rückschlüsse auf die geschlechtliche Veranlagung des Individuum zu ziehen, ein solcher Schluß ist nur dann möglich, wenn man wie Steinach, den Bau der Zwischenzellen des normalen Hodens nicht beachtet. Ich werde auf den histologischen Bau des Hodens bei Homosexuellen noch zurückkommen und will hier zunächst in der Schilderung der Zwischenzellen im Hoden normal empfindender Lebewesen fortfahren.

Die späteren Untersucher bemühten sich nun neben einer Vertiefung der Kenntnis des histologischen Baues der Zwischenzellen auch Klarheit über ihre Entstehung zu gewinnen. Koelliker selbst (1854) erblickte in ihnen eine besondere, an Protoplasma sehr reiche Form der Bindegewebszellen, eine Anschauung, der sich in der Folge Leydig (1857), v. Ebner (1871), Boll (1871) und Jacobson (1879) anschlossen. Harvey (1875) hielt sie für sympathische Nervenzellen, doch erwies sich diese Ansicht in der Folgezeit als vollkommen unhaltbar.

v. Mihálkovics (1873) rechnete die Zwischenzellen des Hodens gleichfalls zur Gruppe der Bindegewebszellen, er bestätigte die frühere Angabe Leydigs (1850), daß sie scheidenartig um die Blutgefäße angeordnet sind und glaubte, daß ihnen eine viel allgemeinere Bedeutung und Verbreitung im Körper zukomme als man annehme. Er stellte sie auf Grund ihres histologischen Baues in eine Klasse mit den Zellen der Corpora lutea, der Steiß- und Karotisdrüse und der Rindenschicht der Nebenniere und darf deshalb wohl als Begründer der Anschauung vom drüsigen Bau der Zwischenzellen bezeichnet werden. Allerdings widerlegt v. Mikálkovicz in einer späteren Arbeit (1885) selbst seine frühere Anschauung, er führt die Zwischenzellen dort auf eingewanderte Gruppen von Keimepithelzellen, die sogenannten „Sexualstränge“ zurück und betont dabei ausdrücklich, daß sie in letzter Linie als epitheliale Bildungen, nicht als Bindegewebszellen anzusprechen seien. Später (1895) änderte er seine Ansicht abermals und erklärte die Zwischenzellen wieder als Bindegewebszellen. (Erwähnt nach v. Lenhossék [1897].)

Auch Waldeyer (1875) kam zu der Ansicht, daß die Zwischenzellen des Hodens zusammen mit den Zellen der Steiß- und Karotisdrüse, der Nebenniere, des Corpus luteum, sowie den Deziduazellen der Plazenta und den großen Zellen, welche nicht selten als adventitieller Belag an den Hirngefäßen gefunden werden, zu einer großen Gruppe „der großen plasmareichen Bindesubstanzzellen der Plasmazellen“ gehören, „die alle das Gemeinsame haben, daß sie sich aus den bindegewebigen Zellen entwickeln und hauptsächlich in der Umgebung der Blutgefäße angeordnet sind“. Des weiteren betont Waldeyer, daß diese Plasmazellen besonders gerne Fett aufnehmen und nimmt an, daß sie sich in echte Fettzellen verwandeln können. In einer weiteren Mitteilung (1895) betont Waldeyer, daß die Plasmazellen eine besondere Zellart darstellen und weder mit den Markzellen P. Ehrlichs, noch auch mit den Plasmazellen Unnas identisch seien.

Der Anschauung Waldeyers schlossen sich in der Folgezeit besonders die pathologischen Anatomen an und hauptsächlich war es v. Hansemann (1895), der mit großer Bestimmtheit für die bindegewebige Natur der Zwischenzellen eintrat. Er stützte seine Ansicht in erster Linie auf die Ergebnisse der Färbungen, es gelang ihm mittels der von van Giesonschen Methode auch da eine Zwischensubstanz zwischen den einzelnen interstitiellen Zellen nachzuweisen, wo sie dichtgedrängt, anscheinend in epithelialen Verbänden beieinander liegen.

Andere Forscher verhielten sich gegenüber dieser Anschauung ablehnend, die Mehrzahl von ihnen schlossen sich der Anschauung Henles (1864) an, und erklärten die Zwischenzellen für rätselhafte Gebilde „Sie dem Bindegewebe zuzuzählen ist nur dadurch möglich, daß man den Begriff des Bindegewebes willkürlich nach den Elementen ausweitet, die man unter diesem Namen unterzubringen für gut findet“.

Eine geringe Anzahl von Untersuchern führte jedoch die Zwischenzellen von jeher auf Reste des embryonalen Bindegewebes des Hodens, also auf Abkömmlinge der Urniere oder des Keimepithels zurück, eine Frage, die nur an entwicklungsgeschichtlichem Material entschieden werden könnte, die zu lösen aber bis auf den heutigen Tag merkwürdigerweise noch von keiner Seite versucht wurde. Der erste, der eine solche Möglichkeit in Erwägung zog war wohl Messing (1877), ein Schüler Stiedas

(1897). Er untersuchte die Hoden vieler Säugetierarten und stellte fest, daß die Zahl der Zwischenzellen am größten ist im Hoden des Ebers, des Hengstes, des Maulwurfes und der Ratte, am spärlichsten beim Kaninchen.

Eine gewisse Sonderstellung nehmen Böhm und Davidoff ein, sie halten (1895) die Zwischenzellen für Reste irgend eines rudimentären Organes „vielleicht des Wolffschen Körpers".

Führten diese Untersuchungen und Betrachtungen über die Natur der Zwischenzellen zunächst auch noch zu keinem Ergebnis, über ihre Bedeutung machten sich die meisten Untersucher keine Gedanken, so wurde doch die Kenntnis vom histologischen Bau durch eine ganze Anzahl sehr gründlicher Arbeiten recht wesentlich gefördert.

An erster Stelle zu nennen ist hier die Arbeit von Reinke (1896), der die Zwischenzellen des menschlichen Hodens sehr gründlich untersuchte und in ihrem Protoplasma „eine große Menge von intensiv färbbaren Körpern nachwies, die große Ähnlichkeit mit Kristallen haben". Bemerkenswert ist außerdem noch die Feststellung, daß sich in den Zwischenzellen Mitosen nachweisen lassen, eine Beobachtung, die allerdings in der Folgezeit nicht bestätigt werden konnte. Reinke meint, daß die zeitlichen Schwankungen des Hodenvolumens bei einem und demselben Individuum in der wechselnden Füllung des interstitiellen Gewebes begründet seien und nicht davon herrühren, „daß bei einem Samenerguß die Füllung der Kanälchen verringert würde". Reinke spricht also hier schon eine Ansicht aus, die später von Tandler und Groß (1911) ausgebaut wurde.

Die fraglichen Kristalle in den Zwischenzellen kamen in allen menschlichen Hoden mit kräftiger Spermabildung zur Beobachtung, sie fehlten nur im Hoden eines 15jährigen Knaben und in dem eines 65jährigen Mannes, außerdem in einem atrophischen kryptorchen Hoden. In allen drei Fällen fehlten auch reife Spermatozoen. In tuberkulösen Hoden mit und ohne Spermabildung finden sie sich oft in sehr großer Menge. Im Anschluß an diese Befunde stellt Reinke als erster die Behauptung auf, die interstitiellen Zellen seien drüsige Organe, ihr Sekret werde in Form von Kristallen abgesondert, gelange in die Lymphe und trete in Beziehungen zur Spermabildung und zum Geschlechtstrieb. Obwohl Reinke selbst diese seine Ansicht als „in gewisser Hinsicht naiv" bezeichnet, so müssen wir ihn doch als den Begründer der Theorie von der inkretorischen Tätigkeit der Zwischenzellen bezeichnen.

Reinkes Untersuchungen waren nur an fixiertem Material ausgeführt und es bestand deshalb die Möglichkeit, daß die fraglichen Kristalle, obwohl ihr Vorkommen in anderen tierischen, sowohl als auch pflanzlichen

Zellen schon längst bekannt war, ein Kunsterzeugnis seien. Diese Bedenken wurden durch neue, von Lubarsch (1896) ausgeführte Untersuchungen beseitigt, denn es gelang ihm, in den noch lebenswarmen Hoden zweier Hingerichteter einfach durch Zerrupfen, ohne jeden Zusatz von Chemikalien die nämlichen Kristalloide aufzufinden und durch diesen Nachweis jeden Zweifel über ihre intra vitam statthabende Entstehung zu beseitigen.

Auch v. Lenhossék (1897) konnte Reinkes Befunde bestätigen und vor allem feststellen, daß die fraglichen Kristalle sich nur in geschlechtsreifen, funktionierenden Hoden finden, daß sie aber verschwinden, sobald der Hode seine Tätigkeit einstellt, sie müssen also nach seiner Ansicht der Ausdruck der Tätigkeit des Organes sein, offenbar Nahrungsstoffe, die in den Zwischenzellen aufgespeichert werden. Bemerkenswert ist dabei, daß die Reinkeschen Kristalle nur beim Menschen gefunden werden, Lubarsch vermißte sie beim Hund, Kaninchen und Meerschweinchen, Reinke selbst fand nur beim Kater „kugelförmige und kleine stäbchenartige Gebilde, die sich wenigstens tinktoriell wie Kristalloide verhielten", doch glaubt v. Lenhossék, daß es sich bei ihnen nur um „paraplasmatische Produkte" handle, die mit der Pigmentbildung oder Verfettung zu tun haben.

Im großen und ganzen neigten also alle Forscher zu der Ansicht, daß die Zwischenzellen ungeachtet ihrer bindegewebigen Herkunft ein Sekret absondern oder wenigstens aufspeichern, das schließlich zur Bildung der Samenzellen verwendet wird. Nur v. Bardeleben (1897) vertrat eine andere Anschauung. Er glaubte nämlich feststellen zu können, daß Zwischenzellen und Sertolische Zellen im Hoden die nämlichen Gebilde darstellen, die interstitiellen Zellen gelangen durch aktive Wanderung durch die Wand der Samenkanälchen. Diese Beobachtungen haben sich aber in der Folgezeit als unrichtig erwiesen.

Sehr eingehend und gründlich untersuchte Plato (1896, 1897) die Zwischenzellen im Hoden des Katers und wendete dabei zur Darstellung der Fetttröpfchen Osmiumsäure an. Er weist dabei auf die Unterschiede zwischen den Fettkörnern und Kristalloiden hin und stellt zunächst fest, daß sich in den Zwischenzellen niemals Mitosen nachweisen lassen, eine Angabe, die die oben erwähnte Mitteilung Reinkes (1896) widerlegt. Die überwiegende Mehrzahl der Zwischenzellen besitzt eine bestimmte Größe und einen exzentrisch gelegenen runden, bläschenförmigen Kern. Daneben kommen aber auch kleine Zellen mit zentralen Kernen vor und schließlich sehr große mit verschwindenden Zellgrenzen, ohne deutlich nachweisbaren Kern. Plato macht also gleichfalls auf die verschiedensten Formen der

Zwischenzellen aufmerksam, eine Tatsache, die Steinach (1920), wie oben schon erwähnt wurde, unbekannt ist.

Mittels des Injektionsverfahrens konnte Plato fernerhin zeigen, daß die Lymphbahnen des Hodens zwischen den interstitiellen Zellen beginnen und bestätigte dadurch eine frühere Mitteilung von Ludwig und Tomsa (1862). Plato zeigt des weiteren, daß die in den Zwischenzellen gebildeten Fettröpfchen durch die Wandung der Tubuli in die Hodenkanälchen einwandern und sich am Fuße von Sertolischen Zellen festsetzen. Die nämlichen Vorgänge finden auch im Hoden der Maus statt.

Daß im Innern der Tubuli contorti des Hodens bei allen daraufhin untersuchten Tierarten Fetttröpfchen, beziehungsweise osmirbare Granula nachzuweisen sind, war in der Zeit als Plato seine Untersuchungen ausführte schon längst bekannt. Am eingehendsten hat die fraglichen Gebilde v. Ebner (1888) beschrieben, er stellte in ihnen eine Strömung der Fettkörnchen fest, deren Verlauf ganz von der Entwicklung der Samenfäden abhängig ist. Im Rattenhoden gewinnen die Protoplasmalappen, die den Samenfäden anhängen, im Verlaufe der Spermatohistogenese ein mehr und mehr körniges Aussehen, bei Behandlung mit Flemmingscher Flüssigkeit färben sie sich anfangs diffus braun, später sind tiefschwarze Körner zu erkennen, zuerst in großer Anzahl, aber sehr klein, im weiteren Verlauf der Entwicklung nimmt ihre Größe zu und gleichermaßen die Zahl ab. Später treten dann freie Fetttropfen zwischen den Köpfen der abgestoßenen, nunmehr fettfreien Samenfäden auf, die schließlich in die Fußteile der Sertolischen Zellen gelangen und von dort aus eine Wanderung in die Protoplasmalappen der neu zu bildenden Samenfäden unternehmen. Die Fetttropfen in den Sertolischen Zellen stellen also einen Nährstoff dar, der für die Samenfäden bestimmt ist. Nach Beendigung der Spermatohistogenese wird der übriggebliebene Nährstoff wieder von den Sertolischen Zellen resorbiert und zur Bildung neuer Samenfäden verwendet.

Plato (1896—1897) schließt sich nun der v. Ebnerschen Anschaunng insoferne an, als auch er feststellen konnte, daß das in den Sertolischen Zellen enthaltene Fett zum Aufbau der Samenfäden verwendet wird, er bestreitet aber die Rückwanderung der überschüssigen Fetttropfen in die Peripherie der Samenkanälchen, tut vielmehr an Hand seiner Präparate deutlich kund, daß das in den Sertolischen Zellen zu gewissen Zeiten der Spermatogenese neu auftretende Fett aus den Zwischenzellen des Hodens stammt, allerdings nur beim Kater. Bei der Maus, wo das interstitielle Gewebe nur sehr schwach entwickelt ist, entstehen die Fetttropfen unmittelbar in den Sertolischen Zellen selbst.

Plato erblickt also in den interstitiellen Zellen ein Organ, das bestimmt ist, die für die Ernährung der reifenden Samenfäden notwendigen Fettmassen abzusondern. Für seine Auffassung sprach es auch, daß Hofmeister (1872) im funktionierenden Hoden eine Vermehrung der Zwischenzellen nachweisen konnte.

Damit hatte Plato eine befriedigende Erklärung über die Bedeutung der Zwischenzellen gegeben, die sich mit allen bis dahin bekannten Tatsachen recht gut in Einklang bringen ließ. In einer weiteren Arbeit (1890) versuchte er nun, die immer noch strittige Frage über die Entstehung der Leydigschen Zellen zu lösen und wählte dazu den einzig möglichen Weg, indem er Embryonen untersuchte, und zwar wieder beim Kater. Die dort gewonnenen Ergebnisse wurden den am Hoden anderer Tierarten erhobenen Befunden gegenübergestellt, ein Verfahren, aus dem sich recht wichtige Schlußfolgerungen ziehen lassen.

Zunächst stellte Plato fest, und dies ist für die folgenden Betrachtungen von allerhöchster Bedeutung, daß als interstitielle Zellen nur diejenigen intertubulären Zellen des Hodens bezeichnet werden dürfen, „welche Fett oder Pigment oder beides enthalten". Die von Reinke beschriebenen Kristalle finden sich ausschließlich beim Menschen, und zwar unabhängig von der Funktion, denn bei ihm gibt es sowohl „funktionierende Hoden ohne Kristalloide, als auch nicht funktionierende mit Kristalloiden"[1]. Die Menge der Kristalle wird von funktionellen Zuständen des Hodens beeinflußt, stets kommt es zu einer größeren Ablagerung, wenn die Einfuhr von Nahrungsstoffen zu dem Organ größer ist, als dies der gerade stattfindenden Neubildung von Spermatozoen entspricht.

Ihrer Herkunft nach sind die Zwischenzellen nach der Ansicht Platos zweifellos bindegewebiger Natur, im Hoden von Katerembryonen finden sich alle Übergangsformen von spindelförmigen Bindegewebszellen zu typischen fetthaltigen Zwischenzellen, deren Zunahme sich während der ganzen Entwicklung des Organes deutlich beobachten läßt. Mitosen finden sich fast ausschließlich in den spindeligen Bindegewebszellen, in den Zwischenzellen konnten sie einmal nachgewiesen werden, und zwar im Hoden eines 50 Stunden alten Katers, bei dem auch sonst eine sehr lebhafte Vermehrung der Bindegewebselemente statthatte. Die Entstehung der Leydigschen Zellen aus spindelförmigen Bindegewebselementen erinnert ohne weiteres an die Ausbildung der Fettzellen.

Anfangs, das heißt bei den jüngsten untersuchten Tieren ist die Zwischensubstanz relativ reichlich vorhanden, eine besonders starke Ver-

[1]) Mazzetti (1911) beobachtete auch in den Zwischenzellen des Hundehodens Kristalloide, es fragt sich aber, ob diese völlig alleinstehende Feststellung nicht auf einer durch irgendwelche in der Fixierung oder Färbung begründeten Täuschung beruht.

mehrung tritt unmittelbar nach der Geburt ein. Kurze Zeit darauf beginnen die Tubuli sich zu verlängern, ihr Lumen erweitert sich und als Folge davon wird die ursprünglich zusammenhängende Masse der Zwischensubstanz in einzelne Inseln gesprengt. Bis zur Pubertät wachsen die Tubuli stärker als die Zwischenzellen, man kann während dieser Zeit also von einer relativen Verminderung der Zwischensubstanz reden, im voll funktionierenden Hoden nimmt ihre Menge wieder etwas zu.

Wie schon erwähnt, untersuchte Plato noch eine ganze Reihe anderer Tierarten und stellte an ihnen fest, daß jeder funktionierende Hoden sowohl intratubuläres als auch intertubuläres Fett oder Pigment enthält, das Pigment kann sich in Fett verwandeln, stellt also gewissermaßen nur eine Vorstufe dar.

Es lassen sich jedoch bei Berücksichtigung der Verteilung von Fett und Pigment im funktionierenden Hoden drei verschiedene Typen unterscheiden, nämlich:

1. Viel intratubuläres, wenig intertubuläres Fett (z. B. bei der Maus).
2. Viel intertubuläres, wenig intratubuläres Fett (z. B. bei der Katze).
3. Intertubuläres Pigment, intratubuläres Fett (z. B. beim Hengst).

Dabei findet im funktionierenden Hoden des Typus 1 und 3 nachweisbar ein Übergang der spezifischen Einschlüsse aus den interstitiellen Zellen in das Innere der Tubuli statt, und zwar entweder in gelöstem oder auch in „festem Zustand“. Fettreichtum der Zwischenzellen und Fettansammlung im Innern der Kanälchen stehen im umgekehrten Verhältnis zueinander.

Alle diese Tatsachen lassen es nach der Anschauung Platos sicher erscheinen, daß die interstitiellen Zellen in ihrer Gesamtheit ein trophisches Hilfsorgan darstellen.

Des weiteren untersuchte Plato auch Ovarien, auf seine diesbezüglichen Befunde werde ich jedoch erst später eingehen. Die Ergebnisse seiner Untersuchungen stehen in gewisser Beziehung im Widerspruch mit den Befunden Nußbaums (1880), der zunächst den Nachweis führte, daß die Zwischenzellen im Hoden der Säugetiere, Vögel und Reptilien stets vorhanden, jedoch in bezug auf ihre Lokalisation nicht auf die nächste Umgebung der Blutgefäße beschränkt sind. Besonders deutlich läßt sich diese Selbständigkeit im Hoden des Eichkaters zeigen. Nussbaum vermutet nun, daß diese Zwischenzellen des Hodens ebenso wie die homologen Gebilde im Ovar aus „Pflügerschen Schläuchen“ entstehen, die sich eigentlich zu funktionierenden Hodentubuli hätten ausbilden können, aber auf einem niederen Entwicklungsgrad stehen geblieben sind. Er versucht auch darzutun, daß die Zwischenzellen des Hodens verschieden sind von den eigentlichen Plasmazellen und daß beide Bildungen nebeneinander im gleichen Organ vorkommen.

Ein Schüler Nußbaums, Beißner (1898) sah sich nun veranlaßt, die Arbeiten Platos nachzuprüfen, da es ihm wahrscheinlich erschien, daß die Ergebnisse der Untersuchungen Platos im wesentlichen durch die Anwendung der Osmiumfixierung bedingt seien. Beißner fixierte die Hoden einiger ausgewachsener Kater zum Teil gleichfalls mit Hermannschem Gemisch, zum Teil aber mit 80%igem Alkohol. Im großen und ganzen bringen seine Untersuchungen nichts Neues, er versucht nur darzutun, daß die Zwischenzellen auch im funktionierenden Hoden frei von Fett sein können und bezweifelt auf Grund dieser Annahme die „Notwendigkeit des Fettes der Zwischenzellen für das Zustandekommen der Spermatogenese". Falls überhaupt eine Fettaufnahme von seiten der Sertolischen Zellen stattfinde, so könne sie nur auf ähnliche Weise vor sich gehen, wie die Fettresorption im Darme.

Hinsichtlich dieser letzten Feststellung mag Beißner wohl recht haben, ein unmittelbarer Durchtritt großer Fetttropfen durch die Wand der Hodenkanälchen findet im allgemeinen wie auch v. Ebner (1902) feststellt nicht statt. Richtig ist auch seine Feststellung, daß der Fettgehalt der Zwischenzellen großen Schwankungen unterworfen ist, es besteht jedoch nicht der geringste Grund dafür, wegen dieser Tatsache allein die nutritive Tätigkeit der Zwischenzellen zu bestreiten, auf keinen Fall konnte Beißner irgendeinen Beweis für die Auffassung Nußbaums beibringen und so die Angaben Platos widerlegen.

Eine ganz besondere Stellung in bezug auf seine Anschauung über die Natur der Zwischenzellen nimmt noch Regaud (1900) ein, er läßt sie nämlich hauptsächlich auf Grund der Tatsache, daß er im Hoden der Ratte niemals Zwischenzellenteilungen nachweisen konnte, ein Umstand der durch die besondere Art ihrer Entstehung ja ohne weiteres erklärt wird, sich aus Leukozyten entwickeln, seine Anschauung wurde später weder bestätigt, noch auch von irgendeiner Seite anerkannt.

In der Folgezeit beschäftigten sich noch Félizet und Branca (1902) mit der Entwicklung der Zwischenzellen und führten sie auf die bindegewebigen Hüllen der Samenkanälchen zurück. Whitehead (1904) beobachtete ihre Ausbildung bei Schweineembryonen, er untersuchte sehr frühe Stadien, die jüngsten Föten besaßen eine Gesamtlänge von 24 mm, und glaubt die Zwischenzellen als direkte Abkömmlinge des Mesoderms, der Genitalleiste ansprechen zu dürfen. Histologisch bilden die Zwischenzellen beim Embryo ursprünglich ein bindegewebiges Synzytium, das aus Zellen und einem exoplasmatischen Fibrillengeflecht besteht. Die Zellen bestehen eigentlich nur aus dem nackten Kern, dem sich an einer Stelle eine kleine Menge von Protoplasma anlagert. Durch Vergrößerung des Protoplasmaleibes entwickeln sich aus diesen Gebilden die typischen Leydigschen Zellen. Während der Entwicklung machen sie zwei Wachstumsperioden durch, die durch eine Zeit der Rückbildung getrennt sind. Inwieweit diese Angabe zutrifft läßt sich schwer nachprüfen, bestätigt wurde sie bisher noch von keiner Seite, wichtig ist vor allem die Feststellung, daß sich auch beim Schwein die Zwischenzellen auf Gebilde des Bindegewebes zurückführen lassen. Im großen und ganzen erinnert die Darstellung Whiteheads etwas an die Beschreibung, die Hofmeister (1872) von der Entwicklung der Zwischenzellen des Menschen gab. Hier beträgt nämlich die Gesamtmasse des Interstitium im vierten Fötalmonat etwa $^2/_3$ des Hodenvolumen, im achten Lebensjahr aber nur $^1/_{10}$ und erst gegen den Beginn der Geschlechtsreife findet man wieder eine relative Vermehrung des Zwischengewebes.

Im Gegensatz dazu stehen die Angaben v. Hansemanns (1895). Nach ihm treten die Zwischenzellen bei menschlichen Embryonen von etwa 10 cm Länge auf, und bleiben von da ab in ihrer Masse konstant, ja in den ersten Lebensjahren scheint sich ihre Menge noch zu vergrössern. Im 14. bis 15. Lebensjahre, also zur Zeit des Beginnes der Pubertät verschwinden sie dann mehr und mehr, im umgekehrten Verhältnis zur Ausbildung der Kanälchen „und im ausgebildeten Hoden sind sie kaum noch aufzufinden". Daß diese letzte Feststellung unzutreffend ist, liegt auf der Hand, denn auch im ausgebildeten normalen Hoden des Menschen lassen sich die Zwischenzellen jederzeit leicht in ziemlich erheblicher Menge nachweisen. Nach v. Hansemann treten beim Erwachsenen im allgemeinen keine Veränderungen mehr an den Zwischenzellen auf, sie vermehren sich nur bei gewissen Krankheiten, welche kachektische Zustände zur Folge haben und einen mehr oder weniger starken Schwund der Hodenkanälchen bedingen. Merkwürdigerweise sind bei dieser Vermehrung niemals Mitosen nachzuweisen.

In allerletzter Zeit hat v. Winiwarter (1912) die Zwischenzellen des menschlichen Hodens untersucht, und zwar sowohl bei Embryonen als auch bei Erwachsenen. Bei diesen verhielten sie sich in den Hoden von drei untersuchten Individuen (im Alter von 21, 23 und 25 Jahren) gleich, zeigten aber etwas abweichendes Verhalten im Hoden eines 41 jährigen Mannes, in dem vereinzelte Samenkanälchen regressive Metamorphosen aufwiesen. v. Winiwarter macht zunächst darauf aufmerksam, daß beim Menschen die Samenkanälchen durch eine verhältnismäßig große Bindegewebschicht voneinander getrennt sind, im Gegensatz zum Verhalten bei den meisten anderen Säugetieren, daß sich aber in diesem Bindegewebe nur relativ wenig Zwischenzellen nachweisen lassen.

Die Zwischenzellen selbst unterscheiden sich voneinander durch die Plasmaeinschlüsse, ihr Kern ist stets kugelförmig, groß und enthält gewöhnlich einen Nukleolus. Im Plasma ist die Sphäre deutlich abgrenzbar, in ihr liegen die beiden stäbchenförmigen Zentralkörper. In Ausnahmefällen können auch 4 Zentralkörper vorhanden sein, dann erscheint gewöhnlich auch der Nukleolus verdoppelt.

Neben einkernigen Zellen kommen auch solche mit zwei und mehr Kernen zur Beobachtung. Die Plasmaeinschlüsse sind dieselben, die größtenteils schon Reinke beschrieben hat, Fett, Kristalloide und kleine ei- oder „reisförmige“ Körper, außerdem Mitochondrien. Die Zellgrenzen sind deutlich, Mitosen kamen nicht zur Beobachtung.

Bei dem 41 jährigen Manne ist das Zwischengewebe weniger gut ausgebildet, die Zwischenzellen liegen häufig einzeln und nicht wie dies der Regel entspricht in Gruppen beieinander. Auffällig ist hier besonders die große Anzahl von Leydigschen Zellen, die zweifellos in Rückbildung begriffen sind. Dabei handelt es sich nicht um krankhafte Vorgänge, sondern offenbar nur um senile Involutionserscheinungen, die Hand in Hand mit den an den Samenkanälchen zu beobachtenden Vorgängen gehen.

Im Gegensatz zu v. Hansemann (1895) findet v. Winiwarter schon bei Embryonen von 3 cm Gesamtlänge zahlreiche Zwischenzellen zwischen den Samenkanälchen, sie enthalten noch kein Fett. Bei 4 und 5 cm langen Embryonen ist das Zwischengewebe sehr stark ausgebildet und füllt den ganzen Raum zwischen den einzelnen Samenkanälchen aus, es bildet außerdem eine zusammenhängende Schicht unter der Albuginea. Massenhaft lassen sich Mitosen nachweisen, jedoch nur an den typischen, spindelförmigen Bindegewebszellen, niemals an den großen Zwischenzellen, in denen sich jetzt schon Fett darstellen läßt. Bei 6 1/2 bis 8 cm langen Föten erscheint das Zwischengewebe weiterhin vermehrt, die Leydigschen Zellen enthalten reichlich Fetttropfen.

Den höchsten Grad der Ausbildung erreicht das Zwischengewebe beim Fötus von 21 cm Länge und bewahrt diesen Zustand bis zur Geburt. Die Leydigschen Zellen erscheinen etwas kleiner, vollgepfropft mit Fett, sie enthalten jedoch noch keine Kristalloide oder „reisförmige Körper“. Während der ganzen Embryonalentwicklung ist also die Gesamtmasse der Zwischenzellen weit größer als bei Erwachsenen. Allerdings vernachlässigt v. Winiwarter bei dieser Feststellung die Hodengröße, es ist wie weiter unten auseinandergesetzt werden soll weit wahrscheinlicher, daß die Verminderung des Zwischengewebes nur eine relative, durch das Wachstum der Samenkanälchen vorgetäuschte, aber keine absolute ist. Hauptsächlich auf Grund der Tatsache, daß die im Alter stattfindende Rückbildung der Samenkanälchen von einer Rückbildung der Zwischenzellen begleitet ist, spricht auch v. Winiwarter sich für eine trophische Tätigkeit der Leydigschen Zellen aus.

In ähnlichem Sinne hatte sich schon früher Friedmann (1898) geäußert und in neuerer Zeit besonders Kyrle (1909—1920), der die Gesamtmasse der Zwischenzellen auf Grund seiner sehr eingehenden Untersuchungen für ein „trophisches Hilfsorgan für den Kanälchenabschnitt des Hodens" hält, und zwar hauptsächlich an Hand der Tatsache, daß bei Schädigungen der Samenkanälchen stets die Zwischenzellen vermehrt werden, dagegen eine Rückbildung erfahren, wenn die Schädigung ausgeglichen wird. Diese Rückbildung ist um so stärker, je vollkommener die Schädigung ausgeglichen wird.

Eine ganze Anzahl von pathologischen Anatomen hatte schon auf die Bedeutung hingewiesen, die den Zwischenzellen des Hodens bei der Geschwulstbildung zukommt, zuerst war es wohl v. Hansemann (1895), der darzulegen versuchte, daß die eigentliche Bedeutung der Zwischenzellen auf dem Gebiete der Geschwulstbildung liege. Er glaubt, daß gewisse Sarkome der Hoden, die wegen ihrer alveolären Struktur bei flüchtiger Untersuchung oft die größte Ähnlichkeit mit Karzinomen aufweisen ihren Ausgang von den interstitiellen Zellen nehmen. Es wurde auch vielfach darauf hingewiesen, daß in ektopischen Hoden die Zwischensubstanz stärker entwickelt ist als in solchen, bei denen sich der Deszensus in der gewöhnlichen Weise vollzogen hatte. Auf diese Erscheinung komme ich später noch zurück, hier sei nur erwähnt, daß Pick (1905) in den ektopischen Hoden eines 38 jährigen männlichen Teilzwitters eine ungeheure Vermehrung der Zwischenzellen feststellte. Ähnliche Befunde hatte schon Finotti (1897) bei 8 Fällen von ektopischen Hoden zweimal ermitteln können, in einem war die Proliferation so stark, daß der Hoden trotz der erheblichen Atrophie der Kanälchen fast normale Größe besaß.

Auch Poll (1920) weist in neuester Zeit darauf hin, daß das „Zwischenröhrengewebe" im Hoden von Pfaumischlingen häufig geschwulstähnlichen Bau zeigt. Es entfernt sich dabei oft so weit aus dem ‚Gebiete des Regelrechten, nähert sich hochgradig dem Krankhaften an, daß man von einem geschwulstartigen Bau zu sprechen sich gezwungen sieht".

Besonders wichtig sind hier auch die Befunde, die Dürck (1907) an den Hoden von vier Männern erheben konnte. Der erste betraf einen kräftigen 25 jährigen Mann, der durch einen Unglücksfall umkam. Die Hoden besitzen eine Länge von 18 mm, bei einer Dicke von 10 mm, die

Samenkanälchen sind reduziert, die Tunica propria ist mächtig verdickt, nirgends findet sich eine Spur von Spermatogenese. Die Masse der Zwischenzellen ist stark vermehrt.

Weit wesentlicher ist der Befund des zweiten Falles, der einen 64jährigen Mann mit beiderseitigem Kryptorchismus und auffälliger Unterentwicklung der Genitalien betrifft, über die sonstige Ausbildung der akzidentellen Geschlechtsmerkmale werden keine Angaben gemacht. Es erscheint aber äußerst wichtig, wie die folgenden Erörterungen noch beweisen werden, daß hier Kryptorchismus und starke Wucherung der Zwischensubstanz mit Unterentwicklung der Genitalien zusammentrifft. Beide Hoden sind kaum haselnußgroß und von braunrötlicher Farbe. Die Samenkanälchen sind äußerst reduziert und zeigen hochgradigste Atrophie des Epithels, ohne daß ihr Lumen verengt ist. Die Zwischenzellen sind ungeheuer vermehrt, ihre Kerne sind von ganz verschiedener Größe und zeigen vielfach „Chromatinverdichtungen". Die Plasmaleiber sind mit Pigment und Fett vollgestopft. Der dritte Fall betrifft einen 46jährigen Mann, beide Hoden sind verkleinert, die Samenkanälchen sind nur von indifferentem hochzylindrischen Epithel ausgekleidet, die Zwischensubstanz ist auch hier sehr stark vermehrt.

Der vierte Fall betrifft schließlich einen 43jährigen, verheirateten Mann, der 13 Jahre vor dem Tode an Gonorrhöe erkrankt war und 11 Jahre vor dem Tode einen heftigen Stoß auf die Hoden erhalten hatte. Im Anschluß daran wurde der linke Testikel klein, der rechte aber groß und hart. Im mikroskopischen Bild erscheint der linke, kaum haselnußgroße Hoden völlig bindegewebig entartet, von Zwischenzellen ist so gut wie nichts nachzuweisen, die Samenkanälchen sind auseinandergedrängt, an vielen Stellen ist normale Spermatogenese wahrnehmbar.

Der rechte Hoden ist dagegen walnußgroß, die Samenkanälchen sind fast völlig aus ihm verschwunden. Nur an wenigen Stellen finden sich als Reste der Tubuli kleine enge Schläuche mit schuppenförmigem Epithelbelag. Die Zwischenzellen sind sehr stark gewuchert, an ihren Kernen lassen sich zahlreiche, zum Teil regelwidrige Mitosen nachweisen.

Dürck bezeichnet alle vier Fälle als „Zwischenzellenhyperplasie". Sie soll eine „Erkrankung sui generis" darstellen und zu einer Form der Hodenatrophie führen, die sich von der gewöhnlichen Orchitis sehr deutlich durch die Wucherung der Zwischenzellen unterscheidet.

Bedeutsam für den letzten Fall dürfte hier wohl sein, daß im linken Hoden trotz der starken Rückbildung der Zwischenzellen noch hier und da normale Spermatogenese stattfand, während im rechten trotz der ungeheuren, allerdings krankhaften Vermehrung der Zwischenzellen, der generative

Hodenanteil völlig zurückgebildet war. Es geht jedoch wohl nicht an, aus dieser Tatsache zu schließen, daß die Zwischenzellen nicht für die Spermatogenese notwendig seien, die wenigen im linken Hoden vorhandenen Zellen mögen immerhin genügt haben, um die Nährmittel für die spärliche Samenentwicklung zu liefern, während die stark krankhaften Verhältnisse im rechten Hoden überhaupt keinen Rückschluß auf normale Vorgänge zulassen. In ähnlicher Weise berichtet auch Kaufmann (1907) über geschwulstähnliche Wucherungen der Hodenzwischenzellen, die stets mit einer mehr oder weniger hochgradigen Atrophie der Samenkanälchen einhergehen.

Kyrle (1909) untersuchte zunächst die Hoden von 40 erwachsenen Menschen. Von diesen zeigten 20 die Merkmale des Status thymicolymphaticus, besonders auch Unterentwicklung der Genitalien, die übrigen Individuen zeigten irgendwelche anderweitigen angeborenen Entwicklungshemmungen. Die Hoden der Hypoplasten zeigten durchweg mehr oder weniger hochgradige Verdickung der Grundmembran, besonders stark war die von Giuzetti (1905) als hyaline Grundmembran bezeichnete Partie befallen, die Spermatogenese war manchmal normal, meistens aber stark vermindert, in vielen Fällen ganz aufgehoben. Hodenzwischenzellen waren stets nachweisbar, manchmal sogar recht reichlich vorhanden.

Die vorgefundenen Veränderungen waren ähnlich denen, die Thaler (1904) im Hoden Tuberkulöser nachweisen konnte. Die von Kyrle ermittelten Befunde sind insoferne von Wichtigkeit, als sie eine gewisse Selbständigkeit der beiden Hodenanteile, der Zwischenzellen und Keimzellen dartuen, wichtig ist auch der Umstand, daß Unterentwicklung der Genitalien zur Beobachtung kam, obwohl gut ausgebildete Zwischenzellen in den Hoden nachgewiesen werden konnten.

Weit bedeutsamer ist aber die nächst zu besprechende Beobachtung Kyrles (1910). Bei einem 4jährigen, an Lungentuberkulose verstorbenen Kind waren die Hoden etwas kleiner, als dies der Regel entspricht, die histologische Untersuchung ergab Verhältnisse, wie sie sonst im Hoden des Fötus oder des Neugeborenen angetroffen werden. Die Samenkanälchen liegen durchweg weit auseinander, das Epithel besteht aus einer Lage niederer Zellen mit mäßig großem Kern. In dem oft sehr breiten interkanalikulären Stroma sind nirgends Zwischenzellen aufzufinden. Nur im einen Hoden war eine kleine etwa 1 mm im Durchmesser haltende tumorähnliche Anhäufung typischer Zwischenzellen nachweisbar und in ihrem Bereich zeigten die Hodenkanälchen wesentlich weiteres Lumen, ihre Wand war von einer 4—5fachen Epithelschicht ausgekleidet, in der Art und Weise wie dies beim normal entwickelten Hoden eines Vierjährigen der Fall ist. Während also in allen übrigen Abschnitten des Hodens offenbar das Fehlen der typischen Zwischenzellen die Unterentwicklung der Samenzellen bedingte, ermöglichte an der einen Stelle die Ansammlung interstitiller Zellen den normalen Fortgang der Spermatogenese. Es ist klar, daß sich dieser Befund nur im Sinne eines trophischen Einflusses der Zwischenzellen erklären läßt.

Anläßlich seiner Untersuchungen über die Regeneration des Hodengewebes nach Röntgenschädigungen konnte Kyrle (1910) frühere Mitteilungen von Herxheimer und Hoffmann (1908) sowie von Simmonds (1909/10) bestätigen und folgendes Verhalten feststellen: Bei verhältnismäßig kurzer Einwirkung der Bestrahlung ist wie in allen Fällen die primär geschädigte Gewebsart das Epithel der Kanälchen, und zwar die Samenzellen. Sie verfallen rasch der Degeneration, während die Sertolischen Zellen erhalten bleiben. Gleichzeitig mit diesen Rückbildungsvorgängen spielt sich am Zwischengewebe ein regenerativer Prozeß ab, die interstitiellen Zellen vermehren sich, und zwar manchmal recht bedeutend. Im Anschluß an diese Zwischenzellenhypertrophie regeneriert sich auch das Keimepithel im Innern der Hodenkanälchen, die Spermatogenese beginnt von neuem und führt schließlich zur Bildung von Spermatozoen. Ist dieser Zustand erreicht, so bilden sich die Zwischenzellen auf ihren normalen Stand zurück. Aus diesen Beobachtungen geht also die unmittelbare Abhängigkeit der Keimzellen von den Zwischenzellen deutlich hervor, die vermehrten, zur Regeneration der Samenzellen nötigen Stoffe werden durch eine Hyperplasie der Zwischenzellen geliefert, die solange anhält, bis das Kanälchenepithel wieder intakt ist, bis also gewissermaßen das Gleichgewicht in der Gewebsverteilung wiederhergestellt ist. Wir sehen hier ähnliche Vorgänge, wie sie sich wahrscheinlich physiologischerweise in der Zeit der Geschlechtsreife abspielen, wo auch der Spermatogenese, also der Vermehrung der Keimzellen eine Hypertrophie der Zwischenzellen vorangeht.

Kyrle hat die beobachteten Erscheinungen weiter verfolgt und die Ergebnisse seiner gründlichen Untersuchungen in einer größeren Arbeit zusammengefaßt (1911). Geprüft wurde in erster Linie der Einfluß verschiedener äußerer Schädigungen auf das Hodengewebe, es wurden etwa 300 Hoden von Kindern und mehr als 1000 Hoden von Erwachsenen untersucht. Da sich die Deutung der Befunde zum Teil als äußerst schwierig, ja fast unmöglich erwies, wurden an 50 Hunden noch Versuche ausgeführt, der größte Teil der Tiere wurde mit Röntgenstrahlen behandelt, bei einem Teil wurde der eine Hoden exstirpiert, um die von Ribbert (1890) gemachte Beobachtung über kompensatorische Hypertrophie des restierenden Testikels zu prüfen. Teilweise wurden auch große oder kleine Stücke des Hodens entfernt oder abgeschnürt, die ausgeschnittenen Stücke wurden manchmal in die Milz übertragen.

Die durch Röntgenbestrahlung erzeugten Veränderungen entsprachen den oben mitgeteilten Befunden, stimmten auch vollkommen mit denen überein, die früher von Herxheimer und Hoffmann (1908) gefunden worden waren. Die Schädigung betrifft stets zuerst das Epithel der Samenkanälchen, die Spermatogenese kommt zum Stillstand, gleichzeitig entstehen im Inneren der Tubuli große Riesenzellen. Die Spermatiden gehen zuerst zugrunde, ihnen folgen die Spermatozyten, am widerstandsfähigsten sind die Sertolischen Zellen, die sogar etwas an Ausdehnung gewinnen, und zwar im gleichen Maße wie die Rückbildung der Samenzellen fortschreitet. Hand in Hand mit diesen Rückbildungserscheinungen geht die oben schon beschriebene Vermehrung der Zwischenzellen. Der Hoden zeigt schließlich ein Bild, ganz ähnlich dem des unterentwickelten Testikels.

Bemerkenswert ist dabei, daß die Vermehrung der Zwischenzellen vor sich geht, ohne daß sich jemals direkte oder indirekte Mitosen beobachten lassen. Diese Tatsache steht allerdings im Widerspruch zu den Angaben von Maximow (1899), der in der Umgebung von pathologisch veränderten Hodenkanälchen indirekte Zwischenzellenteilungen feststellte, auch mit den Mitteilungen von Herxheimer und Hoffmann (1908), die gleichfalls bei den Zwischenzellen des Kaninchenhodens, wenn auch selten Kernteilungsfiguren vorfanden.

Kyrle sah hier und da direkte Zellteilungen, er bestätigt damit die früheren Angaben v. Bardelebens (1897) und v. Hansmanns (1895), gibt jedoch selbst zu, daß diese Beobachtungen sehr vorsichtig zu beurteilen seien, da nach Entfernung ganzer Hodenstücke die Vermehrung der Zwischenzellen durch indirekte Teilung erfolgt. Wahrscheinlich ist dies überhaupt die gewöhnliche Art der Zwischenzellenvermehrung, falls eine solche jemals bei den vollausgebildeten, mit Fett vollgepfropften Gebilden noch stattfindet, während die direkten Teilungen der Ausdruck außergewöhnlicher Verhältnisse, einer beginnenden Degeneration sein dürften. Die normale Art der Vermehrung der Zwischenzellen ist jedenfalls die durch Mitose.

Wie erwähnt folgt später wieder eine völlige Regeneration des Gewebes der Hodenkanälchen, die Spermatogenese nimmt ihren gewöhnlichen Fortgang, und zwar geht die Neubildung der Spermatogonien von den grossen, das Lumen der Tubuli auskleidenden Zellen aus, ein deutlicher Beweis dafür, dass diese dem generativen Anteil des Drüsengewebes angehören und nicht ausschließlich Sertolische Zellen sind. Nach dem Wiederauftreten der Spermatogenese bilden sich, wie ja auch Herxheimer und Hoffmann (1908) feststellen die Zwischenzellen wieder zurück, wahrscheinlich solange, bis ihre Masse wieder die gewöhnliche Ausdehnung erlangt hat.

Auf die von Kyrle geschilderten Veränderungen des Rete testis brauche ich hier nicht einzugehen, sie zeigen jedoch gleichfalls die innigen Wechselbeziehungen zwischen Rete und Zwischenzellen, auf die ja schon v. Winiwarter und Sainmont hingewiesen haben.

Was die am menschlichen Hoden erhobenen Befunde betrifft, so erwähnt Kyrle zunächst, daß der menschliche Hoden ein ungemein empfindliches Organ ist, das bei Allgemeinerkrankungen akuter und chronischer Natur stets geschädigt wird. Er erwähnt hier Untersuchungen von Cordes (1898) über Alkoholschädigungen, durch die fast ausschließlich das Epithel der Kanälchen betroffen wird. Bei allen Fällen schwerer Allgemeinerkrankung konnte nun auch von Kyrle eine Schädigung des Hodens festgestellt werden, sie betraf in erster Linie die Keimzellen, und zwar waren die schweren Veränderungen am Epithel der Hodenkanälchen stets von einer Proliferation der Zwischenzellen begleitet, die um so heftiger war, je schwerer die Schädigung gewirkt hatte. Findet eine völlige Restitution des Keimgewebes statt, so bilden sich auch hier die Zwischenzellen wieder auf den Normalstand zurück. Führt die Schädigung jedoch zu einer völligen irreparablen Zerstörung aller Hodenkanälchen, so wandelt sich auch das Zwischengewebe in derbes Bindegewebe um, ein Vorgang, der von E. Fraenkel (1905) als Orchitis fibrosa bezeichnet wurde, während Simmonds (1910) den Namen Fibrosis testis vorschlug. Kyrle nimmt nun in Anlehnung an Maximow (1899) an, daß sich in solchen Fällen die Zwischenzellen durch Abgabe ihrer Plasmaeinlagerungen wieder in spindelige Bindegewebselemente umwandeln, also den umgekehrten Entwicklungsgang durchmachen, der ursprünglich zu ihrer Entstehung geführt hat, eine Annahme, die sicherlich große Wahrscheinlichkeit besitzt, zumal sich ja ähnliche Vorgänge auch an den bindegewebigen Abschnitten anderer Organe nachweisen lassen.

Berücksichtigt man nun im ganzen die hinsichtlich der Leydigschen Zellen erhobenen Befunde, so läßt sich feststellen, daß die Zwischenzellenvermehrung immer als Ausdruck „einer reparatorischen Organbestrebung" aufzufassen ist, die sich stets geltend macht, wenn der Hoden in irgendeiner Weise geschädigt wird. Sie dient offenbar dazu, die für die Regeneration der Kanälchen nötigen Nährstoffe zu liefern, und nur wenn die Samenzellen so schwer beeinflußt sind, daß eine ganze oder teilweise Restitution nicht mehr eintreten kann, bilden sich auch die Zwischenzellen wieder zu Bindegewebszellen zurück. Die Kenntnis dieser Vorgänge, aus denen ohne weiteres die trophische Tätigkeit der Zwischenzellen hervorgeht, ist für die Beurteilung der histologischen Befunde, die bei den Steinachschen Versuchen erhoben wurden, von allerhöchster Bedeutung, schade, daß Steinach selbst, ebenso wie Lipschütz, die schönen Arbeiten Kyrles nicht zu kennen scheint.

Ähnliche Reparationsbestrebungen der Zwischenzellen konnte Kyrle auch am ektopischen Hoden mit mehr oder weniger hochgradiger Atrophie der Samenkanälchen beobachten. Sehr beachtenswert sind auch die Ergebnisse der Untersuchungen, die an den Hoden jugendlicher Individuen, also von Kindern im Alter von 0—18 Jahren ausgeführt wurden (1910). Die Mehrzahl der Fälle war infolge chronischer Erkrankungen gestorben, eine geringere Anzahl an akuten Infektionskrankheiten oder durch Unglücksfälle umgekommen. Bei einer großen Anzahl der Kinder fanden sich irgendwelche Entwicklungsanomalien oder Veränderungen des lymphatischen Apparates.

Bei den 110 untersuchten Fällen waren nun 86mal die Hoden hochgradig unterentwickelt, auch die übrigen 24 Fälle waren keineswegs alle „normal", sondern auch unter ihnen zeigte mehr als die Hälfte deutlich erkennbare Unterentwicklung. Aus dieser Tatsache geht zunächst hervor, daß es äußerst schwer ist, wirklich einwandfreie menschliche Hoden zu bekommen, die meisten diesbezüglichen Untersuchungen werden ja an einem Material ausgeführt, das bei Sektionen gewonnen wird und dementsprechende Veränderungen aufweist.

Die normalen Hoden zeigen stets einen ganz bestimmten Bau, die Samenkanälchen liegen durchweg sehr nahe aneinander und sind nur gelegentlich durch dünne Bindegewebslagen, in denen sich typische Zwischenzellen nachweisen lassen, getrennt. „Von einem Prävalieren des Zwischengewebes kann in solchen Fällen niemals die Rede sein."

Im Gegensatz dazu ist der infolge äußerer Erkrankungen unterentwickelte Hode sehr reich an Zwischengewebe. Seine Menge kann in besonderen Fällen die Masse der Kanälchen übertreffen. Das Epithel der Kanälchen ist völlig undifferenziert. Kyrle betont noch ausdrücklich, daß Testikel mit sehr stark entwickeltem Zwischengewebe, in denen die Samenkanälchen weit voneinander getrennt liegen, beim Menschen niemals normalen Verhältnissen entsprechen, sondern stets der Ausdruck einer stattgehabten Erkrankung sind. Dies trifft besonders dann zu, wenn, wie ja sehr häufig, so auch in den von Spangaro (1902) beschriebenen Fällen, im Hoden vor der Pubertät eine große Zwischengewebsmasse vorhanden ist. Dies ist sehr schön am Hoden eines 12jährigen Knaben zu erkennen, der durchweg weite, eng aneinanderliegende Tubuli zeigt, in denen die Samenentwicklung schon ziemlich weit fortgeschritten ist, obwohl sich noch keine reifen Spermatozoen finden. Das Zwischengewebe ist sehr spärlich ausgebildet, spärlicher als im Hoden des Erwachsenen.

Kyrle zieht des weiteren den Schluß, daß eine nicht unerhebliche Anzahl von Knaben schon mit unterentwickelten Keimdrüsen geboren wird. Dieser Satz ist jedoch nur insoferne richtig, als er das von Kyrle untersuchte Material betrifft. Bei ihm handelt es sich eben um Kinder, die irgendwelchen Erkrankungen zum Opfer gefallen waren, zum Teil wohl garnicht lebensfähig waren und die auch sonst noch deutliche Zeichen von außergewöhnlicher Entwicklung zeigten. Knaben mit normal ausgebildeten gesunden Organen kommen eben nur äußerst selten zur Sektion und es ist deshalb nicht angängig, die an einem kranken Material gewonnenen Befunde ohne weiteres zu verallgemeinern. Kyrle zieht ja auch selbst noch die ganz richtige Schlußfolgerung, daß Kinder mit unterentwickelten Keimdrüsen offenbar an und für sich minderwertig sind, äußeren Schädigungen leichter erliegen und deshalb weit häufiger zur Sektion kommen als solche mit normalen Hoden. Er erblickt ganz richtig hierin eine Art von Selektion, durch die die minderwertigen Individuen ausgemerzt werden.

Für die uns hier beschäftigende Frage nach der Natur der Zwischenzellen ist vor allem die Tatsache von Wichtigkeit, daß beim Menschen im jugendlichen Alter die Vermehrung der Zwischenzellen Hand in Hand mit der Entwicklung der Hodentubuli geht, und daß eine starke relative oder absolute Vermehrung des Zwischengewebes normalerweise auch vor der Pubertät nicht vorkommt, eine geringgradige Vermehrung findet, wie ja die früheren sorgfältigen Untersuchungen (v. Winiwarter u. a.) gezeigt haben statt, sie geht aber Hand in Hand mit entsprechenden Vorgängen am Keimgewebe und beweist auch deutlich den trophischen Einfluß der Zwischenzellen: Je mehr Samenzellen gebildet werden, desto mehr Nahrungsstoffe sind erforderlich.

Die Untersuchungen Kyrles decken sich, was die normalen Befunde betrifft, großenteils mit den Ergebnissen der gleichfalls sehr eingehenden, an großem Material ausgeführten Beobachtungen Spangaros (1902). Er stellte fest, daß der Durchmesser der Samenkanälchen beim Menschen kurz nach der Geburt 60—80 μ beträgt und bis zur Pubertät, wo er 110—120 μ hält, nur sehr langsam zunimmt. Während der Pubertät erweitert er sich als Folge der lebhaft einsetzenden Spermotogenese sehr rasch auf 140—170 μ. Das Altern des Hodens ist wieder durch eine Abnahme des Durchmessers der Samenkanälchen gekennzeichnet, die ihrerseits durch eine progressive Abnahme des Kanälcheninhaltes bedingt ist. Diese kann so weit gehen, daß nach völligem Verschwinden der Keimzellen nur mehr die bindegewebige Wand des Tubulus übrig bleibt.

Die senile Atrophie des Hodens äußert sich in drei verschiedenen Formen, die nichts anderes als verschiedene Stadien desselben Vorganges darstellen, der im einen Fall stärker, im anderen schwächer zur Ausbildung kommt.

Das Zwischengewebe des Hodens, das aus bindegewebigen Fasern und Zellen, Zwischenzellen, Mastzellen und Blutgefäßen besteht, füllt den zwischen den Kanälchen gelegenen Raum aus. Bei Neugeborenen und Kindern sind diese Zwischenräume etwas breiter als bei Erwachsenen, wo sie, und das ist wichtig, lediglich als Folge der Ausdehnung der Samenkanälchen relativ verschmälert werden. Bei alten Leuten vergrößern sich die interkanalikulären Räume wieder, aber nicht wie dies Arthaud (1885) und in neuester Zeit besonders Tandler (siehe unten) annimmt, durch Vermehrung der Zwischenzellen, sondern lediglich als Folge davon, daß das Gesamtvolumen der Kanälchen wieder kleiner wird. In höherem Alter, wenn die Atrophie der Kanälchen weit fortgeschritten ist, bildet sich auch das Zwischengewebe zurück.

Die Zwischenzellen selbst sind beim Neugeborenen und bei Kindern nur spärlich vorhanden, im Hoden des Erwachsenen sind sie ziemlich zahlreich, die erste Zeit der Hodenatrophie ist häufig durch eine Vermehrung der interstitiellen Zellen gekennzeichnet, der erst später die völlige Rückbildung folgt. Die Übereinstimmung aller Befunde mit denen v. Winiwarters und Kyrles ist so klar, daß ich nicht nochmals darauf hinweisen muß. Zweifellos sprechen alle diese Tatsachen für eine trophische Bedeutung der Zwischenzellen, es ist überhaupt bezeichnend, daß alle Untersucher, die sich eingehend mit dem histologischen Bau des Hodens beschäftigt haben und ihre Kenntnisse nicht nur auf gelegentliche, anläßlich von Experimenten ausgeführte Untersuchungen stützen, zur gleichen Ansicht kommen, nämlich zu der, daß die Zwischenzellen einzig und allein dazu bestimmt sind, das zum Aufbau der Keimzellen nötige Nährmaterial zu liefern.

Die Beobachtungen Kyrles wurden von vielen Seiten bestätigt. Zunächst konnte Weichselbaum (1910) zeigen, daß auch die als Folge chronischen Alkoholismus bedingte Atrophie der Samenkanälchen stets von einer Zunahme des Zwischengewebes und häufig von einer Wucherung der Zwischenzellen begleitet ist. Das Zwischengewebe an sich zeigt dabei verschiedene Beschaffenheit, sind die Samenkanälchen sehr stark geschrumpft, so ist auch ihr gegenseitiger Abstand sehr groß, das Zwischengewebe erscheint dann einem Schleimgewebe ähnlich, ödematös, in anderen Fällen erscheint es mehr hyalin, zellarm, stellenweise vakuolisiert, in wieder anderen aber auffallend zellenreich, und zwar ist hier der Unterschied gegenüber normalen Verhältnissen nicht nur durch eine Vermehrung der typischen Zwischenzellen, sondern auch durch eine solche der spindeligen und kleinen runden Zellen bedingt.

Die Vermehrung der Zwischenzellen ist niemals im ganzen Organ eine gleichmäßige, sondern auf einzelne Bezirke beschränkt, in gleicher Weise wie auch die Rückbildung der Samenkanälchen an verschiedenen Stellen ein und desselben Hodens eine ganz verschiedene ist.

Ganz ähnliche Veränderungen im Hoden von Trinkern beschreibt auch Bertholet (1909), er beobachtet bei 39 untersuchten Fällen 37 mal eine mehr oder weniger stark ausgebildete Rückbildung des Hodenkanälchenepithels, die mit einer Sklerose des Zwischengewebes einherging.

Die Beobachtungen Kyrles über die kindlichen Hoden wurden von Voss (1913) nachgeprüft und in der Hauptsache bestätigt. Auch Mita (1914) konnte an kindlichem Sektionsmaterial mehr pathologisch veränderte als normale Testikel nachweisen, er wendet sich jedoch gegen die theoretischen Ausführungen Kyrles, was diesen wieder veranlaßte seine Anschauung nochmals klarzulegen (1915, 1920). Dabei kommt er zu dem Schluß, „daß ein Großteil aller männlichen Individuen mit unterentwickelten Keimdrüsen zur Welt kommt".

Dieser Schluß ist richtig, wenn wir das Sektionsmaterial berücksichtigen, er ist unzutreffend, sobald wir ihn auf die Gesamtheit aller neugeborenen Knaben anwenden, so wie dies Kyrle (1920) tut. Er setzt nochmals die Unterschiede im Bau des normalen und unterentwickelten Hodens auseinander, sie bestehen einerseits im Verhalten der Kanälchen bzw. ihres Epithels, andererseits im Bau des Zwischengewebes. Anschließend daran berichtigt Kyrle seine früheren Angaben, daß unter 39 Neugeborenen 29 unterentwickelte Hoden besitzen dahin, daß auch unter den anfangs als normal bezeichneten 10 Hoden keiner war, auf den diese Benennung voll angewendet werden dürfe. Erst später sei es ihm einmal geglückt einen wirklich normalen Hoden eines Neugeborenen zu untersuchen. Im Anschluß an diese Beobachtung stellt Kyrle dann den Satz auf: „Die Mehrzahl aller Neugeborenen besitzt nicht normal, sondern abnormal entwickelte Testikel."

Diese Feststellung ist auf alle Fälle unrichtig, wir bezeichnen doch als normal denjenigen Zustand des Organismus, den er unter gewöhnlichen Verhältnissen in der überwiegenden Mehrzahl der Fälle aufzuweisen pflegt. Wenn also wirklich die überwiegende Mehrzahl der neugeborenen Knaben Testikel mit engen, durch große Zwischengewebsmassen getrennten Kanälchen besäße, so müßten wir eben diesen Zustand als „normal" anerkennen. Kyrle übersieht aber ganz, daß er seine Studien nicht an gesunden, sondern an kranken Kindern ausgeführt hat, wären sie nicht krank gewesen, so wären sie ja nicht gestorben. Infolgedessen entsprechen die erhobenen Befunde nicht den gewöhnlich obwaltenden Verhältnissen, sondern sie sind der Erfolg des Einflusses der Erkrankung, die schließlich auch den Tod des Kindes herbeigeführt hatte. Wenn Kyrle die Hoden von gesunden Neugeborenen bzw. Kindern untersucht hätte, so wäre er sicher zu ganz anderen Ergebnissen gekommen. In jedem Falle sind die schönen Ergebnisse seiner Arbeiten unter anderem auch ein Beweis für die hohe Empfindlichkeit der Keimdrüsen, auf die schon des öfteren hingewiesen wurde und die ich selbst experimentell (Stieve 1918) beweisen konnte.

Kyrle müßte also richtig sagen, die Mehrzahl der im Kindesalter gestorbenen Knaben zeigt hochgradige Veränderungen an den Hoden als Folge des Einflusses von Krankheiten. Kyrle dagegen spricht von einer fehlerhaften Anlage der Keimdrüse, die sicher in der Mehrzahl der Fälle nicht vorhanden war, außer dann, wenn die Anlage des Keimes im ganzen mehr oder weniger fehlerhaft war, wie dann ja die angeborenen Veränderungen, Entwicklungsanomalien beweisen, die sich auch an anderen Organen finden. Kyrle selbst rechnet auch mit der Möglichkeit, daß sich bei Untersuchungen gesunder Kinder andere Zahlen ergeben, er glaubt jedoch, daß auch bei ihnen die Zahl der unentwickelten Hoden eine sehr große ist. Man findet nämlich, obwohl eine große Anzahl der Hypoplasten in frühem Alter stirbt, unter den Überlebenden genug Individuen, an denen sich schon äußerlich eine Unterentwicklung der Keimdrüsen feststellen läßt. Falls diese Beobachtung sich wirklich durch histologische Untersuchungen bestätigen sollte, so ist sie niemals ein Beleg für die abnorme Anlage und Entwicklung der Keimdrüsen, sondern wohl nur ein Beweis dafür, daß durch die zahlreichen, mehr oder weniger schweren Erkrankungen, die den Menschen ja besonders im Kindesalter befallen stets die Keimdrüsen geschädigt werden, und daß sich diese Schädigungen erst langsam ausgleichen.

Wie Kyrle nämlich sehr schön dartuen konnte, erfährt auch der unterentwickelte, besser gesagt der durch Krankheit geschädigte Hode zu Beginn der Pubertät den Ansporn zur Reifung, er erreicht jedoch, soweit man aus dem histologischen Bild schließen darf nur selten die Höhe der Entwicklung, „wie der von Haus aus normale Testikel", richtig gesagt, wie der ungeschädigte Testikel. Im geschädigten Hoden läßt sich nämlich stets noch eine außergewöhnliche Vermehrung des Zwischengewebes nachweisen, wie sie sich ja immer nach Schädigungen des Hodenparenchyms als Ausdruck der beginnenden Regeneration findet.

Ähnliche Einwände hat Mita (1914) gegen Kyrle erhoben. Er bestätigt zunächst im großen und ganzen die Angaben früherer Untersucher, besonders die von Popoff (1909) und Felix (1911), nach welchen die Zwischenstränge des Hodens ursprünglich aus indifferenten und „genitaloiden" Zellen bestehen. Während aber die indifferenten Zellen fast vollkommen verschwinden, indem sie nach der Anschauung von Felix (1911) zur Bildung der Hüllen der Hodenkanälchen verwendet werden, wandeln sich die „genitaloiden" Zellen schon bei Embryonen von 4,5 cm Gesamtlänge in typische Zwischenzellen um. Ihre Zahl verringert sich vom fünften Foetalmonat ab, im siebenten Monat sind sie nur noch in ganz geringer Zahl vorhanden. Nach der Geburt soll sich zwischen den Hodenkanälchen reichliches Bindegewebe entwickeln, durch seine Ausbreitung wird die Zahl der Zwischenzellen weiterhin herabgesetzt Erst lange nach der Pubertät, im 33., 37. und 40. Jahre soll nach Popoff (1909) wieder eine Vermehrung der interstitiellen Zellen stattfinden. Popoff hat offenbar nur krankhaft veränderte Hoden untersucht und nur damit sind seine Angaben über das Verhalten der Zwischenzellen während des postfötalen Lebens zu erklären, sie stehen im Widerspruch mit denen der meisten anderen Beobachter. Eine Vermehrung des Bindegewebes nach der Geburt findet ja normalerweise nicht statt, ebensowenig dürfte unter gewöhnlichen Verhältnissen eine Vermehrung der eigentlichen Zwischenzellen im Alter von 30–40 Jahren eintreten.

Mita (1914) und Schultze (1913) sind der Ansicht, daß man nur solche Hoden als unterentwickelt bezeichnen dürfe, die auf einer früheren Entwicklungsstufe, die alle Hoden in ihrem normalen Entwicklungsgang durchlaufen müssen, stehen geblieben sind, wohingegen Kyrle (1915) annimmt, daß sich der von ihm als unterentwickelt bezeichnete Hode „schon in der Fötalzeit ganz anders entwickelt als ein normaler, infolgedessen morphologische Differenzen gegenüber diesem darbietet, und daher postfötal anders aussieht". Er sucht mit dem Ausdruck Unterentwicklung nur die Minderwertigkeit eines solchen Hodens gegenüber einem normal ausgebildeten zu kennzeichnen, dabei braucht der Hoden durchaus nicht ein Bild zu zeigen, wie er es physiologischerweise in einem früheren Zustand dargeboten hätte.

Zweifellos hat Mita vereinzelte embryonale Hoden beschrieben, die in ihrem histologischen Bau, besonders hinsichtlich der Ausbildung des Zwischengewebes Unterschiede vom gewöhnlich festgestellten Verhalten zeigen und es ist deshalb äußerst wahrscheinlich, daß es sich bei ihnen um Organe handelt, die schon während der Fötalzeit in mehr oder weniger tiefgreifender Weise geschädigt waren. Im Grunde genommen läuft der

Streit Mita-Kyrle auf die Feststellung hinaus, ob die Unterentwicklung des Hodens durch die tatsächliche Vermehrung des Zwischengewebes gekennzeichnet ist, also durch einen progressiven Vorgang oder lediglich durch eine Wachstumshemmung. Wahrscheinlich kommen beide Formen nebeneinander vor, es kann aber kein Zweifel darüber bestehen, daß in den schwereren der von Kyrle mitgeteilten Fällen eine nicht unerhebliche, das physiologische Maß aller Entwicklungsstufen weit überschreitende Vermehrung des Interstitium, besonders seiner spindelförmigen Elemente statt hat. Diese Vermehrung ist aber, wie die Unterentwicklung des Hodens überhaupt stets ein Zeichen eines krankhaften Vorganges, und es ist deshalb nicht angängig aus den bei Sektionsbefunden ermittelten Zahlenverhältnissen bindende Rückschlüsse auf die Häufigkeit der Hodenunterentwicklung bei normalen Knaben zu ziehen.

Anläßlich seiner Untersuchungen über die Beziehungen zwischen Nebennieren und männlichen Keimdrüsen hat Leupold (1920) auch wichtige Angaben über den Bau der Hoden gemacht. Er stellte zunächst fest, daß beim Menschen enge Beziehungen zwischen Hoden und Nebennieren bestehen, insoferne als die Größe des einen Organes offenbar bestimmend ist für die Größe des anderen. Das Gewicht der Hoden verhält sich in mehr als der Hälfte der untersuchten Fälle zu dem der Nebennieren wie 2,5 : 1. Dabei wird das Durchschnittsgewicht beider Hoden auf 24,18 g angegeben. Im Gegensatz dazu läßt sich bei der Epiphyse, Hypophyse und bei der Schilddrüse kein gleichbleibendes Gewichtsverhältnis zwischen Hoden und Nebennieren feststellen. Auch in der Pubertätsentwicklung der Keimdrüsen und der Nebennieren läßt sich ein Parallelismus nachweisen.

Aus den Untersuchungen von Kyrle bzw. Schultze und Mita glaubt Leupold den Schluß ziehen zu dürfen, „daß es schon in der Kindheit und im jugendlichen Alter zwei Typen von Testikeln gibt, von denen der eine durch die gute Ausbildung des Parenchyms ausgezeichnet ist, während bei dem anderen das interstitielle Gewebe mehr in den Vordergrund tritt". Diese Verhältnisse seien auch für die eigenen, von Leupold ausgeführten Untersuchungen maßgebend, es sei allerdings oft sehr schwer, einen Hoden einer bestimmten Gruppe einzureihen.

Bei geschlechtsreifen Männern unterscheidet Leupold auf Grund der histologischen Untersuchungen drei verschiedene Gruppen, die erste umfaßt alle Hoden, die bei zartem Bau der Kanälchenwand und guter Differenzierung der Epithelien interstitielles Gewebe nur in den Knotenpunkten besitzen. Bei der zweiten Gruppe ist das Zwischengewebe stets verbreitert, aber locker gebaut und besteht in der Hauptsache nur aus „gewucherten Zwischenzellen". Die Samenkanälchen können gewöhnlichen

Bau zeigen oder aber Anzeichen mehr oder weniger starker Rückbildung aufweisen. In der dritten Gruppe werden alle mehr oder weniger stark atrophischen Hoden zusammengefaßt.

Entsprechend den Angaben Kyrles sind Hoden, die der ersten Gruppe zuzusprechen sind am seltensten. Sie zeigen meist hohes Gewicht und kommen sehr häufig dann vor, wenn eine gut entwickelte Thymus vorhanden ist. Dieser Umstand scheint also dafür zu sprechen, daß der Thymus ein wachstumfördernder Einfluß in bezug auf die Hoden zukommt, wie ja auch die Versuche von Soli (1907), Basch (1908), Lucien und Parisot (1908) darzutun scheinen, wohingegen Klose und Vogt (1910) ebenso wie Noel Paton (1904) fanden, daß bei Meerschweinchen die im präpuberalen Alter vorgenommene Entfernung der Thymus ein außergewöhnlich starkes Wachstum der Hoden zur Folge hat. Im Gegensatz dazu stellten Lucien und Parisot fest, daß bei thymuslosen Hunden die Spermatogenese ausbleibt, das Zwischengewebe aber hypertrophiert, ihre Versuche wurden von Basch (1903–1910) an Hunden, von Soli (1907) an Hähnen bestätigt. Angesichts dieser vollkommen widersprechenden Ergebnisse ist es nicht möglich, heute schon ein Urteil über das Abhängigkeitsverhältnis zwischen Thymus und Hoden zu fällen. Es erscheint deshalb auch verfrüht, so wie Leupold dies tut, alle Hoden, die seiner ersten Gruppe angehören, in denen also bei völlig normalem Bau der Kanälchen nur wenig Zwischenzellen vorhanden sind als hyperplastisch zu bezeichnen, und zwar nur deshalb, weil sich in manchen Fällen Beziehungen zur Persistenz der Thymus vermuten lassen.

Des weiteren untersuchte Leupold sehr eingehend den Fettgehalt der Zwischenzellen, und zwar auch wieder hauptsächlich in seiner Abhängigkeit von den Nebennieren. Er kommt dabei zu dem Ergebnis, daß ein Zwischengewebe, das vollkommen frei von Fett ist, im Hoden des Erwachsenen nur äußerst selten festzustellen ist. Wie ich schon oben mehrmals betont habe gehört die Anwesenheit von Fett bzw. von osmierbaren Granulis zu den bezeichnenden Merkmalen der Zwischenzellen, bei ihrem Fehlen handelt es sich stets um einen völligen Mangel bzw. eine vollkommene Atrophie der Leydigschen Zellen. Bei jugendlichen Individuen ist dieser Fettgehalt sehr gering, er nimmt in der Pubertätszeit an Menge zu und unterliegt während des individuellen Lebens sehr beträchtlichen Schwankungen. Nach Thaler (1904) ist der Fettgehalt der Hodenzwischenzellen vollkommen unabhängig von dem anderer Organe, er wird durch akute Krankheiten nicht, wohl aber durch chronische Erkrankungen beeinflußt. Im Gegensatz dazu meint Cordes (1898), daß keine Art der Allgemeinerkrankung den Fettgehalt der Leydigschen Zellen irgendwie beeinflußt.

Nach den Beobachtungen Leupolds ist die Menge des Fettes im Zwischengewebe großen Schwankungen unterworfen, sie steht offenbar in Beziehungen zum Lipoidgehalt des Blutes. Im allgemeinen entspricht der Grad der Fettansammlung im Hoden dem der Nebennieren, es lassen sich also auch hier wieder ähnliche Beziehungen wie bei den Gewichtsverhältnissen feststellen. Allerdings ist der Gehalt an doppeltbrechenden Kristallen und Tropfen im Vergleich zur Gesamtfettmenge im Hoden etwas geringer. Auch bei der Smith-Dietrichschen Färbung lassen sich Unterschiede nachweisen. Es erscheint demnach doch zweifelhaft, ob die Hoden hinsichtlich ihres Stoffwechsels wirklich den nämlichen Bedingungen unterworfen sind wie die Nebennieren, auf keinen Fall ist vor der Pubertät irgendein Abhängigkeitsverhältnis hinsichtlich der Anwesenheit des Fettes festzustellen. Nach teilweiser oder vollständiger Entfernung der Nebennieren kommt es in den Hoden zu einer hochgradigen Atrophie der Kanälchenepithelien, die bis zur völligen Zerstörung der Samenzellen gehen kann. Die Zwischenzellen erscheinen meistens völlig unverändert, sie zeigen gewöhnlich sehr reichlichen Fettgehalt. Auch dieser Befund ließe sich wohl in dem Sinne verwerten, daß die Hoden hinsichtlich des Fettgehaltes unabhängig sind von den Nebennieren, die schwere Atrophie der Kanälchenepithelien ist wohl die Folge der schweren, durch die Entfernung der Nebennieren gesetzten Allgemeinschädigung. Andererseits lassen die Saponinversuche Leupolds, auf die ich hier nicht näher eingehen kann, zweifellos ein gewisses Abhängigkeitsverhältnis zwischen den Leydigschen Zellen und den Nebennieren hinsichtlich des Fettgehaltes erkennen.

Im ganzen genommen sprechen die Ergebnisse der schönen, sehr gründlichen Untersuchungen Leupolds stark für die rein trophische Bedeutung der Zwischenzellen, angesichts der sehr zahlreichen gerade in der letzten Zeit erschienenen Veröffentlichungen über die Pubertätsdrüse muß es aber doch wundernehmen, daß Leupold der Anschauung ist, man fasse „heutzutage allgemein[1]) die Zwischenzellen des Hodens als trophische Hilfsorgane für die Samenepithelien auf, als Organe, die das zur Bildung der Spermatozoen nötige Nährmaterial den Epithelien liefern". Leider hat sich die Mehrzahl der Forscher bis heute noch nicht zu dieser richtigen Anschauung bekannt, ich erwähne nur die Veröffentlichung von Payr (1920), der die Möglichkeit einer ernährenden Zwischenzellentätigkeit überhaupt nicht prüft, sondern die Leydigschen Zellen ohne weiteres als inkretorisches Organ, als „Pubertätsdrüse" bezeichnet, hauptsächlich im Anschluß an die Wiener Schule.

---

[1]) Von mir gesperrt gesetzt.

Kurz zusammengefaßt können wir nach allem im vorherigen Besprochenen sagen, daß die Zwischenzellen im Hoden des Menschen und aller Säugetiere Gebilde von zweifellos bindegewebiger Abstammung sind. Sie entstehen schon sehr früh während des Embryonallebens aus spindelförmigen Zellen. Ihre Masse vermehrt sich etwa bis zu Anfang der zweiten Hälfte des Fötallebens und bleibt bis zur Geburt ungefähr gleich. Unmittelbar vor der Pubertätszeit tritt eine geringe Vermehrung der Zwischenzellen ein, ebenso im Alter zu Beginn der physiologischen Hodenatrophie. Jede auch durch Krankheiten des Organismus bedingte Rückbildung des Keimgewebes ist von einer Vermehrung der Zwischenzellen begleitet.

Die Bedeutung der Zwischenzellen ist eine rein trophische, sie liefern die Nährstoffe für die Samenzellen, daraus erklärt sich, daß jeder Vermehrung der Samenzellen eine Vermehrung der Zwischenzellen vorhergeht. Bei krankhaften Rückbildungsvorgängen im Hoden wird die Atrophie der Kanälchen anfangs, ebenso wie bei der Altersatrophie von einer Zwischenzellenvermehrung begleitet, durch die eine spätere Regeneration des Keimgewebes vorbereitet wird. Erst nach völligem Zugrundegehen aller Keimzellen erfahren auch die Zwischenzellen eine mehr oder weniger vollständige Rückbildung.

II. Die Zwischenzellen im Hoden anderer Wirbeltierarten.

Weit spärlicher sind die Angaben über das Vorkommen und die Entwicklung der Zwischenzellen bei anderen Wirbeltierordnungen. Bei Wirbellosen fehlen die Leydigschen Zellen zweifellos vollkommen, ja es sind keinerlei Bildungen vorhanden, die ihnen gleichgestellt werden könnten (Harms 1914).

Im Hoden der Vögel sind Zwischenzellen in typischer Ausbildung zweifellos vorhanden, wie aus den allerdings nur sehr spärlichen Mitteilungen vereinzelter Forscher hervorgeht. So erwähnt sie Schöneberg (1913) bei seinen Untersuchungen über die Samenbildung der Enten, er spricht allerdings stets nur vom „interstitiellen Bindegewebe“, ohne weiter auf den Bau der einzelnen Zellelemente einzugehen. Ich selbst (Stieve 1919) habe im Hoden der Dohle typische Zwischenzellen gefunden, sie liegen beim jungen Tier, beziehungsweise beim alten Vogel außerhalb der Fortpflanzungszeit in großen Gruppen im lockeren Stroma und stellen eine zusammenhängende Masse dar, in welche die Hodenkanälchen eingebettet sind. Ihr Kern ist verhältnismäßig groß, kugelrund, ziemlich dunkel, er läßt ein feines Chromatinnetz und vereinzelte größere Nukleolen erkennen. Der Plasmaleib ist gleichfalls groß, feinstens gekörnt, bald erscheint er mehr rundlich oder polygonal, bald mehr länglich, bald wieder erstreckt sich ein feiner Protoplasmafortsatz weit zwischen zwei dicht aneinanderliegende Kanälchen. Die Zellgrenzen sind häufig verwaschen, kaum zu erkennen, so daß das Interstitium den Eindruck eines Synzytium erweckt. Auf die während der Brunst eintretenden Veränderungen komme ich später zurück.

Schon früher hatte Loisel (1902) festgestellt, daß beim Sperling und anderen Vogelarten die Zwischenzellen im Hoden nicht mit Fett gefüllt sind, während beim Kanarienvogel Fetttröpfchen in den Leydigschen Zellen vorkommen. Nur zur Zeit der Embryonalentwicklung konnte auch beim Sperling in den Zwischenzellen Fett nachgewiesen werden. Nach den Angaben von Loisel (1902) sollen schon lange vor der Ausbildung typischer Samenkanälchen, ja schon vor der Differenzierung der Geschlechtsdrüsen in der Keimdrüsenanlage neben den Keimzellen auch Zwischenzellen vorhanden sein, deren Plasmaleiber ganz von Fett erfüllt sind. Ihre Menge nimmt während der folgenden Entwicklung progressiv und auch indirekt proportional zur Ausbildung der Samenkanälchen ab, im Hoden des ausgewachsenen, geschlechtsreifen Tieres sind keine Zwischenzellen mehr nachweisbar. Wahrscheinlich beruhen diese Angaben zum Teil auf Täuschung, unter dem Einfluß der ungeheuren Entwicklung der Samenkanälchen, die beim Vogel zur Zeit der Brunst statthat, werden die Zwischenzellen, wie das Zwischengewebe überhaupt, mehr und mehr auseinandergedrängt und treten infolgedessen im Vergleich zum stark vermehrten Keimgewebe ganz in den Hintergrund. Ein völliges Verschwinden der Leydigschen Zellen hat aber dabei nicht statt, wie ich weiter unten bei der Besprechung des „Saisondimorphismus" noch zeigen werde.

Im Gegensatz zu diesen Angaben Loisels sind nach des Cilleuls (1912) beim Hahn die Zwischenzellen in der ersten Zeit des Lebens nur wenig entwickelt, erst vom 45. Tage nach dem Ausschlüpfen an wird die überwiegende Mehrzahl der bindegewebigen Stromazellen des Hodens zu polyedrischen Zwischenzellen umgewandelt, Hand in Hand mit dieser Umwandlung soll die Ausbildung der sekundären Geschlechtsmerkmale gehen. Die Angaben des Cilleuls, auf die sich Lipschütz (1919, S. 180) vor allem bezieht, sind sicher nicht richtig. Beim 45 Tage alten Hahn beginnt eine starke Wucherung des Epithels der Hodenkanälchen, die Vermehrung der Geschlechtszellen, die mit einer beträchtlichen Vergrößerung des Hodens einhergeht. Das Zwischengewebe erfährt gleichzeitig eine, wenn auch nur relative Verringerung.

Dies zeigen deutlich die eingehenden Untersuchungen von Boring und Pearl (1917) über die Entwicklung der Zwischenzellen beim Hahn, angefangen vom eben ausgeschlüpften Tier bis zu Tieren im Alter von

18 Monaten. Im Hoden des eben ausgeschlüpften Hähnchens finden sich Zwischenzellen von der gewöhnlichen Form in geringer Anzahl, ihre Menge nimmt in der Folgezeit jedoch dauernd ab, so daß beim 6 Monate alten Tier überhaupt keine Leydigschen Zellen mehr nachzuweisen sind. Die Zwischenzellen können also im Hoden der ausgewachsenen Vögel, wie ja auch Loisel angibt, vollkommen fehlen. Bemerkenswert ist dabei, daß Boring und Pearl die interstitiellen Zellen ausschließlich mit spezifischen Färbungen nachgewiesen haben, es ist also immer mit der Möglichkeit zu rechnen, daß, wie ja die Untersuchungen anderer Autoren, so besonders die von Mazzetti (1907) zeigen, auch im Hoden des geschlechtsreifen Hahnes noch Leydigsche Zellen vorkommen, die jedoch der Beobachtung leicht entgehen, da in ihren Plasmaleibern nur wenig Fett vorhanden ist. Andererseits ist mit der Möglichkeit zu rechnen, daß die Zwischenzellen unter Abgabe aller Fetttropfen an die rasch wachsenden Samenzellen zu spindeligen Bindegewebselementen zurückgebildet werden.

Mazzetti (1907) konnte dagegen typische Zwischenzellen im Hoden des ausgewachsenen Hahnes auffinden. Auch Pézard (1918) hat sich in einer größeren Arbeit mit der Entwicklung der Zwischenzellen im Hoden des Hahnes beschäftigt und ebenso wie Boring und Pearl feststellen können, daß das interstitielle Gewebe gegen Ende des zweiten Lebensmonats an Menge abnimmt. Er erwägt jedoch die Möglichkeit, daß diese Abnahme nur eine scheinbare, durch das starke Wachstum der Samenkanälchen vorgetäuschte sei. Jedenfalls dauert die Abnahme der Menge des Zwischengewebes und die gleichzeitige Ausdehnung der Samenkanälchen an, so daß beim acht Monate alten Hahn fast alles Zwischengewebe aus dem Hoden verschwunden zu sein scheint. Pézard und die ganzen eben erwähnten Forscher berücksichtigen bei ihren Untersuchungen stets nur das relative Mengenverhältnis der beiden Hodenanteile, sie haben es unterlassen die absolute jeweils im Hoden vorhandene Menge der Zwischensubstanz festzustellen. Wahrscheinlich, ja man kann sagen, sicher hätte sich dann das nämliche Ergebnis gezeigt, das ich beim Hoden der Dohle ermitteln konnte, daß nämlich trotz der ungeheuren Vermehrung die das eigentliche Keimgewebe im reifenden Vogelhoden erfährt, die Zwischensubstanz in ihrer Gesamtheit gleichfalls, allerdings nur unbedeutend vermehrt wird, obwohl sie bei der Einzelbetrachtung eines histologischen Schnittes stark vermindert zu sein scheint. Immerhin ist bei den eben besprochenen Untersuchungen wichtig, daß beim Hahn die Ausbildung der sekundären Geschlechtsmerkmale stets mit einer Wucherung der Keimzellen und relativen Verminderung der Zwischenzellen einhergeht, bzw. durch sie bedingt ist.

Schließlich beschreibt noch Poll (1920) die Zwischenzellen im Hoden des Pfauhahnes und des Perlhahnes. Sie treten bei beiden Arten in sehr verschiedener Menge auf, lassen sich aber im allgemeinen von den gewöhnlichen Bindegewebszellen mit ihren platten, eiförmigen Kernen leicht abgrenzen. „Das verdient besondere Beachtung, weil häufig das Umwandeln von Stützzellen in Zwischenzellen als eine Quelle der Zunahme dieser beansprucht wird." Poll gibt nicht an, ob er mit diesem Satz die Möglichkeit einer solchen Umbildung, die ja nach dem heutigen Stande unserer Kenntnisse völlig sicher steht, bestreiten will.

Beim Perlhahn besitzen die Zwischenzellen großen, polygonalen Leib und großen kugeligen Kern, sie lassen sich jedoch nur an Stellen, an denen das Gewebe etwas geschrumpft ist, gut voneinander abgrenzen. Weder Pfau noch Perlhahn besitzen zwischen den Leydigschen Zellen elastisches oder fibröses Gewebe, vielmehr gleichen bei beiden Arten die Zwischenzellen hinsichtlich ihrer Anordnung — „und nicht nur in diesem Punkte — etwa den Inselzellen der Bauchspeicheldrüse vollkommen."

Auf das Verhalten der Zwischenzellen im Mischlingshoden will ich hier nicht eingehen, da ich mich sonst zu weit vom besprochenen Stoff entfernen müßte. Bei den dort ermittelten Verhältnissen handelt es sich um ganz außergewöhnliche Befunde, die sich größtenteils weit von den beim gewöhnlichen Lebewesen ermittelten Verhältnissen entfernen und angesichts der überaus spärlichen Mitteilungen über den gleichen Gegenstand, die wir bisher kennen, noch keinen Rückschluß auf die Bedeutung der Zwischenzellen zulassen.

Noch spärlicher sind die Angaben über das Verhalten der Zwischenzellen im Hoden der Kriechtiere. Leydig selbst hat sie (1850) bei Eidechsen gesehen, später beschreibt nur Mazzetti (1911) interstitielle Zellen von charakteristischem Bau im Hoden einer Schlange (Art?) und einer Eidechse. Aus den vorliegenden Befunden darf aber wohl der Rückschluß gezogen werden, daß sich im Hoden der Sauropsiden die Bindegewebszellen des Stroma durch Vergrößerung des Plasmaleibes und durch Aufnahme von Fett zu Zwischenzellen umwandeln können und daß ihnen hier gleichfalls eine rein trophische Tätigkeit zukommt.

Ausführlicher und gründlicher untersucht als bei Sauropsiden wurden die Hodenzwischenzellen bei Amphibien, und zwar finden wir hier ganz verschiedenes Verhalten, je nachdem die Urodelen oder Anuren in den Bereich der Betrachtungen gezogen werden. Bei den Anuren liegen die Verhältnisse allem Anschein nach ähnlich wie bei den Säugetieren und ich will deshalb mit ihrer Besprechung beginnen.

Merkwürdigerweise stehen sich hier die Befunde hinsichtlich ihrer Ergebnisse entgegengesetzt gegenüber. Friedmann (1898) fand nämlich im Herbsthoden von Rana fusca massenhaft fetthaltige Zwischenzellen, im Frühjahrshoden dagegen und nach der Brunst war das Zwischengewebe fast völlig verschwunden, typische Leydigsche Zellen konnten nicht nachgewiesen werden. Das Verhalten würde also dem bei Säugetieren festgestellten widersprechen, indem während der Reifung der Spermatozoen die ja im Sommer vor sich geht, auch die Zwischenzellen eine Vermehrung erfahren. Rätselhaft bleibt dabei nur das Verschwinden des Interstitium während des Winterschlafes, also in einer Zeit, in der sich sonst keine nachweisbaren histologischen Veränderungen an den Keimdrüsen vollziehen. Es wäre nur denkbar, daß während der langen Fastenzeit alle in den Zwischenzellen gespeicherten Nährstoffe verbraucht werden.

Zu ähnlichen Ergebnissen kommt auch Mazzetti (1911), er findet gleichfalls im Ruhehoden von Rana fusca nur wenig Zwischenzellen, massenhaft dagegen im Hoden der gleichen Art auf dem Höhepunkt der Geschlechtstätigkeit, also im Frühjahr. Auch nach seinen Angaben ginge also die Ausbildung der Zwischenzellen und die Entwicklung der Samenzellen Hand in Hand.

Im Gegensatz dazu beobachtet Champy (1908) im Hoden von Rana esculenta im Monat Juni, also zu einer Zeit, in der die Spermatogenese ihren Höhepunkt erreicht, nur ganz wenig Zwischengewebe, während des Stillstandes der Spermatogenese im Herbste dagegen erscheint das Zwischengewebe vermehrt, in ihm finden sich massenhaft typische Leydigsche Zellen.

Bei anderen Anurenarten, die von Friedmann (1898) untersucht wurden, verläuft die Ausbildung der Zwischenzellen gleichfalls mit der Entwicklung der Samenzellen parallel, so bei Hyla arborea und Bufo vulgaris. Die bestehenden Unterschiede zwischen den Ergebnissen der Untersuchungen von Friedmann und Mazzetti einerseits, Champy andererseits, sind zur Zeit nicht zu überbrücken; es ist jedoch möglich, daß sie zum Teil wenigstens dadurch bedingt sind, daß die einzelnen Arten sich zu ganz verschiedenen Jahreszeiten fortpflanzen, so daß der in einem bestimmten Monat erhobene Befund bei Rana esculenta nicht ohne weiteres dem im gleichen Zeitpunkt festgestellten Verhalten bei anderen Arten gegenübergestellt werden kann.

Bei seinen Untersuchungen über den Einfluß des Bidderschen Organes (1913, 1914) stellt Harms zwar die Anwesenheit von Zwischenzellen im Hoden von Bufo vulgaris fest, über die Veränderungen, die sie während des Jahres erleiden, werden jedoch keine Angaben gemacht.

Bei den Urodelen liegen die Verhältnisse anders. Wie nämlich die Untersuchungen von Meves (1897) und Nußbaum (1906) ergeben haben, zeigt ihr Hoden im ganzen einen etwas anderen Bau als der der anderen Amphibien. Im bindegewebigen Stroma lassen sich Zwischenzellen von charakteristischer Form niemals auffinden, doch konnte ich (Stieve 1920) im Hoden des Olmes im Stroma gewisse Zellformen nachweisen, bei denen sich nicht sicher entscheiden ließ, ob es sich um ganz junge Spermatogonien oder aber um Zwischenzellen handelt.

Andererseits finden sich in den Hoden der Urodelen, wie dies Nußbaum zuerst gezeigt hat, bestimmte Zellen, deren histologisches, mikrochemisches Verhalten eine große Ähnlichkeit mit dem der Zwischenzellen der höheren Tiere zeigt. Die fraglichen Gebilde, die Follikelzellen, sind zu gewissen Zeiten mit Fett vollgestopft. Sie umgeben die Spermatogonien zu bestimmten Zeiten in der gleichen Art und Weise wie die Follikelzellen im Ovar die jungen Follikel. Während der Vermehrung der Spermatogonien vermehren auch sie sich und erfahren während der Zeit der Spermatohistogenese eine recht erhebliche Vergrößerung des Protoplasmaleibes, der sich gleichzeitig mit Fett füllt. Offenbar spielen sie jetzt, wie aus ihrer bezeichnenden Lage, die sie zu den Samenfäden einnehmen, leicht zu ersehen ist, eine Rolle bei der Ernährung der Spermatozoen und können schon aus diesem Grunde den Zwischenzellen gegenübergestellt werden. Nach der Ausstoßung der Samenpakete werden die zu einer Cyste gehörigen Follikelzellen zurückgebildet, sie entarten fettig und bieten dabei makroskopisch wie mikroskopisch Bilder, die ganz an die gelben Körper im Eierstock der höheren Wirbeltiere erinnern. Ganz ähnliches Verhalten konnte ich selbst (Stieve, 1920) an den Follikelzellen des Olmhodens feststellen, auch hier spricht das ganze histologische Verhalten der fraglichen Gebilde zweifellos für ihre trophische Natur.

Trotz dieser großen Ähnlichkeit im histologischen Verhalten können diese Follikelzellen im Hoden der Urodelen den Zwischenzellen im Hoden anderer Arten nicht ohne weiteres an die Seite gestellt werden, da es sich in beiden Fällen um Gebilde von ganz verschiedener Herkunft handelt. Die Zwischenzellen sind umgewandelte Bindegewebszellen, diese Follikelzellen aber lassen sich auf die Zellen des Keimepithels zurückführen, sind also wohl nichts anderes als entsprechend umgewandelte Keimzellen und können als solche eher mit den Sertolischen Zellen des Warmblüterhodens verglichen werden.

Bei Fischen sind, soweit ich dies aus den vorliegenden Arbeiten zu ersehen vermag, noch keine Untersuchungen über das Vorkommen von Zwischenzellen im Hoden ausgeführt worden. Zusammenfassend läßt sich demnach sagen, daß typische Leydigsche Zellen bisher nur bei Säugetieren, Sauropsiden und anuren Amphibien aufgefunden wurden; bei Wirbellosen ist im Hoden sicherlich keine Zellart vorhanden, die den Zwischenzellen vergleichbar wäre, bei Urodelen finden sich gleichfalls keine Zwischenzellen, die sich auf das Bindegewebe zurückführen lassen.

B. Die Zwischenzellen im Eierstock.

I. Die Zwischenzellen im Eierstock der Säugetiere.

Beim Hoden der höheren Wirbeltiere liegen die Verhältnisse also im großen und ganzen einfach, die Zwischenzellen lassen sich morphologisch gut abgrenzen, sie stellen durch Aufnahme von Fett umgewandelte Elemente des Bindegewebes dar, denen aller Wahrscheinlichkeit nach die Aufgabe zukommt, die zum Aufbau der Samenzellen nötigen Nährstoffe zu liefern.

Weit schwerer lassen sich die Tatsachen hinsichtlich der Ovarien übersehen, bei ihnen kommen als Zwischenzellen, bzw. als Gebilde, denen von vielen Seiten eine inkretorische Tätigkeit zugeschrieben wird, hauptsächlich zwei Gewebsarten in Frage, nämlich erstens die eigentlichen Zwischenzellen, die den Leydigschen Zellen des Hodens gleichzustellen sind und zweitens die Zellen des Corpus luteum.

Was die Zwischenzellen als solche betrifft, so haben sie wahrscheinlich schon Pflüger (1863) und Schrön (1863) beobachtet, wenigstens schildert Schrön im Ovar der Katze und des Kaninchens „kleine Zellen“ über deren Bedeutung er sich nicht ganz klar ist. Sehr ausführlich hat His (1865) das Stroma des Ovar beschrieben, es besteht bei menschlichen Embryonen in der zweiten Hälfte der Schwangerschaft, ebenso wie bei Katzen, aus spindelförmigen Zellen mit länglich-ovalem Kern und relativ sehr kleinem Protoplasmaleib. Unmittelbar vor der Brunst findet man jedoch im Eierstock der Katze verschieden gestaltete, unter sich zusammenhängende weiße Stränge, die von „länglich ovalen Zellen mit einem sehr grobkörnigen undurchsichtigen Inhalt“ gebildet werden, den Kornzellen. Diese Kornzellen entstehen offenbar aus den spindelförmigen Stromazellen und zwar, schon ziemlich früh, His konnte sie sowohl bei 8—14 Tage alten Katzen, als auch bei ausgewachsenen Tieren unmittelbar vor der Brunst nachweisen. Die am Ovar der Kuh erhobenen Befunde lassen es wahrscheinlich erscheinen, daß sich diese Zellenlagen in den internsexualen Zeitabschnitten des Jahres zurückbilden und periodisch eine stärkere Entwicklung erfahren. Sie dienen offenbar der Ernährung der wachsenden Follikel.

Schon Pflüger (1863) beschreibt im Eierstock kleiner, geschlechtsreifer Tiere gelbe, an das Corpus luteum erinnernde Flecke, die bei auffallendem Licht hell, bei durchfallendem dunkel erscheinen. Diese Flecke sind bedingt durch zahllose, feine, weder in Säuren noch kohlensauren Alkalien noch auch Äther vollständig löslichen Körnchen, die nach Pflügers Ansicht zum größten Teil aus Fett bestehen. Nach der Meinung Pflügers sind die fraglichen Gebilde einesteils als der Ausdruck einer regressiven Metamorphose anzusehen, die „zur Lösung des Gewebes" führt, anderenteils aber diene der Vorgang dazu, das für die Follikel unbedingt nötige Fett zu liefern.

Eingehend hat auch Waldeyer (1870) die Hisschen Kornzellen untersucht, schon bei menschlichen Embryonen von 4 cm Steißscheitellänge lassen sich im parenchymatösen Maschenwerk des Ovar zwei Arten von Zellen nachweisen, nämlich die gewöhnlichen spindeligen Formen und außerdem größere Gebilde, die sich hauptsächlich durch den großen, schönen, glänzenden Kern von ihren Nachbarn unterscheiden. Auch in den Ovarien älterer Embryonen lassen sich zwischen den Stromazellen stets die „Hisschen Kornzellen" auffinden. Waldeyer hält sie im Anschluß an eine früher von Klebs (1863) geäußerte Ansicht für Lymphkörperchen, bzw. für Wanderzellen.

Noch eingehender hat Plato (1897) die Zwischenzellen des Ovar untersucht und auch zuerst auf ihre große Ähnlichkeit mit den Zwischenzellen des Hodens hingewiesen. Im Ovar einer jungen Katze kann man eine fettreiche Rindensubstanz und eine fettreiche Marksubstanz unterscheiden. Diese besteht aus Zellen von der nämlichen Bauart wie die Zwischenzellen des Hodens, nur sind die einzelnen Körner etwas kleiner. Am meisten Fett findet sich in den Zellen, die am weitesten von der Granulosa der Follikel entfernt liegen, die Fettmenge ist um so geringer, je mehr man sich dem Follikel nähert. Plato schließt daraus, daß die Körnerzellen das zum Aufbau des Eies notwendige Fett liefern. Je größer der Follikel bei seinem Wachstum wird, mit desto mehr Kornzellen kommt er in Berührung, desto mehr Fett kann er in sich aufnehmen. Bei der Maus liegen die Verhältnisse etwas anders, immerhin glaubt Plato aus den vorgefundenen Tatsachen mit Sicherheit schließen zu dürfen, daß die Kornzellen des Ovar die nämlichen Gebilde wie die Zwischenzellen des Hodens sind.

Besonders stark scheinen die interstitiellen Zellen im Eierstock des Pferdes ausgebildet zu sein. Born (1874) fand nämlich, daß das Ovar der Pferdeembryonen zum größten Teil aus einem braunen Parenchym besteht, das von einer zusammenhängenden Masse großer, rundlich-polygonaler Zellen gebildet wird, den Hisschen Kornzellen. Während der folgenden Entwicklung nehmen dann die Graafschen Follikel an Größe zu und bewirken dadurch eine Verdickung der Keimplatte, gleichzeitig verkümmert die körnige Marksubstanz mehr und mehr und verschwindet schließlich ganz. So kommt es, daß der Eierstock der geschlechtsreifen Stute kleiner ist als der des Embryo. Die Bornschen Angaben wurden von Tourneux (1879) und Koelliker (1898) bestätigt. Wie wenig bekannt aber im Gegensatz zu denen des Hodens die Zwischenzellen des Ovar im allgemeinen sind, mag aus der Tatsache hervorgehen, daß Nagel (1896) in seiner zusammenfassenden Beschreibung der weiblichen Geschlechtsorgane sie überhaupt nicht erwähnt.

Sehr eingehend beschäftigt sich Sainmont (1906/07) mit den Zwischenzellen der Keimdrüsen bei der Katze, seine Untersuchungen sind in gewisser Hinsicht grundlegend und ich will deshalb hier zunächst auf sie eingehen. Er unterscheidet nämlich 5 Arten von Zwischenzellen:

1. Die junge Zwischenzelle.
2. Die Übergangs-Zwischenzelle.
3. Die ausgebildete Zwischenzelle.
4. Die degenerierende Zwischenzelle.
5. Die hypertrophische Zwischenzelle.

Alle diese Formen stellen nur Teilzustände eines einzigen Entwicklungsvorganges dar, sie lassen sich durch Übergangsformen verbinden. Ihrer Abstammung nach sind die Zwischenzellen Bindegewebszellen.

Kurze Zeit nach der Differenzierung der Geschlechtszellenanlage, beim etwa 29 tägigem Katzenembryo bildet sich im „bindegewebigen Kern" des Ovar eine einheitliche Schicht von Zwischenzellen aus. In ihr finden sich junge Zwischenzellen und alle Übergangsformen von gewöhnlichen Bindegewebszellen zu diesen. In den Marksträngen sind in der gleichen Zeit nur vereinzelte Zwischenzellen zu beobachten. Im Hoden bleibt diese Zwischenzellengeneration bis zur Geburt erhalten, anders im Ovar, hier wandeln sich die Zwischenzellen offenbar wieder zu bindegewebigen Elementen um, jedenfalls sind sie im Ovar von 34 tägigen und 52 tägigen Katzenembryonen nur in ganz geringer Zahl nachweisbar.

In der zweiten Entwicklungsperiode, die sich etwa vom 52. Tag des Embryonallebens bis zum 60. Tag des Extrauterinlebens erstreckt, entwickeln sich unabhängig voneinander zwei größere Gruppen von Zwischenzellen, die eine beim 52 tägigen Embryo im Mesovarium, die andere beim 58 tägigen Embryo in den Marksträngen. Die im Mesovarium gelegene Gruppe bildet sich nach einer anfänglichen raschen Entwicklung bald wieder zurück und ist beim 60 tägigen Tier vollkommen verschwunden, ihre Ausbildung geht Hand in Hand mit der Entwicklung des Rete ovarii.

Die Zwischenzellen der Markstränge entwickeln sich dagegen rasch zu voll ausgebildeten Zwischenzellen. Gleichzeitig erscheinen zahlreiche

Primordialeier in den Marksträngen. In der Folgezeit legen sich die Zwischenzellen dichter und dichter an die Markstränge, gleichzeitig bilden sich die Primordialeier zu Follikeln um.

Nach dem 35. Tage befinden sich alle Zwischenzellen im Zustande der Rückbildung, dem eine lebhafte Degeneration im Bereiche der Follikel folgt. Während sich diese vollzieht beginnt eine Anzahl der in der Rindenzone gelegenen Follikel zu wachsen, in ihrer Umgebung entstehen aus dem Bindegewebe neuerdings Zwischenzellen, die sich rasch zu voller Ausbildung entwickeln.

Es besteht also zweifellos ein Wechselverhältnis zwischen der Entwicklung der Zwischenzellen und dem Wachstum der Follikel, auch insoferne als eine Degeneration von Follikeln stets eine Hypertrophie der angrenzenden Zwischenzellen zur Folge hat. Sainmont schließt aus dieser Tatsache mit vollem Recht, daß die Zwischenzellen des Ovar, deren bindegewebige Abstammung zweifellos erscheint, die Stoffe zum Aufbau der Follikel liefern, gehen sie zugrunde, so kann auch der Follikel nicht weiter bestehen. Geht andererseits der Follikel selbst zugrunde, so haben die in seiner Nähe befindlichen Zwischenzellen keine Gelegenheit ihre Nährstoffe abzuliefern und müssen infolgedessen hypertrophieren.

Etwa gleichzeitig mit Saimont untersuchte Aimé (1906/07) die Zwischenzellen des Ovar und unterscheidet, je nach ihrem Auftreten, 4 Gruppen von Tieren, nämlich:

1. Solche, bei denen die Zwischenzellen nur im Fötalleben nachweisbar sind (Einhufer, bes. Pferd).

2. Solche, bei denen sie nur im postfötalen Leben auftreten (Nagetiere, Fledermäuse, Insektenfresser).

3. Solche, bei denen sie in beiden Perioden nachweisbar sind (Katze).

4. Solche, bei denen sie niemals vorkommen (Mensch, Hund, Ziege, Schwein, Schaf).

Die Untersuchungen Aimés sind nicht gründlich, die ermittelten Ergebnisse zum Teil sicherlich falsch, es erscheint äußerst fraglich, ob die von ihm festgestellten Verschiedenheiten nicht einfach quantitativer Art sind.

Aimé berücksichtigt bei seinen Untersuchungen nämlich ausschließlich die sog. Glande interstitielle der französischen Autoren, auf die ich später noch zurückkomme, nicht aber die eigentlichen Zwischenzellen, deren Vorkommen in der Follikeltheka überhaupt nicht beachtet wurde.

Hinsichtlich des Menschen wurden seine Angaben in klarer und überzeugender Weise durch v. Winiwarter (1908) widerlegt. Er gibt zuerst an, daß sich die Zwischenzellen bei der Dreifachfärbung nach

Flemming sehr stark mit Orange G. tränken und dadurch deutlich von der Umgebung abheben, eine Tatsache, die übrigens auch Sainmont in der eben besprochenen Arbeit erwähnt hat.

Schon bei 4 cm langen menschlichen Embryonen finden sich Zwischenzellen vereinzelt oder in kleinen Haufen beieinander liegend, und zwar erstens im „Basalkern“ des Ovar und zweitens in den Marksträngen. Sie besitzen großen, runden Kern mit deutlichem Nukleolus, der Plasmaleib zeigt teilweise noch sternförmige Ausläufer, in ausgeprägten Fällen abgerundete oder mehr ovale Form, die nächste Umgebung des Kernes färbt sich stets kräftiger. Hauptsächlich finden sich diese Zellen in der nächsten Umgebung der Blutgefäße, eine Feststellung, die sich mit zahlreichen am Hoden erhobenen Befunden deckt. Neben diesen bezeichnenden Formen der Zwischenzellen finden sich alle Übergänge von einfachen spindelförmigen Zellen zu ihnen, so daß an ihrer Abstammung vom Bindegewebe kein Zweifel bestehen kann.

Bei 5 cm langen Embryonen ist der Befund unverändert, dagegen erscheint im Ovar von $5^1/_2$ cm langen Föten die Zahl der Zwischenzellen gegen früher herabgesetzt.

Bei 7 cm langen Embryonen ist eine abermalige Vermehrung der Zwischenzellen zu beobachten, bei 9 cm langen Föten hat sich der Befund wenig verändert. Im 4. Fötalmonat finden sich allenthalben im Ovar, besonders wieder in nächster Nähe der Gefäße ältere Formen der Übergangszellen, zum Teil von recht erheblicher Größe. Ein fünfmonatlicher Embryo zeigt die nämlichen Verhältnisse. Einen Monat später finden sich zahlreiche junge und Übergangsformen (die Bezeichnungen sind die nämlichen wie sie Sainmont [1906] bei der Katze anwendet) in der Umgebung des Rete ovarii, jugendliche, Übergangsformen und erwachsene Zellen in den Marksträngen und um die Rindenfollikel zwischen den tieferen Anteilen der Pflügerschen Schläuche. Die erwachsenen Zwischenzellen können dabei sehr erhebliche Ausdehnung erlangen. Ganz ähnliche Verhältnisse finden sich in allen Ovarien bis zur Geburt.

Die interstitiellen Zellen verhalten sich im Ovar des Menschen also geradeso wie im Ovar der Katze, ihre Entwicklung findet in drei verschiedenen Schüben statt: Der erste entwickelt sich im Basalkern und in den Marksträngen, er ist nur von kurzer Dauer, der zweite ist gleichfalls nur vorübergehend und endet kurz nach der Geburt, der dritte Schub beginnt im 6. Embryonalmonat in der Rindenzone, hauptsächlich in der Theca interna der Graafschen Follikel und hält während der ganzen späteren Entwicklung des Eierstockes an. Die beiden letzten Schübe greifen beim Menschen ineinander, während sie bei der Katze zeitlich getrennt sind.

v. Winiwarter weist außerdem noch auf die Tatsache hin, daß Janošik (1885) im Ovar des Schweineembryo interstitielle Zellen nachweisen konnte, ein Befund der gleichfalls die oben erwähnten Angaben von Aimé widerlegt. Die fetthaltigen Zellen, welche Allen (1903, 1904) beim Schwein beschreibt, sind dagegen keine Zwischenzellen, sondern Markstränge.

Die Befunde Sainmonts (1906/07) wurden später durch v. Winiwarter und Sainmont (1912) am Ovar der Katze bestätigt, nachdem die beiden Forscher schon früher (1900) ähnliche Befunde beim Kaninchenovar erhoben hatten und vor allem darauf hinwiesen, daß vielfach die Zwischenzellen mit den Marksträngen verwechselt werden.

Soweit also bisher wirklich sorgfältige Untersuchungen über die Zwischenzellen des Ovar vorliegen, leider ist ihre Zahl bis heute eine sehr geringe, läßt sich sagen, daß wahrscheinlich sämtliche Säugetiere ein interstitielles Ovarialgewebe besitzen, das ebenso wie die Zwischenzellen des Hodens, aus Bindegewebe entsteht und sich in Schüben entwickelt. Seine Aufgabe besteht, wie die oben genannten Forscher deutlich betonen, in der Lieferung von Nährstoffen für die wachsenden Follikel.

Ich habe die Arbeiten von v. Winiwarter und Sainmont absichtlich vorneweg besprochen, weil nur diese beiden Forscher eine wirklich scharfe histologische Trennung machen zwischen den eigentlichen interstitiellen Zellen des Ovar und den Luteinzellen, die atretischen Follikeln angehören. Die beiden Zellarten gleichen einander ziemlich stark, und nur wenn man die ganze Entwicklung des Organes an fortlaufenden Serien beobachtet, ist es möglich, sich hier vor Irrtümer zu schützen. Die Arbeiten, deren Inhalt im folgenden besprochen werden soll, sind durchweg in dieser Hinsicht nicht einwandfrei, es ist aber bezeichnend, daß Lipschütz (1919) nur sie, allerdings auch nicht vollzählig in seiner Arbeit erwähnt, die grundlegenden, seiner Ansicht aber widersprechenden Untersuchungen der beiden Belgier dagegen einfach mit Stillschweigen übergeht.

Es bleibt aber vorher noch zu erwähnen, daß Tourneux (1879) die Zwischenzellen im Ovar des Pferdes beobachtete und auch feststellte, daß sie sich in der postfötalen Zeit stark zurückbilden. MacLeod (1880) beschreibt gleichfalls Zwischenzellen im Ovar des Maulwurfs, Wiesels und der Fledermaus und erwähnt ihre Entstehung aus Bindegewebszellen, desgleichen die Tatsache, daß ihr Leib mit Fett vollgepfropft sein kann. Van Beneden (1880) erwähnt die ungeheure Ausbildung der Zwischenzellen im Ovar der Fledermaus, ihr Inhalt soll klar und körnig sein, jedoch niemals aus Fett bestehen. Offenbar hat van Beneden nur sehr junge Stadien zu Gesicht bekommen. Auch Harz (1883), Chiarugi (1885),

Paladino (1887) und Coert (1898) hatten Zwischenzellen bei verschiedenen Säugetieren beobachtet.

Eingehend beschäftigte sich Limon (1901, 1902) mit den Zwischenzellen, und zwar untersuchte er die Ovarien der Ratte, der Maus, des Meerschweinchens und des Kaninchens, außerdem noch die der Fledermaus, des Igels und des Maulwurfes.

Seine Beschreibungen beginnen mit der Schilderung der an den Eierstöcken ausgewachsener, in voller Brunst stehender Tiere erhobenen Befunde. Die Ausbildung der Zwischenzellen ist bei den einzelnen Tierarten verschieden, beim Kaninchen und bei der Fledermaus bilden sie die Hauptmasse des Ovarialstroma. Die Form der Zwischenzellen ist die gewöhnliche, im Plasmaleib findet sich reichlich Fett. Die Zellen erinnern in keiner Beziehung an gewöhnliche Bindegewebszellen, sie gleichen vielmehr den Zellen der Leber und der Nebennierenrinde. Trotzdem kann, wie die Untersuchung embryonaler Stadien lehrt an der bindegewebigen Entstehung der Zwischenzellen kein Zweifel bestehen. Sie sind im allgemeinen zu Gruppen und Nestern angeordnet und liegen stets in der nächsten Umgebung der Blutgefäße. Diese Anschauung wurde ja hinsichtlich der Zwischenzellen des Hodens schon viel früher ausgesprochen, hat sich später aber als falsch erwiesen. Limon zieht nun aus der Anordnung in der Umgebung der Blutgefäße den Schluß, daß die Zwischenzellen des Eierstockes eine Drüse mit innerer Sekretion darstellen, er darf also wohl als Begründer dieser Ansicht bezeichnet werden.

Wie schon erwähnt zieht er keine scharfe Grenze zwischen den eigentlichen Zwischenzellen und den Luteinzellen atretischer Follikel. Bei der Ratte erfahren die Zellen des falschen gelben Körpers keine weiteren Umgestaltungen, sondern tragen ohne weiteres zur Bildung der Zwischenzellen bei, beim Kaninchen erfahren sie zum gleichen Zwecke noch einige Gestaltsveränderungen. Limon nimmt hier also keine strenge Scheidung zwischen den einzelnen Zellarten vor wie dies ja vielfach geschieht, seine Beobachtungen sind wenig eingehend und besitzen deshalb nur geringen Wert.

Das nämliche läßt sich auch von den folgenden Arbeiten sagen, die zum Teil nur ganz oberflächliche Beobachtungen betreffen und sich weder auf genaue histologische Kenntnisse, noch auch auf eine den neuzeitlichen Anforderungen auch nur einigermaßen angepaßte histologische Technik stützen. So untersucht L. Fraenkel (1905) die Ovarien von nicht weniger als 46 Säugetierarten, von jeder Art wurde nur ein (!) Eierstock präpariert, genauere Angaben über die Herkunft und über den Zustand der Tiere vor dem Tode, die doch gerade für solche Untersuchungen von größter Wichtigkeit sind werden nicht gemacht. Seine Untersuchungen wurden später in der gleichen oberflächlichen Art von einer Schülerin Schaefer (1911) fortgesetzt, sie untersuchte weitere 39 Arten und außerdem noch 11 Arten, auf die schon Fraenkel seine Beobachtungen ausgedehnt hatte. Derartige Untersuchungen, die ohne jede Berücksichtigung der biologischen Verhältnisse ausgeführt werden, haben nicht den geringsten Wert, wie auch ganz deutlich aus den gewonnenen Ergebnissen hervorgeht, die zum großen Teil im Widerspruch mit denen gewissenhafter Forscher stehen. Dabei ist sich L. Fraenkel nicht darüber klar, was man unter Zwischenzellen zu verstehen hat, er belegt jedes Gebilde von polygonaler Gestalt im Stroma des Ovar mit dieser Bezeichnung. Bei 22 der von ihm untersuchten Arten konnte L. Fraenkel im Stroma epitheloide Zellen nachweisen, sie enthalten in der Regel einen eigentümlichen, gelben oder grünlichen Farbstoff und erinnern in dieser Beziehung an die Luteinzellen des gelben Körpers. Die übrigen 24 Tierarten zeigten keine Zwischenzellen. Wie sehr aber diese Befunde vom Zufall abhängig waren, mag aus der Tatsache hervorgehen, daß unter 15 untersuchten Raubtierarten sich in den Ovarien von 6 Arten keine Zwischenzellen fanden, wohl aber in denen der 9 anderen. Mag schon ein solches Vorkommen bei der sonstigen Übereinstimmung der histologischen Befunde, die wir bei nahe verwandten Arten stets anzutreffen gewohnt sind wundernehmen, so erscheint es völlig unmöglich, daß sich selbst die verschiedenen Bärenarten entgegengesetzt verhalten, indem bei der einen viele Zwischenzellen nachgewiesen werden konnten, bei der anderen überhaupt keine. Recht kennzeichnend für die ganze Art der Arbeitsweise gestaltet sich ein Vergleich der Befunde, die an den 11 von beiden Untersuchern (L. Fraenkel und Schaefer) bearbeiteten Arten gewonnen wurde. Es ergibt sich nämlich daß nur 6 mal, also in der Hälfte der Fälle die Ergebnisse übereinstimmten, 3 mal waren sie genau entgegengesetzt, 2 mal nicht ganz entgegengesetzt aber doch verschieden. Lipschütz (1919) glaubt aus den Befunden schließen zu dürfen, daß die epitheloiden Zellen im Stroma des Ovarium ein Gewebe darstellen, das in seiner Menge veränderlich ist und dessen Ausbildung vom Alter und Zustand des Lebewesens abhängig ist. So richtig diese Folgerung an sich sein mag, aus den von Fraenkel und Schaefer ermittelten Befunden läßt sie sich nicht ziehen, aus ihnen läßt sich überhaupt nichts erkennen und es ist besser Untersuchungen, die in so kritikloser Art ausgeführt werden, überhaupt nicht in wissenschaftliche Erörterungen einzubeziehen.

Schaefer (1911) untersuchte weiterhin die Ovarien von 13 Frauen in verschiedenen Zeiten der Schwangerschaft auf das Vorkommen von

Zwischenzellen und glaubt feststellen zu müssen, daß in keinem dieser Eierstöcke irgendwelche Gebilde vorhanden sind, die dem interstitiellen Gewebe der Tiere entsprechen. Auch diese Mitteilung stützt sich in erster Linie auf die mangelhafte histologische Schulung der Untersucherin, denn aus der Beschreibung geht deutlich genug hervor, daß sich im Stroma der fraglichen Ovarien zahlreiche Gebilde finden, die gar nichts anders als Zwischenzellen sein können. Die Befunde Schaefers sind ja gründlich genug durch die oben besprochenen Untersuchungen v. Winiwarters widerlegt, es erscheint jedoch wieder bezeichnend, daß L. Fraenkel (1905) beobachtete, daß während der Schwangerschaft des Menschen die luteinhaltigen Zellen im Ovar vermehrt sind, es fragt sich allerdings ob er mit diesen Zellen die eigentlichen Zwischenzellen oder die Elemente des Corpus luteum, beziehungsweise der atretischen Follikel gemeint hat. Er stellt nämlich fest, daß diese während der Schwangerschaft vermehrten Zellen im menschlichen Ovar den tierischen Zwischenzellen nicht ähnlich sehen und hält es deshalb für „ausgeschlossen", daß sie interstitielle Zellen sind.

Weit eingehender und gründlicher hat sich Seitz (1906) mit dem Bau des menschlichen Ovar beschäftigt, doch wendet er sein Augenmerk hauptsächlich der Follikelatresie zu, auch er macht jedoch keine scharfe Trennung zwischen interstitiellen Zellen und den Gebilden des Corpus luteum, es scheint vielmehr, dass er den Unterschied gar nicht anerkennt. Er beobachtet während der Schwangerschaft eine Vermehrung der „luteinhaltigen Zwischenzellen bindegewebigen Ursprungs" im menschlichen Ovar, hervorgerufen dadurch, daß während der Gravidität alle größeren Follikel der Atresie anheimfallen und dadurch einen frischen Schub von fetthaltigen Elementen liefern, die Seitz im Gegensatz zu den Elementen des Corpus luteum die Theka-Luteinzellen nennt. Sie vermehren und vergrößern sich dabei, nehmen schließlich epitheloide Gestalt an und nähern sich in ihrer Form sehr den Luteinzellen des gelben Körpers. Je mehr die Schwangerschaft sich ihrem Ende nähert, desto stärker ist die Ausbildung der Theca-Luteinzellen, später geht ein großer Teil von ihnen zugrunde, und zwar auf dem Wege der hyalinen Degeneration, ein Teil verwandelte sich aber, wahrscheinlich durch Abgabe des Fettes wieder in gewöhnliche Bindegewebszellen.

Wallert (1907) untersuchte eine große Anzahl menschlicher Ovarien, angefangen vom 5 Monate alten Fötus bis zum 91 jährigen Weib. Er stellt zunächst fest, daß sich auch im menschlichen Ovarium eine Zwischensubstanz findet, die dem Interstitium der tierischen Eierstöcke gleichzustellen sei, aber auch er beobachtet in der Hauptsache nicht die eigentlichen Zwischenzellen, sondern fast ausschließlich die Seitzschen Theca-Luteinzellen, bzw. er hält beide Bildungen nicht auseinander. Fetthaltige epitheloide Zellen sind schon in den Ovarien der Embryonen nachweisbar, eine Beobachtung, die ja mit den Feststellungen v. Winiwarters (1908) übereinstimmt. Die Zahl dieser Zellen vermehrt sich bis zur Zeit der Geschlechtsreife fortdauernd, mit dem Beginn der Pubertät vermindert sich ihre Masse jedoch gegenüber der der stark wachsenden Follikel. Wahrscheinlich tritt eine Vermehrung der Luteinzellen während jeder Menstruation ein, sicher läßt sich ein solches Verhalten während der Schwangerschaft beobachten. Im Klimakterium bildet sich das Zwischengewebe zurück.

In einer recht gründlichen Arbeit hat schließlich noch Aschner das Verhalten der Zwischenzellen geprüft (1914, 1918), er untersuchte im ganzen 250 weibliche Tiere der verschiedensten Arten und wendet zur Kenntlichmachung der Zwischenzellen Färbungen mit Sudan an. Er fand Zwischenzellen bei einigen Tierarten, bei denen sie Schaefer und L. Fraenkel nicht beobachtet hatten und macht besonders wieder auf ihre große Ähnlichkeit mit den Leydigschen Zellen des Hodens aufmerksam. Bei Nagern, Insektenfressern und bei der Fledermaus sind die epitheloiden Zellen vor der Pubertät in großen Mengen vorhanden, ihre Zahl nimmt jedoch mit dem Eintritt der Brunst, besonders aber nach dem Auftreten eines Corpus luteum ziemlich stark ab, vielleicht deswegen, weil der gelbe Körper einen großen Teil des ganzen Ovar für sich beansprucht. Besonders beim Hund und bei der Katze werden die Zwischenzellen nach der Ausbildung der ersten Corpora lutea sehr stark zurückgebildet, die Färbbarkeit der Fettkörnchen nimmt erheblich ab. Bei Katzen kommt dieses Verhalten weniger deutlich zum Ausdruck. Aschner betont vor allem, daß das interstitielle Gewebe von der Geburt bis zur Geschlechtsreife immer mehr an Ausdehnung gewinnt, unmittelbar vor der Pubertät erscheint z. B. ein mit Sudan gefärbtes Ovar vom Hund ganz mit roten Körnern durchsetzt. Es ist klar, daß sich dabei auch die Theka-Luteinzellen der atretischen Follikel mitfärben, so daß dieser Umstand allein nicht ohne weiteres einen Rückschluß auf die Masse der vorhandenen Zwischenzellen gestattet. Bei erwachsenen Tieren ist dagegen das interstitielle Gewebe, besonders während der Brunst, sehr stark reduziert.

Bei den einzelnen Tierarten liegen die Verhältnisse ganz verschieden, so ist das interstitielle Gewebe bei Huftieren, wie beim Rind, der Ziege, dem Schaf, dem Pferd, außerdem bei Affen und beim Menschen „nur noch rudimentär" vorhanden, am stärksten ausgebildet ist es dagegen bei solchen Arten, die bei einem Geburtsakt eine große Menge von Jungen zur Welt bringen, wie die Nager, Insektenfresser, Fledermäuse und Raubtiere. Es besteht also ein gewisses Wechselverhältnis zwischen Fruchtbarkeit und der Ausbildung der Zwischenzellen im Stroma des Ovar. Dieser Schluß scheint allerdings sehr gewagt, besonders wenn man berücksichtigt, daß nach den eigenen Angaben Aschners das Schwein, das doch die höchste Zahl von Jungen gleichzeitig wirft (10—14), also weit mehr als die meisten Nagetiere (Maus 5, Meerschweinchen 2—3) im Ovar zwar mehr Zwischenzellen aufweist als andere Zweihufer, jedoch lange nicht so viel wie die Nagetiere.

Wie schon erwähnt, hält aber auch Aschner den Unterschied zwischen interstitiellen (Leydigschen) Zellen und Theka-Luteinzellen nicht scharf auseinander und es ist sicher, daß ein großer Teil der von ihm als Interstitium beschriebenen Zellen nichts anderes ist als Reste atretischer Follikel. Dabei erscheint es ja immerhin möglich, ja sogar sehr wahrscheinlich, daß die Theka-Luteinzellen sich tatsächlich zu echten Zwischenzellen umgestalten. Beide sind ja zweifellos aus Bindegewebszellen entstanden und nur bei den Jugendformen ist eine einwandfreie Unterscheidung mit Sicherheit durchführbar.

Auch v. Ebner (1902) erwähnt, daß die Thekazellen zu interstitiellen Zellen umgewandelt werden können, die nämliche Ansicht vertritt neuerdings Kingsbury (1914).

Unsere Kenntnis der Zwischenzellen des Eierstockes erstreckt sich also in erster Linie auf die oben erwähnten Untersuchungen von Sainmont und v. Winiwarter, diese genügen jedoch um zu zeigen, daß sich im Ovar wahrscheinlich aller Tiere Gebilde nachweisen lassen, die den Leydigschen Zwischenzellen des Hodens entsprechen, aus Bindegewebe entstehen und trophischer Natur sind, sie speichern in sich die Stoffe die zum Wachstum der Keimzellen nötig sind.

Diesen eigentlichen Zwischenzellen, die sich aus den Spindelzellen des Stroma ovarii entwickeln sehr ähnlich, ja man kann ruhig sagen hinsichtlich ihres histologischen Baues vollkommen gleich sind diejenigen großen, fetthaltigen Gebilde, die bei der Atresie der Follikel aus den bindegewebigen Elementen der Theka entstehen. Offenbar wird in ihnen das in den Follikeln aufgespeicherte, bei der Atresie aber frei werdende Nährmaterial angesammelt um später wieder beim raschen Wachstum anderer Follikel verwendet werden zu können. Die Zwischenzellen sowohl, als auch die Thekaluteinzellen sind aber nichts anderes als Fettspeicher und von diesem Gesichtspunkt aus lassen sich auch die Angaben Aschners (1918) einigermaßen verstehen, daß die Menge des interstitiellen Ovarialgewebes um so größer sei, je mehr Junge bei der betreffenden Art in einem Wurf abgesetzt werden. In letzter Linie ist die Zahl der abgesetzten Jungen abhängig von der Zahl der Follikel, die auf einmal, vor der jeweiligen

Brunst zur Reife gelangen. Ist ihre Zahl sehr groß, so benötigen sie zu ihrem Wachstum sehr viel Nährstoffe und dementsprechend ist hier die Menge des nährstoffspeichernden Zwischengewebes eine sehr beträchtliche. Kommt jedoch jeweils nur ein einziger oder sehr wenige Follikel zur Reife, so braucht auch keine große Menge von Nahrungsmitteln im Ovar aufgehäuft zu sein und dementsprechend ist hier die Menge des fetthaltigen Zwischengewebes eine weit geringere. Auf jeden Fall wird das Material der zahlreichen Follikel, die in jedem Ovar zugrunde gehen auf dem Wege der Luteinzellen wieder zum Aufbau anderer Eier verwandt. So ist es auch zu verstehen, daß die Zahl der fetthaltigen Zellen in den Ovarien während der Schwangerschaft fortdauernd zunimmt und dementsprechend das erneute Follikelwachstum vorbereitet.

Ein grundlegender Unterschied besteht jedoch zwischen diesen beiden, dem Bindegewebe entstammenden Zellarten und jenen großen, äußerlich den Zwischenzellen ähnlichen Gebilden, die nach dem Follikelsprung, zum Teil vielleicht auch bei der Atresie großer Follikel aus den Epithelien der Granulosa gebildet werden. Um diese Gegensätze klar zu machen, will ich zunächst kurz die Entstehung des gelben Körpers besprechen.

II. Der gelbe Körper.

Der Follikel aller Säugetiere bildet sich nach dem Platzen zum gelben Körper um. Seine Entstehung beim Menschen ist auch heute noch nicht restlos aufgeklärt, auf Grund einer ganzen Reihe von sehr eingehenden Untersuchungen können wir es aber als vollkommen sicher bezeichnen, daß der wichtigste Bestandteil des Corpus luteum, die Luteinzellen, aus den Granulosazellen des Follikels entstehen, also epithelialer Herkunft sind, wie dies schon Bischoff (1854, 1878) und Pflüger (1863) vermutet haben. Die Luteinzellen entstehen also nicht wie dies der zuerst von v. Baer (1827) geäußerten, später dann von W. His (1863) und einer großen Anzahl anderer Forscher vertretenen Anschauung entspricht, aus den bindegewebigen Elementen der Theca Folliculi. Möglich, ja sogar sicher ist es jedoch, daß vereinzelte, der der Theka entstammenden Bindegewebszüge in die Randpartien des gelben Körpers eindringen und sie, ohne jedoch eine Umwandlung in Luteinzellen zu erfahren, also unter Beibehaltung ihres bindegewebigen Charakters mit Blutgefäßen versorgen.

Es kann hier nicht meine Aufgabe sein alle bisherigen Angaben über die Bildung des Corpus luteum zu besprechen, ich muß in dieser Hinsicht auf entsprechende Sonderreferate verweisen, hier sollen nur diejenigen Tatsachen hervorgehoben werden, die für die später zu besprechende Tätigkeit der Zwischenzellen von Bedeutung sind. Die ersten genauen

Untersuchungen über die Ausbildung des gelben Körpers führte Sobotta (1896—1901) aus und stellte dabei fest, daß die Luteinzellen bei der Maus und wahrscheinlich auch bei allen anderen Säugetieren durchweg aus dem Stratum granulosum hervorgehen, also epithelialen Ursprunges sind. Unmittelbar vor und auch noch kurz nach dem Follikelsprung lassen sich an den Zellen des Epithels noch zahlreiche Mitosen nachweisen. Nach dem Platzen bildet sich im Hohlraum des Follikels etwas Flüssigkeit, die Rißstelle verschließt sich, der Follikel nimmt wieder eine mehr rundliche Form an. Während nun in der Folgezeit die Kernteilungen vollkommen zum Stillstande kommen, erfolgt eine sehr erhebliche, durch Messungen nachweisbare Vergrößerung der Epithelzellen. Am dritten Tage nach dem Follikelsprung beträgt der Durchmesser der einzelnen Follikelzellen etwa das Doppelte, der Inhalt das Zehnfache wie früher, gleichzeitig tritt massenhaft Fett in den Plasmaleibern auf. Hand in Hand damit gehen Veränderungen an der Theca interna des Follikels, ihre großen, plasmareichen Zellen teilen sich und werden so zu spindeligen, typischen Bindegewebszellen umgewandelt, die zwischen die Luteinzellen eindringen und das bindegewebige Gerüst des gelben Körpers bilden. Das Bindegewebe begleiten zahlreiche Gefäße. Schon 50 Stunden nach dem Platzen des Follikels ist die ganze Masse der Luteinzellen von Bindegewebszügen durchsetzt, die sich im Mittelpunkte des gelben Körpers vereinigen und dort zur Bildung des Bindegewebskernes führen. Die Untersuchungen Sobottas sind deshalb von so großer Wichtigkeit, ihre Ergebnisse unbedingt beweisend, weil sie unter genauer Berücksichtigung der Zeitverhältnisse, wenige Stunden bis Tage nach dem Follikelsprung ausgeführt wurden.

Alle weiteren Untersucher, die die gleiche Vorsicht beobachteten, konnten auch die Angaben Sobottas bestätigen. Sobotta nimmt nun an, daß bei der Maus die Corpora lutea zeitlebens bestehen bleiben, während sie beim Kaninchen fettig entarten und zugrunde gehen. Jedenfalls finden sich im Ovar der Mäuse keine Corpora fibrosa, wohingegen bei älteren Tieren das Stroma vollständig von Luteinzellen durchwachsen ist. Ebner (1902) leitet diese Gebilde von den Zellen der inneren Thekaschicht ab und stellt sie den Zwischenzellen bzw. den Hisschen Kornzellen gleich.

Demgegenüber ist zu bemerken, daß die fetthaltigen Zellen des Mäuseovar wenn sie wirklich von Bindegewebszellen, vielleicht also auch von der Theca folliculi abstammen den Zwischenzellen des Hodens an die Seite gestellt werden können. Wahrscheinlicher ist jedoch, da sich ja typische Zwischenzellen nur in geringer Zahl nachweisen lassen, daß diese massenhaft vorhandenen „Luteinzellen" von den Luteinzellen der gelben Körper, also von epithelialen Gebilden herstammen und infolgedessen den Zwischenzellen nicht gegenübergestellt werden dürfen.

Die Ergebnisse, welche die Untersuchungen Sobottas (1897, 1898) gezeitigt hatten, wurden in der Folgezeit stets dann bestätigt, wenn bei der Auswahl des Materials mit der nötigen Vorsicht vorgegangen wurde, d. h. wenn wirklich nur ganz frische, eben oder vor wenigen Stunden geplatzte Follikel in den Bereich der Betrachtungen gezogen wurden, so von Honoré (1899) für das Kaninchen, von Stratz (1899) für Tarsius, Sorex und Tupaja und von van der Stricht (1901) für die Fledermaus. Näher darauf einzugehen erübrigt sich hier, es genügt vielmehr die Feststellung, dass die Granulosa-Luteinzellen des Ovar der Säugetiere mit den Zwischenzellen lediglich eine große Ähnlichkeit in der äußeren Form gemeinsam haben, jedoch im übrigen entwicklungsgeschichtlich, morphologisch und histologisch ganz verschiedene Bildungen darstellen. Soweit es bei anderen Tierarten, überhaupt zur Ausbildung eines gelben Körpers kommt, liegen hier die Verhältnisse ebenso wie bei den Säugern, nur kommt es niemals zu so starken Epithelwucherungen, die ganze Bildung verfällt auch viel rascher der Degeneration.

Die Angaben Sobottas wurden in der letzten Zeit auch für den, Menschen voll und ganz bestätigt, und zwar durch R. Meyer (1911) fernerhin durch Miller (1910, 1914), Schroeder (1913) und Wallart (1914) Sie alle konnten zeigen, daß auch beim Weib die typischen Luteinzellen ausschließlich aus den Granulosazellen hervorgehen, während die Thekazellen nur das zum Aufbau des gelben Körpers unbedingt notwendige Bindegewebe liefern.

Aschner (1918) erwähnt nun auf Seite 47 seines Buches: „Ein gemischter Ursprung der Zellen des Corpus luteum ist nunmehr ja auch für die Säuger von van der Stricht, H. Rabl u. a. erwiesen, entgegen der ursprünglichen Ansicht Sobottas, der einen rein follikulären Ursprung der Luteinzellen annahm“. Diese Behauptung beruht auf einer völligen Nichtbeachtung der neueren Arbeiten über die Entstehung des Corpus luteum. Als Belege sind im Verzeichnis der erwähnten Arbeiten von Aschner. zwei Mitteilungen van der Strichts angegeben (1901). Die eine davon, nämlich der auf der Anatomenversammlung in Bonn gehaltene Vortrag handelte überhaupt nicht über die Bildung des Corpus luteum, sondern über die Atresie ungeplatzter Follikel, und auch bei ihnen geht das Follikelepithel oft nur sehr langsam zugrunde, die Epithelzellen werden groß, beladen sich zum Teil mit Fett und können so richtige gelbe Körper entstehen lassen. In der anderen erwähnten Arbeit beschreibt van der

Stricht ausführlich die Entstehung des Corpus luteum. Die Follikelepithelienzellen beladen sich hier schon vor dem Follikelsprung mit Fett, erfahren nach dem Sprung aber häufig eine gewisse regressive Metamorphose indem sie sich zu spindelförmigen, ganz schmalen Gebilden umwandeln, bei denen die Zellgrenzen häufig so undeutlich werden, daß man von einem Synzytium reden kann. Später verwandeln sie sich aber in Luteinzellen, wachsen sehr stark heran und teilen sich auch auf in direktem Wege. Es wäre nach den Angaben van der Strichts allerdings möglich, daß auch gewisse Teile der Theca interna in Luteinzellen umgewandelt werden können, jedenfalls sind seine Beobachtungen hierüber so unsicher, daß sie niemals als eine Widerlegung der gründlichen Untersuchungen Sobottas bezeichnet werden können. H. Rabl (1899) kann dagegen in der Frage der Luteinzellenbildung keine bestimmte Stellung einnehmen, da er nur ältere Stadien beobachtet hat. Es wäre wissenswert, wer die anderen Forscher sind, die Aschner im Auge hat, seine Angaben über van der Stricht und H. Rabl sind auf jeden Fall falsch, denn bisher sind die Untersuchungen Sobottas noch nicht widerlegt.

Eine entfernte Ähnlichkeit mit dem Corpus luteum besitzen auch die Bildungen im Ovar der Säuger, welche bei der Atresie nicht geplatzter Follikel auftreten. Der Vorgang vollzieht sich gewöhnlich in der Art und Weise, daß in einem größeren Follikel zunächst die Zellen der Granulosa verfetten und schließlich zugrunde gehen, nachdem zuerst ihr Kern aufgelöst wurde. Bei diesem Vorgang erinnern die Zellbilder häufig an die Luteinzellen. Schon während der Zerstörung der Granulosa treten Wanderzellen auf und resorbieren die Reste der zerfallenen Epithelzellen, sie dringen dabei in großer Zahl in den Liquor folliculi ein, der seinerseits stark verändert erscheint, und durchsetzen die Schicht der Theka (v. Ebner 1902). Im Verlaufe der Rückbildung tritt nun bei den meisten Tieren, nicht so sehr beim Menschen eine erhebliche Verdickung der Theca interna auf, ihre Zellen nehmen Fett auf, ihr Plasmaleib vergrößert sich und nimmt polygonale Form an. Sie gleichen schließlich vollkommen den typischen Gebilden des Corpus luteum verum, eine Tatsache, die Koelliker (1898) zu dem Schluß veranlaßt, daß die Unterschiede zwischen beiden Bildungen keine prinzipiellen, sondern nur graduelle seien.

Die Frage nach der Entstehung der Zellen des Corpus atreticum ist noch nicht vollkommen gelöst, wichtig erscheint hier die Entscheidung, ob die in sich rückbildenden Follikeln nachweisbaren, mit Fett beladenen Zellen tatsächlich ausschließlich umgewandelten Thekazellen sind, also aus Bindegewebe entstehen. Wir hätten in ihnen dann, wie schon erwähnt,

Gebilde zu erblicken, die hinsichtlich ihrer Entstehung den Zwischenzellen gleichgestellt werden müßten und könnten im Vorgang ihrer Vermehrung bei der Follikelatresie ein Analogon zu der von Kyrle bei der Atrophie des Hodens festgestellten Tatsache erblicken, daß jeder Untergang von Keimzellen anfänglich von einer Vermehrung der Zwischenzellen begleitet ist.

Äußerst wichtig zur Entscheidung der ganzen Frage sind nun die Ergebnisse der Untersuchungen, die von v. Winiwarter und Sainmont (1909—1912) am Ovar der Katze ausführten. Sie stellten zunächst durch sehr genaue Beobachtungen fest, daß die großen, sprungreifen Follikel des Katzenovar nicht platzen, wenn das betreffende Tier nicht befruchtet wird. Unterbleibt aber der Follikelsprung, so bildet sich der Follikel nach einer gewissen Zeit zurück, und zwar verwandelt er sich ohne das Ei auszustoßen in ein gewöhnliches Corpus luteum. Die Follikelepithelzellen erfahren dabei keine Vermehrung, sie vergrößern sich nur sehr beträchtlich durch Fettaufnahme und nehmen dadurch ganz den Charakter echter Luteinzellen an, die Theca interna wuchert in diese Zellmassen in Form von Bindegewebszellen ein und versieht die ganze Bildung mit Blutgefäßen. Schließlich unterscheidet sich dieser Corpus luteum atreticum, in keiner Weise von dem gewöhnlichen gelben Körper, wie er nach dem Platzen eines Follikels gebildet wird.

Die Zwischenzellen beteiligen sich in keiner Weise an der Entstehung der Bildung, es findet auch innerhalb des gelben Körpers keine Umwandlung von Bindegewebe in interstitielle Zellen statt. Die beiden Autoren bestreiten ausdrücklich jede Beteiligung des Bindegewebes an der Bildung der Luteinzellen.

Es erscheint also äußerst wahrscheinlich, daß auch noch bei anderen Tierarten die Bildung des Corpus luteum atreticum in der gleichen Weise vor sich geht. Die ganz allgemein festgestellte Tatsache, daß die Epithelzellen sich zunächst mit Fett beladen, stellt eben nur eine Umwandlung dieser Gebilde in Luteinzellen dar, die Beteiligung der Thekazellen an der Bildung erscheint mehr als zweifelhaft.

Bei Fischen, Amphibien, Reptilien und Vögeln läßt sich histologisch keine strenge Scheidung zwischen gelben Körpern und atretischen Follikeln durchführen, die beiden Formen gehen vollständig ineinander über und sind beide durch die Wucherung der Granulosazellen gekennzeichnet.

III. Die Zwischenzellen im Eierstock anderer Wirbeltierarten.

Noch weniger als im Ovar der Säugetiere, in dem ja die Zwischenzellen vielfach fälschlich in Zusammenhang mit den Luteinzellen gebracht werden, wurden bisher die interstitiellen Zellen im Ovar anderer Tierarten untersucht. Bei Vögeln kommen typische Zwischenzellen zweifellos auch im Ovar vor, ich konnte sie bei der Dohle (Stieve 1918) feststellen, ihre Menge erfährt während des ungeheuren Follikelwachstums zu Beginn der Fortpflanzungszeit eine, allerdings nur relative Verminderung, um nach der Eiablage wieder etwas zuzunehmen. Die Rückbildung der geplatzten und atretischen Follikel vollzieht sich ähnlich wie bei Säugetieren, es findet eine Wucherung der Epithelzellen statt. Auch Pearl und Boring (1917) konnten im Ovar von Hühnervögeln Zellen nachweisen, die den Luteinzellen und den interstitiellen Zellen des Säugetierovarium ähnlich sind. Andere Angaben über die Zwischenzellen der Vögelovarien konnte ich nicht auffinden, desgleichen auch keinerlei Mitteilungen über die Ovarien der Reptilien.

Im Ovar der Amphibien, der Anuren, sowohl als auch der Urodelen fehlen die Zwischenzellen vollkommen, es finden sich hier, wie die Untersuchungen von Harms (1909—1914) zeigen, keinerlei Gebilde, die in ihrer Form auch nur annähernd an Zwischenzellen erinnern, das interstitielle Bindegewebe ist im ganzen nur sehr spärlich entwickelt und besteht ausschließlich aus länglichen, spindelförmigen Zellen. Über die Ovarien der Fische bestehen keine diesbezüglichen Untersuchungen.

IV. Das Biddersche Organ.

Wegen verschiedener Rückschlüsse, die sich aus einigen Arbeiten über die Zwischenzellen des Hodens und des Ovar gewinnen lassen, muß ich hier auch noch kurz die bisherigen Arbeiten über das Biddersche Organ besprechen; jenes rudimentäre Ovar, das sich bei verschiedenen Krötenarten stets neben dem Hoden findet.

Zum erstenmal erwähnt wurde das Biddersche Organ bei Rösel von Rosenhof (1758), der feststellt, daß dem Hoden der Kröte außer dem bei allen Batrachiern vorkommenden Fettkörper noch eine gelbe, besondere Fettmasse aufgelagert sei. Aus der beigegebenen Abbildung geht deutlich hervor, daß es sich bei diesem Körper nur um das Biddersche Organ handeln kann, das dann von Jacobson (1828) abermals beschrieben, und als rudimentäres Ovar erkannt wurde, während Rathke (1825) es für den Hoden selbst hielt. Eingehender untersucht hat erst Bidder (1846) das fragliche Gebilde, durch die mikroskopische Beobachtung stellte er jedoch nur fest, daß es ganz ähnlichen Bau wie der Hoden zeige; allerdings hat Bidder dabei nach der Ansicht Knappes (1886) nicht die Geschlechtsteile eines Männchens, sondern die eines Weibchens untersucht. Auf Grund einer an Bufo agua ausgeführten Untersuchung kommt Bidder schließlich zu dem Schluß, daß das betreffende Organ eine Abteilung des Hodens bilde, die auf einer niederen Entwicklungsstufe stehen geblieben sei.

Gegen diese Anschauung wendet sich v. Wittik (1853) und bestätigt die ursprüngliche Jacobsonsche Beobachtung, daß es sich nur um einen rudimentären Eierstock handeln könne. Es besteht also eigentlich nicht der geringste Grund, diesen Anhang am Hoden der Kröten gerade nach Bidder zu benennen, der ihn weder entdeckt, noch auch seine Bedeutung erkannt hat. Spengel (1876) will allerdings die Bezeichnung rudimentäres Ovar nicht anerkennen und zwar hauptsächlich deshalb weil das betreffende Gebilde auch beim Weibchen vorkommt. Dieses müßte demnach neben dem gut entwickelten Ovar noch einen rudimentären Eierstock besitzen. Spengel schließt sich deshalb der Bidderschen Anschauung an, „daß das Biddersche Organ eine Rolle in den Leistungen der Geschlechtsdrüsen spielt, etwa in irgendeiner Beziehung steht zur Bildung des Materials, von dem die Entwicklung neuer Ureier ausgeht, im weiblichen, wie im männlichen Geschlecht".

Bourne (1884) und Marshall (1884) weisen erneut auf die große Ähnlichkeit zwischen den Eikapseln des Bidderschen Organes und den Follikeln anderer Amphibienovarien hin, ja Marshall weist sogar degenerierende Eier in großer Menge nach. Eingehende Kenntnis des Bidderschen Organes verdanken wir aber erst den Untersuchungen von Knappe (1886) der zunächst feststellte, daß sich das Biddersche Organ nur bei Kröten männlichen Geschlechts findet. Es besteht aus einem bindegewebigen Stroma, in dem vereinzelte Pigmentzellen, wie sie sich auch sonst im Peritoneum nachweisen lassen, eingelagert sind. Im Stroma findet sich aber noch eine andere Art von Zellen, die Knappe entweder für Leukozyten oder aber für den Hisschen Kornzellen analoge Gebilde hält. Sie liegen in frischen Präparaten den Eikapseln auf, ihr Plasmaleib ist im allgemeinen feinkörnig, er enthält jedoch auch größere, gelblich oder rötlich glänzende Körner. Die Zellen zeigen im frischen Präparat deutliche amoeboide Bewegungen und finden sich häufig in der Nähe der Blut- und Lymphgefäße. Offenbar hat Knappe hier Leukozyten beobachtet, wie er ja selbst annimmt. Eine Homologisierung mit den Körnerzellen, also Zwischenzellen der Ovarien höherer Tiere erscheint daher unzutreffend, denn alle späteren, mit besseren optischen und färberischen Hilfsmitteln ausgeführten Untersuchungen haben niemals irgendwelche, den Zwischenzellen ähnliche Gebilde im Bidderschen Organ anschaulich machen können.

Knappe kommt endlich zu dem Schluß, das Biddersche Organ sei ein kleines, dem Hoden der Kröte angegliedertes Ovar, über seine Bedeutung vermag er nichts anzugeben. Eine gründliche Schilderung des

Bidderschen Organes gibt auch Nußbaum (1880) und erwähnt dabei das häufige Vorkommen zweikerniger Follikel. Sehr eingehend hat sich Cerruti (1903—1905) mit dem Bidderschen Organ beschäftigt und gezeigt, daß sich zwischen den Eifollikeln nicht selten auch Follikel finden, in denen sich Spermatozoen entwickeln.

Schon Knappe hatte darauf hingewiesen, daß das Biddersche Organ nicht zu allen Zeiten des Jahres gleich ausgebildet ist, er nahm sogar an, daß es im Frühjahr vollkommen verschwindet, erst im Juni, in der Zeit, in der sich auch der Fettkörper zu vergrössern beginnt, setzt seine Regeneration ein. Im Gegensatz dazu konnte es Friedmann (1898) auch im Winter und Frühjahr nachweisen. Der Widerspruch in diesen Angaben wurde durch Ognew (1908) geklärt. Er stellte fest, daß die Follikel des Bidderschen Organes niemals zur völligen Reife kommen, daß die Eier, wie übrigens schon seine Vorgänger beobachtet hatten, nicht ausgestoßen werden, sondern der Degeneration anheimfallen. Erst wenn eine Generation von Follikeln vollkommen zurückgebildet ist, beginnt das Wachstum einer neuen Generation. Zu ähnlichen Ergebnissen gelangten auch Aimé (1908) und King (1908, 1910). Aimé und Champy (1909) beschreiben im Stroma des Bidderschen Organes eine Art von Zwischenzellen bei denen es sich jedoch nicht um die nämlichen Gebilde handeln dürfte, die wir sonst mit diesem Namen belegen, ihr Fehlen im Bidderschen Organ, geradeso wie im Ovar aller Urodelen wurde im übrigen noch von all den zahlreichen Untersuchern, die sich eingehend mit der Histologie des Amphibien-Eierstockes beschäftigten, bestätigt. Wahrscheinlich haben Aimé und Champy die im Bindegewebe liegenden Ovogonien für interstitielle Zellen gehalten.

Besonders Harms (1913, 1914) betont, daß im Bidderschen Organ niemals Zwischenzellen aufgefunden werden können, selbst nicht in der Zeit, in der das Interstitium des Hodens auf dem Höhepunkt der Entwicklung steht. In manchen großen, scheinbar degenerierenden Eiern des Bidderschen Organes findet sich aber zu gewissen Zeiten, nämlich im Juni und Juli, viel ausgeprägter noch im Januar und Februar ein „Sekret“, das sich halbmondförmig um den Kern legt und sich chemisch genau so verhält, wie das Sekret des Interstitium. Beide schwärzen sich durch Osmiumsäure und sind auf die Dauer nur in Präparaten zu erhalten die in Glyzerin eingeschlossen sind. Es handelt sich um die nämlichen Fettablagerungen, die sich auch sonst in den wachsenden Follikeln des Urodelenovar nachweisen lassen, Jörgensen (1910) hat sie beim Olm beschrieben. Harms glaubt nun, daß diese Granula das Sekret darstellen, durch das die Ausbildung der Brunstschwielen veranlaßt wird. Wahrscheinlicher erscheint mir allerdings, daß die fraglichen Fettgranula, so wie dies auch Jörgensen annimmt, später zur Bildung des Dotters verwendet werden. Harms meint weiterhin, man könne das Biddersche Organ entweder dem Interstitium des Hodens gleichsetzen oder aber seinem generativen Anteil. Meines Erachtens kommt keine der beiden Möglichkeiten in Frage, das Biddersche Organ muß im ganzen dem ganzen Hoden gleichgestellt werden, die Eizellen vertreten den generativen Anteil, das zweifellos vorhandene Bindegewebe aber das Interstitium. Daß sich in ihm keine Zwischenzellen finden, ändert nichts an dieser Tatsache. Das Interstitium des Bidderschen Organes besteht dabei ausschließlich aus Bindegewebe, die eingelagerten Keimzellen gehören zum generativen Teil. Wenn Harms dagegen einwendet, daß nach der Ansicht der meisten Autoren „die interstitiellen Zellen nichts anderes sind als undifferenzierte primäre Geschlechtszellen", so entspricht dies nicht den Tatsachen, im Gegenteil nach der Ansicht aller Autoren, die sich eingehend mit dem Gegenstand beschäftigt haben, sind die Zwischenzellen zweifellos Bindegewebszellen und niemals Keimzellen.

Das Biddersche Organ ist also ein dem Hoden der Kröten angegliedertes Ovar, das die nämlichen zyklischen Veränderungen erfährt wie das Ovar weiblicher Tiere. Die Follikel reifen jedoch nur bis zu einem gewissen Grade heran, sie werden niemals ausgestoßen, sondern verfallen physiologischerweise der Rückbildung. Über die Bedeutung des Organes kann zunächst noch nichts ausgesagt werden.

Die Bedeutung der Zwischenzellen.

Vergleichen wir also die Befunde über die Zwischenzellen im Hoden und im Ovar, dann läßt sich sagen, daß ihre Anwesenheit bei Säugetieren, Vögeln und wahrscheinlich auch bei Reptilien in den Keimdrüsen beider Geschlechter festgestellt ist, bei Anuren kommen sie nur im Hoden vor, fehlen dagegen im Ovar, bei Urodelen sind sie nicht mehr sicher nachzuweisen, bei allen wirbellosen Tieren fehlen sie vollkommen.

Während aber ursprünglich alle Untersucher, so wie auch heute noch eine große Anzahl der Forscher in den Zwischenzellen rein trophische Gebilde erblickt, macht sich in der letzten Zeit besonders bei Physiologen und solchen Untersuchern, die ihre Meinung ausschließlich auf das Experiment ohne Berücksichtigung der histologischen Befunde stützen, eine andere Meinung breit, die den Zwischenzellen eine höhere, für den Bau des Organismus ausschlaggebende Bedeutung zuspricht.

Eine ganze Reihe von Untersuchungen der letzten Jahre hatte ja zweifellos dargetan, daß bei den höheren Wirbeltieren bestimmte Eigenschaften, durch die sich die beiden Geschlechter voneinander unterscheiden, die sekundären oder akzidentellen Geschlechtsmerkmale nur dann zur vollen Ausbildung gelangen, wenn die dem betreffenden Geschlecht zukommende Keimdrüse im Körper anwesend ist. Man schloß aus dieser Tatsache ganz richtig, daß von den Keimdrüsen ein geschlechtsspezifisches Hormon abgesondert wird, welches die Entwicklung des Organismus in bestimmte Bahnen leitet und so die geschlechtliche Differenzierung bedingt.

Allerdings kommt eine solche geschlechtsspezifische Wirkung in erster Linie für die höheren Wirbeltiere in Frage. Aber auch bei niederen Tieren, so besonders bei den Krebsen (Stenorrhynchus phalangium, Eupagurus Bernhardus, Gebia stellata, Palaemon, Hyppolyte u. a.) werden nach den Angaben von Giard (1886—1904) durch die Kastration, die in diesem Falle durch Parasiten bewirkt wird, die sekundären Geschlechtsmerkmale reduziert, in einigen Fällen können sogar die Charaktere des anderen Geschlechtes zur Ausbildung kommen. Die nämlichen Beobachtungen machten auch Smith (1906—1915) und Potts (1906—1909) bei Inachus, dessen Männchen häufig von einem Parasiten befallen werden, der sich in den Hoden festsetzt und das spezifische Keimgewebe mehr oder weniger zur Rückbildung bringt bzw. verbraucht. Bei den so erkrankten Tieren tritt nun in 70% der Fälle eine Veränderung der sekundären Geschlechtsmerkmale ein, eine mehr oder weniger hochgradige Annäherung an die Formen der Weibchen.

Diese Versuche sprechen zunächst ganz allgemein für eine spezifische Hormonabsonderung der Keimdrüsen. Da in den Hoden der betreffenden eben besprochenen Arten aber keine Zwischenzellen vorkommen, sondern nur Keimzellen, so kann die inkretorische Tätigkeit nur diesen selbst zukommen.

Smith (1909) zieht nun den Schluß, daß die von Cunningham (1908) aufgestellte Annahme, die geschlechtsspezifischen Hormone werden durch die differenzierten Keimdrüsen hervorgebracht, falsch sei, oder wenigstens nicht allgemein angewendet werden könne. Denn bei dem kastrierten Männchen kämen, trotz des Fehlens jeglicher Keimdrüse sekundäre Geschlechtsmerkmale zur Entwicklung, deren Ausbildung bei den Weibchen durch die Anwesenheit, beziehungsweise Inkretion des Ovar bedingt werde. Es fragt sich allerdings ob die betreffenden Merkmale wirklich weibliche Geschlechtsmerkmale darstellen oder aber, so wie dies Tandler (1911) bei höheren Tieren zeigte nur Artmerkmale, die erst spät zur Entwicklung kommen und deren Ausbildung durch die Anwesenheit der Hoden gehemmt wird. Immerhin zeigen die Versuche von Smith doch, daß auch bei gewissen Evertebraten ein deutlicher Einfluß der Keimdrüsen auf die Gestaltung des Soma vorhanden sein kann.

Bei anderen Gruppen läßt sich ein solcher Einfluß allerdings mit voller Sicherheit ausschließen, so besonders bei Schmetterlingen. Dies zeigen zunächst die Versuche von Oudemans (1898), der Raupen des Schwammspinners kastrierte. Schmetterlinge, die sich aus diesen Raupen entwickelten, zeigten deutlich die sehr sinnfälligen Geschlechtsunterschiede in einer der ursprünglich vorhandenen Keimdrüse entsprechenden Ausbildung. Zu den nämlichen Ergebnissen führten die Versuche von Meisenheimer (1908, 1909), Kopéc (1908—1913), Regen (1909, 1910), Klatt (1913), Dewitz (1908), Steche (1912) und Geyer (1913). Sie zeigten alle einwandfrei, daß bei Insekten die Ausbildung der sekundären Geschlechtsmerkmale unabhängig ist von der Anwesenheit der entsprechenden Keimdrüse, ja daß sie nicht einmal durch Einpflanzung der entgegengesetzt geschlechtlichen Drüse beeinflußt werden. Wie Steche ganz richtig betont sind also bei den Insekten alle Geschlechtsmerkmale „primäre", d. h. sie sind in der ersten Anlage des ganzen Individuum bedingt. Nicht einmal der Geschlechtstrieb wird in irgendeiner Weise beeinflußt, operierte Falter kopulierten eben so leicht wie nicht kastrierte.

Mitteilungen, die Sollas (1911) macht, zeigen nun, daß sich die Anneliden in bezug auf das Verhalten der sekundären Geschlechtsmerkmale von den Insekten unterscheiden. Sollas fand nämlich, daß bei Lumbricus das Clitellum nicht zur Ausbildung kommt, wenn die männlichen Keimzellen durch Parasiten zerstört werden. Die Ovarien waren in solchen Fällen unversehrt. Es ist demnach wohl der Schluß berechtigt, daß die Ausbildung des Clitellum von der Inkretion der Hoden abhängig ist. Dafür sprechen auch die Ergebnisse der Versuche von Harms (1909—1914), durch die einerseits dargetan wird, daß die höchste Ausbildung des Clitellum mit dem Höhepunkt der Geschlechtstätigkeit zusammenfällt, andererseits aber, daß sie vollkommen von der Anwesenheit der Keimdrüsen abhängt. Obwohl es sich aber nicht mit voller Sicherheit entscheiden läßt, ob die Ausbildung des Clitellum von beiden Keimdrüsen bewirkt wird, so sprechen doch die meisten Tatsachen dafür, daß einzig und allein die Anwesenheit der Hoden auf seine Entwicklung von Einfluß ist.

Da sich nun weder im Hoden, noch im Ovar des Regenwurms Zwischenzellen finden, so kann hier an der inkretorischen Tätigkeit der Keimzellen als solcher nicht der geringste Zweifel bestehen.

In gleicher Weise kann es heute auch als feststehende Tatsache bezeichnet werden, daß die Keimdrüsen der höheren Wirbeltiere einschließlich des Menschen ein geschlechtsspezifisches Hormon absondern, wie deutlich genug aus der Tatsache hervorgeht, daß bestimmte sekundäre Geschlechtsmerkmale bei Kastraten nicht zur Ausbildung gelangen. Es liegt nicht im Rahmen dieses Referates auf die inkretorische Funktion der Keimdrüsen im ganzen einzugehen, hinsichtlich dieses Punktes, der ja heutzutage keine Streitfrage mehr darstellt verweise ich auf die zusammenfassenden Arbeiten von Tandler und Groß (1913), Harms (1914) und Biedl (1916). Daß aber wenigstens beim Menschen eine selbst schon in sehr frühem Alter vorgenommene Entfernung der Keimdrüsen die Ausbildung der spezifischen Geschlechtsmerkmale nicht vollkommen verhindert, beweisen verschiedene Mitteilungen, die besonders Tandler und Groß (1910) machen. Bei Skopzen, also Individuen, die im allgemeinen schon vor der Pubertät verschnitten werden, ist die Libido sexualis nicht erloschen, es kommt vielmehr auch bei diesen zu Erektionen und Ejakulationen, auch zeigen die Skopzen Zuneigung zum weiblichen Geschlecht, üben zum Teil auch regelmäßigen Geschlechtsverkehr aus. Insoferne können wir auch beim Menschen von einer gewissen, von der Anwesenheit der Keimdrüsen unabhängigen geschlechtsspezifischen Entwicklung sprechen, unbeschadet des zweifellos vorhandenen inkretorischen Einflusses, der von Hoden und Ovarien ausgeht.

Bouin und Ancel (1903), haben nun bekanntlich die Theorie aufgestellt, daß die Hormonabsonderung nicht von den Geschlechtszellen der Keimdrüsen selbst ausgeht, sondern von den Zwischenzellen und haben dementsprechend die Gesamtmasse des interstitiellen Gewebes als „Glande interstitielle" bezeichnet. Steinach (1911), hat dann den, wie ich schon in der Einleitung dargetan habe, auf jeden Fall unzutreffenden Namen „Pubertätsdrüse" geprägt und Tandler und Groß (1913) fordern eine strenge Scheidung der Keimdrüsen, „in einen generativen und innersekretorischen Anteil". Dabei läßt sich der generative Anteil in den Keimdrüsen beiderlei Geschlechts jederzeit leicht abgrenzen, desgleichen gelingt es fast stets im Hoden den angeblich inkretorischen Anteil, die Zwischenzellen histologisch genau festzustellen, anders liegen die Verhältnisse beim Ovar, wo einerseits die spezifischen Zwischenzellen, andererseits die Luteinzellen des Corpus luteum und der atretischen Follikel als Sitz der inkretorischen Tätigkeit in Frage kommen, falls sie nicht in den Keimzellen selbst lokalisiert sein sollte.

In einer gewissen großzügigen Art haben alle bisherigen Verfechter der inkretorischen Funktion der Zwischenzellen im Ovar alle Zellen welche Fett enthalten einfach als „Pubertätsdrüse" bezeichnet, ohne zu bedenken, daß sie durch ein solches Vorgehen entwicklungsgeschichtlich ganz verschiedene Gewebsarten homologisieren, nämlich einerseits die eigentlichen Zwischenzellen, Abkömmlinge des Bindegewebes und andererseits die

Luteinzellen[1]), Abkömmlinge des Follikelepithels, das sich seinerseits wieder auf das Keimepithel zurückführen läßt. In letzter Linie können wir also die Luteinzellen, sowohl die des gelben Körpers, als auch, wie die Untersuchungen von v. Winniwarter und Sainmont (1909) lehren, die vieler atretischer Follikel als modifizierte Keimzellen bezeichnen.

Bei der Feststellung, welchem der Anteile der Keimdrüsen in der Tat die inkretorische Funktion zufällt, stoßen wir zunächst auf eine Schwierigkeit, auf die schon Kammerer (1912), hingewiesen hat, daß es nämlich noch nie gelungen ist, das Zwischengewebe wirklich vollkommen von den Keimzellen zu trennen. Es läßt sich hier also niemals mit Sicherheit ein Schluß in der einen oder andern Richtung ziehen. Andererseits ist eine völlige Isolierung der Keimzellen in allen den oben zum Teil schon besprochenen Fällen gegeben, wo, wie in den Keimdrüsen der Evertebraten und im Ovar der Urodelen keine Zwischenzellen vorhanden sind. In allen diesen Fällen muß die Inkretion — ich wähle lieber diesen von Roux (1916) geprägten Ausdruck an Stelle des hybriden Wortes Innersekretion — von den Keimzellen ausgehen, es wäre also höchstens denkbar, daß bei den höheren Tieren eine Arbeitsteilung eingetreten ist, insoferne als eine Aufgabe, die früher den Keimzellen zukam, auf die Zwischenzellen übergegangen ist. Daß dies nicht der Fall ist werden die folgenden Besprechungen der einschlägigen Arbeiten lehren.

A. Die Befunde am Hoden.

I. Die periodischen Schwankungen im Bau des Hodens bei Tieren mit zyklischer Brunst.

In erste Linie wird häufig eine Erscheinung für die inkretorische Tätigkeit der Zwischensubstanz des Hodens ins Treffen geführt, die sich physiologischerweise bei Tieren mit periodischer Brunst beobachten läßt, nämlich die großen Schwankungen im gegenseitigen Mengenverhältnis der beiden Hodenanteile. Wenn ich dabei in der Folge von zwei Anteilen der Keimdrüse spreche, so treffe ich die Unterscheidung nicht, wie dies Tandler tut, vom physiologischen Standpunkt, sondern vom rein morphologischen Gesichtspunkte aus und stelle den Keimzellen die Zwischenzellen bindegewebiger Abstammung, aber nur diese gegenüber.

Der erste, der auf die Unterschiede im Bau des Hodens zu verschiedenen Jahreszeiten aufmerksam machte war v. Hansemann (1895, 1896). Er untersuchte die Testikel eines Murmeltieres, das während des

[1]) Wenn im folgenden kurzweg von Luteinzellen gesprochen wird, so sind damit stets die Granulosa-Luteinzellen gemeint, nicht aber die Thekaluteinzellen, die ja dem Bindegewebe entstammen, also den Zwischenzellen zuzuzählen sind.

Winterschlafes getötet worden war und fand in ihnen vollkommene Ruhe der Spermatogenese „von den großen Zwischenzellen war nichts zu bemerken und nur feine spindelförmige Zellen umgaben die Kanälchen, so daß das Stroma neben der Membrana propria, den Gefäßen und diesen einfachen Bindegewebszellen nichts erkennen ließ“. Auf der Abbildung des betreffenden Hodens, die v. Hansemann seiner Arbeit beifügt sind allerdings die Zwischenzellen recht gut zu erkennen, als sehr große spindelförmige Gebilde mit großem Plasmaleib und großem runden Kern. Offenbar hat v. Hansemann selbst später seine Anschauung über diesen Punkt geändert, denn er erwähnt (1912), daß gegen das Ende des Winterschlafes die Zwischenzellen zahlreicher werden.

Bei einem zweiten Murmeltier, das nach dem Erwachen aus dem Winterschlaf 2 Monate lang in Gefangenschaft gehalten worden war, zeigte der Hoden ganz anderen Bau. Die Zwischensubstanz wurde von zahlreichen großen Zellen gebildet und erweckte fast den Eindruck eines großzelligen Sarkomes. Es fragt sich nun zunächst, inwieweit der Einfluß des Gefangenlebens für die Veränderungen am Hoden bei diesem zweiten Tier verantwortlich gemacht werden muß. Es wäre ja denkbar, daß durch ihn die Keimzellen zur Rückbildung gebracht wurden, und daß dieser Vorgang, wie dies Kyrle (1911), feststellte, eine Wucherung des Zwischengewebes bedingte. Im allgemeinen hätte nach dem Winterschlaf die Brunst beginnen also eine Vermehrung der Keimzellen im Murmeltierhoden eintreten müssen. Irgendwelche höhere Bedeutung kommt den Befunden jedenfalls nicht zu, da sie sich auf zu wenig Einzeltiere erstrecken, die noch dazu lange den Schädigungen des Gefangenenlebens ausgesetzt waren.

Ganfini (1903), fand beim Murmeltier während des Winterschlafes die Zwischensubstanz im ganzen verringert, diese Reduktion ist aber nicht durch eine Verminderung in der Zahl der Zwischenzellen, sondern durch eine Verkleinerung ihres Protoplasmaleibes bedingt. Während der stärksten Entwicklung der Keimzellen ist auch die Gesamtmasse der Zwischenzellen am größten.

Zu ganz ähnlichen Ergebnissen führten auch die Untersuchungen, die Marshall (1911) am Igel ausführte; bei diesem vergrößert sich der Hoden während der Brunst nicht unbeträchtlich; die Vergrößerung ist in der Hauptsache bedingt durch die erhebliche Ausdehnung des generativen Anteils, dann aber auch durch eine parallel mit dieser Erscheinung gehende Vermehrung des Zwischengewebes. Marshall gibt dabei nicht an, ob diese Vermehrung durch eine Vergrößerung der interstitiellen Zellen oder aber durch eine tatsächliche zahlenmäßige Zunahme bedingt ist. Jedenfalls führt Marshall die Brunsterscheinungen beim Igel auf eine vermehrte Inkretion der Hodenzwischenzellen zurück, eine Annahme, die der tatsächlichen Grundlage entbehrt, da ja ebensogut und mit gleichem Rechte die Vermehrung der Keimzellen für die Brunsterscheinungen verantwortlich gemacht werden kann, während die Zwischenzellenvermehrung als trophischer Vorgang aufzufassen ist. Es ist klar, daß sich solche Beispiele niemals sicher für die eine oder andere Anschauung verwerten lassen.

Die Ergebnisse der Untersuchungen Ramussens (1917, 1918) an Mamorta Monax decken sich im großen und ganzen mit denen Marshalls. Allerdings verläuft nach seinen Angaben die Ausbildung der beiden Hodenanteile nicht vollkommen gleichzeitig. Die Vermehrung der Samenzellen beginnt nämlich im Juni, steigert sich von da ab langsam und gleichmäßig bis zum Februar, um im März während der Brunst sehr stark zuzunehmen und dann ganz auszusetzen, so zur starken Rückbildung der Samenkanälchen führend. Im Gegensatz dazu bleibt die Masse der Zwischenzellen in den Monaten August bis Februar ungefähr gleich, erfährt aber im März eine sehr beträchtliche Vermehrung, die dann bis zum Juli, also über die eigentliche Brunst hinaus erhalten bleibt. Im Grunde besteht aber auch hier eine Gleichsinnigkeit in der Ausbildung der beiden Hodenanteile, so daß sich auch diese Versuche nicht für eine inkretorische Tätigkeit der Zwischenzellen verwerten lassen.

Besonders geeignet für derartige Betrachtungen erscheint nun der Hoden des Maulwurfes, er wurde von Regaud (1904) und später von Lécaillon (1909) untersucht, beide Arbeiten lieferten, da an zu kleinem Arbeitsstoff ausgeführt kein befriedigendes, irgendwie verwertbares Ergebnis.

Sehr eingehend haben sich aber Tandler und Groß (1911) mit dem Maulwurfhoden beschäftigt, ihre Untersuchungen erstrecken sich auf die Dauer von zwei Jahren und führten zu folgendem Ergebnis: „Wenn man sich die Entwicklungsphasen des generativen Anteils und der Zwischensubstanz als Kurven versinnbildlicht, so würden diese beiden sich so verhalten, daß die Höhe der einen mit dem Tal der anderen zusammenfällt, das heißt, die beiden Zyklen sind gegeneinander um eine Phase verschoben“. Wie auch Lipschütz (1919) betont, verhalten sich die Zwischenzellen hier also umgekehrt wie bei anderen Arten und diese Erscheinung an sich spräche ohne weiteres gegen jede inkretorische Tätigkeit der Zwischenzellen. Die stark gekünstelte Erklärung, die Tandler und Groß zu geben versuchen, daß durch die Vermehrung der Zwischenzellen die nächste Geschlechtsperiode vorbereitet wird, hat nicht die geringste Wahrscheinlichkeit für sich, es sei denn, daß die Zwischenzellen ihr spezifisches Inkret ein halbes Jahr im voraus absondern. Auch während der angeblichen Vermehrung der Zwischenzellen sind im Hoden des Maulwurfs niemals Mitosen nachweisbar. Die Beobachtungen, die Tandler und Groß ausführten sind nun zwar, wenn man lediglich das in einem einzigen histologischen Schnitt gewonnene Bild berücksichtigt, richtig, die daraus gezogenen Schlußfolgerungen sind jedoch, wie ich schon früher (Stieve, 1919) gezeigt habe, falsch.

Die Hoden des Maulwurfs erfahren nämlich im Verlaufe des Jahres recht beträchtliche Massenschwankungen, im August haben sie eine Ausdehnung von 6:4 mm, von da ab nehmen sie stetig an Größe zu, bis zum März, wo sie eine Ausdehnung von 14 zu 8 mm besitzen. Nach dieser Zeit erfahren sie wieder eine Verkleinerung. Aus den angegebenen Zahlen läßt sich nun berechnen, daß die Hodenmasse im August etwa 37,7 cmm, im März aber 352,2 cmm beträgt, der Hoden vergrößert sich in der Brunst also etwa auf das neunfache seiner früheren Masse.

Berücksichtigt man nun diese Größenschwankungen, so kommt man hinsichtlich der Zwischensubstanz zu ganz anderen Ergebnissen als die beiden Wiener Autoren. Diese geben in ihrer Abbildung 3 (1911) den Schnitt durch den Testikel eines im Juli, also während der Ruhezeit getöteten Maulwurfes wieder, der allerdings sehr stark schematisiert ist. Bei ihm habe ich nun nach der von mir (Stieve, 1919) angegebenen Art das gegenseitige Mengenverhältnis der beiden Hodenanteile durch Wägung bestimmt, das gewonnene Ergebnis stammt allerdings nur von einem sehr kleinen Schnitt, ist aber doch wohl geeignet, den Irrtum, der Tandler und Groß unterlaufen ist, aufzudecken. Das Verhältnis der Zwischensubstanz zur Keimsubstanz beträgt hier gleich 8:6. Bei einer Hodengröße von 6:4 mm, die diesem Zeitabschnitt entspricht und einem Kubikinhalt von 37,7 cmm ist demnach die Gesamtmenge des generativen Anteiles gleich 16,1 cmm, die der Zwischensubstanz gleich 21,6 cmm.

Abb. 4 (1911) stellt den Schnitt durch einen Novemberhoden dar, der im Verhältnis zum eben beschriebenen sicher schon etwas vergrößert ist. Die Zahl der Hodenkanälchenquerschnitte hat etwas zugenommen und dementsprechend erscheint die Zwischensubstanz vermindert, das Mengenverhältnis der beiden Hodenanteile, wieder durch Wägung ermittelt, ist jetzt etwa gleich 1:1. Bei den beiden in Abb. 3 und 4 (1911) wiedergegebenen Hoden ist der Unterschied im gegenseitigen Mengenverhältnis der beiden Hodenanteile sehr gering, es mag sich um individuelle Schwankungen handeln, gegebenenfalls auch um Altersverschiedenheiten, wie ich sie (1919) im Dohlenhoden feststellte. Auf keinen Fall besteht aber irgend ein Grund, größere Schwankungen in der Menge der Zwischensubstanz anzunehmen. Da zudem der Hoden von Abb. 4 größer ist als der von Abb. 3, dürfte die Gesamtmenge der Leydigschen Zellen in beiden Fällen ziemlich gleich sein, lediglich die Vermehrung der Keimzellen bedingt die geringe Verschiebung im gegenseitigen Mengenverhältnis.

Leider bringen Tandler und Groß kein Bild eines Schnittes durch einen auf der Höhe der Tätigkeit stehenden Hoden, sondern lediglich durch den eines am 30. März, also nach der Hauptgeschlechtszeit getöteten Tieres (Abb. 1, 1911). Das Verhältnis der beiden Hodenanteile beträgt hier 2:13, die Zwischensubstanz ist also allem Anschein nach stark vermindert. Berücksichtigt man jedoch auch hier die Gesamtgröße des Organes, die noch nahe an der höchsten Zahl von 14:8 mm liegen dürfte, so ergibt sich für den generativen Anteil ein Inhalt von ungefähr 300 cmm, für die Zwischensubstanz ein solcher von etwa 46 cmm. Diese ist demnach, trotzdem im Einzelschnitt ein gegenteiliges Verhalten vorgetäuscht wird, gegenüber dem Ruhezustand vermehrt, sie verhält sich also gerade so wie die Keimsubstanz. Allerdings dürfte die Vermehrung der Zwischensubstanz zum allergrößten Teil auf einer Vergrößerung des Gefäßnetzes beruhen, während sich die Leydigschen Zellen in ihrer Gesamtheit kaum verändern.

Demnach verläuft die „Entwicklungsphase der Zwischensubstanz im Maulwurfhoden, als Kurve versinnbildlicht“ ohne Schwankung horizontal oder höchstens gleichsinnig mit der Kurve der Keimzellen, aber nicht gegen diese um eine Phase verschoben. Der Schluß, zu dem Tandler und Groß gelangt sind, ist falsch und beruht nur auf der Außerachtlassung der Gesamtgröße des Hodens bei einseitiger Berücksichtigung der im mikroskopischen Bild vorliegenden Verhältnisse.

Es besteht also kein Unterschied im Verhalten der Zwischensubstanz des Maulwurfhodens gegenüber den bei anderen Tieren mit periodischer Brunst festgestellten Verhältnissen, auf keinen Fall lassen sich die gegebenen Befunde im Sinne einer inkretorischen Tätigkeit der Leydigschen Zellen verwerten, sie sprechen vielmehr nur für das innige gegenseitige Abhängigkeitsverhältnis der beiden Hodenanteile.

Weit beträchtlicher als bei Säugetieren sind die Schwankungen in der Größe der Hoden, die wir bei Vögeln beobachten können. Bei Säugetieren fällt der Unterschied in der Klasse der Nager und Insektenfresser am stärksten auf, er ist aber auch bei Schnabeltieren vorhanden. Die Volumsvergrößerung bildet bei einigen Arten mit einen der Gründe für den periodischen Descensus testiculi. Bei Vögeln machen sich die Unterschiede weit stärker geltend, die hauptsächlich auf einer Vermehrung des generativen Anteils beruhende Vergrößerung ist laut Etzold (1891) bei den Arten am beträchtlichsten, von denen der Koitus am öftesten rasch nacheinander ausgeführt wird. Dieser Umstand läßt sich wohl im Sinne einer inkretorischen Tätigkeit des generativen Hodenanteils verwerten. Ursprünglich stammt die Annahme, daß ein Wechselverhältnis zwischen geschlechtlicher Potenz und Hodengröße besteht von Aristoteles, sie erhielt ihre anatomischen Grundlagen durch Tannenberg (1799), der als erster bei Vögeln die beträchtliche Hodenvergrößerung in der Brunst feststellte. Leukart (1853) untersuchte die Hoden des Haussperlings während eines ganzen Jahres und stellte in der Brunst eine Gewichtsvermehrung auf das 192fache fest. Seine Beobachtungen wurden später durch Etzold (1891) bestätigt und erweitert. Er beobachtete im äußersten Falle beim Haussperling eine Vermehrung des Hodengewichtes auf das 336fache. Durch genaue Wägungen stellte er des weiteren fest, daß die Hoden bei Fringilla domestica im Winter etwa 0,00062 % des Körpergewichtes ausmachen, im Frühjahr während der Paarungszeit aber 2 %. Verschiedentlich betrug die Vergrößerung in den drei Dimensionen des Raumes das Zehnfache, im Volumen das 1127fache. Vergleicht man damit die Gewichtsvermehrung, die nur das 336fache des Ruhehodens beträgt, so ergibt sich, daß das spezifische Gewicht des Ruhehodens wesentlich höher ist als das des Brunsthodens. Die Vergrößerung des Hodens ist in erster Linie durch eine Vermehrung des Keimgewebes bestimmt, dem gegenüber die Ausdehnung des Stroma ganz zurücktritt. Die Gesamtlänge der Tubuli eines Hodens beträgt nämlich im Winter etwa 104,34 mm, im Sommer dagegen 1675,97 mm.

Die stärkste Hodenvergrößerung während der Brunst findet sich wohl bei unserem Hausgeflügel, nach Disselhorst (1908) messen die Hoden eines brünstigen Hauserpels 8 cm in der Länge, $4\frac{1}{2}$ cm in der Breite und 4 cm in der Dicke, sie entsprechen in ihren Dimensionen etwa denen eines zehnendigen, während der Brunstzeit erlegten Hirsches. Auch Poll (1911) erwähnt die erheblichen Unterschiede in der Hodengröße bei Enten, die zu verschiedenen Jahreszeiten erkennbar sind, er gibt das Verhältnis des Ruhehodens zum Brunsthoden gleich 1:200 bzw. 1:300 an, ohne jedoch zu erwähnen, ob die Vergrößerung durch eine Vermehrung der Keimzellen oder der Zwischenzellen bedingt ist. Sein Schüler Schöneberg (1913) wendet jedoch bei der Untersuchung der Samenbildung bei Enten auch der Zwischensubstanz sein Augenmerk zu. Er bestätigt den wellenförmigen Verlauf der Hodentätigkeit, im Frühjahr setzt plötzlich eine sehr erhebliche Volumsvergrößerung ein, die durch eine Vermehrung der samenbildenden Elemente bedingt ist. „Bemerkenswert ist dabei das Verschwinden des interstitiellen Bindegewebes, das nach und nach vollständig von den sich ausdehnenden Samenröhren verdrängt wird.“ Bei

Beginn der Mauser verringert sich dann die Hodengröße wieder. „Dieselbe Erscheinung wie sie Tandler und Groß beim Maulwurfshoden beobachtet haben, zeigt sich also auch hier bei den Enten.“ Mit dieser Schlußfolgerung begeht Schöneberg den nämlichen Fehler wie die beiden genannten Untersucher, auch er übersieht ganz, daß die Verminderung des Zwischengewebes nur eine relative, durch die ungeheure Vermehrung der Keimzellen vorgetäuschte ist, für seine Darlegung gilt daher das gleiche, was ich oben über die Befunde von Tandler und Groß sagte.

Bemerkenswert ist dabei, daß die rasche Vermehrung der Keimzellen bei den Vögeln mit der deutlichen Ausbildung der sekundären Geschlechtsmerkmale Hand in Hand geht, ein Umstand der zweifellos dafür spricht, daß das geschlechtsspezifische Hormon von ihnen selbst, nicht aber von den Zwischenzellen ausgeschieden wird. Zu dieser Schlußfolgerung gelangen auch Boring und Pearl (1917), die gleichfalls eine starke Vermehrung der Samenzellen beim Hahn feststellen zu der Zeit, in der die sekundären Geschlechtsmerkmale in Erscheinung treten. Sie sind überzeugt, daß den Zwischenzellen des Hodens bei den Hühnervögeln keinerlei Bedeutung bei der Ausbildung der sekundären Geschlechtsmerkmale zukommt. Auch Pézard (1918) kommt zur gleichen Schlußfolgerung, er weist beim Hahn sehr schön die Abhängigkeit der spezifisch männlichen Eigenschaften von der Vermehrung der Keimzellen nach, während Loisel (1902) die Sertolischen Zellen für die in Frage stehenden Vorgänge verantwortlich macht.

Dazu möchte ich bemerken, daß wir in den Sertolischen Zellen keineswegs Gebilde zu erblicken haben, die sich grundsätzlich von den Keimzellen unterscheiden, beide Arten entstammen zweifellos dem Keimepithel, die einen entwickeln sich aber zu reifen Geschlechtszellen, während die anderen zu ernährenden Organen umgestaltet werden. Dies beweisen sehr schön die oben besprochenen Versuche Kyrles (1910—1920), durch die dargetan wird, daß in bestimmten Zeiten bei schweren Schädigungen des Hodenparenchyms die Wand der Kanälchen, wie ja auch im Embryonalleben, nur von einer indifferenten Zellart ausgekleidet ist, deren Elemente sich dann bei erneutem Einsetzen der Spermatogenese in zwei verschiedenen Richtungen entwickeln. Wir haben hier also die nämlichen Erscheinungen vor uns wie im Ovar, wo auch nur ein Teil der Urgeschlechtszellen zu Follikeln wird, während sich ein anderer Teil zu Epithel-, also Nährzellen umwandelt. Besonders schön sind diese Verhältnisse auch im Urodelenhoden zu beobachten. Es erscheint dabei wohl möglich, daß auch die Sertolischen Zellen einen Teil des spezifischen Inkretes absondern.

Das Verhältnis der Zwischenzellen zum generativen Anteil habe ich (Stieve, 1918) im Hoden der Dohle während eines Jahres untersucht und dabei folgende Tatsachen ermittelt: In der Zeit vom Juni bis zum Februar sind die Hoden nur sehr klein, sie besitzen ein Volumen von 2,5—4,5 cmm. Ende Februar und im März erfahren sie eine sehr erhebliche Vergrößerung auf dem Höhepunkt der Brunst, im April beträgt ihr Volumen 693,6 bis 1127,5 cmm, es hat also eine Gewebsvermehrung auf das etwa 260fache stattgefunden. Bei einem Vergleich des kleinsten Winterhodens mit dem größten Brunsthoden ließe sich sogar eine Vergrößerung auf das 6737fache ermitteln. Auch hier ist die Vergrößerung in erster Linie durch die Vermehrung der Keimzellen bedingt, der Durchmesser der Samenkanälchen beträgt im Winter etwa 40 μ, im Frühjahr 250 μ. Aber auch das Zwischengewebe erfährt während der gleichen Zeitabschnitte Massenschwankungen, die gleichsinnig mit denen des Keimgewebes verlaufen, allerdings viel geringer sind. Denn während die Vermehrung der Keimsubstanz in einzelnen Fällen das Tausendfache des Ruhehodens beträgt, beläuft sich die Massenzunahme des Zwischengewebes, die zum größten Teil durch die Ausdehnung des Gefäßnetzes bedingt ist, nur auf das Zehnfache. Bei Einzelbetrachtung eines mikroskopischen Schnittes durch den Hoden erscheint dabei das Zwischengewebe im Brunsthoden vermindert, im Ruhehoden aber vermehrt; diese Unterschiede sind jedoch nur scheinbare, relative, sie lassen sich nur dann richtig beurteilen, wenn wir das Gesamtvolumen des Hodens und das gegenseitige Mengenverhältnis der beiden Substanzen berücksichtigen. Im Anschluß an diese Feststellungen habe ich darauf aufmerksam gemacht, daß wir niemals ohne weiteres berechtigt sind von einer absoluten Massenzunahme der Zwischensubstanz zu reden, wenn gleichzeitig eine durch die Atrophie der Kanälchen bedingte Verkleinerung des Hodenvolumens vorliegt. Auf diese Tatsache werde ich im folgenden noch des öfteren hinzuweisen haben.

Ähnliche Erscheinungen im Verhalten des Zwischengewebes hat auch Mazzetti (1911) beim Frosch beobachtet und dadurch die Angaben Friedmanns (1896) bestätigt. Bei einer ganzen Reihe von Urodelen- und Anurenarten hat des weiteren Champy (1909, 1913) das Hodenzwischengewebe untersucht, er kommt dabei zu folgenden Feststellungen: Hinsichtlich des Verhaltens der Zwischenzellen lassen sich bei den Amphibien zwei Arten gegenüberstellen, deren Hauptvertreter einerseits Rana esculenta, andererseits Rana temporaria ist.

Bei Rana esculenta läßt sich während des ganzen Jahres gut entwickeltes Zwischengewebe im Hoden nachweisen, nur während des Höhepunktes der Samenentwicklung erscheint es etwas vermindert. Da Champy die Gesamtgröße des Hodens nicht berücksichtigt, so ist es sehr wahrscheinlich, daß diese Verminderung nur eine relative, durch die Ausdehnung der Samenkanälchen vorgetäuschte ist. Der Protoplasmaleib der Zwischenzellen ist im Winter vollgestopft mit Fettropfen, diese verschwinden aber plötzlich vollkommen; während der Brunst besteht das Zwischengewebe nur aus Bindegewebszellen mit schmalem Protoplasmaleib, ohne jede Einlagerung, die Ausbildung der sekundären Geschlechtsmerkmale erfolgt vollkommen unabhängig vom Verhalten der Zwischenzellen. Die Samenentwicklung erfolgt in mehreren Schüben, infolgedessen ist die Vermehrung des Keimgewebes im ganzen Hoden niemals eine so starke, als wenn die Samenentwicklung in allen Kanälchen gleichzeitig vor sich geht. Das nämliche Verhalten zeigt das Zwischengewebe auch bei Bufo calamita und vulgaris, bei Hyla arborea und Alytes obstetricans.

Ganz anders verhält sich das Zwischengewebe bei Rana temporaria. Hier fehlt es im Winterhoden vollkommen, der Querschnitt der Hodenkanälchen erscheint aber nicht rund, sondern da die Wandungen der einzelnen Kanälchen fest aneinander gepreßt sind, sechseckig, nur da, wo die Winkel der Seiten aneinander stoßen, sind kleine Zwischenräume vorhanden, in denen die Blutgefäße, begleitet von vereinzelten Bindegewebszellen, ziehen. Mit dem Einsetzen der Spermatozytenvermehrung entwickelt sich dann auch das Zwischengewebe, es treten große, fettbeladene Zellen auf, die wahrscheinlich aus den Bindegewebselementen entstehen. Im Mai und Juni hat das Zwischengewebe seine höchste Ausdehnung erreicht, es bildet sich beim Beginn der eigentlichen Spermatogenese wieder zurück, wahrscheinlich als Folge des Druckes, der von den ungeheuer erweiterten Samenkanälchen ausgeht, der wesentlich stärker sein muß als im Hoden von Rana esculenta, da bei Rana temporaria die Samenfäden auf einmal, nicht in einzelnen Schüben ausgebildet und auch ausgestoßen werden. Ähnlich liegen die Verhältnisse in den Hoden mancher Urodelen (Triton alpestris), doch lassen sich hier die Zwischenzellen nicht vollkommen mit den Zwischenzellen des Anurenhodens homologisieren.

Bei Rana temporaria und bei den Tritonen entwickeln sich die sekundären Geschlechtsmerkmale vor der Ausbildung der Zwischenzellen, also auch vollkommen unabhängig von ihnen. Champy selbst glaubt aus den festgestellten Tatsachen entnehmen zu müssen, daß die Zwischenzellen das zum Aufbau der Samenzellen nötige Nährmaterial liefern. Er bezeichnet auch diese Tätigkeit als den Ausdruck einer inneren Sekretion, wozu er in gewissem Sinne auch berechtigt ist. Daneben spricht er den Zwischenzellen aber auch einen Einfluß auf die sekundären Geschlechtsmerkmale zu, jedoch nur auf Grund der Befunde, die Bouin und Ancel an Säugetieren erhoben haben, „bei Amphibien lasse sich ein Abhängigkeitsverhältnis der gleichen Art nicht feststellen“. Man sieht wie sehr sich manche Forscher in ihren Anschauungen durch eine gerade „moderne“ Richtung beeinflussen lassen, sie glauben sich genötigt Schlüsse zu ziehen, die in offenkundigem Widerspruch zu ihren eigenen Befunden stehen.

Die physiologischen Schwankungen im Bau des Hodens, die wir bei Tieren mit zyklischer Brunst beobachten können, lassen sich also in keinem Falle im Sinne einer inkretorischen Tätigkeit der Zwischenzellen verwenden. Die bei Säugetieren und Vögeln vorgefundenen Verhältnisse beweisen weder eine Inkretion der Keimzellen noch der Zwischenzellen, die bei Amphibien festgestellten Vorgänge zeigen aber klar die völlige Unabhängigkeit der sekundären Geschlechtsmerkmale von der Ausbildung der Zwischensubstanz. In jedem Falle bieten sich aber gegenüber der Erklärung, daß die Leydigschen Zellen die zum Aufbau der Samenfäden notwendigen Nährstoffe liefern, nicht die geringsten Schwierigkeiten.

II. Der Kryptorchismus.

Als Beweis für die inkretorische Tätigkeit der Zwischenzellen werden vielfach auch die Ergebnisse histologischer Untersuchungen angeführt, die an ektopischen Hoden gewonnen wurden. Es ist ja allgemein bekannt, daß beim Menschen ebenso wie bei Tieren doppelseitiger Kryptorchismus häufig, jedoch keineswegs immer, Sterilität zur Folge haben kann, ohne daß dabei die sekundären Geschlechtsmerkmale, beziehungsweise der Geschlechtstrieb irgendwelche Unterentwicklung oder Störung aufweisen.

Schon bei makroskopischer Betrachtung unterscheidet sich der ektopische Hoden nach Tandler und Groß (1913) deutlich von normalen, er ist stets kleiner, von schlaffer Konsistenz, die Schnittfläche ist glatt und zeigt bräunliche Verfärbung. Außerdem ist das Mesorchium des ektopischen Hodens sehr breit, da der Körper, vielfach sogar auch der Kopf des Nebenhodens der Außenfläche des Hodens nicht anliegt. Schon Regaud und Policard (1901) haben darauf hingewiesen, daß bei Schweinen im kryptorchen Hoden das Interstitium gegenüber den normalen Hoden vermehrt zu sein scheint. Bouin und Ancel (1903—1910) machen zunächst auf den Umstand aufmerksam, daß Tiere mit beiderseitigem Kryptorchismus meist steril sind, obwohl ihr Geschlechtstrieb bei voll ausgebildeten sekundären Geschlechtsmerkmalen sogar gesteigert sein kann. Sie untersuchten retinierte Hoden vom Hund, Eber, Pferd, und vom Schafbock und fanden dabei, daß sich in den Samenkanälchen nur „Sertolische Zellen“ nachweisen lassen, richtiger gesagt indifferente Zellen, wie wir sie auch im jugendlichen Hoden finden, die sich entweder zu Spermatogonien, oder aber zu Sertolischen Zellen entwickeln können. Die Zwischenzellen erscheinen manchmal vermehrt. Es liegt auf der Hand, daß diese Vermehrung in der Regel nur eine relative ist, da ja die Gesamtgröße des kryptorchen Hodens beträchtlich hinter der eines normal entwickelten zurücksteht. Ich will diese Einwände gegen die Bouinsche Auffassung jedoch erst zum Schluß im ganzen besprechen und mich zunächst mit der Aufzählung der ermittelten Tatsachen begnügen.

Kyrle (1911) schildert die kryptorchen Hoden von zwei Hunden und weist darauf hin, daß ihr Bau stark an den unterentwickelter Hoden erinnert. Die Känälchen sind eng, Spermatogenese ist nicht nachzuweisen, das Epithel besteht aus Spermatogonien und Leydigschen Zellen.

Besonders häufig scheint der Kryptorchismus nach den Angaben Nielsens (1910) beim Pferde vorzukommen, er bedingt hier stets Sterilität, die dadurch hervorgerufen wird, daß sich im ektopischen Hoden niemals die Vorgänge der Spermatogenese nachweisen lassen, die Tubuli zeigen vielmehr einen embryonalen, bzw. infantilen Zustand. Obwohl Tandler und Groß auf Grund ihrer eigenen Untersuchungen die obigen Angaben Nielsens bestätigen, so entsprechen diese Mitteilungen doch nicht ganz den Tatsachen, nämlich insoferne, als Kryptorchismus zwar die Ausbildung der Spermatozoen hindern und so Sterilität bedingen kann, jedoch nicht unbedingt zu dieser Erscheinung führen muß. Beispiele dafür finden sich in großer Zahl, ich erwähne nur die Angaben von Mosselmann und Rubay (1902). Als besonders beweisend für eine von den Zwischenzellen ausgeübte inkretorische Tätigkeit führen Tandler und Groß noch die Tatsache an, daß Pferde mit beiderseitigem Kryptorchismus sogar stark gesteigerten Geschlechtstrieb besitzen können, ein Umstand der ihnen den Namen „Klopfhengst“ eingetragen hat. Bouin und Ancel beschreiben das Rennpferd „Cloiture“, es bot durchaus das Bild eines Hengstes, zeigte überaus regen Geschlechtstrieb und war trotzdem vollkommen steril, beide Hoden waren ektopisch. Ebensogut wie durch eine vermehrte innere Sekretion von seiten der Zwischenzellen, die anzunehmen ja nicht der geringste Grund vorliegt, kann beim Kryptorchismus der gesteigerte Geschlechtstrieb davon herrühren, daß die wenigen zur Entwicklung gelangenden Samenfäden nicht auf dem natürlichen Wege abgeleitet werden. Sie gehen infolgedessen zugrunde und werden resorbiert, dadurch gelangt mehr spezifisches Homon, falls dieses von den Keimzellen hervorgebracht wird, in den Körper und ruft dort die beobachtete Wirkung hervor. Im gleichen Sinne läßt sich auch der oft erwähnte Fall, den Withehead (1908) mitteilt, erklären.

Beim Menschen wurde der Kryptorchismus schon von Hunter (1780, 1802) beschrieben. Die sekundären Geschlechtsmerkmale können dabei, selbst wenn sich die Mißbildung doppelseitig findet, normal entwickelt sein, sie können aber auch nicht zur Ausbildung kommen, wie ein Fall beweist, den Mazzetti (1911) mitteilt, in dem das mit der Mißbildung behaftete Wesen keinerlei sekundäre Geschlechtsmerkmale zeigte, sondern den Typus des Eunuchoiden (castrato naturale). In den Hoden waren die Samenkanälchen völlig zurückgebildet, die Zwischenzellen aber sehr gut ausgebildet und Mazzetti folgert ganz richtig, daß dieser Fall einen Gegenbeweis gegen die inkretorische Tätigkeit der Zwischenzellen darstellt. Auch Hirschfeld (1916) schildert einen Fall von Kryptorchismus, der vollkommenen Kastrationstyp zeigte. Desgleichen erinnere ich an den oben besprochenen von Dürck (1907) mitgeteilten Fall, in dem Kryptorchismus und Wucherung der Zwischenzellen mit Unterentwicklung der Genitalien verbunden war.

Auch von anderen Autoren wird angegeben, daß im kryptorchen Hoden des Menschen keine Spermatogenese zustande komme, Felizet und Branca (1898—1902) fanden bei Knaben im Alter von 4—14 Jahren das Epithel der Kanälchen gegenüber den embryonalen Zuständen unverändert, das interstitielle Bindegewebe aber gewuchert, ohne daß dabei stets die Zahl der Zwischenzellen vermehrt war. Bardeleben (1897) fand einen kryptorchen Hoden fibrös entartet.

Diese Befunde weisen zunächst darauf hin, daß im ektopischen Hoden auch die Zwischenzellen vielfach nicht zur Ausbildung gelangen, das Stroma besteht dann einfach aus Bindegewebe. In anderen Fällen kann der Hoden trotz der ungünstigen Lage normale Tätigkeit entfalten und auch histologisch normalen Bau zeigen, so beschreibt Basso (erwähnt nach Tandler und Groß 1913) unter sechs Leistenhoden einen, in dem die Spermatogenese gewöhnlichen Ablauf zeigte. Tandler (1910) fand allerdings unter 20 kryptorchen Testikeln nicht einen einzigen in dem Samenfäden gebildet wurden, er hat seine Befunde später (1913) zusammen mit Groß veröffentlicht, auf sie will ich zunächst näher eingehen.

Im kryptorchen Hoden des frühen Kindesalters, also im 2.—6. Lebensjahr, fallen die großen Interstitien zwischen den einzelnen Kanälchenquerschnitten auf, die erheblich größer als bei normalen Individuen sind. Das Zwischengewebe besteht stellenweise nur aus Bindegewebe, stellenweise finden sich typische Leydigsche Zellen. Die Kanälchen sind fast ganz erfüllt von „gleichartigen Zellelementen, die große, dunkelblau gefärbte Kerne enthalten. In sehr vielen Kanälchen sieht man teils wandständig, teils mitten im Kanälchenquerschnitt gelegene Hohlräume, in deren Mitte ein großer blasiger Kern mit einem schmalen, rosagefärbten, protoplasmatischen Zellsaum sich befindet. Die benachbarten Zellen zeigen in diesem Raume eine konzentrische Anordnung. Manchmal sieht man zwei bis drei solcher Räume in einem Kanälchenquerschnitte. Vielfach gewinnt man den Eindruck, als ob diese Hohlräume mitten im Zwischengewebe liegen würden, wenigstens ist man nicht imstande, eine Lamina propria eines zugehörigen Kanälchens nachzuweisen. Manchmal liegen in einem Hohlraum auch zwei Kerne eng aneinander geschlossen." Diese Hohlräume sind nach der Anschauung von Tandler und Groß zweifellos durch Protoplasmaschrumpfungen entstanden, sie besitzen eine große Ähnlichkeit mit Ureiern. Es handelt sich aller Wahrscheinlichkeit nach bei diesen Gebilden um pathologisch veränderte Urgeschlechtszellen bzw. Spermatogonien. Beziehungen zwischen dem Entwicklungszustand der Zwischenzellen und dem Inhalt der Kanälchen lassen sich nicht ermitteln.

„Auffallend" sind jedoch die großen Unterschiede, die sich im Bau der kryptorchen Hoden jugendlicher Individuen finden, das gegenseitige Mengenverhältnis der beiden Hodenanteile schwankt innerhalb weiter Grenzen. Eigentlich ist aber meines Erachtens in dieser Tatsache nichts Auffälliges zu erblicken, der kryptorche Hoden stellt eben eine krankhafte Bildung dar, wir haben in ihm stets ein durch den Druck der umgebenden Gewebe geschädigtes Organ zu erblicken. Je nachdem nun diese Schädigung stärker oder geringer ist, werden sich auch ihre Folgen mehr oder weniger deutlich bemerkbar machen. Wir dürfen deshalb bei derartigen pathologischen Vorgängen niemals die gleiche Gesetzmäßigkeit in der Entwicklung erwarten, wie wir sie unter gewöhnlichen Verhältnissen beim Obwalten physiologischer Verhältnisse finden.

Ein ganz anderes Bild bietet der kryptorche Hoden zur Zeit der Pubertät. Die Kanälchen sind hier wesentlich weiter, ihr Inneres ist von großen, blasigen Zellen, die großen gleichmäßig gebauten Kern besitzen, erfüllt. Nirgends finden sich, selbstverständlich nur in den Hoden in denen die Spermatogenese unterbleibt, Kernteilungsfiguren. Daß aber in jedem kryptorchen Hoden zu bestimmten Zeiten, nämlich in der Pubertät doch eine Vermehrung der Samenzellen stattfindet, beweist deutlich genug der Umstand, daß ihre Menge beim Erwachsenen größer ist als beim Knaben. Die Lamina propria der Kanälchen erscheint verdickt, im Zwischengewebe finden sich gut ausgebildete Inseln Leydigscher Zellen. Vielfach trifft man auf mächtig entwickelte bindegewebige Septen, die der Albuginea entstammen, offenbar ein Zeichen der Hypertrophie des Bindegewebes.

Beim 20—30jährigen Mann hat sich die Wand der Kanälchen beträchtlich verdickt, in ihrem Inneren finden sich, wie aus der Abbildung 18

(l. c. 1913) deutlich zu erkennen ist, sehr zahlreiche runde Zellen, welche die Wandung der Kanälchen in 2—3 facher Schicht auskleiden. Vergleicht man den Zustand dieser Kanälchen mit dem im Hoden des jugendlichen Kryptorchen (Abb. 17, l. c. 1913), so erkennt man, daß sich der Durchmesser der Kanälchen um das Drei- bis Vierfache vergrößert hat, während die Zellen im Inneren eine sehr beträchtliche Vermehrung erfahren haben. Die Zwischenzellen liegen in deutlich abgrenzbaren Inseln im bindegewebigen Stroma, „sie fallen durch ihre Größe und Struktur auf" — in welcher Beziehung wird nicht erwähnt — und erinnern hinsichtlich ihres Baues an das Aussehen der Zellen der Nebennierenrinde.

Bei noch älteren Individuen nimmt die Dicke der Kanälchenwand dauernd zu, gleichzeitig schreitet die Rückbildung des Samenepithels fort. Aus der Abbildung 19 (l. c. 1913) ist deutlich zu erkennen, daß auch die Zwischenzellen zurückgebildet werden, das Stroma besteht nur noch aus spindelförmigen Zellen.

Die Beschreibung des ganzen Vorgangs, die Tandler und Groß geben, ist sehr kurz, wenig eingehend, und doch läßt sie besonders bei Berücksichtigung der Abbildungen und der Angaben anderer Autoren (bes. Kyrle) sehr wichtige Schlüsse zu. Die beiden Wiener bemerken abschließend „daß sich also der kryptorche Hoden als ein in seinem generativen Abschnitte mißbildeter, in seinem innersekretorischen Anteile mehr oder weniger normaler erweist".

Noch weiter in ihren Folgerungen gehen Steinach und Lichtenstern (1918), indem sie den ektopischen Hoden als „isolierte Pubertätsdrüse" bezeichnen, dabei aber ganz übersehen, daß er auch recht viele Keimzellen, sehr häufig sogar reife Spermatozoen enthält. In einer seiner letzten Mitteilungen (1920) gibt Steinach eine Abbildung einer solchen „isolierten Pubertätsdrüse" wieder, auf der deutlich zu erkennen ist, daß Keimzellen und Zwischenzellen in ungefähr gleichem Mengenverhältnis vorhanden sind, das Interstitium ist gegenüber dem normalen Hoden vermehrt, die Keimzellen sind zwar verringert, von einer Isolierung der Zwischenzellen kann aber nicht die Rede sein. Diese Tatsache zeigt deutlich genug, wie vorsichtig man in der Beurteilung besonders der Steinachschen Folgerungen sein muß.

Überblicken wir nun die Ergebnisse der Untersuchungen die Tandler und Groß (1913) ausführten, so können wir sagen, daß sich auch am kryptorchen Hoden bestimmte Veränderungen vollziehen, die denen des normalen Hodens gleichsinnig verlaufen, sich jedoch in vieler Hinsicht von ihnen unterscheiden.

Der kryptorche Hoden des Kindes gleicht in seinem Bau vollkommen dem unterentwickelten Hoden, wie wir ihn aus der ausführlichen Schilderung Kyrles (1910) und anderer Forscher kennen. In der Pubertät erfährt das Keimgewebe auch bei ihm eine beträchtliche Vermehrung, wie deutlich aus der erheblichen Querschnittsvergrößerung der Kanälchen zu ersehen ist, die ihrerseits wieder eine Vergrößerung des ganzen Organes bedingt. Unter dem schädigenden Druck des umgebenden Gewebes können sich die Keimzellen nicht voll entwickeln, das Keimepithel geht wie immer dann, wenn irgendwelche Schädigungen den Hoden treffen, teilweise zugrunde. Gleichzeitig mit diesem Zugrundegehen macht sich aber das regeneratorische Bestreben des Organes geltend, das, wie ja Kyrle so schön nachgewiesen hat, im Hoden stets mit einer Hypertrophie der Zwischenzellen beginnt. Diese ist auch im ektopischen Hoden meistens vorhanden, die Gesamtmenge des Interstitium dürfte aber, wenn wir die Größenunterschiede berücksichtigen gegenüber normalen Zuständen unverändert, eher verringert sein.

Da das Anhalten der Schädigung beim kryptorchen Hoden eine völlige Regeneration und normale Entwicklung der Samenzellen nicht zuläßt, – sie tritt wie die Beobachtungen Coudrays (1907) lehren nur ein, wenn der Hoden mechanisch verlagert, also von dem auf ihm lastenden Druck befreit wird –, verfällt das ganze Organ der Atrophie, sie kennzeichnet sich, wie wieder der Vergleich mit entsprechenden anderen Fällen beweist, durch die hyaline Verdickung der Kanälchenwand, den vollkommenen Schwund des Keimepithels und die fibröse Entartung des Stroma.

Wir sehen also am kryptorchen Hoden die nämlichen Vorgänge, die wir auch sonst bei der Hodenatrophie feststellen können, nur sind die Verhältnisse verwickelter, weil in den ersten Dezennien des Lebens die regressiven Vorgänge übertroffen werden durch das Bestreben des Organes seinen physiologischen Entwicklungsgang doch in gewöhnlicher Weise zu durchlaufen. Die Verbindung zweier, an und für sich entgegengesetzt gerichteter Vorgänge bedingt die besonderen Verhältnisse, die sich am kryptorchen Hoden beobachten lassen.

Ist der Druck der umgebenden Gewebe so stark, daß jegliche Entwicklung des Keimepithels unterbleibt, oder wirken andere schwere Schädigungen mit dem gleichen Erfolg auf den Hoden ein, so bleibt er zeitlebens auf kindlicher Stufe stehen, die Samenkanälchen bilden sich ganz zurück, das Zwischengewebe entartet bindegewebig. In diesem Fall, wenn in der Pubertät überhaupt keine Vermehrung der Samenzellen statt hat unterbleibt auch die Ausbildung der sekundären Geschlechtsmerkmale, die betreffenden Individuen zeigen den Körperbau des Frühkastrierten in mehr oder weniger deutlich ausgebildeter Form. Nur wenn in der Pubertätszeit die Keimzellen wenigstens einigermaßen die Möglichkeit zur Entwicklung finden, machen sich auch am Körper entsprechende Veränderungen geltend.

Eingehend haben auch Ancel und Bouin (1903–1904) den Kryptorchismus und zwar beim Schwein untersucht, sie weisen zunächst auf die erheblichen Unterschiede, die sich im Bau der einzelnen ektopischen Testikel nachweisen lassen hin und kommen dabei zu dem Schluß, daß beim kryptorchen Schwein der ganze Genitalapparat um so besser zur Entwicklung kommt, je mehr Zwischenzellen im Hoden enthalten sind. Die stärkere oder geringere Ausbildnng des Zwischengewebes wurde durch Wägungen (!) des gesamten Organes nachgewiesen, es ergibt sich dabei eine Parallelität der Erscheinungen, die Ausbildung der Geschlechtsmerkmale ist um so besser, je größer das Hodengewicht ist[1]). Lipschütz (1919) spricht diesem Befund „für die Auffassung der Zwischenzellen als Pubertätsdrüse grundlegende Bedeutung" zu, ich kann mich dieser Meinung nicht anschließen, und zwar deswegen, weil Bouin und Ancel den Beweis schuldig geblieben sind, daß die Vergrösserung des Hodens tatsächlich nur auf einer Vermehrung des Zwischengewebes beruht. Im Gegenteil, es läßt sich sogar sicher schließen, daß der Hoden sich um so besser entwickelt, je geringer der auf ihn lastende Druck der umgebenden Gewebsteile ist. Die stärkere oder geringere Vergrößerung ist bedingt durch die bessere oder schlechtere Entwicklung des generativen Anteiles, nicht durch die stärkere Ausbildung der Zwischenzellen, wie ja deutlich genug die physiologische Vergrößerung des Hodens in der Geschlechtsreife beweist, die ja auch fast ausschließlich durch die Vermehrung des Samenepithels bedingt ist.

Auf die Befunde die Hofstätter (1912) mitteilt, der auch bei Kryptorchismus eine Vermehrung der Zwischenzellen bei Degeneration der Keimzellen beschreibt, will ich hier nicht näher eingehen, da sie gegenüber den bisher besprochenen Angaben nichts Neues bringen, außerdem nicht das Ergebnis gründlicher Untersuchungen darstellen. Wichtiger sind dagegen die Versuche, die Bouin und Ancel (1904) an einseitig kryptorchen Schweinen ausführten. Sie entfernten bei den betreffenden Tieren den gesunden Hoden und stellten daraufhin im ektopischen Testikel eine Wucherung der Zwischenzellen fest, während das Keimepithel unverändert blieb. Das Gewicht des hypertrophierten kryptorchen Hodens war dabei durchschnittlich ungefähr doppelt so groß, als das Gewicht eines ektopischen Hodens bei Anwesenheit eines normal funktionierenden zweiten Testikels.

---

[1]) Es ist dabei ganz klar, daß das größere Gewicht des Hodens ebensogut durch eine Vergrößerung der Samenkanälchen als durch eine Vermehrung des Zwischengewebes bedingt sein kann.

Die nämlichen Versuche führte Sand (1918) an Meerschweinchen und Kaninchen aus. Er schob den einen Hoden durch den offenen Leistenkanal in die Bauchhöhle, löste das Gubernakulum und schloß den Leistenkanal durch eine Naht. Dadurch wurde ein experimenteller Kryptorchismus erzeugt, der bei verschiedenen Nagetieren zu den nämlichen Erscheinungen am Hoden führte — dies zeigten entsprechende Kontrollversuche —, wie sie sich bei angeborener Ektopie des Hodens feststellen lassen. Wurde nun bei einseitigem, experimentell erzeugtem Kryptorchismus der andere Hoden exstirpiert, so hypertrophierte der ektopische Hoden, sein Gewicht betrug bei Kaninchen in vereinzelten Fällen das $2^1/_2$fache eines Bauchhodens bei Vorhandensein des anderen gesunden Hodens. Dabei war diese Hypertrophie auch hier hauptsächlich durch eine Vermehrung des Zwischengewebes bedingt, die Sertolischen Zellen waren in den größtenteils atrophischen Samenkanälchen nicht vermehrt. Allerdings hypertrophiert der Bauchhoden zunächst als Ganzes, d. h. ohne daß sich im histologischen Bild eine Vermehrung der Leydigschen Zellen feststellen läßt. Es findet also zunächst eine gleichmäßige Vermehrung der Samenzellen und des Zwischengewebes statt und bedingt die Ausbildung der sekundären Geschlechtsmerkmale. Erst später gehen dann die Samenzellen mehr und mehr zugrunde, es vollziehen sich wieder die nämlichen Veränderungen, die Kyrle (1911) bei der Atrophie des Hodens feststellen konnte. Als Antwort auf die Schädigung tritt zunächst eine Vermehrung der Zwischenzellen ein, die die Regeneration der Samenkanälchen vorbereitet. Wie Sand (1918) selbst zugibt, lassen sich deshalb die vorgefundenen Verhältnisse nicht im Sinne einer inkretorischen Tätigkeit der Zwischenzellen verwerten.

III. Die Folgen der einseitigen Hodenexstirpation.

Es erscheint hier auch am Platze auf die Veränderungen hinzuweisen, die sich am normalen Hoden nach Entfernung eines Testikels finden. Nach Bardeleben (1897) beobachtet man bei einseitiger Kastration nach einiger Zeit eine Hypertrophie des im Körper verbliebenen Hodens, vorausgesetzt, daß dieser gesund bleibt. Auch v. Recklinghausen (erwähnt nach v. Gudden 1876) stellt fest, daß eine vikariierende Hypertrophie des zurückbleibenden Hodens zwar selten, aber doch zweifellos festgestellt vorkomme. Kocher (erwähnt nach v. Gudden 1876) betont, daß nach Verlust des einen Hodens der andere sich vergrößern kann, es sei deshalb der Einfluß der vermehrten Funktion nicht abzustreiten, in vielen Fällen lasse sich allerdings keine kompensatorische Hypertrophie feststellen. v. Gudden (1876) erwähnt dagegen nichts von kompensatorischer Hypertrophie des Hodens nach Entfernung des anderen Testikels.

Alle diese Beobachtungen erstrecken sich auf den Menschen, es scheint demnach, daß das Verhalten des im Körper verbleibenden Hodens ganz verschieden ist, je nachdem in welcher Zeit im Leben des Individuum der andere Hoden entfernt wurde. Wenigstens spricht dafür eine Bemerkung Birch-Hirschfelds (1874), daß, „wenn bei Gonorrhöe der eine Testikel ergriffen ist, namentlich bei jugendlichen Individuen kompensatorische Hypertrophie vorkomme". Offenbar ist also im jugendlichen Alter die Regenerationsfähigkeit des Hodengewebes eine größere als später, eine Erscheinung, die wir ja auch bei anderen Organen feststellen können. Besonders deutlich muß sich die kompensatorische Hypertrophie natürlich dann geltend machen, wenn die einseitige Kastration vor der Pubertätszeit vorgenommen wird.

Aufschluß über diese Fragen konnte nur der Tierversuch geben und es ist merkwürdig, daß derartige Versuche nur in ganz geringer Zahl ausgeführt, niemals aber wiederholt wurden, im Gegenteil, ihre Ergebnisse sind so sehr in Vergessenheit geraten, daß selbst Roux (1920) sie nicht kennt, sondern darauf aufmerksam macht, daß solche Experimente doch einige Aufklärung über die physiologische Bedeutung der beiden Hodenanteile geben müssten. Mir selbst sind zwei bzw. drei hierhergehörige Arbeiten bekannt geworden, die erste betrifft die Untersuchungen Nothnagels (1886). Er entfernte bei 12 Kaninchen den linken Hoden und tötete die Tiere 3—6 Monate nach der Operation. Bei Betrachtung des Einzelgewichtes der zurückbleibenden Hoden ergibt sich keine wesentliche Vergrößerung gegenüber den Kontrolltieren, der Genitalapparat ist in jeder Hinsicht normal entwickelt. Berechnet man aber, so wie dies Hackenbruch (1888) tat, das Durchschnittsgewicht der Hoden, so beträgt es für die linken, also bei der ersten Operation exstirpierten Hoden 1,6 g, für die rechten, im Körper verbliebenen aber 2,0 g. Daraus ergibt sich eine recht erhebliche kompensatorische Hypertrophie, eine durchschnittliche Vergrößerung des zurückgebliebenen Hodens um $^1/_4$ des ursprünglichen Gewichtes. Histologische Untersuchungen, welche die Anteilnahme der beiden Gewebsarten an der Hypertrophie ermittelten, wurden nicht ausgeführt.

Später berichtet Ribbert (1890) über kompensatorische Hypertrophie der Keimdrüsen, in betreff der Hoden handelt es sich um die Ergebnisse der Untersuchungen, die sein Schüler Hackenbruch (1888) ausgeführt hatte. Dieser entfernte bei Kaninchen, allerdings nur bei einer geringen Anzahl von Einzelindividuen, den einen Hoden und stellte durch genaue Messungen und Wägungen fest, daß der andere Hoden sich, im Vergleich zu den Testikeln der unter den nämlichen Bedingungen gehaltenen Kontrolltiere wesentlich vergrößert, und zwar bei jungen Individuen stärker als bei älteren. Diese Mitteilung bestätigt die bei Menschen festgestellte Tatsache. Wie die histologische Untersuchung nun ergab, war die kompensatorische Vergrößerung einzig und allein durch ein stärkeres Wachstum der Hodenkanälchen bedingt, ihr Durchmesser betrug im hypertrophischen Hoden durchschnittlich 2199,25 μ bzw. 1988,15 μ, gegenüber von 1789,15 μ bzw. 1572,94 μ im Hoden des Kontrolltieres. Im Gegensatz dazu zeigte das interstitielle Bindegewebe nicht die geringste Vermehrung, sondern im Gegenteil, da die Breite der einzelnen Züge in beiden Hoden die gleiche war, im hypertrophischen Testikel also eine relative Verminderung.

Die Ergebnisse dieser Versuche sprechen, da die Geschlechtsorgane der Tiere im übrigen vollkommen normal entwickelt waren, ohne weiteres dafür, daß die Keimzellen selbst, nicht die Zwischenzellen für die Abscheidung des geschlechtsspezifischen Hormones verantwortlich zu machen sind.

Zu ähnlichen Ergebnissen führten auch die Versuche, die Ribbert durch seinen Schüler Pasewaldt (1888) an weiblichen Kaninchen ausführen ließ. Nach Entfernung des einen Eierstockes tritt in dem im Körper verbleibenden Ovar zunächst eine Verlangsamung des Follikelwachstums ein, nur wenige Follikel werden atretisch. Infolgedessen verringert sich die Gesamtmenge des Eierstockzwischengewebes erheblich, wohingegen die Zahl der Primordialfollikel eine, allerdings nur relative Vermehrung erfährt. Als Folge dieser Vorgänge ist der Eierstock einseitig kastrierter Kaninchen in der ersten Zeit nach der Operation kleiner als die Ovarien von Kontrolltieren. Erst nach einigen Monaten setzt auch bei dem halbseitig verschnittenen Tier ein starkes Wachstum der Follikel ein und dann übertrifft sein Eierstock diejenigen der Kontrolltiere ziemlich erheblich an Größe. Pasewaldt schließt nun aus diesen Befunden, daß auch die Eierstöcke zur kompensatorischen Hypertrophie befähigt sind, sie betrifft jedoch nur die eigentlichen Eizellen, nicht aber das Zwischengewebe.

Allerdings dürfen wir diesen Befunden nicht die nämliche Bedeutung beimessen, wie den am Hoden erhobenen. Wir sind nämlich nicht berechtigt hier, bei den Ovarien von einer tatsächlichen kompensatorischen Hypertrophie zu sprechen, weil keine wirkliche Vermehrung der Follikel durch erneute Oogonienteilungen bewiesen werden kann. Die im Einzelschnitt erkennbare Eizellenvermehrung ist ja nur durch die Rückbildung des Zwischengewebes, welche die Ursache für die Verkleinerung des ganzen Eierstockes war, vorgetäuscht. Immerhin spricht aber die Tatsache, daß im Eierstock der halbkastrierten Kaninchen ein stärkeres Follikelwachstum stattfindet, wohingegen die Zahl der atretischen Follikel und mit ihnen die Gesamtmasse des Zwischengewebes verringert wird, mehr für eine von den Keimzellen ausgehende Inkretion.

IV. Die Wirkung von Hodenextrakten.

Um die geschlechtsspezifische inkretorische Wirkung der Keimdrüse darzutun, wurde vielfach die Injektion von Extrakten ausgeführt, die aus den Hoden gewonnen worden waren. Die ersten diesbezüglichen Versuche stammen bekanntlich von Brown-Séquard (1889—1893), der sich als Greis von 72 Jahren ein wässeriges Extrakt, gewonnen aus dem Hoden eines Hundes subkutan injizierte und im Anschluß daran eine günstige Wirkung auf das Allgemeinbefinden festgestellt haben will. Nußbaum (1909) erzielte durch Injektion von Hodenextrakten beim kastrierten Frosch eine Auslösung bzw. Steigerung des Brunstreizes, das nämliche Ergebnis wurde aber durch Injektionen von Ovarialextrakten gewonnen. Steinach (1910) und Harms (1910) bestätigten diese Angaben.

Das von Poehl (1894—1908) aus den Hoden von Füllen und Hengsten durch Extraktion hergestellte Spermin erwies sich zwar als vollkommen ungiftig aber auch als ebenso wirkungslos. Dagegen stellte Loisel (1903 bis 1905) fest, daß Hodenextrakte zum Teil eine hohe Giftigkeit besitzen, ebenso Ovarialextrakte, diese wirken auf männliche Tiere schädlicher, jene auf weibliche. Nach Graefenberg und This (1911) sind Extrakte aus arteigenen Hoden weit giftiger als solche aus artfremden. Allerdings sind geschlechtsreife männliche Tiere weniger empfindlich als weibliche, am wenigsten widerstandsfähig sind junge Individuen, kastrierte Männchen und trächtige Weibchen. Diese letzte Beobachtung konnte von v. Dungern und Hirschfeld (1910), außerdem von Schenk (1909, 1910) bestätigt werden.

Andere Versuche, so besonders die von Zoth (1896, 1898) und Preyl (1896) konnten zeigen, daß Injektionen von Hodenextrakt zusammen mit körperlichen Übungen die Leistungen der Muskeltätigkeit wesentlich steigern. Loewy (1903, 1904) fand bei ähnlichen Experimenten, daß die Ermüdung bei behandelten Individuen nicht so rasch eintrat als bei unbehandelten.

Loewy (1904) konnte auch einen wachstumsregulierenden Einfluß bei seinen Versuchen feststellen, allerdings nicht durch Injektion, sondern durch Verfütterung von Hodensubstanz an Kapaunen. Als Folge davon sollen die Kastrationserscheinungen ausgeblieben sein. Fichera (1905) sah nach Injektion von Hodenextrakten die Kastrationshypertrophie der Hypophyse zurückgehen. Dor, Maisonnave und Meurids (1905) beobachteten, daß auch bei nichtverschnittenen Tieren nach subkutanen Einspritzungen von Hodenextrakten das Skelettwachstum früher zum Abschluß kam als bei nichtbehandelten Tieren. Andere Forscher sahen nach der Injektion die Wandung der Blase erschlaffen, den Sphincter vesicae sich kontrahieren, sie beobachteten also den nämlichen Vorgang der während der Ejakulation zustande kommt. Nach Biedl (1916) eignen sich die zahlreichen in den Handel gebrachten Hodenpräparate aber nicht zu Heilzwecken, nach den Angaben von Dor und Maisonnave (1905), Hudovernig und Popowitz (1903, 1906) sind sie jedoch vielleicht geeignet, die Erscheinungen des Riesenwuchses oder der Prostatahypertrophie zu beseitigen.

Die zu den eben besprochenen Versuchen verwendeten Präparate wurden durchweg aus Hoden geschlechtsreifer Tiere hergestellt, können also nicht klärend auf die Frage nach der Bedeutung der Zwischenzellen wirken. Dagegen versuchten Bouin und Ancel (1906) auch diesem Problem näher zu treten. Sie bereiteten Extrakte aus kryptorchen Hoden größerer Säugetiere, von denen vorher durch mikroskopische Untersuchung festgestellt war, daß die Zwischenzellen gewuchert, das Keimgewebe „vollständig geschwunden sei". Von einem tatsächlichen Schwund der Keimzellen kann natürlich auch hier nicht die Rede sein, da sich ja in den ektopischen Hoden fast stets noch unversehrte Samenkanälchen befinden und da außerdem nicht zu ermitteln ist, ob nicht von dem einfachen Epithel großer Zellen, das die Samenkänälchen des kryptorchen Hodens auskleidet, die inkretorische Funktion bewirkt wird.

Das gewonnene Extrakt wurde männlichen Meerschweinchen, die im Alter von 2—4 Wochen kastriert worden waren, subkutan injiziert. Bei den also behandelten Tieren war eine deutliche Vergrößerung des Penis und der Samenblasen festzustellen, die Länge der Knochen war geringer als bei nicht behandelten Kastraten, die beobachteten Unterschiede waren aber nur sehr unbedeutend. Bei weiteren Versuchen wurde dann (1906) der Einfluß der Injektionen auf das Körpergewicht der verschnittenen Meerschweinchen geprüft, dabei wurde jedoch kein wesentlicher Erfolg erzielt. Zu Beginn des Versuches wog jedes der Tiere etwa 200 g, nach seiner Beendigung wogen nicht behandelte Tiere etwa 320 g, reine Kastraten etwa 266 g, injizierte Kastraten etwa 305 g. Bouin und Ancel ziehen nun den Schluß, daß unter dem Einfluß der Kastration das Wachstum verlangsamt werde, dieser Einfluß lasse sich durch die Injektionen beheben. Es ist klar, daß dieser Schluß auf Grund der geringen Gewichtsunterschiede nicht berechtigt ist, ganz abgesehen davon, daß ja sonst als Folge der Kastration stets ein rascheres Wachstum zu beobachten ist.

Andererseits brachte Barnabò (1913) die Hoden verschiedener Tierarten durch Resektion des Vas deferens zur Rückbildung, stellte also nach der Ansicht Steinachs eine „isolierte Pubertätsdrüse" her. Das Extrakt dieser Drüse blieb aber bei Kastraten vollkommen wirkungslos und

Barnabò folgert ganz richtig, daß dieser Befund stark gegen die inkretorische Tätigkeit der Zwischenzellen spreche.

Weitere Versuche mit Hodenextrakten, und zwar an Vögeln, führte Pézard (1911) aus. Er injizierte einem jungen Hahne, dessen Hoden exstirpiert waren und der deutlichen Kastrationstypus zeigte, ein aus kryptorchen Schweinehoden hergestelltes Extrakt in die Bauchhöhle. Die Einspritzungen wurden fünf Monate lang wöchentlich zweimal ausgeführt und hatten zur Folge, daß das Tier im Gegensatz zu einem nicht behandelten Kastraten zu krähen anfing und kampflustig wurde, Kamm und Bartlappen wurden dick und erigierbar. Nach Aussetzen der Injektionen bildeten sich diese Erscheinungen wieder zurück. Die Ergebnisse dieser Versuche stehen also im Widerspruch zu denen, die bei den Experimenten Barnabòs gewonnen wurden und ließen sich eher im Sinne einer Wirksamkeit der Zwischensubstanz verwerten, obwohl ja auch hier der Einfluß des generativen Hodenanteils nicht ausgeschaltet ist.

Die bisher ausgeführten Injektionsversuche mit Hodenextrakten lassen also noch kein klares Bild über die Bedeutung der Zwischenzellen gewinnen. In erster Linie fehlten stets entsprechende Kontrollversuche, welche beweisen, daß ein aus einem geschlechtsreifen, also an spezifischen Keimzellen reicheren Hoden gewonnenes Extrakt wirklich anders wirkt als das aus den ektopischen Hoden gewonnene. Zudem wissen wir ja nicht, ob bei der Extraktion wirklich das spezifische Inkret in unveränderter Form erhalten wird oder ob es sich nicht überhaupt lediglich um die vermehrte Zufuhr von Eiweißsubstanzen handelt. Die weiter unten zu besprechenden Versuche mit Ovarialextrakten lassen es wahrscheinlich erscheinen, daß bei all den, nebenbei bemerkt nur sehr geringen Erfolgen, die bei der Hodenextraktinjektion erzielt wurden noch ganz andere Nebenwirkungen in Frage kommen und daß es deshalb nicht berechtigt ist, aus diesen Versuchen jetzt schon irgendwelche Schlußfolgerungen abzuleiten.

V. Der Eunuchoidismus.

Eine gewisse Bedeutung für die Entscheidung der Frage von der Lokalisation der inkretorischen Tätigkeit der Keimdrüse, besitzen auch die, bisher eigentlich nur beim Menschen beobachteten Fälle, für die Griffith (1894) und Duckworth (1894) die Bezeichnung Eunuchoid geprägt haben, die seit den Mitteilungen von Tandler und Groß (1910) ziemlich allgemein angewendet wird und die früheren Bezeichnungen für die nämliche Erscheinung wie Dysgenitalismus, Dystrophia adiposo-genitalis, Infantilisme avec gigantisme, Obésité d'origine génitale und Geroderma genito-distrofica mehr oder weniger verdrängt hat.

Nach Tandler und Groß (1910), deren Ausführungen ich zunächst folge, lassen sich zwei Hauptarten des Eunuchoidismus unterscheiden, nämlich der eunuchoide Hochwuchs oder die eunuchoide Disproportion und der eunuchoide Fettwuchs. Beiden Formen sind bestimmte Veränderungen der Haut eigentümlich. Während nämlich die Haut im Gesicht jugendlicher Individuen auffallend blaß und zart erscheint, erhält sie bei Eunuchoiden schon sehr frühzeitig eine gelbliche Färbung und besonders durch die Ausbildung zahlreicher Falten und Runzeln ein greisenhaftes Gepräge. Die Haut des Gesichtes bleibt dauernd bartlos, nur im höheren Alter treten vereinzelte Haare am Kinn und am Übergang der Oberlippe in die Wange auf. Haupthaar und Augenbrauenhaare sind dicht, doch fehlen stets die Borstenhaare, die im Alter beim Mann in den Augenbrauen aufzutreten pflegen. Die Haut des Stammes und der Extremitäten ist zart, blaß und ganz unbehaart, Achselhöhlenhaare sind äußerst spärlich, auch die Schamgegend ist nur spärlich behaart, die Haargrenze schließt nach oben hin geradlinig ab. Bei weiblichen Individuen bleibt der Schamberg fast ganz haarfrei, die Behaarung bleibt auf die grossen Schamlippen beschränkt. Der Damm ist unbehaart.

Das Kehlkopfskelett verhält sich wie das der Frühkastraten, die Thymus bleibt länger als gewöhnlich erhalten.

Der Penis ist auffallend klein, Samenblasen und Prostata sind gleichfalls wesentlich kleiner als normal, bei weiblichen Individuen zeigen die Geschlechtsteile infantiles Verhalten.

Die Hoden sind erbsen- bis bohnengroß, häufig ist Andeutung von Kryptorchismus vorhanden. Mikroskopisch zeigen sie sehr stark verdickte Albuginea. Hodenkanälchen sind nur in sehr spärlicher Zahl vorhanden, ihre Wand ist meistens stark verdickt, hyalin entartet. In ihrem Innern finden sich undifferenzierbare Zellen in geringer Anzahl. Bis zu einem gewissen Grade zeigen die Hodenkanälchen das Aussehen, wie im Hoden von Kindern. Das Zwischengewebe zeigte in dem einzigen Fall, den Tandler und Groß (1910) obduzierten, folgenden Bau: Es ist reich an elastischen Fasern und lockerem Bindegewebe, in diesem finden sich „einzelne Zellverbände, deren Zellen in Form und Größe und der Art ihres Verbandes den Zwischenzellen gleichen. Von normalen Zwischenzellen unterscheiden sie sich durch ihre auffällig geringe Färbbarkeit, durch ihre Armut an Protoplasma, durch ihr mehr hyalines Aussehen.“ Über das gegenseitige Mengenverhältnis der beiden Hodenanteile, auf das Tandler sonst so großen Wert legt, werden keine Angaben gemacht.

Die beiden Arten des Eunuchoidismus unterscheiden sich dadurch voneinander, daß die dem Hochwuchs zuzurechnenden Personen meistens größer sind als es dem Durchschnitt ihrer Rasse entspricht, besonders bezeichnend sind dabei die Disproportionen im Skelettbau, die Extremitäten sind auffallend lang. Dabei trägt das Skelett die Zeichen der Unterreife, die Epiphysenfugen bleiben wesentlich länger offen, als dies der Regel entspricht. Daneben finden sich häufig Sattelnasen, veränderte Beckenformen, Genu valgum und andere Mißbildungen.

Während aber das Hauptmerkmal für den eunuchoidalen Höhenwuchs nicht so sehr die große Gesamtlänge als die Disproportion des Skelettbaues ist, muß als Hauptmerkmal des eunuchoidalen Fettwuchses die bestimmte Lokalisation des Fettansatzes an den oberen Augenlidern, an den Brüsten, in der Unterbauchregion und im Bereiche der Darmbeinkämme und Gesäßbacken angegeben werden.

Der Eunuchoidismus ist häufig mit Sterilität verbunden, vielfach ist die Geschlechtstätigkeit nur stark eingeschränkt, wie sich überhaupt auch in der Ausbildung der übrigen Merkmale alle Übergänge zum normal gebauten Menschen finden. In den Fällen der stärksten Ausbildung finden wir beim Eunuchoiden die nämlichen Merkmale, die den Frühkastraten kennzeichnen, schon dieser Umstand allein deutet darauf hin, daß wir es mit einer Störung in der inkretorischen Tätigkeit der Keimdrüsen zu tun haben.

Es liegt mir fern hier alle bisher beschriebenen Fälle aufzuführen, in denen über Eunuchoidismus und ähnliche Formen berichtet wird, hier kommen nur diejenigen in Frage, bei denen Angaben über den Bau der Keimdrüsen gemacht werden. Sie stimmen alle darin überein, daß die Testikel, wie ja auch in dem von Tandler und Groß (1910) mitgeteilten Fall sehr klein sind.

Griffith (1894) sagt, daß bei einem 21jährigen Eunuchoiden die Hoden klein waren, jedoch die gewöhnliche Form besaßen, die Länge betrug 18 mm, die Breite 10 mm, Prostata und Samenblasen sind wenig entwickelt, der Nebenhoden zeigt gewöhnliche Form und Größe. Die Hoden bestehen, wie aus dem histologischen Schnitt zu erkennen ist, fast ausschließlich aus Bindegewebe, die Samenkanälchen sind vollkommen zurückgebildet, nur durch eine dicke, hyaline Wand dargestellt, das Epithel ist nicht nachweisbar. Griffith betont besonders den Unterschied in der Ausbildung der Samenkanälchen, gegenüber den Verhältnissen, die sich beim ektopischen Hoden des Menschen oder des Hundes (1914), finden, in ihm ist zwar auch das Bindegewebe vermehrt, in den Samenkanälchen ist aber das Epithel gut erhalten, obwohl sich keine Spermatogenese nachweisen läßt.

Sainton (1902) schildert eine Familie, in der sich der Eunuchoidismus vererbte. Aus dieser Tatsache allein geht schon hervor, daß die in Frage stehende Erscheinung nicht immer mit völliger Sterilität verbunden sein kann. Der Großvater, ein Neffe und drei Brüder zeigten auffällige Disproportionen in der Länge der Gliedmaßen und völliges Fehlen der Barthaare. Zwei Geschwister waren „normal". Allerdings scheint Sainton weder den Großvater noch auch den Onkel gesehen zu haben, er verläßt sich nur auf die Angaben des einzigen von ihm untersuchten Mannes.

Meige (1895) beschreibt einen 21 jährigen Mann mit Kastratenstimme, der 174 cm lang und 114 kg schwer war. Die Schamhaare fehlen vollkommen, der Penis ist sehr klein, ebenso die Hoden, der Mann verspürt keinen Geschlechtstrieb. Einen weiteren ähnlichen Fall schildert Papillault (1899)[1]), Pirche (1902) beschreibt gleichfalls drei Eunuchoide, stets treffen wir auf die Angabe, daß die Hoden sehr klein sind.

Redlich (1906) berichtet über einen 31 jährigen Mann, der sich bis zum 20. Lebensjahre vollkommen normal entwickelte. Er wurde dann lungenkrank und soll während seiner Erkrankung stark gewachsen sein. Bei der Untersuchung zeigt der schwachsinnige Mensch ausgesprochen den Bau des hochwüchsigen Eunuchoiden; wie die Röntgenuntersuchung ergibt, sind die Epiphysenfugen der langen Röhrenknochen noch offen. Der Penis ist sehr klein, der linke Hoden etwa haselnußgroß, der rechte etwas größer.

Wichtig ist bei diesem Falle besonders die Angabe, daß der Beginn der abnormen Entwicklung, der sonst beim Eunuchoiden ebenso wie beim Frühkastraten schon zur Zeit der Pubertät einsetzt, hier mit einer Krankheit zusammenfällt. Aus zahlreichen Untersuchungen wissen wir, daß fast jede Erkrankung des Körpers eine Schädigung der Keimdrüsen, und zwar ihres generativen Anteiles zur Folge hat. Auch in diesem Falle dürfte keine Ausnahme vorliegen, es darf auch hier der Schluß gezogen werden, daß durch die schwere, während der Entwicklung einsetzende Erkrankung die Keimzellen des Hodens zerstört wurden, und daß dadurch der bis dahin normale Verlauf der Entwicklung in außergewöhnliche Bahnen gelenkt wurde. Bei einem ähnlichen Fall, den Brissaud und Meige (1904) schildern, war eine starke Vergrößerung der Hypophyse nachzuweisen und es ist deshalb wohl anzunehmen, daß die außergewöhnliche Entwicklung auf diese Erscheinung zurückzuführen ist.

Die Wechselbeziehungen zwischen Hypophyse und Keimdrüsen sind ja bekannt; während der Schwangerschaft erleidet der Hirnanhang gewisse Veränderungen [Comte (1899), Launois (1903), Thaon (1907), Guerrini (1904/05), Cagnetto (1904/07), Erdheim und Stumme (1908/09)], bei

[1]) Erwähnt nach Tandler und Groß (1913).

Kastraten findet sich gewöhnlich eine Vergrößerung der Hypophyse [Tandler und Groß (1910), Fichera (1905), Cimoroni (1908)].

Andererseits bedingt die Exstirpation der Hypophyse nach Aschner (1914) und Cushing (1906) Hypoplasie der Genitalien und starken Fettansatz. Exner (1909) erzeugte bei Ratten durch Implantation von Hypophysen starken Fettansatz. Bei Erkrankungen der Hypophyse zeigen sich aber am Soma nicht nur die Erscheinungen der Akromegalie, sondern es finden sich zumeist auch Veränderungen an den Genitalien, die nach den Mitteilungen von v. Eiselsberg und Frankl-Hochwart (1907/08) und v. Hochenegg (1908) nach Exstirpation der erkrankten Hypophyse wieder verschwinden.

Wir müssen in diesen Fällen annehmen, daß während der Erkrankung der Hypophyse eine erhöhte Erzeugung von Inkret stattgehabt hat, dies macht ja schon die erhebliche Vergrößerung des Organes wahrscheinlich. Der Körper ist zunächst mit spezifischem Hypophyseninkret übersättigt, nach Entfernung der hypersezernierenden Drüse treten dann zunächst Verhältnisse ein, die den normalen ähnlich sind, das noch im Körper gespeicherte Inkret genügt für kurze Zeit um die Genitalien zur normalen Ausbildung kommen zu lassen Wie sich die Verhältnisse dann später gestalten, ob sich irgendwelche Folgen der Hypophysenentfernung geltend machen, muß erst die weitere, über längere Zeit sich erstreckende Beobachtung der operierten Fälle lehren.

Immerhin kann man es jetzt schon als sicher bezeichnen, daß gewisse Wechselbeziehungen zwischen der Inkretion der Hypophyse und der der Keimdrüsen bestehen. Nichts berechtigt aber bis heute zu dem Schluß, zu dem Tandler und Groß (1910, 1913) kommen, daß diese Wechselbeziehungen nur zwischen der Hypophyse und der interstitiellen Substanz der Keimdrüsen beständen, im Gegenteil, die schweren Veränderungen, welche sich bei allen Hypophysenerkrankungen gerade an den Keimzellen selbst, also am generativen Keimdrüsenanteil feststellen lassen, beweisen deutlich, daß dieser in erster Linie an den Wechselbeziehungen beteiligt ist.

Wie beim Manne, so kommen auch beim Weibe nicht allzu selten Fälle von mehr oder weniger stark ausgeprägtem Eunuchoidismus, gekennzeichnet hauptsächlich durch die außergewöhnliche Länge der Gliedmaßen und Störungen im Ablauf der Funktion des Genitalapparates zur Beobachtung. Wolff (1911) bringt mehrere Beispiele hierfür, es handelt sich durchweg um Mädchen, die den Rat des Arztes erbitten, da sich trotz vorgeschrittenen Alters (im einen Fall 45 Jahre) die Menstruation noch nicht eingestellt hat. Die äußere Untersuchung ergibt stets das gleiche Bild: Die Körperformen erinnern im allgemeinen an kindliche Verhältnisse, die Mammae sind nicht entwickelt, die Brustwarzen klein, der Warzenhof kaum erbsengroß. Die äußeren Genitalien zeigen kleine, flache, nur äußerst spärlich behaarte Labia majora, die kleinen Schamlippen sind gleichfalls kaum entwickelt, die Scheide ist sehr eng. Der Uterus wird gewöhnlich nur durch einen bindegewebigen Strang dargestellt, in anderen Fällen ist er etwas besser ausgebildet, bleibt aber in bezug auf seine Größe weit hinter der Regel zurück. Die Ovarien sind bei der Untersuchung meist nicht abzutasten. Bei älteren Personen findet sich dabei stets die schon erwähnte außergewöhnliche Länge der Gliedmaßen.

Die Untersuchung mit Röntgenstrahlen zeigt, daß auch beim weiblichen Eunuchoidismus die Epiphysenfugen außergewöhnlich lange offen bleiben.

Auffallenderweise finden sich bei weiblichen Wesen fast nie die außergewöhnlichen Fettansammlungen an den oben angegebenen Körperstellen, im Gegenteil, weibliche Eunuchoide fallen meistens durch ihre große Magerkeit auf.

Tandler und Groß (1910) betonen nun, daß die Disproportion im Bau der Extremitäten den Eunuchoidismus vom echten Infantilismus unterscheidet. Wolff (1914) hält diese Abgrenzung für zu eng, er bezeichnet als Infantilismus, beziehungsweise Fötalismus alle jene Fälle, „bei denen überhaupt als wesentliches Moment eine Hemmungsbildung eine Rolle spielt, vermöge deren ein oder mehrere Organe des Körpers auf kindlicher (bzw. fetaler) Stufe der Entwicklung stehen geblieben sind". Nach seiner Anschauung ist es dabei für die allgemeine Abgrenzung des Begriffes Infantilismus unwesentlich, welche und wie viele Organe die fraglichen Hemmungsbildungen zeigen. Das Erhaltenbleiben der kindlichen Körperformen sei auch nur eine von den vielen Erscheinungsmöglichkeiten unter denen der Infantilismus auftreten kann. Fromme (1910) stellt einen „universellen Infantilismus" einem „partiellen" gegenüber, eine Einteilung, gegen die sich nichts einwenden läßt, allerdings betont Wolff (1914), daß Fälle von universellem Infantilismus im strengen Sinne des Wortes überhaupt kaum zur Beobachtung kommen.

Infantilismus sowohl als auch Eunuchoidismus stellen also zwei Formen der allgemeinen Unterentwicklung dar, die mit einer Unterentwicklung der Keimdrüsen, beim Mann sowohl als bei der Frau, einhergehen. Dabei läßt es sich bis jetzt noch nicht ermitteln, ob die mangelhafte Entwicklung der Hoden, beziehungsweise der Ovarien das Primäre, also die Ursache dieser Erkrankungsformen darstellt, oder nur eine

Teilerscheinung einer in der ganzen Anlage des Organismus begründeten Abnormität ist. Störungen in der Ausbildung der anderen Drüsen mit inkretorischer Tätigkeit, so besonders der Hypophyse und der Thyreoidea, die gleichfalls fast stets mit Störungen in der Skelettentwicklung und mit Unterentwicklung der Genitalien einhergehen, lassen eine solche Annahme wahrscheinlich erscheinen.

Die histologische Untersuchung der Keimdrüsen Eunuchoider ergibt, soweit sich aus den wenigen bisher mitgeteilten Fällen, in denen überhaupt eine gründliche Beobachtung der Hoden oder Ovarien ausgeführt wurde, Schlüsse ziehen lassen, stets mehr oder weniger tiefgreifende von der Regel abweichende Befunde, am generativen Anteil, im Hoden ist fast nie Spermatogenese nachzuweisen. Daß in vereinzelten, weniger stark ausgeprägten Fällen aber auch eine normale Entwicklung der Samenzellen wenigstens in bestimmten Zeiten des Lebens stattfinden kann, das beweisen die Mitteilungen über Vererbung der betreffenden Entwicklungsanomalien. Über das Zwischengewebe lauten die Angaben verschieden, in einzelnen Fällen sind typische Leydigsche Zellen in mehr oder weniger großer Zahl vorhanden (Dürck 1907, Kyrle 1911, Mazzetti 1911), in anderen zeigen die Zwischenzellen, die gleichfalls in großer Menge nachgewiesen werden können, mehr oder weniger tiefgreifende Veränderungen, in wieder anderen besteht das Interstitium überhaupt nur aus derbem Bindegewebe, dessen Einzelelemente lange, spindelförmige Zellen sind. Irgendwelche Schlüsse auf die inkretorische Tätigkeit des einen oder anderen Keimdrüsenanteils lassen sich nach den bisher ermittelten Befunden überhaupt nicht ziehen, sie sind erst möglich, wenn die Ergebnisse zahlreicher, über die verschiedenen Entwicklungsstadien des Eunuchoidismus ausgedehnter Beobachtungen vorliegen.

Die bisher festgestellten Ergebnisse, die ja eine große Übereinstimmung der an Eunuchoiden erhobenen Befunde mit den an echten Frühkastraten festgestellten erkennen lassen, ermöglichen aber immerhin folgende Schlüsse: Infantilismus und Eunuchoidismus sind verschiedene, nicht scharf voneinander abgrenzbare Formen ein und derselben Erscheinung, sie sind beide gekennzeichnet durch die mangelhafte Ausbildung der sekundären Geschlechtsmerkmale und durch mehr oder weniger schwere Veränderungen der Keimdrüsen. Die beiden Formen unterscheiden sich vor allem durch die verschiedene Länge der Gliedmaßen.

Beide sind bedingt entweder in einer krankhaften Anlage des gesamten Organismus oder aber sie können auch bedingt sein, — dieser Schluß ist auf Grund eines Vergleiches mit Kastraten berechtigt, — durch Anomalien, die einzig und allein die Keimdrüsen betreffen. Es mag sich dabei auch wieder um angeborene Veränderungen der Hoden und Ovarien handeln, in dem Sinne, daß die Keimdrüsen nicht die Fähigkeit zur vollen Entfaltung ihrer generativen und inkretorischen Funktion besitzen, oder aber um die Folgen einer im jugendlichen Alter stattgehabten Schädigung der Gonaden, sei es durch Krankheiten oder Vergiftungen, die dann die bekannten Entwicklungsstörungen nach sich ziehen. Vielfach mögen Veränderungen, wie sie Kyrle am Hoden jugendlicher Individuen feststellte, in der Pubertät zur Ausbildung des Eunuchoidismus führen, da sie keine volle Entwicklung der Keimdrüsen zulassen. Von den verschiedenen Graden, zu denen die Entwicklung der Keimdrüsen gelangt, hängt dann die verschieden starke Ausbildung der Erscheinungen ab.

Dabei macht sich in den ersten Jahren desjenigen Lebensabschnittes, in dem sich bei gesunden Lebewesen die Geschlechtsreife vollzieht, in erster Linie das Ausbleiben der sekundären Sexusmerkmale geltend, während die Veränderungen im Knochensystem, gekennzeichnet durch das Bestehenbleiben der Epiphysenlinien, und durch den außergewöhnlichen Längenwuchs der Extremitäten erst in späteren Jahren wirklich sinnfällig in Erscheinung treten. Infolgedessen finden sich Fälle von reinem Infantilismus nur in den Jahren, in denen normalerweise die Geschlechtsreife eintritt, hier zeigt das Skelett noch ebenmäßigen Bau. Je länger aber die außergewöhnlichen Verhältnisse bestehen bleiben, desto stärker macht sich das fortdauernde Wachstum der Extremitäten geltend und desto mehr geht die infantile Form in die eunuchoide über. Bei älteren Wesen finden wir deshalb stets die außergewöhnliche Länge der Extremitäten mit dem Fehlen der sekundären Geschlechtsmerkmale verbunden.

Das Gegenstück zum Infantilismus und Eunuchoidismus bildet die sexuelle Frühreife, die durch ein außergewöhnlich frühes, oft schon im 2. bis 4. Lebensjahr beginnendes Erkennbarwerden der sekundären Geschlechtsmerkmale gekennzeichnet ist. Sie bedingt stets eine sehr frühzeitige Verknöcherung der Epiphysen und damit ein Stehenbleiben des Skelettes auf jugendlichen Formen. Die wenigen bis jetzt vorliegenden histologischen Untersuchungen und hauptsächlich der an Lebenden erhobene Befund, der stets eine beträchtlich über die Norm des betreffenden Alters hinausgehende Vergrößerung der Keimdrüsen ergibt, weisen darauf hin, daß die meisten Fälle von Frühreife mit einer frühzeitigen Entwicklung der Keimdrüsen einhergehen. Aber auch hier läßt es sich nicht entscheiden, ob diese Frühentwicklung nur eine Teilerscheinung des ganzen, in der außergewöhnlichen Anlage des Individuum begründeten Symptomenkomplexes ist, oder aber die eigentliche Ursache für alle anderen Erscheinungen am Körper darstellt. Auf keinen Fall lassen sich die bisherigen Befunde für die Frage nach der Bedeutung der Zwischenzellen verwerten.

VI. Die Veränderungen der Hoden als Folge von Allgemeinschädigungen des Körpers.

Bei der Beurteilung der eben besprochenen Erscheinungen fällt es schwer zu entscheiden, ob die ermittelten Veränderungen der Keimdrüsen das Primäre sind, oder nur eine Teilerscheinung der allgemeinen Veränderung bzw. der kranken Anlage des Gesamtorganismus darstellen. Finden wir doch bei anderen Krankheiten, die zum Teil einen ähnlichen Symptomenkomplex bedingen wie der Eunuchoidismus, so besonders bei den schon erwähnten Veränderungen der Hypophyse gleichfalls stets mehr oder weniger schwere Veränderungen der Keimdrüsen, die ihrerseits wohl erst die entsprechende von der Norm abweichende Gestaltung des Soma bedingen.

Noch eine andere angeborene Konstitutionsanomalie, der Status-thymico-lymphaticus geht fernerhin fast stets mit einer mehr oder weniger starken Unterentwicklung der Genitalien einher, auch bei ihm finden sich fast immer entsprechende Veränderungen an den Keimdrüsen, verschieden stark, je nach dem Grade der Ausbildung der Gesamterkrankung. Die Hodenveränderungen, die hauptsächlich Kyrle (1910) beschrieben hat, bestehen auch hier wieder in einer Verdickung bzw. hyalinen Entartung der Kanälchengrundmembran, die mit entsprechenden Veränderungen des Keimepithels einhergeht. In den schwersten Fällen können die Samenzellen vollständig fehlen. Das Hodenzwischengewebe ist stets vermehrt, teilweise bindegewebig entartet, fast stets finden sich aber gut ausgebildete Leydigsche Zellen in mehr oder weniger großer Anzahl. Die Gesamtgröße des Hodens ist gegenüber normalen Verhältnissen verringert. Im Gegensatz dazu findet, wie oben schon besprochen, Leupold (1920) bei großer Thymus die Hoden vergrößert, das Zwischengewebe spärlich.

Die Ovarien, deren Besprechung ich gleich hier anschließen will, zeigen nach den Untersuchungen Herrmanns (1909), die sich auf 55 Einzelfälle erstrecken, beim Status Thymico-lymphaticus folgenden Bau: Sie sind in mehr als der Hälfte der Fälle vergrößert, und zwar lassen sich zwei Formen unterscheiden, die eine erinnert mehr an tierische Verhältnisse, das Ovar ist hier sehr langgestreckt (bis zu 8,5 cm lang), die andere ist durch eine gleichmäßige Vergrößerung gekennzeichnet, bei der die gewöhnliche Form gewahrt bleibt.

Die Oberfläche der Ovarien ist glatt, ihre Konsistenz vermehrt, auf dem Schnitt ist schon makroskopisch eine große Anzahl subkortikal gelegener hirsekorn- bis kirschgroßer Zysten zu erkennen.

Im mikroskopischen Bild erkennt man, daß nur wenig normal gebaute Primärfollikel vorhanden sind, desgleichen finden sich nur wenige Corpora lutea, dagegen zahlreiche atretische Follikel und Corpora fibrosa. Die Zysten erweisen sich als dilatierte Graafsche Follikel. Die Vergrößerung des Ovar ist hauptsächlich durch eine Vermehrung des Bindegewebes bedingt, das in derben Zügen das ganze Organ durchsetzt, stellenweise erscheint es sogar schwielig.

Der Uterus erscheint bei den betreffenden Frauen meistens klein, seine Schleimhaut atrophisch, entsprechende Störungen im Ablauf der Geschlechtsfunktionen sind zumeist im Leben feststellbar.

Auch beim Status thymico-lymphaticus finden wir also bei der histologischen Untersuchung sowohl das Zwischengewebe, als auch den generativen Anteil der Keimdrüsen verändert.

Weit deutlicher als bei der zuletzt besprochenen Erkrankung bzw. Konstitutionsanomalie kommt aber das verschiedene Verhalten der beiden Keimdrüsenanteile besonders im Hoden bei akuten Infektionskrankheiten und schweren Vergiftungen zur Geltung. Ganz allgemein zeigt sich hier die schon vielfach erwähnte Tatsache, daß die Keimzellen selbst der empfindlichere Teil der Keimdrüse, ja wohl das empfindlichste Gewebe des Körpers überhaupt sind, an ihnen machen sich die Folgen allgemeiner Schädigungen zuerst geltend, indem im Hoden die Spermatogenese zum Stillstand kommt, im Ovar aber das Follikelwachstum stehen bleibt.

Diese Tatsache hat schon Hansemann (1895) erwähnt, besonders eingehend hat Cordes (1898) darauf hingewiesen, ebenso Thaler (1904) und Kasai (1908), sie stellten übereinstimmend fest, daß bei akuten Infektionskrankheiten die Spermatogenese rasch zum Stillstand kommt, in der Folgezeit bilden sich dann, während der Rest der Spermatozoen noch ausgestoßen wird, die Epithelien der Samenkanälchen mehr und mehr zurück, bis sie schließlich nur noch aus einer einfachen Schicht von indifferenten Zellen bestehen. Hand in Hand damit geht eine Vermehrung der Zwischenzellen, die in ihrem Bau keine grundlegenden Veränderungen zeigen. Nach Ablauf der Krankheit tritt dann, wie ja Kyrle gezeigt hat, eine mehr oder weniger vollständige Restitution des Samenkanälchenepithels ein, die von einer Rückbildung der Zwischensubstanz begleitet wird.

Bei chronischen Erkrankungen, die schließlich zum Tode führen, liegen die Verhältnisse ähnlich. Wie Hansemann (1897), Lubarsch (1896) und vor allem Koch (1910) gezeigt hat finden sich auch hier stets mehr oder minder schwere Veränderungen am Epithel der Hodenkanälchen und gleichzeitig eine Vermehrung des Zwischengewebes, die durch die interstitiellen Zellen selbst bedingt ist. Da in allen diesen Fällen jedoch die Gesamtgröße des Hodens vermindert ist, wohl als Folge der starken Volumsabnahme, die die Kanälchen aufweisen, so läßt sich meines Erachtens niemals mit voller Sicherheit feststellen ob nicht die im Schnitt erkennbare

Vermehrung der Zwischenzellen nur eine relative ist, ähnlich der, die wir bei Tieren mit periodischer Brunst im Ruhehoden feststellen können.

Koch folgert, daß die vorgefundenen Veränderungen am Hoden in erster Linie bei den chronischen Erkrankungen, so besonders bei Tuberkulose und Karzinom, nicht die Folge der speziellen Krankheit an sich, sondern die Folge der durch die Krankheit hervorgerufenen Kachexie seien, während bei akuten Infektionskrankheiten wohl zweifellos eine toxische Schädigung vorliege. Dies beweise die Tatsache, daß in einem Falle von perniziöser Anämie infolge von Krebs jegliche Veränderungen am Hoden (makroskopisch festgestellt!) fehlten, hier sei aber auch der Ernährungszustand des Individuum, ganz im Gegensatz zu den anderen Fällen ein sehr guter gewesen.

Ob die Kochsche Annahme richtig ist, läßt sich zunächst nicht entscheiden, für die hier zu besprechende Frage nach der Bedeutung der Zwischenzellen dürfte sie ohne Belang sein, es erscheint wahrscheinlich, daß beide Ursachen zum nämlichen Enderfolg führen können, daß nämlich sowohl die toxische Allgemeinschädigung, als auch hochgradige Kachexie die Keimdrüsen schädigt. Die Kachexie allein für die Veränderungen am Hoden verantwortlich zu machen halte ich nicht für richtig, und zwar aus dem Grunde, weil wir ja ein gewisses Wechselverhältnis zwischen Fettansatz und Keimdrüsenfunktion stets beobachten können. Es zeitigt aber das merkwürdige Ergebnis, daß durch zu starke Ernährung die Keimdrüsen schwer geschädigt, ja sogar rückgebildet werden (Stieve, 1918). Andererseits sehen wir bei Tieren mit periodischer Brunst während der Zeit der höchsten Geschlechtstätigkeit sehr häufig am Körper eine Art von Kachexie auftreten, die beim Lachs so weit gehen kann, daß die Muskulatur fast ganz schwindet, so daß das Tier nicht mehr imstande ist stromaufwärts zu schwimmen, und doch erleidet die Geschlechtsdrüsentätigkeit keine Einbuße.

Wie dem aber auch sei, auf jeden Fall läßt sich die im Anfangsstadium schwerer Allgemeinerkrankungen fast stets zu beobachtende Vermehrung der Zwischenzellen, gleichgültig ob sie eine absolute oder nur eine relative Massenzunahme gegenüber den degenerierenden Hodenkanälchen darstellt, nicht in Einklang mit der in solchen Fällen stets erlöschenden Geschlechtsfunktion bringen. Schon Kohn (1914) hat darauf hingewiesen, daß hier ein offenkundiges Mißverhältnis zwischen Virilität und Zwischensubstanz besteht, das gegen die Annahme einer inkretorischen Funktion der Leydigschen Zellen spricht. Kasai gibt allerdings an, daß bei bestimmten schweren Allgemeinerkrankungen, so besonders bei der Tuberkulose, die gesamte Hodensubstanz, Keimzellen sowohl als Leydigsche Zellen der Degeneration anheimfallen, die Zwischenzellen nehmen oft die „ruhende Form“ an, sie besitzen dann nur länglich-ovalen Kern und sehr kleinen Protoplasmaleib, mit anderen Worten, sie wandeln sich wieder zu typischen Bindegewebselementen um. Aber bei diesen von Kasai (1908) beobachteten Fällen handelt es sich nur um die Endzustände langdauernder Krankheiten, die schließlich zum Tode geführt haben, und die hier vorgefundenen Verhältnisse lassen sich nicht ohne weiteres denen gegenüberstellen, die wir in den ersten Tagen und Wochen der Erkrankung beobachten können.

Wirklich verstehen lassen sich alle diese Vorgänge nur, wenn wir die genauen Untersuchungen Kyrles (1910, 1916) über die Schädigung und Regeneration des Hodengewebes berücksichtigen. Wir erkennen dann, daß die anfänglich zweifellos statthabende Vermehrung der Leydigschen Zellen eine Abwehrmaßnahme des Organismus, der erste Schritt zur Reparation der gesetzten Schädigung ist. Erst wenn bei lang dauernder Krankheit das Hodenparenchym so stark zurückgebildet ist, daß selbst eine teilweise Restitutio ad integrum nicht mehr erfolgen kann, dann erst gehen auch die Zwischenzellen zugrunde, sie entarten bindegewebig und dann erst bietet der Hoden das Bild der völligen Degeneration, wie es Kasai schildert. Die Störungen in der Virilität im Anfang der Krankheit gehen aber zweifellos Hand in Hand mit einem Zerfall der Keimzellen und einer Vermehrung der Zwischenzellen, daß dies ohne weiteres für eine inkretorische Funktion des typischen Hodengewebes, des Kanälchenepithels spricht, brauche ich wohl nicht zu betonen.

Zu einer im Grunde genommenen ähnlichen Ansicht gelangt auch Voinow (1905) auf Grund von theoretischen Erwägungen, die durch Versuche gestützt werden. Er hält die Zwischenzellen des Hodens für ein Schutzorgan des Hodenparenchyms. Dies gehe aus der Tatsache hervor, daß es leicht gelinge andere Organe wie Nervensystem, Magen, Leber, Niere und Schilddrüse zu zerstören, beim Hoden sei dies aber nur durch sogenannte Hodentoxine möglich, im übrigen bleibe der Hoden selbst bei Anwendung sehr giftiger Autotoxine unversehrt. Diese letzten Beobachtungen widersprechen aber der allgemein bekannten, von mir (Stieve, 1918) auch im Versuch nachgewiesenen Tatsache, daß das Keimdrüsenparenchym bei weitem das empfindlichste Gewebe des ganzen Körpers darstellt und schon durch solche äußere Einflüsse geschädigt werden kann, die an keiner anderen Gewebsart irgendwelche Veränderungen setzen. Die schützende Wirkung der Zwischenzellen besteht demnach nur insoweit, als sie durch große Ansammlungen von Nährmaterial die spätere Regeneration des Keimgewebes vorbereiten.

Auch Bouin und Ancel (1905) haben das Verhalten der Hodenzwischenzellen bei Allgemeinerkrankungen untersucht und gleichfalls festgestellt, daß im Verlaufe von akuten Infektionskrankheiten, besonders bei Pneumonie und Phthise eine mehr oder weniger deutliche Vermehrung der Zwischenzellen eintritt. Sie ist nicht immer gleichstark, ja in manchen Fällen kann sie ohne nachweisbaren Grund vollkommen fehlen, man begegnet ihr aber auch häufig bei chronischen Erkrankungen, besonders bei der Tuberkulose. Die Stränge der Leydigschen Zellen schwellen dabei sehr stark, oft auf das Doppelte des früheren Volumens an, außerdem werden auch neue Zwischenzellen aus bindegewebigen Elementen gebildet. Inwieweit diese Vermehrung eine durch die starke Reduktion der Samenkanälchen vorgetäuschte ist, wird nicht untersucht. Bei Tieren lassen sich ähnliche Verhältnisse durch chronische Alkoholvergiftung, Erzeugung von Tuberkulose, Aderlässe und Hervorrufung von Karbunkeln erzielen. Auch hier läßt sich im Anfang eine Hyperplasie der Zwischenzellen beobachten, sie werden protoplasmareich und enthalten massenhaft Sekretgranula. Bei kurzdauernden aber sehr rapid zum Tode führenden Vergiftungen, andererseits nach langdauernden schweren Vergiftungen des Körpers erscheinen die Zwischenzellen zurückgebildet. Bouin und Ancel (1905) schließen nun in folgerichtiger Durchführung ihrer Anschauung, daß die Vermehrung der Zwischenzellen mit einer Steigerung der Inkretion einhergehe, diese solle zum Schutze des ganzen Körpers dienen. Diese Anschauung besitzt aber nicht die geringste Wahrscheinlichkeit für sich, sie vermag vor allem auch nicht die Tatsache zu erklären, warum hier die Vermehrung der Zwischenzellen nicht mit einer Steigerung der Geschlechtsfunktion einhergeht. Die Korrelation in der Abnahme der Geschlechtstätigkeit und den Rückbildungsvorgängen an den spezifischen Keimzellen ist hier so auffällig, daß an dem gegenseitigen Abhängigkeitsverhältnis nicht gezweifelt werden kann. Sein Bestehen beweist aber eine inkretorische Tätigkeit der Keimzellen selbst, nicht der Zwischenzellen, die in diesem Falle ja sogar vermehrt sind.

Ganz ähnlich liegen die Verhältnisse bei der Altersatrophie des menschlichen Hodens, die auch nach den Angaben mancher Forscher mit einer anfänglichen Vermehrung der Zwischenzellen einhergehen soll. Ganz abgesehen nun davon, daß diese Vermehrung aller Wahrscheinlichkeit nach nur eine relative, durch den Schwund der Samenkanälchen vorgetäuschte ist, kann auch sie eine gewisse Abwehrmaßnahme des Körpers darstellen, der auch hier auf die Rückbildung der Keimzellen zunächst mit einer Vermehrung der Leydigschen Zellen, mit einer Anhäufung von Nährmaterial antwortet. Diese Vermehrung geht aber stets über kurz oder lang, da eine wirkliche Regeneration aus physiologischen Gründen nicht mehr erfolgen kann, in eine allgemeine bindegewebige Entartung über.

Nun findet allerdings im Alter manchmal eine gewisse vorübergehende Steigerung des Geschlechtstriebes (Johannistrieb) statt, und Tandler und Groß (1913) bringen diese Steigerung in Zusammenhang mit der angeblich starken Vermehrung der Zwischenzellen[1]), die sich im Hoden alternder Wesen häufig feststellen läßt. Wahrscheinlicher ist allerdings, daß es sich hier um eine Reizerscheinung handelt, die zunächst vielleicht in Abhängigkeit von der Prostata steht. Diese vergrößert sich gewöhnlich mit zunehmendem Alter und bedingt dadurch einerseits eine vermehrte Sekretabsonderung, andererseits aber wird sie häufig als Folge des Gewebsdruckes mehr oder weniger einen Verschluß der Ductus ejaculatorii und damit eine Sekretstauung in Samenblasen, Nebenhoden und Hoden bedingen, die ihrerseits erst wieder die Steigerung des Geschlechtstriebes zur Folge haben. In unmittelbare Beziehungen zu den Zwischenzellen läßt sich jedenfalls die im Alter manchmal festzustellende Steigerung des Geschlechtstriebes nicht bringen.

Bei Allgemeinvergiftungen treten, wie schon erwähnt, am Hoden, wahrscheinlich auch an den Ovarien, die nämlichen Erscheinungen auf wie bei akuten Infektionskrankheiten; einer besonderen Besprechung bedarf hier nur noch die chronische Alkoholvergiftung, da sie häufig als Beweis für die inkretorische Funktion der Zwischenzellen herangezogen wird. Im Grunde genommen sind hier die am Hoden festgestellten Veränderungen die nämlichen wie bei anderen schweren Allgemeinintoxikationen, es kommt zur Atrophie der Samenkanälchen (Weichselbaum 1910, Biedl 1916), die mit einer anfänglichen Vermehrung und späteren Rückbildung der Zwischenzellen einhergeht. Nach Koch (1910) erscheint es zweifelhaft ob die gänzliche Atrophie der Hoden, die man bei chronischen Säufern fast stets nachweisen kann, eine direkte Folge der Alkoholschädigung oder aber der allgemeinen „Säuferkachexie" ist. Jedenfalls wird von vielen Seiten eingewendet, daß die Atrophie der Hoden bei Trinkern von einer Steigerung des Geschlechtstriebes begleitet sei. Allerdings ist diese Steigerung des Geschlechtstriebes nur im Anfangsstadium des akuten Rauschzustandes vorhanden, sie stellt hier nur eine Folgeerscheinung der Alkoholeinwirkung auf das Zentralnervensystem dar, die mit starker psychomotorischer Erregung einhergeht. Vielfach mag an der Steigerung des Geschlechtstriebes auch die Reizung der Harnröhrenschleimhaut schuld sein. Außerdem ist ja sicher, daß in den Anfangsstadien der chronischen

[1]) Steinach (1920) stellt dagegen, wie unten noch besprochen wird, im Hoden der alternden Ratte eine Atrophie der Zwischenzellen fest.

Alkoholvergiftung, also gerade dann, wenn die Steigerung des Geschlechtstriebes manifest wird, noch keine schwere Schädigung der Keimdrüsen vorliegt, hier liefert das Kanälchenepithel noch befruchtungsfähige, allerdings minderwertige Spermatozoen, wie ja die zahlreichen „Säuferkinder" beweisen. In den späteren Stadien der Krankheit, wenn eine tatsächliche schwere Schädigung der Kanälchenwand nachzuweisen ist, pflegt auch der Geschlechtstrieb mehr oder weniger vollständig zu erlöschen.

Die mikroskopischen Befunde, die wir an normalen oder pathologisch veränderten Hoden ermitteln, geben uns also in keinem Falle einen völlig sicheren Aufschluß über die Frage nach der Lokalisation der inkretorischen Tätigkeit der Keimdrüsen, wenngleich sie fast durchweg die hohe, ja alleinige Bedeutung der Keimzellen selbst zum mindesten sehr wahrscheinlich machen. Um daher die schwebende Frage zu klären hat man schon seit längeren Zeiten den Tierversuch angewendet und auf diesem Wege versucht, den einen oder anderen Keimdrüsenanteil zu zerstören und so Einblick in die Funktion der übrigbleibenden Gewebsart zu gewinnen. Da die Keimzellen selbst der empfindlichere Teil der Gonaden sind, so handelt es sich bei den nunmehr zu besprechenden Versuchen stets um eine mehr oder weniger weitgehende Zerstörung des Epithels der Hodenkanälchen, während die Zwischensubstanz zunächst allem Anschein nach ziemlich unverändert bleibt.

VII. Die Folgen der Unterbindung des Vas deferens.

Ich beginne mit der Besprechung derjenigen Versuche, in denen das Vas deferens eines oder beider Hoden unterbunden wurde. Die Hauptversuche wurden von Bouin und Ancel (1903, 1904) ausgeführt, und zwar an Kaninchen, Meerschweinchen und Hunden. Etwa ein halbes Jahr nach der Unterbindung kommt die Spermatogenese mehr oder weniger vollkommen zum Stillstande, das Kanälchenepithel bildet sich bis auf die Sertolischen Zellen zurück, das Zwischengewebe bleibt erhalten, ja es kann sogar vermehrt sein. In anderen Fällen wurde der eine Hoden exstirpiert, bei dem im Körper verbleibenden aber das Vas deferens unterbunden, in der Erwartung, daß dadurch eine kompensatorische Hypertrophie derjenigen Keimdrüsenelemente erzielt werde, von welchen die Inkretion ausgehe. Es ergab sich nun, daß in diesem Falle die „Sertolischen Zellen" im inneren der Hodenkanälchen, keine Vermehrung erfuhren, wohingegen die Masse der Zwischenzellen größer erschien als bei der ersten Versuchsanordnung.

Die Versuche von Bouin und Ancel wurden von Sand (1918) an Meerschweinchen und Kaninchen nachgeprüft und im großen und ganzen bestätigt. Bei einseitiger Kastration konnte stets im zurückgebliebenen Hoden, wenn sein Vas deferens unterbunden war, eine Hypertrophie der Zwischenzellen festgestellt werden, während keine Spermatogenese stattfand, die Wand der Samenkanälchen war nur von Sertolischen Zellen ausgekleidet und diese befanden sich zum Teil im Zustande der Rückbildung. In dieser Art und Weise verlief der Versuch aber nur, wenn er an ausgewachsenen, vollkommen geschlechtsreifen Tieren ausgeführt wurde, ganz anders dagegen dann, wenn die Unterbindung des Samenstranges bei jungen Tieren vor der Pubertät vorgenommen wurde. In diesem Falle entwickelte sich nämlich der ganze Hoden in der gleichen Weise wie bei einem nichtoperierten Tier, die Samenzellen vermehren sich, es kommt zur Ausbildung von Spermatozoen und erst, wenn der Hoden zu völliger Geschlechtsreife gediehen ist, bildet sich der generative Anteil mehr oder weniger stark zurück. Besonders wichtig sind aber die folgenden Feststellungen: Wird beim jugendlichen Tier die Unterbindung des Samenstranges mit der einseitigen Kastration verbunden, dann hypertrophiert der ganze Hoden, er zeigt gewöhnlichen histologischen Bau und keine relative Vermehrung der Zwischenzellen. Diese haben nur in gleichem Maße wie die Keimzellen an Menge zugenommen. Es findet hier also eine kompensatorische Hypertrophie des generativen Hodenanteils statt, die von einer Vermehrung der Zwischenzellen begleitet ist, erst wenn das ganze Organ auf dem Höhepunkt der Entwicklung angelangt ist, bildet sich das Kanälchenepithel wieder zurück. Sand weist selbst darauf hin, daß die Verhältnisse nicht so einfach liegen, wie es aus den Darstellungen von Bouin und Ancel hervorzugehen scheint. Wie diese Tatsachen zu erklären sind, will ich erst weiter unten besprechen, ich will vorher nur noch erwähnen, daß Marshall (1910, 1911) zeigen konnte, daß beim Igel durch die einseitig oder doppelseitig ausgeführte Vasektomie die periodische Ausbildung der sekundären Geschlechtsmerkmale in keiner Weise beeinflußt wird, genauere histologische Mitteilungen werden nicht gemacht. Auch Widder und Hähne sollen nach den Angaben von Shattock und Seligmann (1904) ihre Geschlechtsmerkmale nach doppelseitiger Vasektomie behalten. Lacassagne (1913) stellte beim Kaninchen nach der Unterbindung der Samenstränge sogar eine Steigerung des Geschlechtstriebes fest.

Tandler nnd Groß (1913) durchschnitten noch beim Rehbock die Vasa deferentia und stellten fest, daß als Folge dieses Eingriffes keine Störung im Ablauf der Geweihbildung eintritt, deren Abhängigkeit von der Anwesenheit der Keimdrüsen durch entsprechende Versuche, auf die ich noch zurückkomme, dargetan wird.

Im ganzen wurden 2 (zwei!) Tiere operiert, das erste am 10. Januar 1908, die Geweihbildung wurde bei ihm nicht beeinträchtigt, der Bock beginnt Anfang April zu fegen, wirft Ende Oktober ab und setzt Anfang Januar 1909 neuerdings auf. Am 18. Februar 1909 wird er getötet, die mikroskopische Untersuchung des Hodens ergibt völliges Fehlen der Spermatogenese, das Zwischengewebe ist vermehrt. Ein entsprechendes Kontrolltier wurde nicht untersucht, bei ihm hätte sich nämlich auch ein vollkommenes Fehlen der Spermatogenese feststellen lassen! Tandler und Groß übersehen bei ihren Untersuchungen ganz, daß der Rehbock ein Tier mit zyklischem Ablauf der Geschlechtstätigkeit ist, die Brunst fällt in die Zeit von Ende Juli bis Mitte August; im Februar befindet sich der Hoden im Ruhezustande und der an dem vasektomierten Tier erhobene Befund entspricht vollkommen den normalen Verhältnissen.

Bei einem weiteren Rehbock wird im Alter von einem Jahr, während kein Gehörn vorhanden ist, am 17. Januar 1908 der Ductus deferens unterbunden und durchschnitten. Am 13. Februar beginnt der Bock zu schieben, anfangs Mai ist das hohe Geweih vollkommen verfegt, Ende November wird es abgeworfen, anfangs Januar 1909 erhält der Bock das zweite Geweih, es ist sehr gut entwickelt und am 6. Mai, wo das Tier getötet wird, teilweise verfegt.

Der Hoden bietet ein ganz anderes histologisches Bild als der des ersten Tieres. Der generative Anteil ist vielfach geschädigt, allenthalben finden sich strukturlose Massen und pyknotische Kerne, nirgends Kernteilungen und vollkommen „normale Spermatogenese". Das Epithel der Kanälchen liegt an vielen Stellen in mehreren Schichten, nirgends finden sich jene vielkernigen Riesenzellen, die bei der normalen Involution des Hodens auftreten. Einzelne Kanälchen sind offenbar schwerer beeinträchtigt, nur mit Sertolischen Zellen ausgekleidet. Ganz vereinzelte erscheinen platt zusammengedrückt. Auch in diesem Falle fehlt ein normaler Hoden als Vergleich. Da wir es aber mit einem Tier, das zwei Monate vor der Brunst getötet wurde, zu tun haben, so darf die Tatsache, daß sich noch keine reifen Samenfäden vorfinden, nicht verwundern, noch viel weniger die Abwesenheit der großen Riesenzellen, die zur Zeit der Involution auftreten. Die Involution des Rehbockhodens beginnt Ende August, erst da dürfen wir also die fraglichen Formen erwarten.

Was aber aus einem Vergleich der beiden Hoden deutlich hervorgeht, ist die Tatsache, daß trotz der vorgenommenen Vasektomie sich am Keimepithel Veränderungen abspielen, die denen des nicht operierten Hodens gleichsinnig verlaufen. Im Februar finden wir vollkommenen Stillstand der Spermatogenese, im Mai demgegenüber eine starke Vermehrung der Samenzellen; aus der beigegebenen Abbildung (16, l. c. 1913) ist zu ersehen, daß die Tubuli teilweise ein ganz ähnliches Bild zeigen, wie wir es bei einem normalen Hoden zwei Monate vor Beginn der Brunst zu erwarten haben. Über die Zwischenzellen machen Tandler und Groß bei diesem zweiten Tier überhaupt keine Angaben, aus der Abbildung (16, l. c. 1913) ist zu ersehen, daß ihre Zahl nur gering ist, sie liegen in einzelnen Gruppen zwischen den Samenkanälchen, deren Wand sich stellenweise berührt.

Überblicken wir nun im ganzen die Ergebnisse der Untersuchungen an den Hoden, deren Vas deferens unterbunden bzw. durchschnitten wurde: Bei einiger Überlegung müssen wir zunächst erkennen, daß durch die Operation als solche, wenn die Wunde reaktionslos verheilt, eine unmittelbare Schädigung des Hodens nicht bewirkt werden kann. Die Schädigung kann sich nur während des Höhepunktes der Geschlechtsfunktion geltend machen, hier wird der Abfluß der Keimdrüsenprodukte verhindert, es kommt zu einer Stauung im Hodeninnern, das gestaute Sekret, hauptsächlich aus Samenfäden bestehend, übt zunächst einen Druck auf die Kanälchenwand aus und bedingt schließlich eine Atrophie der Epithelien. Ist endlich die ganze Masse des im Hoden und zum Teil auch im Nebenhoden gestauten Sekretes resorbiert, so sind die Kanälchen leer und von dem durch die Stauung erzeugten Druck befreit.

Berücksichtigen wir diese Vorgänge, so müssen wir erkennen, daß die Verhältnisse ganz verschieden liegen, je nachdem die Vasektomie vor oder während der Geschlechtsreife, bei einem Tier mit periodischer Brunst, wie beim Reh oder mit kontinuierlicher Brunst, wie beim Hund, Kaninchen, Meerschweinchen und Menschen ausgeführt wird.

Bei einem geschlechtsreifen Tier mit kontinuierlichem Ablauf der Geschlechtsfunktion kommt es nach der Unterbindung des Vas deferens unbedingt sofort zu einer Sekretstauung im Hoden, die ihrerseits durch den ausgeübten Druck die Atrophie der Samenkanälchen bedingt. Diese Stauung mag auch der Grund für die von einigen Seiten beobachtete Steigerung des Geschlechtstriebes sein, denn es ist sicher, daß die massenhafte Ansammlung von Spermatozoen im Hoden eine Steigerung des Geschlechtstriebes bedingt, die erst durch Entleerung des abgesonderten Samens beseitigt wird. Als Folge des Sekretdruckes im Innern des Hodens atrophiert die Wand der Kanälchen, es kommt zu den nämlichen Erscheinungen wie bei Einwirkung einer Druckschädigung, die von außen her den Hoden trifft. Der Druck kann nur nicht nachlassen, da im Hoden immer wieder neue Samenzellen produziert werden, solange noch ungeschädigtes Epithel vorhanden ist. Als Reaktion auf diese Schädigung setzt gleichzeitig wieder eine Vermehrung der Zwischenzellen ein.

Nach einiger Zeit, wenn das Samenkanälchenepithel stark zurückgebildet ist, beginnt auch bei diesen Arten, wie die Steinachschen Verjüngungsversuche (1920) zeigen, in einzelnen Hodenkanälchen die Ausbildung von Samenzellen wieder von neuem und führt häufig zur Entstehung reifer Spermatozoen. Die anfänglichen Rückbildungsvorgänge kommen also zum Stillstand und es kommt sogar zu erneuter Samenentwicklung. Schon aus diesem Grunde kann der vasektomierte Hoden niemals als „isolierte Pubertätsdrüse" bezeichnet werden, da in ihm ja stets wieder eine Neubildung von Samenzellen, von denen die inkretorische Tätigkeit ausgehen kann, statt hat.

Wird die Vasektomie vor dem Beginn der Pubertät ausgeführt, dann bleibt sie zunächst ohne jeden Einfluß auf den Hoden, eine Wirkung kann sich erst dann geltend machen, wenn die Entwicklung des Hodens beendet ist, und die ersten reifen Samenfäden ausgestoßen werden. Dann kommt es zur Sekretstauung mit allen den eben geschilderten Folgeerscheinungen, vorher durchläuft das Organ die normale Entwicklung, ja bei Abwesenseit des anderen Hodens macht sich sogar das Bestreben des Keimepithels geltend, durch kompensatorische Hypertrophie den Schaden auszugleichen.

Etwas anders liegen die Verhältnisse bei Tieren mit periodischer Brunst. Hier kann sich die Wirkung der Operation nur während des Höhepunktes der Geschlechtstätigkeit, also während der kurzen Zeit geltend machen, in der tatsächlich die Bildung und Ausstoßung reifer Samenfäden erfolgt, in der Zwischenzeit muß sie ohne jeden Einfluß bleiben. Die Entwicklung des Hodens wird sich, wenn die Unterbindung beim jungen Tier oder in der Geschlechtsruhe ausgeführt wird, in normalen Bahnen abspielen, solange, bis in der Zeit, in der die Abstoßung der Spermatozoen erfolgt, eine Sekretstauung und damit eine Schädigung der Hodenkanälchenwand eintritt. Da aber die Sekretabsonderung physiologischerweise nur kurz dauert, so wird die Schädigung keine sehr tiefgreifende sein, sie wird nur einzelne Kanälchen schwerer betreffen, im übrigen erfolgt, da kein neuer Zuwachs an Spermatozoen eintritt, bald eine vollständige Resorption jeglichen Sekretes und der Hoden bildet sich auf den physiologischen Ruhezustand zurück, um bei Beginn der nächsten Geschlechtsperiode wieder den normalen Entwicklungsgang zu durchlaufen. Die regelmäßige Ausbildung der sekundären Geschlechtsmerkmale kann auch in diesen Fällen ebensogut durch die inkretorische Tätigkeit der Keimzellen selbst, als durch die der Zwischenzellen bedingt sein, im Gegenteil auch hier ist die Wahrscheinlichkeit größer, daß die Samenzellen selbst das wirksame Gewebe sind, da sie ja unter physiologischen Bedingungen eine erhebliche Vermehrung gerade in der Zeit erfahren, in der sich am Soma die sekundären Geschlechtsmerkmale ausbilden.

VIII. Der Einfluß der Röntgenstrahlen auf die Hoden.

Die ersten Mitteilungen über den Einfluß der Röntgenstrahlen auf die Hoden stammen von Albers-Schönberg (1903). Sie konnten zeigen, daß männliche Kaninchen und Meerschweinchen nach mehrmaliger Bestrahlung die Potentia coëundi zwar behalten, jedoch steril werden. Aus dieser Tatsache konnte zunächst geschlossen werden, daß die Spermatozoen durch die Röntgenisation in irgendeiner Weise geschädigt werden, so daß sie die Fähigkeit zur Befruchtung verlieren. Die mitgeteilten Befunde wurden in der Folgezeit von verschiedenen Seiten bestätigt, und zwar hauptsächlich von Selden (1903), Buschke und Schmidt (1905), Bergonié und Tribondeau (1905—1907), Villemin (1905—1908), Herxheimer und Hoffmann (1908), Regaud und Dubreuil (1909), Tandler und Groß (1913) und von Simmonds (1909/1910).

Es ließ sich zunächst feststellen, daß auch beim Menschen als Folge des Röntgenstrahleneinflusses zunächst die Potentia generandi, später aber auch die Potentia coëundi vollkommen verloren geht. (Diese letzte Mitteilung verdanke ich der Liebenswürdigkeit von Herrn Dr. Karl Fahrig in München, der über eine langjährige Erfahrung auf diesem Gebiete verfügt.) Bei Tieren ließ sich ähnliches feststellen. Die histologische Untersuchung der bestrahlten Hoden, die zuerst von Buschke und Schmidt (1905) ausgeführt wurde, ergab zunächst eine völlige Zerstörung der Spermatozyten und Spermatiden, während die Sertolischen Zellen nicht verändert wurden. Diese Beobachtungen wurden von Bergonié und Tribondeau (1905—1907) bestätigt und außerdem noch ermittelt, daß die Zwischenzellen vielfach im röntgengeschädigten Hoden vermehrt sind, während sich der Grad der Zerstörung des Keimgewebes ganz nach der Stärke der angewandten Strahlendosis richtet.

Villemin (1906), kam dann zu der Überzeugung, daß die durch Röntgenstrahlen hervorgerufenen Veränderungen des Hodens für eine inkretorische Funktion der Zwischenzellen sprächen, wohingegen Herxheimer und Hoffmann (1908) auf Wechselbeziehungen schlossen, die zwischen der Atrophie der Samenkanälchen und der Vermehrung der Zwischenzellen beständen. Von großer Wichtigkeit sind des weiteren die Untersuchungen von Simmonds (1909/1910), der zunächst auch auf ein vikariierendes Eintreten der Zwischenzellen für die degenerierenden Keimzellen schloß, vor allem aber durch sehr mühsame Untersuchungen zeigte, daß selbst bei langandauernder, sehr starker Röntgenbeeinflussung niemals das Epithel aller Samenkanälchen in einem Hoden zugrundegeht, daß sich vielmehr in jedem Testikel stets noch völlig unversehrte Tubuli nachweisen lassen, von denen aus dann später, nach längerem Aussetzen der Bestrahlung die Regeneration erfolgt. Für die Frage nach der Lokalisation der inkretorischen Tätigkeit ist diese Feststellung, die bis heute von keiner Seite widerlegt werden konnte, entscheidend.

Da es sich niemals mit Sicherheit feststellen läßt, ob im röntgengeschädigten Hoden, ganz abgesehen von den Sertolischen Zellen, auf deren Bedeutung ich gleich zurückkomme, nicht noch Kanälchen mit ungeschädigtem Epithel vorhanden sind, so kann auch niemals mit Sicherheit entschieden werden, ob das geschlechtsspezifische Hormon nicht gerade von diesen Zellen abgesondert wird.

Des weiteren sind hier noch die Ergebnisse der Bestrahlungen zu erwähnen, die Kyrle (1910/1911) an Hunden ausführte; sie zeigten, daß in den Hodenkanälchen destruktive und regenerative Prozesse zeitweise nebeneinander hergehen, während im Verhalten der Zwischenzellen nur das Bestreben zu erkennen ist, die gesetzten Schäden auszugleichen. Dabei konnte Kyrle in den Kanälchen die Bildung von großen, vielkernigen Riesenzellen beobachten, die identisch sind mit den Elementen, die Maximow (1899) nach Hodenverletzungen beschrieben hatte. Tandler und Groß (1911) beschrieben dann die gleichen Gebilde im Hoden des Maulwurfs während der Zeit der Rückbildung nach der Brunst. Sie bestreiten aber (1913), daß diese Zellen das Produkt eines krankhaften Vorganges sein könnten, da sie ja von ihnen im Verlauf eines zweifellos physiologischen Prozesses festgestellt seien. Dieser Einwand ist nicht stichhaltig, in beiden Fällen handelt es sich um Rückbildungsvorgänge, die vom nämlichen Ausgangszustand, einem Hoden in höchster Tätigkeit, zum nämlichen Endzustand, einem Hoden, der jugendlichen Verhältnissen entspricht, führen. Es ist daher keineswegs ausgeschlossen, ja sogar sehr wahrscheinlich, daß sich beide Vorgänge in der gleichen Form abwickeln; wir sehen ja auch sonst häufig genug bei krankhaften Rückbildungen die nämlichen Veränderungen, wie bei physiologischen Involutionsvorgängen.

Tandler und Groß (1913) haben die Röntgenisation der Hoden beim Rehbock vorgenommen und es ist ihnen dabei nach ihrer Anschauung, allerdings nur nach dieser, gelungen, den ganzen samenbildenden Anteil des Hodens völlig zu vernichten, während die Zwischensubstanz der Bestrahlung, ohne geschädigt zu werden, stand hielt. Die bestrahlten Böcke verhielten sich hinsichtlich des Geweihwechsels durchweg wie nichtbehandelte Tiere.

Betrachten wir nun die erhobenen Befunde im einzelnen: Im ganzen erstreckte sich die Behandlung auf drei Rehböcke, der erste wurde am 27. Januar 1907 bestrahlt, am 24. April 1907, also in der Zeit der Geschlechtsruhe, in der physiologischerweise vielleicht gerade die erste Vermehrung der Samenzellen beginnt, wurde der eine Hoden untersucht. Der Hoden bietet „das Bild der typischen Röntgenschädigung", das Kanälchenepithel besteht nur aus Sertolischen Zellen, die Zwischenzellen sind nicht vermehrt, auf der beigegebenen Abbildung sind überhaupt keine Zwischenzellen zu erkennen; sie zeigt nur, daß der übrigens sehr schlecht konservierte Hoden ein Bild bietet, wie der eines normalen Tieres in der Zeit der Geschlechtsruhe. Nach Tandler und Groß soll allerdings der Vergleich mit einem normalen Hoden aus der gleichen Zeit, der leider weder beschrieben, noch auch abgebildet wird, den Unterschied deutlich zeigen.

Bemerkenswert ist aber, daß dieser Bock anfangs Mai, wo er starb, noch nicht gefegt hatte. Dies deutet auf eine Störung in der Geschlechtsfunktion hin, die Tandler und Groß aber nicht auf die Röntgenisation, sondern auf die Folgen des Gefangenlebens zurückführen. Das mag richtig sein. Durch das Gefangenleben wird aber, wie meine Versuche an Haushühnern (Stieve, 1918) zeigen, nur der generative Anteil der Keimdrüsen geschädigt; wenn sich also als Folge des Gefangenlebens Störungen in der Geschlechtsfunktion einstellen, dann beweist dies eine von den Keimzellen, nicht von den Zwischenzellen ausgehende Inkretion.

Der zweite Bock wurde im Alter von zwei Jahren am 21. Januar 1907 röntgenisiert; auch hier verlief die Geweihbildung normal. Am 30. Juli 1907, also in der Zeit der Brunst, wurde ein Hoden entfernt. Die histologische Untersuchung ergibt, daß das Kanälchenepithel an einzelnen Stellen nicht verändert ist, in einigen Kanälchen finden sich auch reife, allerdings zu mehreren verbackene Spermatozoen. Die Zwischenzellen sind stark vermehrt. Trotz der ziemlich intensiven Schädigung hat in diesem Falle also doch eine Entwicklung einzelner Samenkanälchen stattgefunden. Der zweite Hoden desselben Tieres wurde im November 1907 untersucht, nachdem das Geweih normalerweise im September abgeworfen war. Er zeigt im Schnitt fast das nämliche Bild wie der Hoden eines jungen, noch nicht geschlechtsreifen Rehbocks und unterscheidet sich von ihm nur durch die Anwesenheit zahlreicher Zellfragmente im Innern der Kanälchen, außerdem durch den größeren Zellreichtum des Zwischengewebes. Bedenken wir dabei, daß die Untersuchung des zweiten Hodens in der Zeit der Geschlechtsruhe vorgenommen wurde, so müssen wir den erhobenen Befund als vollkommen normal bezeichnen. Tandler und Groß (1911) stellen selbst fest, daß sich der Hoden bei Tieren mit zyklischer Brunst in der Ruhezeit auf den jugendlichen Zustand zurückbildet. Die Untersuchung dieses Bockes hat also deutlich gezeigt, daß der Hoden trotz der Röntgenisation seinen normalen Entwicklungsgang weiter fortsetzt, allerdings machen sich die Schädigungen in gewissen Veränderungen des Epithels geltend.

Der dritte Bock wurde am 15. Mai 1907 bestrahlt; er warf im Oktober des gleichen Jahres ab. Der Hoden zeigt in dieser Zeit im Kanälchenlumen, das stellenweise von Gerinnselmasse angefüllt ist, nirgends Spermatozoen, allenthalben sehr zahlreiche, gut entwickelte Sertolische Zellen, die Kanälchenwand ist verdickt, die Zwischenzellen scheinen etwas vermehrt. Beim Kontrolltier finden sich im Innern der Kanälchen noch abgestoßene, zugrundegehende Spermatozoen und zahlreiche Riesenzellen. Auch dieser Fall beweist nur, daß unter dem Einfluß der Schädigung die Rückbildung des Hodens rascher vor sich ging, als normalerweise, denn auch der Hoden des Kontrollbocks hätte sich in absehbarer Zeit, spätestens bis zum Dezember auf den Zustand des Hodens eines Jungtieres zurückgebildet.

Die eben besprochenen Versuche zeigen also nur, daß durch die Röntgenbehandlung das Epithel der Hodenkanälchen beim Rehbock zwar geschädigt, jedoch nicht vernichtet wird; es macht trotzdem die gewöhnlichen zyklischen Veränderungen durch. Das Zwischengewebe zeigt keine nennenswerten Veränderungen, die bei einzelnen Tieren im Schnitt erkennbare Vermehrung war sicher nur eine relative, bedingt durch die geringere Ausdehnung der Hodenkanälchen, bzw. sie stellte die Antwort auf die Schädigung dar, die die Regeneration des Kanälchenepithels vorbereitet.

IX. Anhang.

a) Die Sertolischen Zellen.

Bei allen Untersuchungen über die Röntgenisation der Hoden, ebenso bei denen über die Folgen der Unterbindung des Vas deferens begegnet man immer und immer wieder der Angabe, das Epithel der Samenkanälchen sei bis auf die Sertolischen Zellen vollkommen geschwunden. Dabei werden als Sertolische Zellen alle die großkernigen, indifferenten Elemente bezeichnet, die das Lumen der Kanälchen mehr oder weniger dicht gelagert in einfacher Schicht auskleiden. Als Sertolische Zellen dürfen wir aber nur solche Gebilde in den Tubulis bezeichnen, welche die Aufgabe haben, die reifenden Spermatozoen zu ernähren und zu diesem Zweck entsprechende Gestaltungsveränderungen durchgemacht haben.

Diese Zellen wurden früher unmittelbar von Urgeschlechtszellen abgeleitet, neuere Untersuchungen besonders von Montgomery (1911) und v. Winiwarter (1912) haben jedoch gezeigt, daß sie von den Urspermatogonien abzuleiten sind. Ähnlich wie im Ovarium erfolgt also auch im Hoden eine Arbeitsteilung unter den Geschlechtszellen, indem die einen von ihnen die Aufgabe der Hervorbringung von Samenelementen, die anderen aber die der Ernährung übernehmen. Offenbar erfolgt im funktionierenden Hoden noch dauernd eine Differenzierung der Spermatogonien in diese beiden Zellarten, in eigentliche Spermatogonien und Sertolische Zellen. Die Untersuchungen haben nun gelehrt, daß auch dann noch eine Regeneration der Kanälchenepithelien erfolgen kann, wenn sie sich schon vollkommen bis auf die indifferenten Spermatogonien zurückgebildet haben. Physiologischerweise geschieht dies bei Tieren mit periodischer Brunst regelmäßig einmal im Jahr. Man ist daher nicht berechtigt, zu behaupten, daß in solchen Fällen der generative Anteil des Hodens völlig zerstört ist; es hat eben nur eine Rückbildung bis auf jene großkernigen Elemente stattgefunden, aus denen sich sowohl echte, leistungsfähige Spermatogonien, als auch Sertolische Zellen entwickeln können. Erst wenn auch diese Gebilde aus den Hodenkanälchen verschwunden sind, können wir von einer restlosen Zerstörung des Keimepithels reden; in diesem Falle gehen aber auch stets die Zwischenzellen zugrunde und es läßt sich deshalb wieder nicht entscheiden, welche der beiden Gewebsarten ausschlaggebend für die Gestaltung der sekundären Geschlechtsmerkmale ist. Solange aber noch große, indifferente Zellen im Innern der Samenkanälchen nachgewiesen werden können, läßt sich die inkretorische Tätigkeit der Keimzellen niemals bestreiten, denn wer kann beweisen, daß nicht von diesen Gebilden die fragliche Funktion ausgeübt wird? Es wäre leicht denkbar, daß durch die äußeren Schädigungen die Keimzellen zwar die Fähigkeit zur Teilung vorübergehend eingebüßt haben, aber trotzdem noch das spezifische Inkret absondern.

b) Die Geweihbildung bei Cerviden.

Zu ihren Versuchen über die Lokalisation der inkretorischen Keimdrüsentätigkeit haben Tandler und Groß vielfach Rehe benutzt, da sich bei ihnen im männlichen Geschlecht als sekundäres Merkmal das Geweih findet, dessen Abhängigkeit von der Anwesenheit der Hoden durch entsprechende Versuche dargetan wurde. Bei allen Hirscharten unterbleibt nämlich die Ausbildung eines Geweihes vollkommen, wenn die Hoden vor der Geschlechtsreife, also vor der Entwicklung des ersten Geweihes entfernt werden; das nämliche gilt für Ziegenböcke und solche Schafarten, bei denen sich Hörner nur beim männlichen Geschlecht finden, nach den Angaben Pocoocks (1905) auch bei Antilocapra americana, dem einzigen Horntier mit periodischem Hornwechsel. Erfolgt die Kastration nach der Ausbildung des ersten Geweihes, so hat sie bei Hirschen die Entwicklung abnormer Kolbengeweihe, bei Rehen die Ausbildung von Perückengeweihen zur Folge. Auch bei Hirschen kommen nach Schaeff (1907) echte Perückengeweihe vor, allerdings nur sehr selten. Beim Renntier, wo das Geweih bei beiden Geschlechtern vorhanden ist, also kein sekundäres Sexusmerkmal darstellt, hat die Kastration auf die Ausbildung des Geweihes keinen Einfluß, höchstens insoferne, als das Geweih des Rennochsen viel höher und mächtiger wird, als bei Geschlechtstieren, es wird jedoch niemals rein verfegt und trägt zur Zeit des Abwurfes noch Bastfetzen.

Nach Tandler und Groß (1913) bleibt einseitige Kastration bei Rehböcken ohne jegliche Wirkung auf die Geweihbildung, ebenso bringt Kastration beim weiblichen Reh keinerlei Änderungen hinsichtlich der Geweihbildung mit sich. Verletzungen an den Extremitäten können Veränderungen an den Keimdrüsen nach sich ziehen, als deren Folge dann Störungen in der Geweihbildung auftreten, wie man sie auch in freier Wildbahn bei Krankheit oder Futtermangel antrifft.

Im Gegensatz zu diesen experimentell, allerdings nur an sehr kleinem Material gewonnenen Tatsachen stehen nun die Angaben Rörigs (1899—1910), der seine Schlüsse in erster Linie auf eine gründliche Kenntnis der einschlägigen Arbeiten stützt. Sicherlich ist dabei die überwiegende Mehrzahl der Beobachtungen nicht mit der wünschenswerten Sorgfalt ausgeführt und stützt sich vor allem nicht auf genügend sichere anatomische Unterlagen; es ist jedoch unrichtig, das ganze große, von Rörig zusammengetragene Material, so wie Tandler und Groß es tun, nur deshalb aus dem Rahmen einer wissenschaftlichen Erörterung auszuschalten, weil es im Widerspruch zu den Ergebnissen einer geringen Anzahl von eigenen Versuchen steht. Eine ganze Reihe der Angaben Rörigs, so vor allem die über die partielle Kastration wurden zudem von den Wiener Forschern im Versuch gar nicht nachgeprüft, also auch nicht widerlegt und können meiner Meinung nach schon aus diesem Grunde nicht aus der Diskussion ausscheiden, da ich im Gegensatz zu Tandler und Groß der Ansicht bin, daß man wissenschaftliche Mitteilungen niemals durch einige unhöfliche Redewendungen, sondern nur durch entsprechende Befunde widerlegen kann.

Im völligen Einklang mit dem Ergebnis der Experimente stehen zunächst folgende Feststellungen Rörigs:

Angeborene völlige Atrophie der Zeugungsorgane hat vollständige Geweihlosigkeit zur Folge, dies stimmt mit dem nächsten Satz überein, daß totale Kastration eines jugendlichen männlichen Tieres geweihtragender Arten zur Folge hat, daß sich weder Stirnzapfen noch Geweihe entwickeln. Kastration nach Beendigung der Stirnzapfenentwicklung hat die Bildung kleiner Kolbengeweihe von abnormer Form und schwächlicher Konsistenz zur Folge, Kastration während der Zeit des Geweihaufbaues läßt Geweihe entstehen, die niemals ausreifen, nie gefegt und nicht abgeworfen werden, bisweilen auch zur Perückenbildung führen. Totale Kastration zur Zeit des völlig ausgereiften Geweihes bewirkt, daß das Geweih vorzeitig abfällt, dann entsteht ein nie ausreifendes Geweih.

In allen diesen Punkten konnten also die Versuche der beiden Wiener nichts Neues zeigen, sondern nur die Rörigschen Mitteilungen bestätigen, geringe Unterschiede in den Angaben mögen auf individuellen Verschiedenheiten, beziehungsweise auf Unterschieden beruhen, welche die einzelnen Hirscharten hinsichtlich der Geweihentwicklung schon normalerweise zeigen.

In Einklang mit dem Ergebnis der Tandlerschen Versuche sind auch die Angaben Rörigs zu bringen, daß Verletzungen der Samendrüsen je nach ihrer Schwere und je nach dem Stadium, in dem sich die Geweihentwicklung zur Zeit des Traumas befand, zu vorzeitigem oder verspätetem Abwurf des Geweihes oder aber zur allmählichen Abbröckelung der Stangen führen.

Desgleichen stehen die Angaben Rörigs, daß eine bei jugendlichen Hirschen vorgenommene „partielle Kastration" die Entwicklung von Stirnzapfen und Geweihen nicht verhindere, wohl aber eine schwächere Geweihbildung veranlasse, nicht im Gegensatz zu irgendwelchen Versuchen. Rörig bezeichnet dabei als „partielle Kastration" die ausschließliche Entfernung der Testikel, während Nebenhoden und Samenstränge im Körper verbleiben. Diese Versuche wurden von Tandler und Groß nicht nachgeprüft und können deshalb nicht als widerlegt bezeichnet werden. Es bleiben hier zwei Erklärungsmöglichkeiten, die wahrscheinlichere ist, daß bei der Abtragung der Testikel kleinere Hodenreste am Nebenhoden hängen blieben, die sich zum Teil vergrößerten und dann das spezifische Inkret absonderten. Die Grenze zwischen Nebenhoden und Hoden ist ja histologisch niemals ganz scharf zu ziehen. Andererseits wäre aber auch mit der Möglichkeit zu rechnen, daß der Nebenhoden selbst eine inkretorische Funktion ausübt, die in bezug auf die Geweihbildung der des Hodens ähnlich ist. So wenig Wahrscheinlichkeit eine solche Anschauung für sich hat, sie kann doch nicht ohne weiteres als abgetan erklärt werden, solange nicht durch Versuche mit genauer nachfolgender histologischer Untersuchung das Gegenteil bewiesen ist.

Auch die Angabe, daß erworbene völlige Atrophie der beiden Hoden die Entwicklung eines Perückengeweihes zur Folge habe, lässt sich vollkommen mit den Ergebnissen der Versuche in Einklang bringen, soferne der Beginn der Erkrankung in einen Zeitpunkt fällt, in dem das Tier schon das erste Geweih geschoben hat.

Unterschiede ergeben sich also nur hinsichtlich der Folgen, die einseitige Hodenverletzungen zeitigen. Hier stellt Rörig fest, daß angeborene, einseitige Atrophie der Samendrüsen eine einseitige Verkümmerung der Geweihstange auf der entgegengesetzten Seite bedinge, einseitige erworbene Atrophie aber Perückenbildung auf der entgegengesetzten Seite. Solange diese Befunde nicht durch eine größere Anzahl von Experimenten widerlegt sind, können sie nicht einfach aus dem Bereich der Diskussion ausgeschaltet werden. Tandler und Groß geben nicht an, wieviel Rehböcke sie einseitig verschnitten haben. Offenbar war aber die Zahl der Versuchstiere keine große, jedenfalls muß es den beiden Forschern zum Vorwurf gemacht werden, daß sie es unterlassen haben, genauer über diese Versuche zu berichten. Sie versuchen die ganze Angelegenheit in einer kurzen Bemerkung zu erledigen und tuen damit nur allen denjenigen einen Gefallen, denen die Angaben Rörigs unangenehm sind, weil sie eben nicht in das allgemeine Schema passen.

Durch eine große Anzahl von Beispielen zeigt Rörig des weiteren, daß auch Verletzungen der Gliedmaßen, wie des Körpers überhaupt von Einfluß auf die Geweihentwicklung sein können. Es ist dabei ohne weiteres verständlich, daß solche Traumen ganz allgemein die Ausbildung eines schwächeren, irgendwie verbildeten Geweihes nach sich ziehen, da ja durch jede Verletzung eine Schädigung und Schwächung des Gesamtorganismus erzielt wird, die sich in ihren Folgen auch an den Keimdrüsen bemerkbar machen muß. Schwer verständlich erscheinen aber die Angaben, daß bei einer Verletzung einer hinteren Extremität die Geweihstange auf der entgegengesetzten Körperseite, bei einer Verletzung der vorderen Extremität aber auf der gleichen Seite außergewöhnliche Entwicklung zeigt. Die Verletzung der hinteren Extremität mag häufig mit einer Schädigung des gleichseitigen Hodens einhergehen, und insoferne stehen diese Beoachtungen Rörigs im Einklang mit seinen Mitteilungen über einseitige Kastration. Im übrigen lassen sich diese Erscheinungen heute noch nicht erklären, bei der großen Anzahl der mitgeteilten Fälle kann jedoch kein Zweifel darüber bestehen, daß die Wechselbeziehungen zwischen Geweihbildung und Gonaden nicht so einfacher Art sind, wie dies aus den wenigen Versuchen der beiden Wiener hervorzugehen scheint, daß hier vielmehr noch verwickelte Verhältnisse vorliegen, deren Klärung erst der Zukunft überlassen ist.

In vollstem Widerspruch zu der Anschauung, die Tandler und Groß vertreten, steht aber die vollkommen unbestreitbare Tatsache, daß bei alternden weiblichen Hirschen nicht allzu selten Geweihbildung zu beobachten ist. Rörig (1907) zeigt auch, daß selbst bei jüngeren weiblichen Individuen doppelseitige Erkrankung der Ovarien die Entstehung eines vollständigen Geweihes zur Folge haben kann, während einseitige Erkrankungen nur zur Entwicklung einer Geweihhälfte in der entgegengesetzten Seite des Körpers führen.

Aber auch weibliche Tiere mit anscheinend ganz normalen Genitalien können, aus bisher noch völlig unbekannten Gründen, Geweihe aufsetzen, diese Geweihe sind stets ganz atypisch und weichen in ihrem Bau stark vom Bau typischer Geweihe männlicher Individuen derselben Spezies ab. Die Unterschiede bestehen hauptsächlich in der Größe, das Geweih des Weibchens ist stets erheblich kleiner, zuweilen werden auch keine Stangen, sondern nur Knochenwülste entwickelt, manchmal nur einseitige Geweihhälften. Gabel- und Perückenbildungen sind selten. Die Geweihe der Weibchen entstehen entweder auf sehr schwachen Stirnzapfen oder aber ganz ohne Stirnzapfen, sie werden niemals verfegt und in der Regel auch nicht abgeworfen. Nur fruchtbare geweihtragende Weibchen wechseln das Geweih regelmäßig, und zwar gewöhnlich kurze Zeit vor oder nach dem Gebären.

Schließlich können auch Verletzungen der Stirnkapsel, die beim Männchen außergewöhnliche Geweihbildungen hervorrufen, beim Weibchen zu mehr oder weniger geweihähnlichen Exostosenbildungen führen. Diese Mitteilung kann aus dem Bereich der folgenden Betrachtungen ausscheiden, da sie offenbar mit der eigentlichen Geweihbildung nichts zu tun hat, denn jegliche Verletzung des Reh- oder Hirschschädels kann zur Bildung von geweihähnlichen Exostosen führen, auch wenn sie an anderen Stellen als dem Stirnbein eintritt.

Nach Tandler und Groß strebt ganz allgemein die durch Kastration bei beiden Geschlechtern hervorgerufene Körperform einer asexuellen Form zu, bei ihr kommen nur diejenigen Merkmale zur Ausbildung, die in ihrer Entwicklung unabhängig von der Anwesenheit einer Keimdrüse sind, die Kastration fördert das Erscheinen der Speziescharaktere, sie verhindert aber die Ausbildung der als Sexualcharaktere zu bezeichnenden Merkmale.

Demnach könnte man, wie Kammerer (1915) in seiner allgemeinen Biologie dies tut, von jeder Art drei Formen unterscheiden, eine männliche, eine weibliche und eine asexuelle, diese letzte müßte, da ja jeder Einfluß der Keimdrüsen bei ihr fortfällt die Speziescharaktere am deutlichsten zur Anschauung bringen.

Es ist bei dieser Einteilung nun zweifellos richtig, daß sich männliche und weibliche Kastraten in der Ausbildung der Körperformen bei solchen Rassen, die große geschlechtliche Unterschiede aufweisen entschieden mehr gleichen als die typischen Geschlechtstiere, es ist jedoch unrichtig in diesen, zweifellos pathologischen Vorgängen, die eben durch das Fehlen eines äußerst wichtigen Organes bedingt sind, die Ausbildung der typischen

Speziesmerkmale erblicken zu wollen. Die Keimdrüsen regulieren das Knochenwachstum, ihre Anwesenheit und sachgemäße Entwicklung bedingt den rechtzeitigen Schluß der Epiphysen, ihre Abwesenheit hat stets ein außergewöhnliches Längenwachstum der Extremitäten zur Folge und wir dürfen niemals den Ochsen und die Schnitzkalbin, wegen ihrer Ähnlichkeit im Körperbau als „Speziestypen" bezeichnen, sondern als pathologische Formen, bei beiden haben die nämlichen krankhaften Ursachen zur Ausbildung der nämlichen Erscheinungen geführt, die mit den eigentlichen Speziesmerkmalen nichts zu tun haben.

Das nämliche gilt auch vom Menschen. Auch bei ihm läßt die frühzeitige, präpuberale Entfernung der Keimdrüsen nicht die typischen Speziesmerkmale deutlicher in Erscheinung treten, sondern es findet ein abnorm starkes Wachstum der Extremitäten statt, das zwar eine Annäherung der beiden Geschlechter aneinander bedingt, jedoch niemals als Speziesmerkmal bezeichnet werden kann. Mit dem gleichen Rechte könnten wir sagen, daß nach Entfernung der Schilddrüse oder der Hypophyse die Speziesform besser zur Entwicklung kommt. Im Gegensatz zu Tandler und Groß muß ich betonen, daß es normalerweise keine asexuelle Speziesform gibt, das Fehlen der Keimdrüsen ist immer ein krankhafter Zustand und es ist nicht angängig einen solchen ohne weiteres den normalen Formen an die Seite zu stellen.

Der Kapaun und die Pularde sind nicht die typischen Speziesformen des Huhnes, sondern krankhaft veränderte Hähne oder Hennen. Daß beide sich in ihrer Form mehr ähneln als normal entwickelte Geschlechtstiere ist selbstverständlich, denn die Veränderungen sind bei beiden durch den Ausfall der wachstumsregulierenden Drüsen bedingt. Den Keimdrüsen kommen eben neben den geschlechtsspezifischen Wirkungen noch ganz andere Funktionen zu, die bei beiden Geschlechtern ähnlich oder gleich sind und auf ihrem Ausfall beruht in erster Linie die äußere Ähnlichkeit, welche die beiden Kastratenformen zeigen.

Kehren wir nun wieder zur Geweihbildung bei Hirschen zurück. Sie stellt nach der Ansicht von Tandler und Groß (1913) ein typisch männliches Geschlechtsmerkmal dar, dessen Ausbildung einzig und allein von der inkretorischen Tätigkeit der Hoden abhängig ist. Als beweisend für diese Anschauung wird neben den Ergebnissen der eigenen Kastrationsversuche auch noch die Tatsache angeführt, daß alte Hirsche, bei denen die Geschlechtsfunktion erlischt, meistens zurücksetzen, das heißt schwächere Geweihe ausbilden als früher. Alle Angaben aber, welche gegen diese Annahme sprechen, werden nicht anerkannt.

Die Fälle von Geweihbildung bei Weibchen mit normaler Geschlechtsfunktion ließen sich schließlich noch, da eine genaue histologische Untersuchung der Ovarien bisher leider noch nie ausgeführt wurde, als Fälle von Hermaphroditismus erklären, nicht aber diejenigen Beobachtungen, welche die Geweihbildung bei Riken im Alter oder nach frühzeitiger Degeneration der Ovarien lehren. An ihrer Richtigkeit kann kein Zweifel bestehen. Wäre die Geweihbildung, so wie die sichelförmigen Federn im Stoß des Hahnes oder wie die Sporen ein Artmerkmal, dessen Ausbildung durch die Anwesenheit der weiblichen Keimdrüse unterdrückt würde, dann ließe sich die Geweihbildung bei weiblichen alten Hirschen und Rehen auf gleiche Stufe mit der Hahnenfedrigkeit alter Hennen stellen, nach Tandler und Groß käme der „asexuelle Speziestyp" zum Ausdruck, richtig gesagt käme es zum außergewöhnlichen Wachstum eines Organs, dessen Ausbildung durch ein von den Keimdrüsen abgesondertes Hormon in bestimmter Weise geregelt wird.

So aber ist die Geweihbildung kein Speziesmerkmal, sondern ein Sondermerkmal des männlichen Geschlechts, wenigstens bei den meisten Hirscharten, bei einigen Renntierarten ist sie schon Artmerkmal geworden und wir könnten höchstens noch sagen, daß sich hier, bei der Geweihbildung bei weiblichen Hirschen unter unseren Augen die Umwandlung des Geschlechtsmerkmals in ein Artmerkmal vollzieht. Aber auch damit wären noch nicht die Wechselbeziehungen erklärt, die zwischen Geweihbildung und Verletzungen der Extremitäten bestehen.

Alle diese Tatsachen beweisen nur, daß die Abhängigkeit mancher sekundären Geschlechtsmerkmale von der Anwesenheit der Keimdrüsen nicht stets so einfach zu erklären ist, wie aus wenigen Versuchen hervorzugehen scheint; gerade bei der Geweihbildung liegen die Verhältnisse noch ungeklärt und hier können nur weitere Versuche, vor allem aber die genaue histologische Untersuchung der Keimdrüsen aller in freier Wildbahn erlegten Tiere mit abnormen Gehörnen Aufschluß bringen.

Daß auch in anderen Fällen das Abhängigkeitsverhältnis der sekundären Geschlechtsmerkmale von der Inkretion der Keimdrüsen nicht völlig geklärt ist, mögen noch folgende Beispiele beweisen. Die männlichen Entenvögel unterscheiden sich von den weiblichen sehr stark durch ihr Prachtkleid, das periodisch, jährlich einmal im Frühjahr ausgebildet wird. Nach Tandler und Groß werden nun aber gerade solche periodisch auftretende Geschlechtsmerkmale durch die Kastration am schwersten betroffen, eine Behauptung, die allerdings schon durch die bekannten Froschversuche (Nussbaum, Meisenheimer) widerlegt ist, die dartuen, daß bei kastrierten Froschmännchen die Brunstschwielen zwar schwächer, aber doch noch regelmäßig zur sonstigen Brunstzeit ausgebildet werden.

Bei Enten stehen sich nun die Ergebnisse der Versuche gerade gegenüber. Goodale (1910) kastrierte fünf Enten und sieben Erpel, mit dem Erfolg, daß bei den Weibchen das Gefieder unverändert blieb, bei den Männchen aber trat die Sommermauser vorzeitig ein, es kam nicht zur Ausbildung eines Prachtkleids, obwohl das Gefieder nicht ganz dem der Weibchen gleich war.

Im Gegensatz dazu stellte Poll (1909) fest, daß bei Erpeln durch die Kastration niemals eine Veränderung im Prachtkleid, in der Stimme, ja selbst nicht in dem Benehmen gegenüber den weiblichen Enten erzielt wurde, die verschnittenen Erpel mauserten jahrelang regelmäßig zur richtigen Zeit im Sommer und legten jedesmal ihr Prachtkleid an.

Auch diese Versuche beweisen, daß keineswegs alle männlichen sekundären Merkmale in ihrer Ausbildung vollkommen von der inkretorischen Tätigkeit der Hoden abhängig sind, sie zeigen deutlich wie falsch es ist, auf Grund weniger Versuche heute schon alle möglichen ähnlichen Erscheinungen schematisch auf dieselben Ursachen zurückzuführen. Mit Sicherheit läßt sich heute nur sagen, daß die Ausbildung bestimmter sekundärer Geschlechtsmerkmale bei vielen Tieren von der Anwesenheit der Keimdrüsen abhängig ist. Ob die Inkretion, welche die Entwicklung der fraglichen Merkmale bedingt beim männlichen Individuum von den Geschlechtszellen selbst oder aber von den Zwischenzellen ausgeht, läßt sich bei Berücksichtigung aller bisher ermittelten Tatsachen — auf die Keimdrüsentransplantation werde ich erst später zurückkommen — nur in dem Sinne entscheiden, daß aller Wahrscheinlichkeit nach die Keimzellen selbst für die Hormonabsonderung verantwortlich gemacht werden müssen, während den Zwischenzellen nur eine trophische Bedeutung zukommt.

B. Die Befunde am Eierstock.

I. Die inkretorische Tätigkeit des Eierstocks der Wirbeltiere.

Noch weit verwickelter als beim männlichen Individuum liegen die Verhältnisse beim Weibchen, wenigstens dann, wenn wir versuchen, die zweifellos vorhandene inkretorische Wirkung auf eine gewisse Zellform zurückzuführen. Wie schon erwähnt, kommen in dieser Hinsicht neben den Keimzellen drei Gewebsarten in Frage, nämlich

1. Die eigentlichen Zwischenzellen des Ovar, die das Gegenstück von den Leydigschen Zellen des Hodens darstellen, außerdem die aus der Theka bei der Atresie der Follikel gebildeten Zellen, die gleichfalls den typischen Zwischenzellen gleichzustellen sind.

2. Die Luteinzellen des Corpus luteum menstruationis und graviditatis,

in denen wir epitheliale Bildungen, in letzter Linie Abkömmlinge des Keimepithels, also entsprechend modifizierte Keimzellen zu erblicken haben.

3. Die Luteinzellen des Corpus atreticum, die nicht aus der Theca interna, also dem Bindegewebe entstehen, sondern nach den neueren Untersuchungen auch nichts anderes sind als die Gebilde des Corpus luteum, epitheliale, entsprechend umgeänderte Keimzellen.

Die meisten Verteidiger der Lehre von der „Pubertätsdrüse" machen keinen Unterschied zwischen diesen Zellarten, Tandler und Groß halten es auch „für ganz gleichgültig", ob die in Frage stehenden Gebilde epithelialer oder bindegewebiger Abstammung sind.

Wollen wir aber die Frage, ob die Keimzellen des Eierstockes selbst, so wie dies aller Wahrscheinlichkeit nach im Hoden der Fall ist, die inkretorische Tätigkeit ausüben, entscheiden, so müssen wir bei unseren Betrachtungen die einzelnen Zellarten getrennt behandeln.

Ganz allgemein gesprochen äußert sich die inkretorische Funktion der Ovarien und ihr Einfluß auf die Gestaltung der Organismen zunächst schon vor der Ausstoßung der Keimzellen, die im Gegensatz zu den beim Hoden vorliegenden Verhältnissen stets zyklisch erfolgt, sei es nur einmal im Jahre, wie dies wohl meistens der Fall ist oder öfters. Niemals findet sich dagegen eine kontinuierliche Ausstoßung von Eiern während des ganzen Jahres, wenngleich bei bestimmten Arten, so besonders bei Urodelen die Eiablage sich über mehrere Wochen, bei gewissen Haustieren, so besonders beim Huhn, sogar über die längste Zeit des Jahres erstrecken kann. Der vor der ersten Eiablage wirkende Einfluß der Ovarien auf die Gestaltung des Gesamtorganismus, der die eigentliche Geschlechtsreife zur Folge hat, ist stets und bei allen Arten mit einer lebhaften Vergrößerung der spezifischen weiblichen Keimzellen verbunden und schon diese Tatsache allein läßt es wahrscheinlich erscheinen, daß von den weiblichen Keimzellen selbst die inkretorische Funktion ausgeübt wird.

Bei den Säugetieren aber, bei denen das Produkt der weiblichen Keimdrüsen nach der Ausstoßung aus dem Ovar den Körper nicht verläßt, sondern während des intrauterinen Lebens noch in völliger, nach der Geburt aber hinsichtlich der Ernährung in teilweiser Abhängigkeit vom mütterlichen Organismus bleibt, macht sich auch nach der eigentlichen Geschlechtsperiode noch ein gestaltbildender Einfluß von seiten der Ovarien geltend, der ganz allgemein gesagt den Körper zur Brutpflege tauglich macht. Er besitzt im männlichen Geschlecht und auch bei allen niederen Tieren bis herauf zu den Vögeln kein Gegenbeispiel und wird, soviel können wir heute mit einiger Sicherheit sagen, wenigstens zum Teil durch die inkretorische Funktion des Eierstockes bewirkt.

a) Der Einfluß des gelben Körpers.

Wie schon früher besprochen werden die spezifischen Zellen des gelben Körpers ausschließlich vom Follikelepithel gebildet; dies haben die Untersuchungen Sobottas (1901—1906) für Maus, Kaninchen und Meerschweinchen einwandfrei dargetan, für den Menschen konnte es R. Meyer (1911) nachweisen, seine Beobachtungen wurden neuerdings von Schroeder (1913), Miller (1910, 1914) und Wallart (1914) bestätigt.

Bei niedrigen Tieren fehlt das Corpus luteum vollkommen, auch bei Vögeln bilden sich die geplatzten Follikel sehr rasch zurück, doch kommt es hier [Stieve (1918)] zu einer geringgradigen Wucherung der Granulosazellen, die vielleicht im Zusammenhang steht mit den tiefgreifenden Involutionsvorgängen, welche die keimleitenden Organe in der ersten Zeit nach Beendigung der Brunst durchmachen, vielleicht auch mit den Formveränderungen des Gesamtkörpers, die dieser während der Brütezeit erfährt.

Bei Säugern fehlt das Corpus luteum niemals, fraglich ist jedoch sein Einfluß auf den trächtigen oder säugenden Körper, fraglich besonders das Abhängigkeitsverhältnis der Brunst von seiner Anwesenheit.

Als erster hat Born [nach L. Fraenkel (1901)] den gelben Körper als Drüse mit innerer Sekretion erkannt, erst lange nach ihm äußerte Prenant (1898) die gleiche Anschauung. Den experimentellen Nachweis für die Funktion des gelben Körpers erbrachte zuerst L. Fraenkel (1901, 1903). Er kastrierte weibliche Kaninchen 1—6 Tage nach erfolgter Befruchtung und stellte fest, daß durch die Entfernung der Ovarien aus dem Körper die Insertion der Eier verhindert wird. Die nämliche Erscheinung ist zu beobachten, wenn alle gelben Körper einzeln ausgebrannt werden. Teilweise Zerstörung verhindert die Insertion des Eies nicht. Werden die Ovarien entfernt oder die gelben Körper zerstört, nachdem die Eieinbettung schon erfolgt ist, so bilden sich die befruchteten Eier im Uterus zurück. Wird beim Menschen das Corpus luteum menstruationis zerstört, so bleibt die nächste Blutung aus. Diese Beobachtung steht allerdings im Gegensatz zu den Erfahrungen der Tierärzte, über die Tandler und Groß (1913) berichten. Die Kuh rindert regelmäßig in einem Zyklus von 21 Tagen und man ist wohl berechtigt dieses Rindern der menschlichen Menstruation gleichzustellen. Bleibt nun das Corpus luteum der letzten Brunst bestehen, was sich bei der Palpation durch die Bauchdecken leicht feststellen läßt, so rindert die betreffende Kuh nicht mehr, und zwar so lange, bis der gelbe Körper durch Zerdrücken zerstört ist. Die beiden Wiener folgern nun ganz richtig, daß durch das Bestehenbleiben des Corpus luteum der Eintritt der Brunst verhindert wird. Beim Menschen scheinen die Verhältnisse anders zu liegen, wir wissen allerdings, daß sich das Corpus luteum menstruationis bei ihm rasch zurückbildet, es ist aber bis zum Beginn der nächsten Periode noch nicht völlig verschwunden. Es erscheint daher wahrscheinlicher, daß durch den von L. Fraenkel vorgenommenen Eingriff nicht nur das Corpus luteum zerstört, sondern eine schwere Allgemeinschädigung des Eierstockes gesetzt wurde, die ihrerseits das Ausbleiben der Menstruation bedingte.

Gleichzeitig mit L. Fraenkel untersuchte Marshall (1903) die Abhängigkeit der Brunst von der Eireife. Der Eintritt der Brunst beginnt bei Schafen stets vor dem Sprung der Follikel, er kann also nicht durch die Funktion des gelben Körpers bedingt sein, eine Beobachtung, die sich mit meinen obigen Ausführungen deckt. Der Follikelsprung tritt bei belegten Tieren früher ein als bei unbelegten, in der Mehrzahl der Fälle findet sich nur ein reifer Follikel, Corpora atretica sind selten.

L. Fraenkel (1904) selbst hat seine Anschauung über den Einfluß des Corpus luteum auf die Entwicklung des befruchteten Eies und des Embryo später geändert, nämlich insoferne, als er einen Einfluß nur während der ersten Zeit der Schwangerschaft annahm, auch Kleinhaus (1904) kommt auf Grund seiner am Kaninchen ausgeführten Versuche zu dem Schluß, daß Kastration oder völlige Entfernung aller gelben Körper die Trächtigkeit nicht zu unterbrechen brauche, ein Einfluß mache sich nur in den ersten neun Tagen nach der Befruchtung geltend. Sobotta (1904) hält das Corpus luteum gleichfalls für eine Drüse mit innerer Sekretion, er glaubt jedoch nicht, daß sie die von L. Fraenkel angenommenen Funktionen ausübe.

Wohl zum Teil auf Grund der Ergebnisse der späteren Fraenkelschen Versuche wollten in der Folgezeit einige Forscher den Einfluß der Ovarien auf den Uterus überhaupt, demnach natürlich auch den des gelben Körpers, in Abrede stellen. So ist Halban (1905) zwar überzeugt davon, daß die Inkretion des Eierstocks das Wachstum der Brustdrüsen wie überhaupt die Ausbildung der sekundären Geschlechtsmerkmale während der Pubertät veranlasse, desgleichen auch die menstruellen Veränderungen der Brustdrüsen. Während der Schwangerschaft aber erlischt jeglicher Einfluß des Ovarium auf den Organismus, an seine Stelle tritt die Plazenta, besonders das Chorionepithel. Von ihr geht erstens ein wachstumsfördernder Einfluß aus, außerdem aber ein sekretionshemmender, da die Milchabsonderung ja erst nach der Ausstoßung der Plazenta beginnt. Durch erneute Schwangerschaft werde die Milchsekretion gestört, ebenso durch den Eintritt der Menstruation während des Stillens. Das Ovarium übe in diesem Falle einen ähnlichen, „hyperplasierenden Reiz“ auf die Milchdrüse aus wie die Plazenta. Diese Angaben haben jedoch durchweg wenig Wahrscheinlichkeit für sich, es ist ja bekannt, daß kräftige Frauen während des Stillens regelmäßig menstruieren können, ohne daß dadurch die Laktation in irgendeiner Weise gestört wird. Dies erwähnt auch Fleck (1905) und betont ausdrücklich, daß nach seiner Überzeugung die Funktion der Ovarien während der Gravidität nicht erlischt, daß des weiteren kein Antagonismus zwischen der Tätigkeit des Eierstockes und der der Plazenta besteht, sondern vielmehr ein Synergismus. Durch die gleichwirkende Sekretion der Plazenta werde die Wirkung der Ovarien auf das Brustdrüsenwachstum gesteigert[1]).

Der Einfluß des gelben Körpers auf die Innidation des Eies wie auf die ganze Entwicklung des Fötus im Uterus wurde noch durch Biedl, Peters und Hofstätter (1916) untersucht. Anschließend an Versuche, die Heape (1890—1898) ausgeführt hatte, die sich aber in erster Linie mit Vererbungsproblemen beschäftigen und nicht zur Klärung der hier schwebenden Fragen beitragen, übertrug Biedl befruchtete Kanincheneier in den Uterus eines virginellen Weibchens oder eines Tieres, dessen Ovarien durch Röntgenbestrahlung so geschädigt worden waren, daß der Follikelapparat völlig degenerierte, während die „interstitielle Drüse" noch gut erhalten war. Diese Versuche führten zu keinem greifbaren Ergebnis, sie zeigten nur, daß die Schleimhaut des Uterus außerhalb der Brunst nicht zur Aufnahme reifender Eier befähigt ist.

In einer weiteren Versuchsreihe wurde die puerperale Uterusschleimhaut zur Eianpflanzung benutzt und dabei in einem Falle Gravidität erzielt. In den Ovarien fand sich keine Spur eines gelben Körpers, dagegen war die „interstitielle Drüse" sehr gut ausgebildet. Ob die Entwicklung der Brustdrüsen eine dem übrigen Verlauf der Trächtigkeit entsprechende war, wird nicht angegeben. Im Grunde genommen haben überhaupt diese mühsamen Untersuchungen unsere Kenntnis von der Bedeutung des Corpus luteum in keiner Weise gefördert, bei der Innidation des Eies mag sicherlich noch der Einfluß der von der letzten Schwangerschaft her bestehenden gelben Körper wirksam gewesen sein, für die spätere Entwicklung des Eies

[1]) Nebenbei sei noch erwähnt, daß einige Autoren, unter ihnen besonders Lubosch (1903, 1904) die Ansicht äußerten, daß die Bildung des gelben Körpers durch die Hyperämie des Uterus veranlaßt werde. „Durch die Festsetzung des Eies" werde den Geschlechtsorganen eine ungeheure Blutwelle zugeführt, die einerseits für die Hypertrophie der Gebärmutterschleimhaut, andererseits für das starke Wachstum des Corpus luteum verantwortlich zu machen sei. Die Annahme, die sich in der Folgezeit ja als vollkommen unhaltbar erwies, entbehrte anfangs insofern nicht einer gewissen Wahrscheinlichkeit, als Keitler (1904) gezeigt hatte, daß beim Menschen nach der Entfernung des Uterus die Ovarien sich meistens zurückbilden. Andererseits bleibt beim Kaninchen die nämliche Operation ohne jeden Einfluß auf die Ovulation. Zur Ausbildung eines Corpus luteum graviditatis kann es natürlich nicht mehr kommen.

aber ist die Anwesenheit des Ovar im Körper nicht mehr von Bedeutung, dies haben die oben besprochenen Untersuchungen gezeigt, außerdem auch der viel erwähnte, von Essen-Möller (1904) mitgeteilte Fall. Bei einer im Anfang der Schwangerschaft stehenden Frau wurden beide Ovarien entfernt, 269 Tage nach der Operation erfolgte die Geburt eines ausgetragenen Kindes. Die Kastration war also in den ersten Wochen der Schwangerschaft erfolgt, der Einfluß des Corpus luteum auf die Innidation hatte sich noch geltend gemacht, im übrigen war aber die Schwangerschaft ohne diesen Einfluß störungslos verlaufen.

Noch schwieriger liegen die Verhältnisse, wenn wir den Einfluß des gelben Körpers auf die Menstruation beim Menschen untersuchen. L. Fraenkel selbst folgerte, daß der Follikelsprung beim Weib 10—14 Tage vor dem Eintritt der Menstruation erfolge, durch die inkretorische Tätigkeit des entstehenden Corpus luteum werde dann die nächste Menstruation ausgelöst. Ancel und Villemin (1908) fanden anläßlich von operativen Eingriffen bei Frauen, deren Menstruation in 10—12 Tagen zu erwarten war, auch tatsächlich häufig frisch gesprungene Follikel oder ein ganz junges Corpus luteum.

Auch L. Fraenkel (1909, 1914) konnte zeigen, daß in der Mehrzahl der Fälle am 18. oder 19. Tage nach dem Beginn der letzten Menstruation ein Follikel platzt und damit die Ausbildung eines neuen Corpus luteum veranlaßt. Der gelbe Körper benötigt 4 Tage zu seiner vollen Ausbildung, ist also 10 Tage vor Beginn der Blutung funktionstüchtig, in der gleichen Zeit lassen sich an der Uterusschleimhaut die ersten prämenstruellen Veränderungen nachweisen.

Leopold und Ravano (1907) konnten dagegen zeigen, daß der Follikelsprung beim Menschen in sehr vielen Fällen am ersten Tage der Menstruation erfolgt, in anderen Fällen bald vor, in wieder anderen bald nach dem Beginne der Regel. Nur ganz ausnahmsweise fällt der Follikelsprung gerade in die Zeit zwischen zwei Menstruationen, desgleichen sind Fälle, wenn auch selten festgestellt, in denen Menstruation ohne Follikelsprung oder Follikelsprung ohne Menstruation eintritt. Das Corpus luteum, dessen Entwicklung und Rückbildung sehr genau verfolgt wurde, ist bis zum Ende der 7. Woche nach dem Follikelsprung deutlich nachweisbar, die Wucherung der Luteinzellen hält bis zum Ende der 5. Woche an, von da ab erfolgt dann eine rasche Rückbildung. Macht nun schon allein die Tatsache, daß das Corpus luteum menstruationis auf jeden Fall über den Zeitabschnitt von zwei Menstruationen bestehen bleibt, die Verhältnisse sehr verwickelt, so wird sein Einfluß auf den Eintritt der Blutung noch fraglicher, wenn wir berücksichtigen, daß beim Menschen, wie dies Gellhorn

(1907)[1]) beschreibt, auch nach doppelseitiger Kastration die menstruelle Blutung noch jahrelang regelmäßig alle vier Wochen eintreten kann. Außerdem ist es ja bekannt, daß selbst in den ersten Monaten der Schwangerschaft die Menstruation noch eintreten kann. Alle diese Verhältnisse machen es verständlich, wenn Leopold und Ravano jegliche Wechselbeziehungen zwischen Ovulation und Menstruation bestreiten, beides seien Vorgänge, die sich in bestimmten Zeitabschnitten wiederholen, ein Zusammenfallen des Rhythmus sei in vereinzelten Fällen möglich, jedoch nicht notwendig.

Allerdings stehen diese Mitteilungen Gellhorns vereinzelt da, so daß immer mit der Möglichkeit zu rechnen ist, daß bei den von ihm erwähnten Fällen die Kastration keine vollständige war. Denn wie Aschner (1914) sehr richtig betont, gibt es im großen und ganzen ohne Ovarien keine Menstruation, dies beweisen auch die zahlreichen gelungenen Kastrationsversuche mit nachfolgender Ovarialtransplantation, auf die ich noch zurückkommen werde. Aschner (1914) und andere haben außerdem durch Zufuhr von Ovarialextrakt bei Kastrierten die menstruelle Blutung wieder hervorgerufen, mit Extrakten aber, die nur aus der Substanz der gelben Körper gewonnen waren, konnte nicht einmal eine Hyperämie der Uterusschleimhaut erzielt werden. Auf Grund dieser Tatsachen glaubt Aschner nicht dem Corpus luteum, sondern dem Ovarium als solchem die menstruationsauslösende Wirkung zuschreiben zu müssen. Welchem Gewebe des Ovarium, den Keimzellen oder einer der beiden Arten von polygonalen, fetthaltigen Gebilden, darüber spricht sich Aschner nicht aus.

Im Gegensatz dazu stehen nun wieder die Ergebnisse der Beobachtungen, die R. Meyer (1911, 1913), R. Schröder (1913) und C. Runge (1913) ausführten, sie konnten auf Grund von genauen histologischen Untersuchungen feststellen, daß innige Wechselbeziehungen zwischen der Ausbildung der Corpora lutea und dem jeweiligen Zustand der Uterusschleimhaut vorhanden sind. Vergleicht man also die Angaben der verschiedenen Autoren miteinander, so ergibt sich, daß die Ergebnisse auch sehr genau ausgeführter Untersuchungen über die Wechselbeziehungen zwischen Corpus luteum und Menstruation sich vielfach vollkommen widersprechen, so daß sich heute noch kein klares Bild gewinnen läßt, welche Verhältnisse beim Menschen tatsächlich vorliegen. Der Mensch ist für solche Untersuchungen eben das denkbar ungünstigste Wesen, hauptsächlich wohl deshalb, weil bei ihm unter dem Einfluß der Kultur auch die Vorgänge der Ovulation und Menstruation weitgehend umgestaltet und beeinflusst werden, so daß es schwer ist, hier ein klares Bild zu bekommen.

---

[1]) Erwähnt nach Leopold und Ravano (1907), die Arbeit Gellhorns selbst konnte ich nicht bekommen.

Weit einfacher liegen die Verhältnisse bei Tieren und hier stimmen die Ergebnisse aller von den verschiedenen Forschern ausgeführten Untersuchungen vollkommen überein. Wir müssen hier zunächst feststellen, daß die Veränderungen, welche die tierische Uterusschleimhaut während der Brunst erleidet, selbst wenn es dabei vielfach nicht zum Blutaustritt kommt, den Veränderungen, welche die Gebärmutter des Menschen während der Menstruation durchmacht, gleichzustellen sind. Diese Veränderungen vollziehen sich aber bei allen Tierarten vollkommen unabhängig von der Ausbildung eines gelben Körpers, der Follikelsprung erfolgt vielmehr stets erst dann, wenn die Brunst ihren Höhepunkt erreicht hat, bei vielen Arten, so besonders nach den Untersuchungen von Ancel und Bouin (1906—1911) bei Kaninchen und Meerschweinchen, nach den sehr gründlichen Arbeiten von v. Winiwarter und Sainmont (1912) bei der Katze, erfolgt der Follikelsprung überhaupt erst nach stattgehabter Kohabitation, unterbleibt diese, so bilden sich nach einiger Zeit die reifen Follikel auf dem Wege der Atresie zurück.

Aus diesen Tatsachen geht zunächst hervor, daß die inkretorische Tätigkeit des Corpus luteum auf die während der Pubertätszeit, also vor der ersten Brunst sich ausbildenden sekundären Geschlechtsmerkmale ohne Einfluß ist, da in dieser Zeit eben noch keine Corpora lutea vorhanden sind. Für ihre Entwicklung, die, wie eine ganze Anzahl von Versuchen beweist, vollkommen von der Anwesenheit des Ovar abhängt, müssen also andere Teile des Eierstockes das spezifische Inkret liefern.

Während der Schwangerschaft selbst findet neben den sonstigen Veränderungen noch eine erhebliche Vergrößerung der weiblichen Brustdrüsen statt, die im Grunde genommen nichts anderes ist als eine Fortsetzung der in der Pubertätszeit beginnenden Vorgänge, und es fragt sich nun, ob diese Entwicklung gleichfalls von der Inkretion des Ovar, des Corpus luteum oder aber von der anderer Organe, besonders der Plazenta, abhängig sind. Bouin und Ancel (1910, 1911) brachten um diese Frage zu klären, brünstige weibliche Kaninchen, bei denen ja der Follikelsprung erst nach dem Koitus erfolgt, die früher niemals mit geschlechtsreifen Männchen zusammengekommen waren, in deren Ovarien also noch keine gelben Körper vorhanden sein konnten, mit Männchen zusammen, bei denen einige Monate vorher die doppelseitige Vasotomie ausgeführt worden war. Der Koitus wurde von diesen Männchen in der gewöhnlichen Art und Weise vollzogen, er führte wegen der schweren Schädigung der Hoden nicht zur Befruchtung, wohl aber bedingte er, wie die spätere histologische Untersuchung der Ovarien bewies, das Platzen der Follikel und die Entstehung gelber Körper.

Hand in Hand damit gingen weitgehende Veränderungen des Uterus und der Brustdrüsen, wie sie sonst nur zu Beginn der Trächtigkeit zur Beobachtung kommen. An der Gebärmutter hypertrophierten Schleimhaut und Muskulatur, die Mukosa legte sich in tiefe, enge Falten. Die Veränderungen am Uterus erreichten 7 Tage nach dem Koitus den höchsten Grad der Entwicklung und bildeten sich bis zum 25. Tage vollkommen zurück. Die Brustdrüsen nehmen wie in der ersten Zeit der Trächtigkeit stark an Größe zu, die Ausführungsgänge verlängern und verzweigen sich. In diesem Zustand verharren die Brustdrüsen etwa bis zum 14. Tage nach der erfolgten Kohabitation, dann bilden sie sich wieder auf das virginelle Stadium zurück. Die nämlichen Erscheinungen werden auch hervorgerufen, wenn im Ovarium der brünstigen Tiere ein oder zwei Follikel angestochen werden. Die Operation hat stets die rasche Rückbildung des unmittelbar betroffenen Follikels ohne Entwicklung eines Corpus luteum zur Folge und bewirkt, wenn sie an allen Follikeln beider Ovarien ausgeführt wird, keine Schwangerschaftsveränderungen. Sie veranlasst aber stets den Sprung und die Entstehung gelber Körper bei den nicht behandelten Follikeln des gleichen Tieres, auch bei denen des anderen Ovar und zieht dann die nämlichen Veränderungen an Uterus und Brustdrüsen nach sich, die wir in den ersten Monaten der Schwangerschaft beobachten können. Zu den nämlichen Ergebnissen gelangte auch Niskoubina (1908), er konnte des weiteren auf Grund von histologischen Untersuchungen zeigen, daß die künstlich, durch sterilen Koitus oder Anstechen anderer Follikel hervorgerufenen Corpora lutea in ihrem Bau und ihrer Entwicklung vollkommen denjenigen gelben Körpern entsprechen, die in den ersten Wochen der Schwangerschaft vorhanden sind.

Diese Versuche bestätigen zunächst die Angaben von L. Fraenkel, sie zeigen aber wieder, daß ein Einfluß von seiten der gelben Körper nur während der ersten Zeit der Schwangerschaft vorhanden ist. Nach dieser Zeit muß an seine Stelle die Funktion eines anderen Organes treten, welches dies ist, konnte bis jetzt noch nicht entschieden werden. Es scheint aber nicht wahrscheinlich, daß irgendeine Gewebsart, die im Ovar selbst enthalten ist, hierbei in Betracht kommt, wie ja die Ergebnisse der oben erwähnten Kastrationsversuche während der Schwangerschaft lehren.

Einen Einblick in die Bedeutung der gelben Körper gewähren auch die Versuche, die L. Loeb (1908—1913) ausführte. Es gelang ihm nämlich bei Kaninchen und Meerschweinchen durch Einschnitte in die Uterusschleimhaut oder durch Einbringen von Fremdkörpern in den Uterus die Bildung einer mütterlicher Plazenta anzuregen. Der Versuch gelang aber nur bei vollkommen geschlechtsreifen Tieren, in deren Ovarien die gelben Körper einen bestimmten Grad der Ausbildung zeigten, er mißglückte stets bei Tieren, die doppelseitig kastriert oder bei denen sämtliche gelben Körper zerstört worden waren. Der Versuch glückte auch am transplantierten Uterus, vorausgesetzt, daß die Übertragung in einer Zeit ausgeführt wurde, in der die „Corpora lutea schon Sekret absonderten". Nach Injektion von Corpus luteum-Extrakten blieb die Reaktion der Uterusschleimhaut jedoch aus. Loeb glaubt daher, daß von den gelben Körpern ein bestimmtes Inkret ausgeschieden werde, dessen Absonderung nur durch die lebenden Zellen selbst erfolgen könne, durch das die Uterusschleimhaut sensibilisiert werde.

Des weiteren zeigte Loeb, daß dem Corpus luteum noch eine andere Funktion zukommt, nämlich die Verhinderung der Ovulation und die Verlängerung der Periodizität des Geschlechtszyklus. Für gewöhnlich erfolgt beim Meerschweinchen die Ovulation alle 18—24 Tage, vorausgesetzt natürlich, daß keine Befruchtung stattfindet. Werden nun sämtliche gelben Körper innerhalb der ersten 7 Tage nach der Ovulation aus dem Ovarium entfernt, so tritt die nächste Ovulation schon nach 12—17 Tagen ein. Diese Beschleunigung der Ovulation soll aber nicht durch die Entspannung bedingt sein, die durch die zahlreichen Einschnitte in die Oberfläche des Ovar erzeugt wird. Loeb glaubt auch nicht, daß die Schwangerschaft als solche die Ovulation verhindert, dies bewirke lediglich die Anwesenheit des Corpus luteum im Ovar. Diese Ansicht deckt sich mit den Befunden, die Seitz (1905) beim Menschen erheben konnte.

Vielfach wurde ja die Behauptung aufgestellt, daß während der Schwangerschaft die Ovulation ihren gewöhnlichen Fortgang nehme. So fand Consentino (1897) bei einer im 6. Monat schwangeren Frau einen frisch geplatzten Follikel und zwei frische Corpora lutea, das eine davon stammte von dem befruchteten Ei, das andere von einem weit größeren, während der Schwangerschaft ohne geborsten zu sein zugrunde gegangenen Follikel. Seitz (1905) glaubt nun, daß es sich hier um einen geplatzten, nicht ganz reifen Follikel handelt, außerdem käme aber der Beobachtung für die letzten Monate der Schwangerschaft keine Beweiskraft zu. Die Angaben von Scanzoni (1886), Meigs (1849), Bajardi (1886), Cazzi und Berté (1884), die gleichfalls über Ovulation während der Schwangerschaft berichten, sind unzuverlässig. Jedenfalls fand aber Slaviansky (1870) bei einer im 3. Monat an den Folgen einer geplatzten Tubenschwangerschaft gestorbenen Schwangeren neben dem Corpus luteum graviditatis noch einen zweiten kleinen gelben Körper, der aus einem während der Schwangerschaft geplatzten Follikel entstanden sein soll, doch erscheint es auch hier zweifelhaft, ob es sich nicht um ein Corpus atreticum handelt.

Da bei vielen Säugetierarten [Katze nach v. Winiwarter (1912), Kaninchen, Maus] unmittelbar nach erfolgter Geburt eine neue Befruchtung möglich ist, so muß bei diesen Arten eine Follikelreifung während der Trächtigkeit erfolgen, der Follikelsprung tritt aber erst nach der Geburt ein. Ähnliche Vorkommnisse scheinen auch beim Menschen möglich zu sein, wenigstens berichtet Krönig (1893), daß er in einem Falle Befruchtung nach einem am 4. Tage des Wochenbettes ausgeführten Beischlaf eintreten sah, allerdings ist es möglich, daß hier der Follikelsprung zu einem späteren Zeitpunkt erfolgt ist, da die Spermatozeen ja im weiblichen Körper sehr lange am Leben bleiben. Immerhin zeigt diese Beobachtung, daß zum mindesten gleich nach Beendigung der Schwangerschaft ein sehr rasches Follikelwachstum eintreten kann.

Seitz (1895) konnte aber an seinem großen Material nachweisen, daß im allgemeinen während der Gravidität nicht nur kein Follikelwachstum mehr statt hat, sondern daß sich alle größeren Follikel zurückbilden, bindegewebig entarten. Er führt diese Erscheinung auf den Einfluß des gelben Körpers zurück, eine Annahme, die sich vollkommen mit den bei Tieren erhobenen Befunden in Einklang bringen läßt; seine Angaben wurden durch Keller (1914) bestätigt.

Nach Loeb (1908—1913) kommen dem Corpus luteum zwei verschiedene Funktionen zu: In der ersten Zeit der Trächtigkeit bewirkt es die Wucherung der Uterusschleimhaut, die dann schließlich, wenn noch mechanische Reize, also die Anwesenheit des Eies, von Fremdkörpern oder auch nur Verletzungen hinzutreten, die Bildung der mütterlichen Dezidua veranlaßt. Die Schwangerschaft selbst, vielleicht auch bestimmte Stoffe, die vom Embryo ausgeschieden werden, sind dann die Ursache für das lange Erhaltenbleiben des gelben Körpers, der seinerseits in der späteren Zeit der Schwangerschaft das weitere Follikelwachstum verhindert.

Ich möchte dazu bemerken, daß die inkretorische Tätigkeit des Corpus luteum wohl wenigstens teilweise auch noch die Schwangerschaftsveränderungen an der Brustdrüse bedingt. Dies geht zum Teil schon aus den oben besprochenen Versuchen von Bouin und Ancel hervor, noch besser zeigen es aber Experimente, die Herrmann (1913—1916) und Stein (1916) ausführten, auf die ich aber erst später eingehen will.

Mit den Beobachtungen von Seitz (1895) und Loeb (1908—1913) läßt sich nun die oben besprochene Erscheinung in Einklang bringen, daß bei Kühen ein persistierender gelber Körper den erneuten Eintritt der Brunst verhindert. Es treten hier im Ovar, ohne daß Gravidität zustande kommt, offenbar Verhältnisse ein, die mehr oder weniger vollkommen denen entsprechen, die wir physiologischerweise während der Schwangerschaft am

Eierstock beobachten können. Erst nach Entfernung des, das weitere Follikelwachstum hemmenden gelben Körpers, kann es zu einem erneuten Follikelsprung und damit zu erneutem Eintritt der Brunst kommen.

Alles in allem können wir sagen, daß das Corpus luteum zweifellos eine gewisse inkretorische Tätigkeit entfaltet, die in der ersten Zeit der Schwangerschaft von Bedeutung für die Innidation des Eies und die Vergrößerung der Milchdrüse ist, während der ganzen Trächtigkeit aber das weitere Follikelwachstum verhindert. Ob beim Menschen die menstruelle Hyperämie der Uterusschleimhaut durch die Inkretion des gelben Körpers bewirkt wird oder nicht, läßt sich zur Zeit noch nicht entscheiden. Bei der Mehrzahl der Säugetiere steht der Eintritt der Brunst, der stets mit entsprechenden Veränderungen der Uterusschleimhaut einhergeht in keinem Abhängigkeitsverhältnis von der Ausbildung eines gelben Körpers.

b) Die Bedeutung der interstitiellen Zellen.

Noch weit verwickelter liegen die Verhältnisse, wenn wir den Einfluß der interstitiellen Zellen berücksichtigen. Dabei will ich mich streng an den anatomischen Begriff halten und als Zwischenzellen nur die bisher als Gegenstück der gleichen Gebilde im Hoden erkannten Formen bezeichnen. Ihnen zuzurechnen sind selbstverständlich diejenigen Zellen, die bei der Follikelatresie aus den Bindegewebselementen der Theca interna entstehen, nicht aber diejenigen Zellen, die beim gleichen Vorgang, wie die Arbeiten von v. Winiwarter und Sainmont (1912) zeigen von der Granulosa gebildet werden. Ihre Bedeutung dürfte eher der des gelben Körpers gleichkommen, zur Zeit ist es aber unmöglich über sie ein klares Urteil zu gewinnen, da ja noch nicht einmal ihre Entstehungsweise vollkommen erforscht ist.

Eine große Schwierigkeit in der Beurteilung der Verhältnisse bietet sich hier insoferne, als die Zwischenzellen des Eierstockes in bezug auf ihre Menge bei den einzelnen Säugetierarten den allergrößten Schwankungen unterworfen sind. Ja selbst so heftige Verfechter der Theorie von der inkretorischen Tätigkeit der Zwischenzellen wie Bouin und Ancel (1909) geben zu, daß bei einer ganzen Anzahl von Säugetieren die „interstitielle Drüse“ fehlt.. Sie teilen die Mammalier nach dem Bau und der Tätigkeit der Ovarien in zwei Gruppen ein, zur ersten gehören die Arten mit spontaner Ovulation, zur zweiten diejenigen Arten, bei denen ein Follikelsprung nur nach erfolgter Kohabitation eintritt. Zu den Arten mit spontaner Ovulation gehören Rind, Pferd, Schwein, Hund, alle Primaten und der Mensch, zu der anderen Gruppe die meisten Nager und die Katzen. Schon allein die Tatsache, daß zwei so nahe verwandte Arten wie Hund und

Katze Vertreter der beiden verschiedenen Formen darstellen, mag zeigen, daß dieser Einteilung wohl keine grundlegende Bedeutung zukommt. Bei der ersten Gruppe finden sich Corpora lutea der Brunst und Corpora lutea der Schwangerschaft, dabei muß bemerkt werden, daß auch bei diesen Tieren das Corpus luteum der Brunst stets erst zur Ausbildung kommt, wenn die Brunst schon erheblich weit fortgeschritten ist und sich schon tiefgreifende Veränderungen an der Gebärmutterschleimhaut nachweisen lassen. Für das eigentliche Zustandekommen der Brunst müssen also andere Ursachen in Frage kommen, nicht aber die Tätigkeit der gelben Körper. Außerdem tritt ja physiologischerweise während jeder Brunst eine Befruchtung ein, so daß das Corpus luteum menstruationis, wie ja auch beim Menschen im gleichen Falle, in das Corpus luteum graviditatis übergeht. Diese Tatsache zeigt auch, daß das Ovar in gewisser Hinsicht vom Zustand der Gebärmutter beeinflußt wird.

Bei der zweiten Gruppe finden sich nur Corpora lutea graviditatis und nur die hierher gehörigen Arten besitzen eine gut entwickelte „interstitielle Drüse", die bei den Vertretern der ersten Gruppe vollkommen fehlt, bzw. durch das Corpus luteum menstruationis ersetzt wird. Da nun aber ganz zweifellos die sexuelle Differenzierung des Körpers, die typische Entwicklung der sekundären Geschlechtsmerkmale in der Pubertätszeit, also schon vor der ersten Brunst bzw. Menstruation erfolgt, so muß die Gestaltung dieser Merkmale wenigstens bei den Tieren der ersten Gruppe, bei denen ja die interstitielle Drüse fehlt, durch die inkretorische Funktion anderer Gewebsarten bestimmt werden, in Frage kommen hier also lediglich die Keimzellen selbst.

Lipschütz (1919) wendet zwar dagegen ein, daß Bouin und Ancel nur dann von einer interstitiellen Drüse sprächen, wenn das Zwischengewebe den größten Teil des Ovarium einnähme, man müsse deshalb ihre Anschauung dahin richtig stellen, daß nur bei den Arten, die keine spontane Ovulation und damit auch keine periodischen Corpora lutea haben, die „interstitielle Drüse" gut ausgebildet sei, bei den anderen aber weniger gut. Er weist außerdem darauf hin, daß die von Bouin und Ancel getroffene Einteilung auch deshalb nicht vollkommen richtig sei, weil man auch bei virginellen Meerschweinchen und Kaninchen hier und da Corpora lutea nachweisen könne. Dies ändert aber nichts an der Tatsache, daß die Zwischensubstanz bei den beiden Gruppen ganz verschieden stark ausgebildet ist und auf Grund der tatsächlichen Beobachtungen von Bouin und Ancel, denen Lipschütz nur theoretische Betrachtungen entgegenhalten kann, bei vielen Arten vollkommen fehlt.

Bouin und Ancel betonen selbst, daß die Grenze zwischen den

beiden Gruppen keine scharfe sei, man findet vielmehr Übergangsformen, nämlich Arten, die zwar periodische Corpora lutea besitzen, bei denen aber doch Spuren einer „interstitiellen Ovarialdrüse" vorhanden sind und zweitens solche, bei denen zwar keine spontane Ovulation statt hat, in deren Ovarien es aber trotzdem zur Bildung von periodischen gelben Körpern aus nicht geplatzten Follikeln kommt. Aschner (1918) rechnet zu dieser letzten Übergangsgruppe alle Arten, bei denen die atresierenden Follikel nicht zu einem kompakten Gewebe znsammenfließen.

Bouin und Ancel kommen endlich zu dem Schluß, die „interstitielle Drüse" und das Corpus luteum menstruationis besitzen die nämliche Funktion, die ganz verschieden ist von der des Corpus luteum graviditatis. Dieses bedingt nur die Veränderungen, die während der ersten Wochen der Schwangerschaft auftreten, Zwischendrüse und periodischer gelber Körper aber bedingen die Ausbildung der weiblichen Geschlechtsmerkmale im Entwicklungsalter und sind deshalb als „eigentliche Pubertätsdrüse" anzusehen.

Demgegenüber läßt sich zunächst einwenden, daß weder anatomisch noch auch physiologisch irgendein Unterschied zwischen Corpus luteum graviditatis und menstruationis besteht. Beide zeigen in ihrer Ausbildung nur graduelle, nicht prinzipielle Unterschiede, sie stellen eine verschieden starke Wucherung der gleichen Zellart dar. Es ist deshalb auch nicht anzunehmen, daß sie sich in bezug auf die von ihnen ausgehende Inkretion verschieden verhalten. Was die eigentliche „interstitielle Drüse" des Ovar betrifft, so können wir aus ihrer Entstehung keine Schlüsse auf eine Identität in der Funktion mit dem einen oder anderen gelben Körper ziehen, verdanken aber die interstitiellen Zellen des Ovar einer Rückbildung der Follikel ihre Existenz, dann ist es äußerst wahrscheinlich, daß die Mehrzahl ihrer Elemente nichts anderes sind, als entsprechend umgeformte Thekazellen.

Die eben besprochenen Befunde lassen es sehr unwahrscheinlich, ja unmöglich erscheinen, daß den Zwischenzellen des Eierstockes die Absonderung des geschlechtsspezifischen Inkretes zukommt, denn von welcher Zellart sollte diese Tätigkeit bei denjenigen Arten ausgeübt werden, bei denen die interstitiellen Zellen ganz fehlen? Da die Corpora lutea sich auch bei ihnen erst unmittelbar vor, meist sogar erst während der Brunst ausbilden, so kommt auch deren Einfluß in Fortfall und es bleibt nur noch die Annahme übrig, daß auch hier die Keimzellen selbst, bzw. die Follikelepithelien die Wirkung auf die Gestaltung des weiblichen Körpers ausüben, fällt doch auch hier die Entwicklung der sekundären Geschlechtsmerkmale mit dem starken Follikelwachstum zusammen.

Den Zwischenzellen dagegen obliegt die Aufgabe, die bei diesem raschen Follikelwachstum notwendigen Nährstoffe zu liefern, und dementsprechend ist ihre Menge im allgemeinen um so größer, je mehr Follikel auf einmal zur Reife gelangen, je mehr Nährstoffe das Ovar also gleichzeitig verarbeitet. In den bei der Rückbildung ungeplatzter Follikel aus der Theka entstehenden Zwischenzellen werden die bei diesem Vorgange freiwerdenden Stoffe gespeichert, bis sie an andere wachsende Eier abgegeben werden können.

II. Die inkretorische Tätigkeit des Eierstockes anderer Tierarten.

Weit einfacher als bei den Säugetieren liegen die Verhältnisse bei anderen Tierarten, deren Besprechung ich hier einschalten will, da die Kenntnis der dort obwaltenden Vorgänge zum Verständnis der nachfolgenden Ausführungen von Wichtigkeit sind. Für die Evertebraten trifft zunächst das bei der Besprechung der Hodenzwischensubstanz gesagte zu, bei ihnen läßt sich im allgemeinen eine Abhängigkeit in der Gestaltung somatischer Merkmale von den Keimdrüsen nicht nachweisen. Über Fische fehlt es an entsprechenden Beobachtungen.

Im Ovar der Amphibien fehlen die Zwischenzellen vollkommen, auch im Bidderschen Organ der Kröten sind sie nicht vorhanden, alle Einflüsse von seiten der Keimdrüsen auf das Soma, die bei diesen Tieren zu beobachten sind, müssen also von den Keimzellen selbst ausgehen. Wir sehen zunächst, daß die Eileiter der Amphibien in der Zeit vor der Eiablage sehr erheblich anschwellen, ihr Epithel verändert sich und bereitet sich auf die Schleimabsonderung vor. Harms (1914) fand bei Weibchen von Triton cristatus außerdem vor und während der Brunst an beiden Seiten des Körpers kleine weiße, scharf umrissene Tupfen, die er dem Prachtkleid der Männchen gegenüberstellt, ihre Ausbildung unterblieb nach Kastration der Tiere. Desgleichen fand Harms, daß bei der männlichen Kröte die Anwesenheit des Bidderschen Organes im Körper allein genügte, um die regelmäßigen Veränderungen der Daumenschwielen zu bewirken, daß hier also das von den Keimzellen, Zwischenzellen sind ja nicht vorhanden, abgesonderte Inkret die Ursache für die Ausbildung der sekundären Geschlechtsmerkmale ist.

Bei Vögeln konnte ich (Stieve, 1918) nun gleichfalls zeigen, daß die periodische Entwicklung der keimleitenden Organe, die erhebliche Vergrößerung des Uterus und der Tube, zusammenfällt mit dem in jedem Frühjahr sich wiederholenden beträchtlichen Wachstum der Follikel. Nach der Eiablage bildet sich das Ovar auf einen, den jugendlichen Verhältnissen sehr ähnlichen Zustand zurück und Hand in Hand damit gehen entsprechende Rückbildungsvorgänge am Eileiter und an der Gebärmutter. Die gleichsinnige Entwicklung ist hier eine so vollkommene, daß an den gegenseitigen Wechselbeziehungen nicht gezweifelt werden kann. Da zudem die Zahl der Zwischenzellen in der Zeit vor der Eiablage eine wesentliche, relative Verminderung erfährt, so kann wohl kein Zweifel darüber bestehen, daß auch bei den weiblichen Vögeln das geschlechtsspezifische Inkret ausschließlich von den heranwachsenden Keimzellen selbst geliefert wird. Die Rückbildung atretischer Follikel vollzieht sich so rasch und ohne die Ausbildung zwischenzellenähnlicher Gebilde, daß sie als ursächliches Moment überhaupt nicht in Frage kommt. Bei Rückbildung der geplatzten Follikel kommt es zwar zur Ausbildung sehr kleiner und rasch wieder verschwindender gelber Körper, ihre inkretorische Tätigkeit, falls eine solche stattfindet, käme jedoch niemals für die Entwicklung der sekundären Geschlechtsmerkmale, sondern höchstens für ihre Rückbildung in Frage.

Bei der Ausbildung der gelben Körper kommt es auch bei der Dohle und beim Huhn zu einer, allerdings nur unbedeutenden Wucherung der Follikelepithelzellen, sie nehmen große polygonale Gestalt an und sind manchmal mit Fett angefüllt. Die Mitteilungen von Boring und Pearl (1917, 1918), wonach die Luteinzellen bei den Vögeln aus der Theca interna entstehen, beruhen darauf, daß die beiden Amerikaner zu späte Stadien untersucht haben, in denen die wirkliche Abstammung der Luteinzellen sich nicht mehr feststellen läßt. Nach ihren Mitteilungen geht beim Huhn, bei dem die atretischen Follikel und die Corpora lutea identische Gebilde sind, bei der Ausbildung jeder der beiden Formen zunächst die Granulosa vollkommen zugrunde, während die Theca interna zu wuchern beginnt und dabei die interstitiellen Zellen liefert. Diese sind jedoch von den eigentlichen Luteinzellen, die gleichfalls von der Theca interna gebildet werden, recht wesentlich verschieden. Die Luteinzellen sind etwa dreimal so groß als die Zwischenzellen, ihr Protoplasma ist vakuolisiert und erscheint deshalb hell, es enthält aber keine Granula. Hat sich die Follikelatresie vollzogen, so enthalten sie ein gelbliches Pigment. Es erscheint mir äußerst wahrscheinlich, daß Pearl und Boring die zahlreichen, in jedem Hühnerovar nachweisbaren Primordialeier für Luteinzellen gehalten haben. Die eigentlichen Zwischenzellen liegen meistens einzeln, ihr Plasmaleib ist mit Granulis gefüllt. Diese Beobachtung kann ich bestätigen. Die Luteinzellen dagegen liegen meistens in Gruppen oder Nestern beieinander, auch diese Tatsache würde für die Verwechslung mit Ureiern sprechen. Schließlich kommen die beiden Amerikaner zu folgenden Schlüssen: Die eigentlichen Zwischenzellen haben nicht den geringsten Einfluß auf die Ausbildung der sekundären Geschlechtsmerkmale, ein solcher kommt nur den Luteinzellen zu, bei ihnen entspricht der Grad der Ausbildung ganz der Entwicklung der Geschlechtsmerkmale, je mehr Luteinzellen in einem Ovar vorhanden sind, desto deutlicher sind die Sexusmerkmale ausgeprägt. Ganz abgesehen nun davon, daß es sich bei den „Luteinzellen“, wie ja schon erwähnt, aller Wahrscheinlichkeit nach um Primordialeier handelt, ist der letzte Schluß vollkommen unzulässig. Bei der ungeheueren Größe, die ein Hühnereierstock besitzt, die so beträchtlichen Schwankungen je nach der Jahreszeit und der Geschlechtstätigkeit unterliegt, läßt es sich überhaupt nicht feststellen, ob die Gesamtmasse einer gewissen Zellart, die zwischen die großen Follikel eingestreut ist, im einen Falle größer oder kleiner ist. Scheint es doch auch so, als ob in der Brunstzeit die Zahl der kleinen Follikel gegenüber der Ruhezeit ganz erheblich verringert ist und doch ist sie vollkommen gleich geblieben, da ja im Ovar des Vogels während des individuellen Lebens keine Neubildung von Keimzellen erfolgt. Es ist deshalb verfehlt, aus diesen Schwankungen in der relativen Menge einer Gewebsart irgendwelche Schlüsse ziehen zu wollen, sie führen zu den gleichen unrichtigen Folgerungen, wie die oben besprochenen Spekulationen von Tandler und Groß über den Saisondimorphismus des Maulwurfhodens.

Es ist richtig, die Zahl der Primordialeier erscheint ebenso wie die der Zwischenzellen im Vogelovar während der Ruhezeit, wo das ganze Organ sehr klein ist vermehrt, diese Vermehrung ist jedoch nur durch die geringe Größe der Follikel vorgetäuscht, sobald im Frühjahr das Follikelwachstum wieder beginnt, werden die kleineren Zellen auseinander gedrängt und erscheinen deshalb der Zahl nach vermindert. Mit dieser Verminderung fällt aber die Ausbildung der sekundären Geschlechtsmerkmale zusammen, sie ließe demnach nur den entgegengesetzten Schluß zu, als der, zu dem Pearl und Boring gelangen, denn sie zeigen nur das Abhängigkeitsverhältnis vom Follikelwachstum. Zudem sind Haushühner für solche Versuche, wie ich schon früher (1918) gezeigt habe, die denkbar ungünstigsten Objekte, da ihre Ovarien zu häufig außergewöhnliche, zum Teil krankhafte Veränderungen zeigen.

Weitere Untersuchungen über die Zwischenzellen anderer Tierarten konnte ich nicht auffinden, die bisher beobachteten Tatsachen lassen sich in keiner Weise im Sinne einer Inkretion der Zwischenzellen verwenden, wohingegen die Verhältnisse bei niederen Tieren, von den Urodelen abwärts, bei denen keine Zwischenzellen vorhanden sind, beweisen, daß hier die Inkretion von den Keimzellen selbst ausgeübt wird.

III. Der Einfluß der Kastration auf den weiblichen Körper.

Während am Körper männlicher Lebewesen im Anschluß an die Kastration, gleichgültig ob sie im präpuberalen oder geschlechtsreifen Alter vorgenommen wird, stets mehr oder weniger schwere Veränderungen auftreten, scheinen beim Weibe die Verhältnisse teilweise wenigstens anders zu liegen und ich muß deshalb, weil die ermittelten Tatsachen zum Teil zur Klärung der Frage nach der Bedeutung der Zwischenzellen beitragen können, hier auch kurz auf die Folgen der Kastration auf den weiblichen Organismus eingehen.

Wir müssen hier zunächst streng unterscheiden zwischen den Folgen der präpuberalen Kastration und denen, die eine am geschlechtsreifen Organismus vorgenommene Verschneidung nach sich zieht. Ich will mit der Besprechung dieser letzten beginnen, sie stellt ja eine Operation dar, die bei Tieren nur selten, beim Menschen dagegen ziemlich häufig, und zwar zu Heilzwecken vorgenommen wird.

Beim Weib bedingt die doppelseitige Kastration zunächst neben der vollkommenen Sterilität, in der Regel auch den Ausfall der monatlichen Blutungen. Die Ausnahmen wurden oben schon besprochen. Ferner kommt es ziemlich regelmäßig zu einer mehr oder weniger hochgradigen Atrophie der Uterusmuskulatur, seltener zu Schrumpfungsvorgängen an der Scheide, nur in Ausnahmefällen kommen auch Veränderungen an den äußeren Schamteilen zur Beobachtung. Der Geschlechtstrieb soll häufig herabgesetzt, in einigen Fällen aber auch gesteigert sein, nach Aschner (1918) spielen hier „psychische Momente" eine große Rolle. Bemerkenswert ist dabei, daß nach Bucura (1913) bei weiblichen Tieren der Geschlechtstrieb nach der Kastration stets vollkommen erlischt. Dies ist jedoch nicht zu verwundern, ein eigentlicher Geschlechtstrieb ist ja bei den meisten weiblichen Tieren nur während der Brunst vorhanden und da die Brunst ebenso wie die sie begleitenden, bzw. bedingenden Veränderungen der Gebärmutter nach Entfernung der Ovarien in Fortfall kommt, so besteht auch nicht die geringste Ursache für ein erneutes Aufleben des Geschlechtstriebes.

Mit Ausnahme dieser eben geschilderten Veränderungen an den keimleitenden Wegen hat aber eine selbst sehr tiefgreifende Schädigung oder die vollkommene Entfernung der Keimdrüsen beim Weib keinen Einfluß mehr auf die sekundären Geschlechtsmerkmale. Vor allem gilt dies für die Milchdrüsen, diese verharren nach der Verschneidung in dem Zustande, in dem sie sich zur Zeit der Operation befinden, die Laktation wird in keiner Weise gestört, ja im Gegenteil beim laktierenden Rind bewirkt die Entfernung der Ovarien eine Steigerung des Fettgehaltes der Milch und aus diesem Grunde werden in vielen Gegenden ältere Kühe verschnitten, um dadurch sowohl die Quantität als auch die Qualität der Milch zu heben. [Biedl (1916), Tandler und Groß (1913)].

Nach v. Franqué (1919) gehören überhaupt alle Berichte über Veränderungen der äußeren Geschlechtsmerkmale beim Weibe als Folge der Kastration in das Reich der Fabel, er weist besonders darauf hin, daß die immer und immer wieder vorgebrachte Angabe, kastrierte Hennen werden hahnenfedrig und nähern sich auch sonst körperlich und geistig den Hähnen, nicht richtig ist, da wie Sellheim (1898, 1901) sehr deutlich dargetan hat, die Entfernung des Eierstocks bei Hühnern äußerst schwierig, fast stets tödlich oder nur unvollkommen ausführbar ist.

Angesichts zahlreicher, in den letzten Jahren ausgeführter Versuche, die unten noch besprochen werden, muß die Anschauung v. Franqués aber zweifellos als zu weitgehend bezeichnet werden. Hinsichtlich der weiblichen Vögel trifft sie jedenfalls nicht zu, wohl aber hinsichtlich spät verschnittener Frauen, bei denen im Anschluß an den Eingriff gewöhnlich keine tiefgreifenden Veränderungen an den sekundären Geschlechtsmerkmalen auftreten.

Aschner (1918) gibt allerdings an, daß beim Menschen die Brüste nach Spätkastration Pigmentverlust an den Warzen und einen geringen Grad von Atrophie erleiden können, er belegt diese Angabe aber weder durch eigene Beobachtungen, noch durch entsprechende Stellen aus anderen Arbeiten. Es mag sich daher wohl um Alterserscheinungen handeln, im allgemeinen trifft auf den Menschen ganz besonders die obige Angabe v. Franqués zu. Hegar (1876) und Alterthum (1899) fanden die Laktation nach Entfernung der Ovarien verlängert, Sänger (1912) beobachtete bei zwei Fällen von Ovarialkarzinom, die zur Zerstörung der Eierstöcke führten, sogar Milchabsonderungen, obwohl beide Frauen niemals geboren hatten, allerdings können die bei solchen Fällen obwaltenden krankhaften Zustände nicht ohne weiteres zur Beurteilung der physiologischen Verhältnisse herangezogen werden. Wichtiger ist dagegen, daß F. Cohn (1913) bei einer Frau, die niemals geboren hatte und an Amennorrhoe litt, eine hochgradige Atrophie beider Ovarien ermitteln konnte, trotzdem hatten die Mammae Milch abgesondert. Hier zeigt sich also ein entgegengesetzter Einfluß auf die Funktionen des Uterus und auf die der Brustdrüse, indem die Atrophie der Ovarien gleichzeitig eine Rückbildung der Gebärmutter und ein Wuchern der Milchdrüse bewirkte. Ähnliche Erscheinungen lassen sich übrigens auch während des Puerperium beobachten. Auch da geht ja die Rückbildung der Uterusmuskulatur Hand in Hand mit der Laktation und es ist bekannt, daß diese Milchabsonderung die puerperale Involution der Gebärmutter beschleunigt.

Landau (1890) beschreibt einen Fall, der hinsichtlich der Kastrationsfolgen besonders wichtig erscheint. Bei einer 26 jährigen, vollkommen gesunden Frau, die niemals konzipiert hatte, wurden am 7. Februar 1888 beide Eierstöcke, da sie an Dermoiden erkrankt waren, entfernt. Die Operation verlief glatt, die Wunde heilte per priman, es zeigten sich zunächst keinerlei Beschwerden. Im Sommer 1889, also mehr als ein Jahr nach der Operation, suchte die Frau den Arzt wieder auf, da beide Brüste anschwollen, anfangs auf Druck, später spontan entleerte sich aus beiden Brüsten Milch. Das Merkwürdige dabei ist, daß die Veränderungen erst so lange Zeit nach der Entfernung der Ovarien auftraten, so daß es fast schwer fällt, hier einen ursächlichen Zusammenhang anzunehmen. In einem von Grünbaum (1907) mitgeteilten Fall war dagegen der Zusammenhang ganz klar. Es handelte sich um ein 23 jähriges, unverheiratetes Mädchen, das im Alter von 18 Jahren entbunden und ihr Kind 8 Tage lang gestillt hatte. Nach dem Absetzen war die Milchsekretion im Verlauf von vier Wochen zum Stillstand gekommen. Zur Zeit der Beobachtung war das Mädchen an doppelseitiger Pyosalpinx, Pelveoperitonitis adhaesiva, Perityphlitis und rechtsseitiger Ovarialzyste erkrankt, es wurde am 6. Dezember 1906 operiert. Dabei wurden neben dem erkrankten Blinddarm auch der Uterus und beide Ovarien entfernt. Am 17. Dezember begannen beide Brüste zu schwellen; in den nächsten Tagen steigerte sich die Sekretion so stark, daß bei Druck auf die Brüste die Milch in Strahlen aus mehreren Gängen spritzte. Die Brüste fühlten sich prall an. Die Erscheinungen nahmen in den nächsten Tagen so stark zu, daß am 27. Dezember ohne Mühe 20 ccm Milch auf einmal ausgedrückt werden konnte. Grünbaum stellte nun in der Folgezeit fest, daß nach Entfernung der Ovarien in der Mehrzahl der Fälle die Brustdrüsen Sekret liefern, das entweder kolostrumähnlich oder aber milchähnlich ist. Auch Alterthum (1899) konnte nach Kastration häufig Kolostrumabsonderung feststellen.

Im Gegensatz zu diesen Angaben und den eben besprochenen Tatsachen über den Einfluß der Verschneidung auf die Milchabsonderung der Kühe erscheinen die Angaben Steinachs (1920), die Milchsekretion komme bei säugenden Meerschweinchen nach Kastration zum Stillstand, wenig glaubwürdig, sie bedürfen entschieden der Nachprüfung.

Von sonstigen Folgen der Spätkastration bei Frauen kommen noch Veränderungen am Becken in Betracht, die Keppler (1891) gefunden hat, sie bestehen hauptsächlich in einer Verkürzung der Conjugata vera, die bei jugendlichen Individuen bis zu 3 cm betragen kann.

Die Veränderungen am Uterus sind denen des Klimakterium ähnlich. Nach den Angaben von Gottschalk (1896) und Martin (1894) wird die

Gebärmutter im ganzen kleiner und gewinnt an Konsistenz. Innerhalb von 18 Monaten bildete sich der Uterus in einem Fall von 8 cm auf 5 cm Länge zurück. Der Muttermund wird dabei enger, die Portio vaginalis verwandelt sich in einen kleinen Wulst. Das Flimmerepithel des Uterus und der Tuben atrophiert, die Dicke der Uterusschleimhaut beträgt nur 0,5 mm. K. Hegar (1910) gibt sogar an, daß sich der Uteruskörper bis auf die Größe einer Haselnuß zurückbilde. Auch das Ligamentum latum atrophiert wie im Klimakterium, die Scheide schrumpft, ihre Wandungen können entzündlich verkleben. Dabei klafft der Scheideneingang häufig weit, so daß es zu Vorfällen der stark vertrockneten Scheidenwandung kommt.

Von anderer Seite werden Veränderungen in der Stimme beobachtet, so konnte Bottermund (1896) Tieferwerden der Stimmlage und Annäherung an den männlichen Stimmcharakter beobachten, ganz ähnliche Angaben macht Moure (1894). Hingegen bestreiten Poyet (1894) und Castex (1894), daß die Spätkastration überhaupt eine Veränderung in der Stimme zur Folge hat, ihre Angaben erscheinen schon aus dem Grunde sehr wahrscheinlich, weil ja die im höheren Alter stets vorhandene mehr oder weniger starke Verknöcherung des Kehlkopfskeletts wohl alle Veränderungen im Bau und damit in der Stimme verhindert.

Ob sich auch Veränderungen in der weiblichen Behaarung nach Kastration einstellen, läßt sich nicht mit Sicherheit sagen, die meisten Autoren erwähnen diesen Punkt überhaupt nicht, eine Tatsache, die sich wohl eher im negativen Sinne verwerten läßt. Nur v. Herff (1895) beobachtete bei weiblichen Kastraten angeblich mehrmals Bartwuchs und reichlichen Haarwuchs in der Umgebung der Mammae. Nach Tandler und Groß (1913) soll ferner ein gewisser Herr Atler (wo, wird nicht angegeben) bei einer seiner Operierten 14 Jahre nach dem Eingriff einen „rasierten Bart“ gefunden haben, der in den letzten drei Jahren entstanden sein soll. Wahrscheinlich handelt es sich hier aber nur um das Auftreten der Altersbehaarung im Gesicht, das man ja auch bei nicht kastrierten Frauen häufig genug beobachten kann.

Wichtig erscheint es mir, in diesem Zusammenhang darauf hinzuweisen, daß Sellheim (1898—1906) und neuerdings auch Lingel (1900) bei männlichen Rindern, die im Alter von 4—6 Wochen verschnitten wurden, gewöhnlich ein starkes Anschwellen der Milchdrüsen, ja sogar nicht allzu selten Milchabsonderung feststellen konnten.

Diese Tatsache ist auch aus anderen Gründen von Bedeutung. Tandler und Groß (1913) behaupten ja, daß nach der Entfernung der Keimdrüsen sich das Individuum zum „geschlechtslosen Arttyp“ entwickelt, daß aber keine heterosexuellen Merkmale zur Ausbildung kommen.

Ich habe oben schon gezeigt, daß die Bezeichnung „asexueller Arttyp" unzutreffend ist, die eben besprochenen Befunde beweisen außerdem, daß es nach der Kastration vielfach doch zur Entwicklung von Merkmalen kommt, die physiologischerweise ausschließlich dem andern Geschlecht eigentümlich sind. Die Brustdrüsen an sich sind zwar kein spezifisch weibliches, sondern ein Artmerkmal, sie kommen bei beiden Geschlechtern in gleicher Weise vor. Wenn sie sich aber stark vergrößern, ja sogar Milch absondern, so ist das ein Verhalten, das unter gewöhnlichen Verhältnissen einzig und allein beim weiblichen Organismus beobachtet wird und wenn dieses Verhalten nach der Verschneidung bei einem männlichen Tier eintritt, so haben wir es hier zweifellos mit der Ausbildung eines spezifisch weiblichen, nicht mit der eines Artmerkmals zu tun. Die Ausführungen von Tandler und Groß sind also zum mindesten in diesem Punkte unrichtig, v. Franqué (1919) hat ja gezeigt, daß sie für den Menschen überhaupt nicht zutreffen. Auch Aschner (1918) betont, daß vielfach als Folge von Unterfunktion oder Dysfunktion der Ovarien bei Frauen Merkmale zur Ausbildung kommen, die man nicht als Speziesmerkmale, sondern als rein männliche Eigenschaften bezeichnen müsse und daß das nämliche auch häufig genug nach Kastration der Fall sei.

Biedl (1916) nimmt ja überhaupt an, daß die Anlage der Keimdrüsen in jedem Falle eine bisexuelle sei und daß sich hie und da die Ausbildung heterosexueller Merkmale als Folge einer außergewöhnlich starken Entwicklung des heterosexuellen Gonadenanteiles bemerkbar mache. Diese Erklärung kann aber nur in den Fällen zutreffen, wo die Keimdrüsen noch im Körper belassen sind, sie versagt aber dann, wenn wir die Entwicklung rein männlicher Merkmale beim Weib nach der Kastration auftreten sehen.

Aschner (1918) erwähnt noch, daß nach Spätkastration bei der Frau in der Mehrzahl der Fälle eine Zunahme des Fettansatzes zu beobachten sei, diese Angabe wird aber von den meisten anderen Autoren bestritten. Im allgemeinen tritt ja überhaupt bei älteren Frauen, auch bei Anwesenheit der Keimdrüsen und normalen geschlechtlichen Funktionen stärkere Fettablagerung ein und diese Erscheinung wird durch die Verschneidung nicht gestört, in der Hauptsache mag es sich hierbei um Verschiedenheiten in der Konstitution handeln, in dem eben eine Frau mehr zu Fettansatz neigt als eine andere. Lüthje (1903) hält die „Kastrationsfettsucht" für eine Folge des größeren Phlegma, das Verschnittene zu besitzen pflegen. Auf die von verschiedenen Seiten beobachteten Veränderungen im Eiweißstoffwechsel der Verschnittenen will ich hier nicht eingehen, da sie nicht zur Klärung der hier besprochenen Fragen beitragen.

Die Kastration eines geschlechtsreifen weiblichen Lebewesens führt also nur zum Ausfall der zyklischen Veränderungen der Uterusschleimhaut, bleibt aber auf die Ausbildung und Funktion der Milchdrüsen ohne jeden besonderen Einfluß, ja im Gegenteil, sie bewirkt häufig Milchsekretion.

Anders die Frühkastration, also die Entfernung der Ovarien vor oder während der Zeit der Geschlechtsreife. Unsere diesbezüglichen Kenntnisse stützen sich hier nicht auf Beobachtungen am Menschen, sondern in erster Linie auf den Tierversuch. Vom Menschen sind nur zwei Fälle von Frühkastration bekannt, die in allen einschlägigen Arbeiten auftauchen, sie betreffen jedoch keine genauen anatomischen oder ärztlichen Beobachtungen, sondern Reisebeschreibungen, die auf den unbefangenen Leser einen etwas romanhaften Eindruck machen.

Über den einen Fall berichtet Bischoff (1844): In einer Schilderung seiner Reise von Delhi nach Bombay wolle ein Herr Dr. Roberts weibliche Kastraten gesehen haben, sie seien etwa 25 Jahre alt, groß, muskulös und vollkommen gesund gewesen. Auch hätten sie weder Busen noch Brustwarzen (!), auch keine Schamhaare besessen, der Schambogen sei sehr eng gewesen, in der Gegend der Schamteile sei nicht die geringste Fettablagerung feststellbar, ihre Scheide sei „vollkommen verschlossen" gewesen. Der Körper hätte gut ausgebildetes Fettpolster gezeigt, nur habe die Fettauflagerung an den Hinterbacken gefehlt. Menstrualblutungen und Geschlechtstrieb sei niemals aufgetreten.

Über einen zweiten Fall berichten Tandler und Groß (1913), ein gewisser Miklucho Maclay „soll im Queensland einem Mädchen begegnet sein", dessen Ovarien in frühester Jugend entfernt worden waren. Das Fettpolster sei schlecht ausgebildet gewesen, die Brüste klein, am Gesäß wenig Fettansatz, am Kinn hätten einige Haare gestanden. Das Mädchen soll Weibern aus dem Weg gegangen sein, aber auch keine Neigung zu Männern besessen haben.

Derartige Mitteilungen mögen vielleicht geeignet sein, einen werdenden Weltreisenden auf die Möglichkeit eines solchen Vorkommens aufmerksam zu machen, um ihn zu veranlassen bei seinen Reisen auf die Möglichkeit des Vorkommens solcher Erscheinungen zu achten und ähnliche Fälle besser zu untersuchen, für eine wissenschaftliche Auseinandersetzung lassen sie sich nicht verwerten.

Auch Angaben über die Folgen der Frühkastration bei Tieren sind nur äußerst spärlich. Die bekanntesten dürften wohl die Untersuchungen von Tandler und Keller (1909—1910) sein. Im allgemeinen wird die Frühkastration bei Haustieren aus ökonomischen Gründen nur bei Schweinen ausgeführt, diese werden aber gewöhnlich schon in einem Alter geschlachtet, in dem die sekundären Geschlechtsmerkmale auch bei nicht verschnittenen Tieren noch nicht zur Entwicklung kommen. Genauere Untersuchungen lassen sich deshalb nur am Rind ausführen. In Obersteiermark werden nämlich häufig auch weibliche Kälber im Alter von 6 Monaten kastriert und zu Arbeitszwecken aufgezogen.

Bei den Kastraten bleibt der Uterus klein, infantil, die Thymus persistiert, die Hypophyse erscheint vergrößert. Im Vergleich mit Kühen besitzen die Kastraten größere Körperhöhe aber geringere Rumpflänge, sie erscheinen deshalb disproportioniert. Auch sonst machen sich im Bau des Knochengerüstes Besonderheiten geltend. Tandler und Keller kommen bekanntlich zu dem Schluß, daß es nach Entfernung der weiblichen Keimdrüsen zur Ausbildung der „asexuellen Artformen" komme, eine Annahme, die wie ich schon oben besprochen habe, nicht zutreffend ist. Vor allem ist es auch nicht angängig, so wie dies jetzt häufig geschieht, bei Säugetieren von einer „asexuellen Jugendform" zu sprechen, denn schon vor der Pubertät, ja sogar schon während des intrauterinen Lebens machen sich, wie besonders die letzten, sehr genauen Messungen Kellers (1920) gezeigt haben, recht erhebliche Geschlechtsunterschiede geltend, die ganz abgesehen von den äußeren Genitalien hauptsächlich die Größe und Form des ganzen Körpers betreffen.

Die Folgen der Frühkastration auf den Bau des Beckens hat Franz (1909) an Schafen untersucht. Nach seiner Ansicht unterscheiden sich die Becken der neugeborenen Lämmer beider Geschlechter nicht deutlich voneinander, aus den beigegebenen Abbildungen ist allerdings zu ersehen, daß schon beim neugeborenen Schafweibchen das Becken wesentlich weiter und massiger ist als beim Männchen. Sehr erheblich sind die Unterschiede bei geschlechtsreifen Tieren, hier erscheint das Becken des Bockes groß, die Knochen sind derb, das kleine Becken ist eng und lang. Das Becken des weiblichen Tieres ist kleiner, die Knochen sind schmächtiger, das kleine Becken ist kurz und geräumig. Bei Tieren die im jugendlichen Alter verschnitten werden, zeigt das Becken nach zwei Jahren, also dann, wenn das Knochenwachstum beendet ist keine sehr deutlich ausgeprägten Geschlechtsunterschiede, das Becken gleicht nach den Abbildungen bei Kastraten beiderlei Geschlechts mehr der weiblichen Form. Doch ist das Becken der weiblichen Kastraten im ganzen etwas kleiner, das kleine Becken weniger geräumig als beim normalen Weibchen, die Unterschiede sind jedoch nicht sehr bedeutend.

Sehr verwickelt liegen die Verhältnisse bei den Vögeln, wo besonders solche Arten als Versuchsobjekt dienten, bei denen sich Männchen und

Weibchen durch ihr Federkleid grundlegend voneinander unterscheiden. Die früheren Versuche von Sellheim (1899—1906), Foges (1898—1906) und Poll (1909) haben im allgemeinen nur gezeigt, daß beim Hahn die Verschneidung keine wesentlichen Veränderungen in der Form des Gefieders und der Ausbildung der Sporen bedingt, wohl aber die Entwicklung der erektilen Kopfanhänge hemmt. Die Kastration der Henne bewirkt aber, wie in erster Linie auch die Experimente von Goodale (1910—1916) und Pézard (1912—1918) lehren sehr erhebliche Umgestaltungen, das Federkleid zeigt die nämliche Ausbildung wie das des Kapaunen, Sporen bilden sich und auch die erektilen Kopfanhänge erfahren eine gewisse Vergrößerung. Zweifellos tritt hier eine sehr erhebliche Annäherung an den Bau des Hahnengefieders ein, und es fällt schwer, im Kapaunen und in der Pularde, die mit Ausnahme des Kammes und der Ohrlappen sehr stark dem Hahn gleichen, gerade die „asexuelle Artform" zu erkennen, deren Ausbildung durch die Anwesenheit des Ovar, so wie dies Tandler und Groß (1913) annehmen, gehemmt wird. In jedem Falle bedingt aber auch bei Vögeln die Entfernung des Ovar eine Rückbildung der keimleitenden Organe, bzw. sie bedingt, wenn sie im präpuberalen Alter vorgenommen wird ein Stehenbleiben der Tube und des Uterus auf jugendlichem Zustand.

Fassen wir die Ergebnisse der bisherigen Befunde über die Folgen der Kastration beim Weibe kurz zusammen, so können wir sagen, daß die präpuberale Verschneidung die Entwicklung der keimleitenden Wege ebenso wie die der Milchdrüsen hemmt, bzw. ganz zum Stillstande kommen läßt, die Spätkastration bedingt dagegen Veränderungen, die denen des Klimakterium gleichen, also gleichfalls Rückbildung von Uterus und Scheide, sie bleibt jedoch ohne Einfluß auf die Milchdrüsen, im Gegenteil die Entfernung der Ovarien bedingt bei geschlechtsreifen Individuen häufig den Beginn der Milchsekretion, bzw. wenn sie während der Laktation vorgenommen wird eine Steigerung und Verlängerung der Milchabsonderung.

In der Entwicklung der Milchdrüse müssen wir demnach zwei Abschnitte unterscheiden, die erste Entwicklung, die wie alle Erscheinungen der Reife in der Pubertätszeit in völliger Abhängigkeit von der Inkretion der Ovarien vor sich geht und die zweite, bzw. spätere Entwicklung während der Schwangerschaft und nach der Geburt. Diese vollzieht sich aller Wahrscheinlichkeit nach unabhängig von der Inkretion der Ovarien.

Wenn wir aus diesen Tatsachen Rückschlüsse auf die Funktion der Zwischenzellen ziehen, so können wir sagen, daß bei allen höheren Tierarten, gleichgültig ob sich in ihren Ovarien Zwischenzellen und Luteinzellen finden oder nicht, die Pubertätsentwicklung zusammenfällt mit einem äußerst lebhaften Wachstum der Keimzellen, während gleichzeitig die übrigen Bestandteile des Ovar eine nur geringe Vermehrung, teilweise sogar eine Verminderung erfahren. Die Vergrößerung und Vermehrung der Follikelzellen tritt bei den meisten Arten im Vergleich zu dem riesigen Wachstum, das die Eizellen selbst durchmachen, vollkommen in den Hintergrund. Aus diesen Tatsachen läßt sich nun wohl die Schlußfolgerung ziehen, daß das Inkret, das eben diese Pubertätsveränderungen bedingt, von den Keimzellen selbst abgesondert wird, bei niederen Tieren ist dies zweifellos der Fall, bei ihnen fehlen ja die Zwischenzellen, aber auch bei Säugetieren und bei Vögeln ist das Zusammentreffen von Keimzellenwachstum und Ausbildung der akzidentellen Geschlechtsmerkmale ein so sinnfälliges, daß es nicht angeht, hier den ursächlichen Zusammenhang zu bestreiten.

Während des späteren Lebens bedingt dann bei Tieren mit jährlich nur einmal wiederkehrender Brunst das jedesmalige, schubweise erfolgende Wachstum der Follikel alljährlich nach der Geschlechtsruhe eine erneute Geschlechtsreife und auch hier ist der ursächliche Zusammenhang der gleiche, wir haben es ja, ebenso wie bei männlichen Tieren, mit periodischer Brunst eigentlich nur mit einer jährlichen Wiederholung der Pubertät zu tun.

Anders bei polyoestrischen Tieren, doch auch bei ihnen scheint die jedesmalige Reife eines oder mehrerer Follikel die Veränderungen am Uterus zu bewirken. Beim Menschen liegen die Verhältnisse in der Zeit der Entwicklung wie bei den Tieren, auch bei ihm fällt die Pubertät des Weibes mit dem ersten starken Follikelwachstum zusammen. Die späteren Verhältnisse müssen zur Zeit noch als ungeklärt bezeichnet werden, der Eintritt der Menstruation ist, von Ausnahmefällen abgesehen, zweifellos auch von der Inkretion der Eierstöcke abhängig, welche Gewebsart aber in Betracht kommt, läßt sich heute noch nicht sicher entscheiden, es erscheint aber auch hier äußerst wahrscheinlich, daß die Eireifung selbst für diese menstruellen Veränderungen, wenigstens für ihren Beginn, verantwortlich zu machen ist.

Das Corpus luteum besteht aus veränderten Follikelepithelzellen, also modifizierten Keimzellen, die den eigentlichen Zwischenzellen des Hodens und Ovar nicht gegenübergestellt werden können. Es entfaltet aber ohne jeden Zweifel eine inkretorische Tätigkeit, sie ermöglicht in den ersten Tagen der Schwangerschaft die Innidation des Eies, sie verhindert das weitere Wachstum und die Reifung der Follilel, außerdem befördert sie vielleicht auch die Vergrößerung der Brustdrüse.

Es kann nun sein, daß die inkretorische Tätigkeit der Keimzellen selbst zwar das Wachstum der Brustdrüsen fördert, die eigentliche Laktation aber hemmt. Kommt dieser hindernde Einfluß plötzlich in Wegfall, wie dies bei der Kastration der Fall ist, so hat er Milchabsonderung zur Folge. Damit ist es ja auch in Einklang zu bringen, daß während der Laktation die Ovulation meistens sistiert. Der durch die Anwesenheit des Corpus luteum graviditatis bedingte Stillstand des Follikelwachstums mag auch zur Folge haben, daß während der Schangerschaft die Brustdrüsen stark wachsen und Kolostrum absondern, die eigentliche Laktation wird durch die Inkretion des Fötus oder der Plazenta verhindert. Wir haben es hier mit einem so innigen Nebeneinandergehen von sehr zahlreichen Erscheinungen zu tun, daß es kaum möglich ist, gerade während der Schwangerschaft eine bestimmte Zellart für eine bestimmte Erscheinung verantwortlich zu machen. Beim Menschen liegen die Verhältnisse, wohl als Folge des Einflusses der Kultur oder besser Überkultur, besonders verwickelt, wir sehen hier verschiedene Erscheinungen, so besonders die häufig beobachtete Fortdauer der Menstruation während der ersten Schwangerschaftsmonate oder während der Laktation, die wir sicher als außergewöhnlich bezeichnen müssen, und die nur zeigen, daß auch an der inkretorischen Tätigkeit der Keimdrüsen Veränderungen als Folge der Domestikation auftreten können.

IV. Die Störungen in der Inkretion des Eierstockes.

Die häufig beobachteten Erscheinungen des Infantilismus, Eunuchoidismus und Hypogenitalismus lassen im Gegensatz zu den beim Manne vorliegenden Verhältnissen keine Schlüsse auf die inkretorische Tätigkeit der Keimdrüse zu, die in Frage kommenden histologischen Befunde sind äußerst spärlich, meist nur ungenau und lassen sich deshalb nicht verwerten. In sehr vielen Fällen sind die eben erwähnten Krankheitsbilder, wie besonders Aschner (1918) betont, auch nicht durch die pathologische Funktion der Ovarien an sich, sondern durch ganz andere Störungen bedingt.

In gleicher Weise braucht auch die Osteomalazie nicht in den Bereich dieser Besprechungen gezogen zu werden, wir wissen zwar, daß sie eine Erkrankung ist, die meistens durch die außergewöhnliche Funktion der Ovarien bedingt ist, denn sie kann nach v. Franqué (1920) in 75% der Fälle durch Kastration geheilt werden, auf die Lokalisation der inkretorischen Tätigkeit läßt sie jedoch keinen Schluß zu. Es erscheint nur merkwürdig, daß das nämliche Ovarium, das im Körper der einen Frau die schweren Veränderungen im Knochenstoffwechsel bedingt, die zur Osteomalazie führen, bei Übertragung in den Körper einer zweiten, kastrierten Frau keine Krankheitserscheinungen, sondern nur die normale Abwicklung der geschlechtlichen Funktionen zur Folge hat. Diese Tatsache deutet eigentlich darauf hin, daß die Osteomalacie nicht eine Erkrankung des Ovarium selbst, sondern eine Erkrankung des Gesamtorganismus ist, bei der die normale Funktion des Ovar schwere Veränderungen am Knochenbau hervorruft.

Auch die Fälle von sexueller Frühreife lassen sich hier kaum verwenden, es handelt sich bei ihnen meistens um eine sehr frühzeitige Entwicklung des ganzen Ovar, die im allgemeinen in den gleichen Bahnen verläuft, wie die normale Entwicklung in der Pubertät. Die frühzeitig auftretende Menstruation ist wahrscheinlich regelmäßig von Ovulation begleitet, dies beweist ja der bekannte von v. Haller (1765) beschriebene Fall, bei welchem die Menstruation im Alter von 2 Jahren, die erste Schwangerschaft im Alter von 8 Jahren eintrat.

Nach den ausführlichen Zusammenstellungen von Neurath (1909) und Lenz (1913) ist die Pubertas praecox beim Weibe gekennzeichnet durch die vorzeitige Pubertätsentwicklung, sie führt zu einem raschen Wachstum, verbunden mit sehr frühzeitig auftretender Menstruation, Anschwellen der Brüste, Sprossen der Achselhöhlen- und Schamhaare. In sehr vielen Fällen ist dabei der festgestellte Hypergenitalismus nur die Folge einer Allgemeinerkrankung, die ihrerseits die Veränderungen an den Ovarien und an den sekundären Geschlechtsmerkmalen nach sich zieht. Vor allem spielen hier Erkrankungen der anderen Blutdrüsen eine wichtige Rolle. In manchen Fällen kann die Krankheit aber auch durch Geschwülste der Ovarien bedingt sein, so beschreibt v. Verebély (1912) einen Fall von Frühreife, das betreffende Mädchen hatte sich bis zum 5. Lebensjahre normal entwickelt, von da ab traten monatliche Blutungen ein, die Brüste vergrößerten sich, Achselhöhlen- und Schamhaare wuchsen sehr stark, die Stimme wurde tiefer. Der Uterus hatte die Größe wie bei einem 18—19jährigen Weibe, das rechte Ovar war normal, linkerseits fand sich ein kindskopfgroßes Ovarialsarkom. Nach seiner Extirpation hörten die Blutungen auf, die tiefe Stimme blieb bestehen, merkwürdigerweise stellte sich aber im übrigen der kindliche Zustand wieder her, die Brüste bildeten sich zurück, Achselhöhlen- und Schamhaare fielen aus. Dies ist eine Erscheinung, die sich nach Spätkastration nie feststellen läßt.

Die Tatsache, daß die geschlechtliche Frühreife hier durch ein Sarkom, also durch eine Bindegewebegeschwulst, bedingt war, würde für eine inkretorische Tätigkeit des Ovarialstroma sprechen, in anderen Fällen, die im übrigen ganz ähnlich verliefen, fanden sich jedoch Ovarialkarzinome, also epitheliale Geschwülste, was sich im Sinne einer von den Keimzellen, bzw. dem Follikelepithel, ausgehenden Inkretion verwerten ließe.

Auch beim männlichen Geschlecht sind Fälle von geschlechtlicher Frühreife beschrieben und auch hier können diese Erscheinungen durch Hodengeschwülste bedingt sein, so fand Sacchi (1895) bei einem 9jährigen Knaben im linken, mächtig vergrößerten Hoden ein zystisches Sarkom, nach dessen Entfernung sich die Frühreife zurückbildete.

Selbstverständlich haben einige Autoren es auch versucht, die Frühreife mit einer Anomalie in der Beschaffenheit der „interstitiellen Drüse" zu erklären, so besonders Rebattu (1911) und Steinach (1920), ohne jedoch irgendwelche Belege für ihre Ansicht erbringen zu können. Zur Erklärung der Bedeutung der Zwischenzellen lassen sich die bisher beschriebenen Fälle von Frühreife nicht verwerten.

V. Der Einfluß der Röntgenstrahlen auf den Eierstock.

In gleicher Weise wie die Hoden, werden auch die Ovarien häufig der Behandlung mit Röntgenstrahlen ausgesetzt, und zwar einesteils bei Tieren, lediglich um im Versuch die Folge des Eingriffes kennen zu lernen, andererseits aber auch beim Menschen zu Heilzwecken. Während aber beim Hoden in erster Linie der generative Anteil geschädigt wird, wohingegen sich die Zwischenzellen ziemlich widerstandsfähig erweisen, liegen im Ovar die Verhältnisse nicht so einfach und es fällt deshalb schwer aus den dort festgestellten Veränderungen irgendwelche Schlüsse zu ziehen.

Bouin, Ancel und Villemin (1907) behaupten zwar, daß durch die Röntgenstrahlen einzig und allein die Keimzellen zerstört werden, die „interstitielle Drüse" werde nur geschädigt, wenn sehr große Dosen zur Anwendung kämen, und zwar vor allem dann, wenn das Ovar nach Eröffnung der Bauchhöhle unmittelbar den Röntgenstrahlen ausgesetzt werde. In dieser Form hatten Bergonié und Tribondeau (1907) ihre Versuche ausgeführt und ermittelt, daß alle Arten von Follikeln sehr schwer geschädigt werden. In den wachsenden Follikeln schrumpft das Keimbläschen, in der Follikelhöhle finden sich bald Granulosazellen, die sich verhältnismäßig lange erhalten. Das Keimbläschen bildet bald nur mehr einen Farbklumpen, auch die Granulosazellen schrumpfen, schließlich wird der ganze Follikel resorbiert. Ähnlich sind die Rückbildungsvorgänge an den Graafschen Follikeln, die Pimordialfollikel gehen gleichfalls zugrunde, ihr Untergang beginnt jedoch erst später, als der der beiden anderen Arten. An der interstitiellen Substanz lassen sich erst eine Woche nach der Bestrahlung Veränderungen feststellen, sie beginnt zu schwinden, ihre Zellen werden kleiner und erscheinen dadurch näher aneinandergerückt. Der Protoplasmaleib behält aber trotz der starken Reduktion seine „Drüsenstruktur". Mehrere Wochen nach der Bestrahlung erlangen dann vereinzelte Luteinzellen ihr gewöhnliches

Aussehen wieder. Die beiden Untersucher kommen nun zu dem Schluß, daß die Veränderung an der Zwischensubstanz nicht die unmittelbare Folge der Bestrahlung sei, sondern lediglich durch den Untergang der zahlreichen Follikel bedingt werde.

Zu ganz ähnlichen Ergebnissen kam auch Biedl (1916), er fand selbst bei kurzdauernder Bestrahlung schon nach 14—18 Tagen das Follikelepithel vollkommen degeneriert. Vereinzelte größere Follikel zeigen gleichfalls eine weitgehende Zerstörung des Epithels. In den wenigen reifen Follikeln ist das Ei und die Zellen der Granulosa degeneriert. Das interstitielle Gewebe weist noch relativ wenig Veränderungen auf, seine Zellen zeigen normalen Bau, ja das Interstitium scheint, verglichen mit normalen Verhältnissen sogar verbreitert. Längere Zeit nach der Bestrahlung besteht jedoch das Interstitium des Ovar hauptsächlich aus spindelförmigen Zellen, interstitielle (Lutein?) Zellen finden sich nur noch in kleinen Inseln, hauptsächlich in der Umgebung der Gefäße. Auch in solchen Ovarien trifft man aber noch vollkommen normal gebaute Primordialfollikel.

Auch Halberstädter (1905) und Specht (1906) konnten zeigen, daß das röntgenisierte Ovar des Kaninchens neben der schweren Schädigung der Follikel auch stets Veränderungen an der „interstitiellen Drüse“ aufweist. Die Veränderungen betreffen nicht so sehr die Kerne als den Plasmaleib der Zellen und treten ungefähr gleichzeitig mit den Veränderungen an den Follikeln auf. Wie schwer die Schädigung des ganzen Ovar nach der Röntgenbestrahlung ist, zeigte vor allem auch Reifferscheid (1910—1914) und sein Schüler Simon (1911). Auch sie stellten fest, daß in erster Linie die Eizellen selbst und die Follikelepithelien geschädigt werden, die Eizellen gehen sehr frühzeitig zugrunde, während die Granulosazellen erst nach und nach der Degeneration anheimfallen. In den Stromazellen lassen sich erst längere Zeit nach der Bestrahlung Veränderungen krankhafter Art feststellen, bemerkenswert ist jedoch, daß dabei stets mehr oder weniger ausgedehnte Blutungen in das Parenchym stattfinden. Derartige Blutungen wurden auch von Faber (1910) festgestellt, und zwar in röntgenisierten menschlichen Ovarien. Es handelt sich dabei offenbar um die Folgen einer Schädigung der Gefäßwandungen, damit in Einklang zu bringen ist wohl auch der Umstand, daß Biedl (1916) längere Zeit nach der Behandlung eine erhebliche Verdickung der Gefäßwandungen in den Ovarien beobachten konnte. Simon (1911) untersuchte des weiteren die Frage, ob eine Regeneration des zerstörten Gewebes erfolgen könne und glaubt sie auf Grund seiner Versuche verneinen zu müssen. Bei Meerschweinchen und Kaninchen schritten die Rückbildungsprozesse dauernd fort und waren selbst 3 bis 4 Monate nach der Behandlung noch nicht zum Abschluß gekommen, das nämliche konnte bei einem großen Hunde festgestellt werden. Die Ovarien aller dieser Tiere waren jedoch sehr ausgiebig bestrahlt, infolgedessen auch sehr tiefgreifend geschädigt worden. Bei einem anderen Hunde, der eine geringere Strahlendosis bekommen hatte, fanden sich 3 Monate nach der Behandlung an der Uterusschleimhaut die Anzeichen der beginnenden Läufigkeit, im Ovar aber vereinzelte, vollkommen normal gebaute Corpora lutea. Das andere Ovar dieses Tieres war kurz nach der Operation entfernt worden, die hisologische Untersuchung hatte ergeben, daß hier die Schädigungen keine sehr tief greifenden waren, es fanden sich zahlreiche unversehrte Follikel. Offenbar werden also, wie ja auch im Hoden bei schwacher Bestrahlung nicht alle Keimzellen durch die Röntgenisation vernichtet.

Versuche, die Aschner (1918) am Ovar des Hundes und des Kaninchens ausführte, ergaben nun, daß als Folge der Einwirkung der Röntgenstrahlen in erster Linie die Eizellen und die epithelialen Elemente der Follikel geschädigt werden, es komme zur Atresie der Follikel und Hand in Hand damit zu einer Vermehrung der Thekaluteinzellen. In gewissen Stadien könne man also wohl von einer Vermehrung der interstitiellen Drüse sprechen. Aschner steht dabei immer noch auf dem Standpunkt, daß bei der Bildung der gelben Körper sowohl, als auch bei der Follikelatresie die Luteinzellen aus der Theka entstehen, eine Anschauung, die hinsichtlich des Corpus luteum sicher falsch ist.

Bei stärkerer Bestrahlung komme es dann zu einem Stadium, in dem sich immer noch auffallend viele fetthaltige Zellen im Eierstock nachweisen lassen, sie zeigen jedoch Veränderungen im Bau, ihre Grenzen sind verwischt, die Lipoidgranula sind mehr feinkörnig und nicht mehr so stark lichtbrechend. Die Röntgenstrahlen lassen sich aber so dosieren, daß unter ihrem Einfluß, wenn auch nicht alle, so doch die überwiegende Mehrzahl der Keimzellen zerstört wird, so daß die „interstitielle Drüse" stark überwiegt. Eine vollkommene Vernichtung aller Eizellen, ohne Schädigung des Zwischengewebes lasse sich jedoch niemals erreichen, es sei überhaupt fraglich, ob jemals alle Keimzellen restlos vernichtet werden könnten.

Die Untersuchungen von Seitz (1911), Reifferscheid (1910—1914), Wallart und Hüssy (1912), Rost und Krüger (1914) ergaben nun, daß auch beim Menschen nach der Behandlung mit Röntgenstrahlen ein Zugrundegehen der Keimzellen und im Anschluß daran eine Wucherung der Thekaluteinzellen stattfindet, die eine anfängliche Vermehrung dieser Gebilde zur Folge hat. M. Fraenkel (1912, 1914) stellt zunächst fest, daß die Eierstöcke im Vergleich mit anderen Organen eine „elektive Neigung für Röntgenstrahlen haben müssen". Die hauptsächlichste Schädigung des

Ovarialgewebes sei in der Störung der normalen Ausbildung des Corpus luteum zu erblicken. Bestrahlt man nämlich die Ovarien eines jungen, noch nicht geschlechtsreifen Tieres mit einer Dosis, die beim ausgewachsenen Individuum schwerste Rückbildungsvorgänge nach sich zieht, so bleibt das so behandelte Tier zwar im Wachstum zurück, in der Zeit aber, in der normalerweise nach Befruchtung Trächtigkeit erfolgt, kann auch bei den behandelten jungen Tieren Trächtigkeit erfolgen. Die Schädigung äußert sich bei jungen Tieren also nur in einer Verlangsamung des Wachstums, nicht aber in Störungen in der Fortpflanzungstätigkeit. Ja in manchen Fällen wird durch die Bestrahlung eine Art von sexueller Frühreife hervorgerufen, Meerschweinchen können schon im Alter von 7 Wochen trächtig werden. Es zeigt sich also, daß der Einfluß der Röntgenstrahlen ein ganz verschiedener ist, je nachdem er auf Ovarien junger oder geschlechtsreifer Tiere zur Geltung kommt.

Bei geschlechtsreifen Tieren bedingt intensive Strahlenbehandlung in der Folge fast die nämlichen Erscheinungen wie die Kastration, Uterus und Eileiter bilden sich zurück, die Brunst tritt nicht mehr ein, bei schwächeren Gaben ist nur eine vorübergehende Störung im Ablauf der Geschlechtsfunktionen zu beobachten, die bald, das heißt dann, wenn neue Follikel im Ovar herangereift sind, wieder den gewöhnlichen Verhältnissen Platz macht. Offenbar werden eben zunächst nur die größten Follikel geschädigt, sie gehen zugrunde, während die kleineren Eier widerstandsfähiger sind und durch ihr Wachstum den entstandenen Verlust ausgleichen können.

Was die von M. Fraenkel ermittelte elektive Neigung der Keimzellen für Röntgenstrahlen betrifft, so dürfte sie wohl nur der Ausdruck der hohen Empfindlichkeit sein, die Keimzellen werden eben, wie ich (Stieve, 1918) zeigen konnte, auch durch solche Einflüsse tiefgreifend geschädigt, die auf alle anderen Körperzellen ohne jeden Einfluß bleiben. Dieser Einfluß macht sich nun bei der Röntgenbehandlung darin geltend, daß die größten Follikel, die sich ja auch in meinen Versuchen als besonders empfindlich erwiesen, zuerst zugrunde gehen, ihre Keimzelle stirbt ab und infolgedessen wird der Follikel atretisch, er bildet sich zurück, die dabei festgestellten Erscheinungen sind dieselben, wie wir sie auch sonst bei der Follikelatresie beobachten, sie beginnen mit Vergrößerungen und nachfolgender Degeneration der Granulosazellen.

Zu einer anderen Auffassung über die Wirkungen der Röntgenstrahlen auf das Ovar gelangen Heinike (1905) und besonders sein Schüler W. Müller (1915). Sie behaupten nämlich, daß die Keimdrüsen auf die Bestrahlung nur mit ganz langsam fortschreitenden Kern- und Zelldegenerationen reagieren. Eine Frühwirkung lasse sich nur an den Lymphozyten feststellen und es wäre auffallend, wenn man an den Keimzellen, die doch genetisch und histologisch ganz andere Zellarten darstellen, die nämlichen Veränderungen nachweisen könnte. Dieser Schluß an und für sich ist nicht berechtigt, denn es ist nicht einzusehen, warum nicht zwei verschiedene Zellarten sich der nämlichen Schädigung gegenüber gleich verhalten sollen. Zunächst will Müller nun am Hoden keine Frühveränderungen nach Röntgenbehandlung gesehen haben. In Ovarien der verschiedensten Tierarten fand er dagegen die nämlichen Veränderungen wie sie Reifferscheid und Simon festgestellt hatten.

Zur Nachprüfung der Befunde wurden von Müller (1915) die Ovarien nicht behandelter Tiere histologisch untersucht und auch in ihnen konnte bei einer Anzahl von Follikeln Kernzerfall, Pyknose und Verklumpung der Epithelzellen festgestellt werden. Diese Beobachtung ist zweifellos richtig, unzutreffend sind nur die Schlußfolgerungen, die daraus gezogen werden. Es ist Müller offenbar völlig unbekannt, daß in jedem Ovar normalerweise eine mehr oder weniger große Anzahl von Follikeln zugrunde geht und daß deshalb nicht jeder Follikel vollkommen unversehrte Epithelzellen aufweist. Das, was er schildert und abbildet, sind aber keine intakten Follikel, sondern solche im Zustand der beginnenden Atresie. Es ist aber vollkommen unzulässig, auf Grund der Tatsache, daß physiologischerweise vereinzelte Follikel im Ovar zugrunde gehen, den Einfluß der Röntgenstrahlen, besonders ihre Frühwirkung bestreiten zu wollen, durch die die überwiegende Mehrzahl aller im Ovar vorhandenen Follikel betroffen wird.

Reifferscheid (1915) selbst hat in letzter Zeit den Einfluß der Röntgenstrahlen auf die Ovarien der verschiedensten Tierarten nochmals sehr gründlich untersucht und kam dabei zu folgenden Ergebnissen: Im Ovar der Maus lassen sich schon 3 Stunden nach der Bestrahlung an den Follikelepithelien und an den Eizellen deutliche Rückbildungsvorgänge nachweisen, die in den nächsten Stunden und Tagen deutlich an Intensität und Menge zunehmen. Durch diese Feststellung ist ja ohne weiteres der Einwand Müllers, es handle sich hier um physiologische Vorkommnisse, entkräftigt. Die nämlichen Veränderungen lassen sich auch an den Eierstöcken von Affen und Hunden beobachten, stellenweise ist auch das Stroma geschädigt. Auch menschliche Ovarien werden durch die Behandlung in der gleichen Weise betroffen, die Follikel bilden sich zum Teil restlos zurück. Dagegen zeigen bei allen untersuchten Arten die gelben Körper eine hohe Widerstandsfähigkeit und Reifferscheid zieht aus dieser Tatsache den Schluss, daß durch die Röntgenbestrahlung selbst bei völliger Zerstörung der Follikel und trotz des völligen Stillstandes der Ovulation doch die Inkretion des Eierstockes längere Zeit erhalten bleibt, wenigstens soweit sie vom Corpus luteum ausgeht. Die Beobachtungen Reifferscheids sind von so vielen Seiten bestätigt worden, daß an ihrer Richtigkeit wohl kein Zweifel bestehen kann.

Die Folgen der Ovarialröntgenisation machen sich selbstverständlich am Gesamtorganismus geltend und führen dort zu entsprechenden Ausfallserscheinungen. Eine kurze Bestrahlung, die nicht alle Follikel vernichtet, hat, wie die Beobachtungen von Simon (1914) lehren nur eine vorübergehende Unterbrechung der Ovulation zur Folge, während starke Bestrahlung die nämliche Wirkung zeitigt, wie die völlige Entfernung der Ovarien aus dem Körper. Allerdings machen sich die Folgen hier langsamer bemerkbar, wohl entsprechend der Tatsache, daß die gelben Körper noch längere Zeit erhalten bleiben und so ihre inkretorische Tätigkeit entfalten können. Stets bildet sich nach der starken Bestrahlung der Uterus zurück, die monatlichen Blutungen kommen zum Stillstand. Aus diesem Grunde wird ja gerade die Röntgenkastration beim Menschen jetzt häufig zu Heilzwecken, zur Stillung von schweren, durch Myome bedingten Blutungen mit bestem Erfolge angewendet. Dabei werden keinerlei Angaben darüber gemacht, ob sich gleichzeitig auch eine Veränderung an den Brustdrüsen beobachen läßt. Nur Eymer (1913) teilt mit, daß er bei zwei Patientinnen nach Röntgenkastration Spannung in den Brüsten und Absonderung von Kolostrum beobachtet habe, eine Erscheinung, die mit der häufig festgestellten Tatsache, daß die Milchdrüsen durch Kastration zur Tätigkeit angeregt werden, übereinstimmt.

Intensive Bestrahlung der Ovarien in der präpuberalen Zeit bewirkt die nämlichen Erscheinungen wie Frühkastration, leichte Einwirkung bedingt vorzeitigen Stillstand des Wachstums und vielfach sogar eine gewisse Frühreife. Ausführlicher beschrieben wurden diese Erscheinungen hauptsächlich von Steinach und Holzknecht (1913, 1917). Sie behandelten weibliche Meerschweinchen im Alter von 2—4 Wochen mit Röntgenstrahlen, und zwar in einer Menge, daß angeblich nur die Keimzellen zerstört wurden. Etwa 3—4 Wochen nach der Behandlung begannen die Zitzen bei den bestrahlten Tieren zu wachsen, das Wachstum erreichte etwa 8 Wochen nach dem Eingriff den Höhepunkt, der Warzenhof wurde groß, die Drüse deutlich abtastbar. Die Drüsen sonderten dann Sekret ab, das anfangs nur wäßrig war, sich jedoch innerhalb von wenigen Tagen zu normaler Milch verdichtete. Nach 2—3 Wochen kam die Sekretion wieder zum Abschluß. Hand in Hand damit ging auch ein rasches Wachstum des Uterus. Im Gegensatz zu diesen Erscheinungen stand aber die Tatsache, daß die bestrahlten Tiere hinsichtlich des Körperwachstums hinter nicht behandelten Tieren zurückblieben.

Die histologische Untersuchung des bestrahlten Ovar — zu welcher Zeit sie ausgeführt wurde, wird nicht angegeben — ergibt, daß „sämtliche Follikel“ atrophisch sind, der Inhalt ist zu nekrotischen Massen oder hyalinen Klumpen geschrumpft. Das ganze Stroma ist durchsetzt „von enormen Wucherungen weiblicher Pubertätsdrüsenzellen“. Sie zeigen das gewöhnliche Bild der Luteinzellen und sind zum Teil angefüllt mit Fettkörnern. Nach der Ansicht Steinachs ist das ganze Ovar also in eine „Reinkultur weiblicher Pubertätszellen umgewandelt“. Die histologische Beschreibung ist sehr lückenhaft, vergleichen wir jedoch die beigegebenen, allerdings sehr kleinen Abbildungen mit denen anderer Forscher, denen eine genaue Schilderung beigefügt ist, so erkennen wir, daß auch hier die Röntgenveränderungen keine anderen sind als dort. Offenbar war die Dosierung der Strahlen eine solche, daß die Mehrzahl der Keimzellen zugrunde ging, während das Zwischengewebe und die Follikelepithelien nur wenig oder zum Teil gar nicht geschädigt wurden. Der Zerfall der Keimzellen hatte nun bei den großen Follikeln die Ausbildung atretischer Körper zur Folge, die den gelben Körpern sehr ähnlich, ja man kann ruhig sagen, teilweise gleich sind. Das Granulosaepithel ist stark gewuchert und bildet an einzelnen Stellen des Ovar, wie aus den betreffenden Abbildungen deutlich zu ersehen ist, umschriebene Corpora lutea. Wir haben es hier also mit Erscheinungen zu tun, ähnlich denen, die zu Beginn der Schwangerschaft als Folge des Platzens der Follikel eintreten, nämlich mit starker Wucherung der Follikelepithelzellen und gleichzeitigem Stillstand in der Ausbildung der Keimzellen.

Die Veränderungen aber, die Steinach und Holzknecht am Soma der behandelten Tiere nachweisen konnten, sind die nämlichen, wie wir sie zu Beginn der Schwangerschaft sehen. Im Uterus Hypertrophie der Schleimhaut, bei den Brustdrüsen Vergrößerung und schließlich Sekretion. Daß die Veränderungen am Uterus die Folge der durch die Röntgenisation bewirkten Hypertrophie der Granulosazellen sind, kann wohl als sicher angenomen werden, hier handelt es sich aber nicht um eine Inkretion der Zwischenzellen des Ovar, sondern der Follikelepithelzellen, die ihrerseits ja gar nichts anderes sind als entsprechend umgewandelte Keimzellen. Steinach selbst ist sich ja über den histologischen Begriff der Zwischenzellen nicht klar, er bezeichnet als „Pubertätsdrüse“ einfach jedes Gewebe, im Hoden oder Eierstock, das nicht Keimgewebe ist.

Was aber die Veränderungen an den Milchdrüsen betrifft, so sind sie zweifellos die Folge der plötzlichen Vernichtung aller oder der meisten Keimzellen. Wir sind aber nicht berechtigt diese Veränderungen auf die inkretorische Tätigkeit des Ovar zurückzuführen, da wir die nämlichen

Erscheinungen bei nicht verschnittenen Tieren während der Schwangerschaft, aber auch bei Kastraten sehen und wie oben gezeigt auch bei jungfräulichen Individuen, ja sogar bei männlichen Tieren häufig nach der Entfernung beider Keimdrüsen. Es ist also unrichtig, wenn wir diese Erscheinung auf die Inkretion des Ovar zurückführen. Bemerkenswert ist dabei auch, daß Steinach und Holzknecht die eben geschilderten Vorgänge nur bei dem kleineren Teil der behandelten Tiere (40%) beobachten konnten, in der Mehrzahl der Fälle konnten auch sie eine völlige bindegewebige Entartung des ganzen Eierstockes feststellen.

Auf keinen Fall ist es den beiden Forschern gelungen den Nachweis zu führen, daß alle Keimzellen wirklich vernichtet waren, ihre Versuche beweisen nur, daß durch die Röntgenbestrahlung die Keimzellen großenteils zerstört werden und daß im Anschluß daran, an den sekundären Geschlechtsorganen Veränderungen auftreten, wie sie sonst während der ersten Zeit der Schwangerschaft zu beobachten sind. Ob dabei beim jugendlichen Tier die Follikelepithelien durch die Röntgenstrahlen noch nicht in der gleichen Weise geschädigt werden wie beim ausgewachsenen, müssen erst weitere Versuche lehren.

Alles in allem lassen also auch die Ergebnisse der Untersuchungen, die bei der Röntgenbehandlung weiblicher Keimdrüsen gewonnen werden, keinen sicheren Schluß auf die inkretorische Bedeutung einer bestimmten Gewebsart zu. Sie zeigen nur, daß in erster Linie die Keimzellen selbst zerstört werden und daß die Folgen des Eingriffes, vorausgesetzt, daß eine genügende Strahlenmenge zur Anwendung kam, wenigstens bei geschlechtsreifen Tieren, denen der Kastration gleichzustellen sind. Bleiben noch Keimzellen im Ovar erhalten, so ist die Schädigung nur eine vorübergehende. Alle diese Tatsachen lassen es auch hier wieder äußerst wahrscheinlich erscheinen, daß die Inkretion von den Keimzellen selbst ausgeübt wird, wenigstens insoweit die Geschlechtsreife in Betracht kommt. Daß den gelben Körpern daneben eine besondere Inkretion, die aber zum Teil ganz entgegengesetzte Wirkungen hervorruft, wie die der Keimzellen selbst, zukommt, steht wohl ziemlich sicher, wir dürfen jedoch die Elemente des Corpus luteum nicht als Zwischenzellen, sondern nur als modifizierte Keimzellen betrachten.

Ähnliche Operationen wie sie beim Manne die Unterbindung des Samenstranges darstellt, werden beim Weib nicht ausgeführt, bzw. die Unterbindung der Tuben bleibt ohne jeden Einfluß auf den Bau und die Funktion des Ovar, wenngleich sie die Sterilität zur Folge hat, sie kann also nicht in diese Besprechungen einbezogen werden. Auch eine Erscheinung, die dem Kryptorchismus gegenübergestellt werden könnte, läßt sich beim Weib nicht beobachten, die Möglichkeiten, die Lokalisation der Inkretion zu prüfen, sind also hier wesentlich geringer.

Es sollen nunmehr einige Beobachtungen bzw. Versuche besprochen werden, die an beiden Geschlechtern ausgeführt wurden und zum Teil auch geeignet sind unsere Kenntnis über die Bedeutung der Zwischenzellen zu fördern, nämlich der Hermaphroditismus und die Übertragung der Keimdrüsen. Vorher will ich jedoch noch ganz kurz auf die Ergebnisse zu sprechen kommen, die durch Injektion von Ovarialextrakten erzielt wurden.

VI. Die Wirkung von Ovarialextrakten.

Als Mittel gegen die nach der Kastration oder auch physiologischerweise im Alter sich einstellenden Ausfallserscheinungen werden seit längerer Zeit die verschiedensten aus Ovarialsubstanz hergestellten Präparate in Anwendung gebracht. Die Einverleibung geschieht meistens auf dem Wege des Magen-Darmkanals und es zeigt sich im allgemeinen, daß die unangenehmen Folgen der Spätkastration und des Klimakterium durch diese Mittel größtenteils behoben werden. Man wird dem Einfluß der fraglichen Mittel allerdings keine zu hohe Bedeutung mehr beimessen, wenn man berücksichtigt, daß einige erfahrene Forscher, so besonders v. Franqué (1919) ja jegliche Folgen der Spätkastration bestreiten.

Besonders L. Fraenkel (1909, 1914) benützte Tabletten, die aus den gelben Körpern von Kuhovarien hergestellt waren, mit günstigem Erfolg gegen klimakterische Beschwerden, Bucura (1907) empfiehlt zum gleichen Zweck, angeblich mit gutem Erfolg den Genuß der Milch rindernder Kühe. Im Gegensatz dazu konnte Mac Donald (1910) nur in einem Falle unter 10 Frauen eine günstige Wirkung bei der Darreichung von Tabletten erkennen, die aus Extrakten von gelben Körper des Kuhovar gewonnen waren.

Lambert (1907) kommt auf Grund seiner Versuche zu dem Schluß, daß alle Ovarialextrakte ohne Wirkung auf den Organismus bleiben, soferne sie aus Eierstöcken gewonnen sind, in denen noch keine gelben Körper vorhanden waren. Dagegen besitzt ein aus gelben Körpern gewonnenes Extrakt eine hohe Toxinität, intravenös injiziert führt es bei Hunden und Kaninchen rasch den Tod herbei. Auch Below (erwähnt nach Aschner) und Schickele (1913) stellten verschiedene Wirkungen bei Extrakten fest, je nachdem sie aus Ovarien mit oder ohne gelbe Körper gewonnen waren. Alle diese Versuche sind jedoch nicht geeignet Aufklärung über die geschlechtsspezifische Inkretion der Ovarien, besonders der Zwischenzellen, zu geben. Etwas klärender wirken in dieser Beziehung die im folgenden besprochenen Versuche von Fellner (1913), Herrmann und Stein (1915–1919).

Fellner (1913) stellte verschiedene Extrakte mit Kochsalzlösung, Alkohol und Äther her, und zwar aus Ovarien nicht trächtiger Tiere, aus Ovarien trächtiger Tiere in denen sich Corpora lutea befanden, schließlich aus Plazenten und aus Eihäuten. Die Extrakte der Ovarien nicht trächtiger Tiere waren vollkommen wirkungslos, dagegen erzielte er mit den anderen 3 Extrakten bei nicht brünstigen Tieren eine Injektion und Verdickung der Uterusmuskulatur, desgleichen eine Verdickung des Uterusepithels und Wucherung der Uterindrüsen, gleichzeitig vergrößerten sich die Brustdrüsen. Die nämlichen Erfolge ließen sich aber auch mit Extrakten aus Hoden oder aus der Schilddrüse erzielen, wohingegen Auszüge aus Ovarien nicht trächtiger Tiere wirkungslos waren. Aus den Ergebnissen der Versuche lassen sich keine Schlüsse auf die inkretorische Tätigkeit des Eierstockes ziehen, zumal ja die Ovarien trächtiger Tiere, trotz ihres Gehaltes an gelben Körpern anders wirkten als Corpus luteum haltige Ovarien nicht trächtiger Weibchen.

Die Versuche Fellners wurden vom E. Herrmann (1915) wiederholt und ausgebaut. Er stellte Extrakte her, einerseits aus isolierten gelben Körpern, andererseits aus Ovarien ohne gelbe Körper und drittens aus Plazentargeweben. Aus den Extrakten wurde durch umständliche chemische Operationen schließlich ein gelbes, leicht schillerndes Öl gewonnen, das bei stärkerer Abkühlung erstarrt. Es stellt offenbar die wirksame Substanz dar, ob es aber einen chemisch reinen Körper repräsentiert oder aber ein Gemisch aus verschiedenen Stoffen, mag dahingestellt bleiben. Die aus dem Corpus luteum und der Plazenta gewonnenen Körper sind chemisch identisch und auch in ihrer Wirkungsweise gleich. Das aus den Ovarien ohne gelbe Körper gewonnene Extrakt erwies sich vollkommen wirkungslos.

Die beiden anderen Extrakte wurden einesteils ausgewachsenen, kastrierten Kaninchen, andererseits jungen, noch nicht geschlechtsreifen Tieren injiziert. Bei den jungen Tieren bewirken schon wenige (drei) Injektionen eine mächtige Vergrößerung des Uterus, seine Muskulatur verdickt sich und ist stark von Blutgefäßen durchsetzt, die Schleimhaut verdickt sich gleichfalls und bildet Drüsen. Nach zwei weiteren Injektionen ist die Uterusmuskulatur noch stärker verdickt, die Schleimhaut weiter gewuchert, sie besteht jetzt aus Gebilden, die in ihrem Aussehen an Deziduazellen erinnern und erweckt fast den Eindruck eines Adenoms. Hand in Hand mit diesen Erscheinungen gehen auch entsprechende Veränderungen an den Tuben und an der Scheide. Die Brustdrüsen vergrößern sich beträchtlich, ihre Epithelien beginnen zu sezernieren, schon nach fünf Injektionen läßt sich reichlich klares Sekret ausdrücken. Auch die Ovarien zeigen Veränderungen, die Follikel beschleunigen ihr Wachstum. Alles in allem lassen sich durch die Injektionen schon bei acht Wochen alten Tieren Verhältnisse herstellen, wie sie sonst einem geschlechtsreifen 25—30 Wochen alten Weibchen entsprechen. Die Geschlechtsorgane können sich schließlich in einem Zustand befinden, den sie normalerweise in der Zeit der Brunst oder zu Beginn der Gravidität aufweisen. Auch bei kastrierten Tieren, ja sogar bei kastrierten männlichen Individuen treten nach der Injektion die gleichen Veränderungen an den Milchdrüsen auf.

In späteren Untersuchungen prüften Herrmann und Stein (1916—19) den Einfluß der Corpus luteum- und Plazentarextrakte bei männlichen Ratten. Sie stellten zunächst fest, daß bei weiblichen Tieren das Hormon des Corpus luteum zwar anfänglich das Follikelwachstum beschleunigt, jedoch ihre vollständige Ausreifungen bis zur Berstung verhindert. Auf den wachsenden Hoden wirkt das Extrakt in geringeren Mengen wachstumhemmend. Der Testikel bleibt gegenüber dem nicht behandelter Tiere in der Größe zurück, die Spermatogenese kommt erst später und langsamer zur Entwicklung. Die Vermehrung der Zwischenzellen, die die beiden Autoren beobachtet haben wollen, ist sicher nur eine relative, durch die geringere Gesamtgröße des Hodens vorgetäuschte. Bei stärkerer und längerer Hormonbehandlung kommt es zu schweren Veränderungen des Hodens, der ganze generative Anteil bildet sich zurück. Hat die Spermatogenese schon begonnen, so gehen die ausgebildeten Samenfäden wieder zugrunde. Die Zwischenzellen erfahren dabei eine allerdings nur geringe, auch hier aller Wahrscheinlichkeit nach durch die Verkleinerung des Gesamtorganes vorgetäuschte Vermehrung. Bei längerer Einwirkung der Schädigungen sind die an den Hoden feststellbaren Veränderungen gleich denen, die nach der Röntgenisation aufzutreten pflegen. Irgendwelche Veränderungen an den Zwischenzellen lassen sich dabei nicht nachweisen.

Hand in Hand mit diesen Veränderungen am generativen Anteil des Hodens geht nun bei jugendlichen Tieren eine Hemmung in der Ausbildung der männlichen Geschlechtsmerkmale, bei ausgewachsenen Männchen bilden sich die typisch männlichen Merkmale sogar zurück. Dagegen vergrößern sich die Milchdrüsen und der Uterus masculinus, ein Umstand, auf den Herrmann und Stein (1919) besonders hinweisen. Bei genügend lange behandelten Männchen verhält sich die Mamma ebenso wie beim Weibchen im Beginne der Gravidität, schon nach 3 Injektionen läßt sich Kolostrum auspressen, die mikroskopische Untersuchung zeigt, daß es sich um eine Hypertrophie der Drüsensubstanz handelt.

Was den Uterus masculinus betrifft, so ist er bei behandelten Tieren stets größer als bei den Kontrolltieren, sowohl in bezug auf seine Länge und Breite als vor allem auch hinsichtlich der Wanddicke. Die Dickenzunahme beruht auf einer Verstärkung der Muskulatur und auf der Hypertrophie der Schleimhaut, nach sehr langer Behandlung bietet die Mukosa das Bild wie in einem brünstigen weiblichen Uterus.

Herrmann und Stein folgern nun aus den Ergebnissen ihrer Untersuchungen ganz richtig, daß die Mamma, wie dies ja allgemein angenommen wird, bei beiden Geschlechtern in gleicher Weise angelegt ist, jedoch beim männlichen Geschlecht nicht zur vollen Entwicklung kommt. Dieses Ausbleiben der Entwicklung beruhe jedoch nicht, so wie das Steinach (1912) annimmt auf einer hemmenden Wirkung der Hoden, sondern auf dem Fehlen des entwicklungsanregenden Inkretes des Corpus luteum.

Für die inkretorische Tätigkeit der Zwischenzellen lassen sich aus den Versuchen nun zunächst folgende Schlüsse ziehen. Zweifellos sind im gelben Körper Substanzen vorhanden, welche auf die weiblichen Geschlechtsmerkmale entwicklungsanregend wirken. Aus der Tatsache, daß mit Extrakten, die aus Corpus luteumfreien Ovarien gewonnen wurden keine Erfolge erzielt werden konnten, darf aber noch nicht der Schluß gezogen werden, daß einzig und allein dem gelben Körper die inkretorische Tätigkeit zukommt. Denn es ist ja vollkommen sicher, daß durch die Tätigkeit des Ovar in der Pubertätszeit und schon vorher, also dann, wenn sich noch keine Corpora lutea in ihm befinden, die Entwicklung der Sexusmerkmale bewirkt wird. Besonders auffallend erscheint dabei, daß das aus den gelben Körpern gewonnene Extrakt die Reifung der Eizellen fördert, obwohl andererseits als sicher gelten darf, ich erinnere nur an die bekannten Vorkommnisse bei Kühen, daß durch die Anwesenheit des Corpus luteum im Ovar die Reifung der weiteren Follikel und damit der erneute Eintritt der Brunst verhindert wird. Es ergeben sich also eine ganze Reihe von Widersprüchen, die sich bisher noch nicht erklären lassen. Wenn aber dem Corpus luteum wirklich die hohe inkretorische Bedeutung zukommt, die aus den Herrmannschen Versuchen hervorzugehen scheint, so haben wir es hier, wie ich schon des öfteren betont habe nicht mit einer Tätigkeit der Zwischenzellen, sondern vielmehr der Follikelepithelien, also der modifizierten Keimzellen zu tun. Die Ergebnisse der Herrmann-Steinschen Untersuchungen lassen sich sehr wohl in Einklang bringen mit den Ergebnissen der oben besprochenen Steinach-Holzknechtschen (1917) Röntgenbestrahlungen, denn auch dort haben wir es mit der Bildung zahlreicher, atretischer Follikel zu tun, die durch den Untergang der Keimzellen ausgelöst wird und die gleichfalls eine Wucherung des Follikelepithels darstellt.

Die Veränderungen, die Herrmann und Stein an den Hoden der behandelten Tiere nachweisen konnten, lassen aber einen gewissen Schluß auf die Bedeutung der Zwischenzellen zu. Wir sehen, daß der generative Anteil des Hodens sich zurückbildet, die Zwischenzellen bleiben unverändert, erfahren sogar eine gewisse Vermehrung. Und trotzdem kommen am Soma rein weibliche Geschlechtsmerkmale zur Ausbildung. Die Annahme der beiden Wiener Untersucher, daß durch die große Menge des dem Körper einverleibten weiblichen Hormons, das von den Zwischenzellen abgesonderte männliche Hormon gewissermaßen übertönt wird, erscheint nicht wahrscheinlich, viel einleuchtender ist, daß durch die Injektionen der Anteil des Hodens, von dem die Inkretion ausgeht, geschädigt wird und deshalb keine starke Tätigkeit mehr entfaltet. Es erscheint also auch nach diesen Versuchen viel wahrscheinlicher, daß von den Keimzellen selbst das geschlechtsspezifische Inkret abgesondert wird.

C. Die Übertragung der Keimdrüsen.

Im folgenden will ich mit der Besprechung der Keimdrüsenübertragung beginnen, weil die Kenntnis der dort gewonnenen Befunde das Verständnis des Hermaphroditismus erleichtert. Was zunächst die niederen Tiere betrifft, so haben bei ihnen die oben schon erwähnten Versuche von Meisenheimer deutlich bewiesen, daß selbst die Anwesenheit der andersgeschlechtlichen Drüse die Ausbildung der Merkmale, die dem ursprünglich dem betreffenden Lebewesen entsprechenden Geschlecht zukommen, nicht beeinflußt.

Bei weiblichen Amphibien kann, wie Harms (1914) mitteilt, die Kastrationsatrophie der keimleitenden Organe durch Implantation eines Eierstockes aufgehalten bzw. ganz verhindert werden, die Operation ist aber nur dann von Erfolg begleitet, wenn Eier im Transplantat erhalten bleiben, ein Umstand, der deutlich genug beweist, daß hier die Inkretion von den Eizellen selbst ausgeht.

I. Die Übertragung der Hoden.

Weit verwickelter liegen auch hier wieder die Verhältnisse bei höheren Tieren und ich will zunächst mit den an männlichen Lebewesen ausgeführten Übertragungsversuchen beginnen; ich werde jedoch auch auf sie nur insoweit eingehen, als sich aus den gewonnenen histologischen Bildern Rückschlüsse auf die Bedeutung der Zwischenzellen ziehen lassen. Ganz allgemein möchte ich dabei auf die Tatsache hinweisen, daß gelungene Transplantation bei beiden Geschlechtern die Kastrationserscheinungen verhindert, die betreffenden Tiere verhalten sich hinsichtlich der Geschlechtsmerkmale wie normale Individuen, wenngleich die besonderen, durch die Übertragung bedingten Verhältnisse es häufig mit sich bringen, daß die Produkte der Keimdrüsen nicht mehr ausgeschieden werden. In diesem Falle sind die Tiere selbstverständlich steril.

Schon im Jahre 1849 hatte Berthold Hodentransplantationen bei Hähnen ausgeführt. Er kastrierte die Tiere im Alter von 2—3 Monaten und ließ entweder die Hoden einfach in der Bauchhöhle des männlichen Tieres liegen oder aber er brachte sie in die Bauchhöhle eines anderen, vorher kastrierten Hahnes. Die so behandelten Tiere verhielten sich wie nicht verschnittene; die Sektion, die fünf Monate nach der Transplantation ausgeführt wurde, zeigte, daß die Hoden am Dickdarm angeheilt waren, sie enthielten reife Samenzellen. Diese Versuche wurden später von Foges (1903) wiederholt, er kastrierte zwei Hähne und brachte die Hoden in der Bauchhöhle zur Anheilung: Die so behandelten Tiere unterschieden sich aber ziemlich beträchtlich von normalen Hähnen, sie nahmen was die körperlichen Merkmale betrifft eine Mittelstellung zwischen diesen und echten Kapaunen ein. Die Sporen entwickelten sich gut, das Federkleid zeigte auch Hahnencharakter, Kamm und Kopfanhänge blieben aber klein und blaß, auch bestand Neigung zu Fettansatz. Allem Anscheine nach waren die Versuche von Foges vollkommen mißglückt und es kam, wie seine Beschreibung deutlich zeigt, zur Ausbildung typischer Kapaunen, bei denen ja die Sporen gut ausgebildet sind und auch das Federkleid dem des Hahnes gleicht. Mehr Glück mit seinen Versuchen hatte Pézard (1913—1918), er konnte durch Transplantation von Hoden die Kastrationsfolgen vollkommen aufhalten, die operierten Tiere zeigten zwar gleich nach dem Eingriff keine Entwicklung des Kammes, sie krähten auch nicht, zeigten überhaupt keine sexuellen Instinkte, sie erholten sich jedoch bald und unterschieden sich schon nach einem Monat in keiner Weise mehr von den Kontrolltieren. In den übertragenen Hoden nahm die Spermatogenese ihren regelrechten Verlauf, es kam zu keiner nennenswerten Rückbildung der Samenkanälchen, vor allem auch zu keiner Vermehrung des Zwischengewebes, und es ist deshalb sehr wahrscheinlich, daß nur kurze Zeit nach der Transplantation die Spermatogenese zum Stillstand kam, so lange, bis nach völliger Anheilung des Organes normale Zirkulationsverhältnisse hergestellt waren. Es ist klar, daß diese Befunde, die im Gegensatze zu den gleich zu besprechenden Mitteilungen Steinachs stehen, eine inkretorische Tätigkeit der Keimzellen selbst zeigen.

Andere Forscher geben an, daß in den transplantierten Hoden die Spermatogenese anfangs noch ihren gewöhnlichen Fortgang nimmt, jedoch bald zum Stillstand kommt, und daß schließlich das ganze Transplantat vollkommen degeneriert und damit auch seine Wirksamkeit einbüßt. Dies konnte Herlitzka (1900) bei Fröschen, Lode (1904) bei Hähnen ermitteln. Schon Ribbert (1898) hatte aber darauf aufmerksam gemacht, daß die Einheilungsbedingungen für die Hoden sehr ungünstige sind, und zwar vor allem deshalb, weil bei der Operation ja der Samengang durchschnitten werden muß und infolge davon oblitteriert. Es besteht also keine Möglichkeit für die reifen Spermatozoen aus dem Hoden ausgestoßen zu werden, infolgedessen muß es zu einer Sekretstauung kommen, die auf die Dauer die nämlichen Folgen zeitigt, die wir bei der einfachen Vasektomie sehen, nämlich Atrophie des Kanälchenepithels. Wie Ribbert ganz richtig folgert, muß der transplantierte Hoden seine Tätigkeit auch dann einstellen, wenn er am Orte der Implantation die besten Ernährungsbedingungen findet. Ribbert führte bei Kaninchen Autotransplantationen der ganzen Hoden aus. Bei ausgewachsenen Tieren kam es zu keiner Anheilung, die Transplantate verfielen sofort der Rückbildung und starben ab, nur die Nebenhoden blieben erhalten. Aber auch bei jungen, wenige Tage alten Tieren gingen die transplantierten Hoden rasch zugrunde, auch hier blieben nur die Nebenhoden erhalten, über den Einfluß des Transplantates auf die Gestaltung des Soma werden keine Angaben gemacht. Offenbar hat Ribbert seine Versuche nicht mit der nötigen Technik ausgeführt, denn andere Forscher waren entschieden glücklicher, obwohl auch ihnen wahrscheinlich aus den oben angegebenen Gründen niemals die restlose Anheilung des Transplantates glückte, beziehungsweise es ihnen nicht gelang, den transplantierten Hoden funktionstüchtig zu erhalten.

C. Foà (1901) versuchte bei Hunden die Transplantation von Hoden aber auch ohne jeden Erfolg, weder ganze Testikel noch auch einzelne Stücke konnten zur Einheilung gebracht werden, der Versuch gelang nicht einmal dann, wenn die Transplantation in Hodengewebe ausgeführt wurde. Ganz ähnliche Ergebnisse erzielte Ceroletto (1909), er fand, daß in den transplantierten Hodenstückchen das Epithel der Kanälchen vollkommen degeneriert, dagegen wachsen die Sertolischen Zellen ziemlich erheblich und nehmen teilweise sogar den Charakter von Riesenzellen an.

Poll (1909) transplantierte bei kastrierten Hähnen die Hoden unter die Haut des Halses, die Transplantate wurden in kurzer Zeit resorbiert, ohne irgend einen Einfluß auf die sekundären Geschlechtsmerkmale ausgeübt zu haben. Sellheim (1898) konnte dagegen zeigen, daß bei Hähnen die Hodentransplantate teilweise einheilen und auch eine Zeitlang die Folgen der Kastration aufhalten. Auch Guthrie (1909, 1910) teilt mit, daß bei Hähnen die Reimplantation des Hodens an seine natürliche Lagestelle, ebenso die Autotransplantation unter die Haut gut gelingt, das Transplantat entwickelt sich in gewöhnlicher Weise weiter und verhindert durch seine Anwesenheit die Ausbildung der Kapaunenform.

Castle und Philipps (1911) führten bei Ratten Übertragungen von Hoden aus, konnten die Transplantate jedoch niemals zur Anheilung bringen.

Sehr sorgfältig ging Pongány (nach Biedl 1916) bei seinen Versuchen vor. Er vereinigte zunächst je zwei junge Ratten durch Parabiose, gleichzeitig wurde je ein Hoden mit dem Samenstrang in das andere Tier übertragen, der zweite Hoden wurde bei beiden Tieren entfernt. Nach 10—14 Tagen wurden die parabiotisch vereinigten Tiere wieder getrennt, gleichzeitig die als Stiele dienenden Samenstränge durchschnitten, so daß sich in jedem Tier nunmehr der Hoden des anderen Männchens befand. Trotz dieser sorgfältigen Vorbereitungen gingen die Hoden nach der Stieldurchtrennung rasch zugrunde, die Tiere zeigten vollkommene Kastratenform. Ebensowenig gelang nach der gleichen Methode die Übertragung von Hoden auf weibliche Tiere.

Mehr Glück mit seinen Versuchen hatte dagegen Steinach (1910—1920), ihm gelang die vollkommene Einheilung des Hodentransplantates, bzw. er konnte erreichen, daß das übertragene Gewebsstück für längere Zeit am Leben blieb. Da Steinach an seine Versuche ausführliche Betrachtungen über die „Pubertätsdrüse" anknüpft, so will ich sie hier wieder eingehender besprechen. Nachdem Steinach ermittelt hatte, daß durch die Verfütterung von Hoden die Kastrationserscheinungen in keiner Weise gehemmt werden, ging er daran, bei Rattenmännchen im Alter von 3—6 Wochen beide Hoden aus der natürlichen Lage zu entfernen und sie in verschiedener Entfernung vom Becken an die Innenseite der seitlichen Bauchmuskulatur zu versetzen. Ob dabei die Samenstränge durchschnitten wurden, wird nicht angegeben. Die so behandelten Tiere verhielten sich wie normale Männchen, die sekundären Geschlechtsmerkmale kamen zur Ausbildung, der Geschlechtstrieb war voll entwickelt, ja in vielen Fällen, wo die Anheilung beider Hoden gelang, war er sogar gesteigert. Steinach hat mit diesen Operationen eigentlich nur beiderseitigen Kryptorchismus erzeugt.

Was die histologischen Befunde betrifft, so werden über sie nur ganz kurze Angaben gemacht, aus denen sich leider keine bindenden Schlüsse ziehen lassen. Zunächst wird festgestellt, daß die transplantierten Hoden durchweg kleiner waren als die normaler Tiere. Es werden jedoch nicht die geringsten Angaben darüber gemacht, wie lange das Transplantat erhalten blieb und nach welcher Zeit die histologische Untersuchung ausgeführt wurde. Bei neun Tieren waren die Hoden teils geschrumpft, teils nur „rudimentär erhalten", hier konnte die Ribbertsche Beobachtung bestätigt werden, daß die Nebenhoden sich widerstandsfähiger erweisen als die Testikel selbst. Merkwürdig ist allerdings, daß auch bei diesen Tieren die sekundären Geschlechtsmerkmale zur Ausbildung kamen, mangels entsprechender histologischer Untersuchungen lassen sich keine Rückschlüsse auf den Bau dieser „rudimentären" Hoden ziehen.

In gewisser Hinsicht lassen sich diese Ergebnisse aber in gleichem Sinne verwerten, wie die oben erwähnten Angaben von Rörig, daß nämlich die Anwesenheit des Nebenhodens im Körper genügt um die Kastrationsfolgen aufzuhalten. Wahrscheinlich erscheint mir eine solche Annahme allerdings nicht.

Die mikroskopische Untersuchung der Transplantate bei Tieren, welche die volle Männlichkeit entwickelten, ergab nun, daß die Samenkanälchen in ihnen nicht zur Ausbildung gekommen sind, sie sind „zum großen Teil leer, ihre Wandung wird von einem sukkulenten Epithel ausgekleidet, dessen Funktion noch unbekannt ist". Im Gegensatze dazu zeigt die Zwischensubstanz „normales Aussehen" und erscheint gegenüber den Hoden der Kontrolltiere vermehrt.

Aus diesen kurzen, durch keine Abbildungen belegten Beschreibungen läßt sich nicht viel erkennen, wir können nur so viel sagen, daß die angebliche Vermehrung der Zwischenzellen in den Transplantaten größtenteils eine vorgetäuschte ist, die übertragenen Hoden waren durchweg viel kleiner, genaue Zahlenangaben zu machen vermeidet Steinach, als normale, der Querschnitt der Samenkanälchen geringer, infolgedessen beruht die Verkleinerung ausschließlich auf der Unterentwicklung des Kanälchenepithels, während die Zwischenzellen ihre gewöhnliche Menge beibehalten. Wir haben also auch hier die nämlichen Verhältnisse wie im kryptorchen Hoden und es ist nicht berechtigt, aus den vorgefundenen histologischen Bildern den Schluß zu ziehen, daß die Inkretion von den Zwischenzellen ausgeht, da wir ja wieder nicht sagen können, ob nicht den Epithelien der Samenkanälchen „über deren Funktion wir nichts wissen", die fragliche Tätigkeit zukommt. Auf keinen Fall lassen sich also aus derartigen ganz oberflächlichen histologischen Untersuchungen irgendwelche Schlüsse auf die Bedeutung der Zwischenzellen ziehen, unter keiner Bedingung dürfen wir, so wie Steinach dies tut, angesichts solcher histologischer Bilder von einer „völligen Ausschaltung des generativen Keimdrüsenanteiles" reden. Denn, was sollte das die Kanälchen auskleidende Epithel anderes sein als Spermatogonien und Sertolische Zellen? Aus der Bemerkung Steinachs, daß die Samenkanälchen „zum größten Teil[1]) leer waren", geht außerdem doch hervor, daß der übrige Teil der Samenkanälchen gefüllt war, in ihm muß also doch eine Vermehrung der Samenzellen stattgefunden haben. Offenbar liegen im erfolgreich transplantierten Hoden die Verhältnisse ganz ähnlich wie im kryptorchen Hoden, zur Zeit der Geschlechtsreife kommt es nur in einem kleinen Teil der Samenkanälchen zum gewöhnlichen Ablauf der Spermatogenese und auch in ihnen sind die ganzen Verhältnisse durch den

[1]) Von mir gesperrt gesetzt.

Druck der umgebenden Gewebspartien, zum Teil sicherlich auch infolge der Sekretsstauung mehr oder weniger stark beeinflußt.

Erst in einer späteren Arbeit (1917) macht Steinach genauere Angaben über die Art und Weise, in der die Hodenübertragung ausgeführt wurden. Der Testikel wurde anfangs in Verbindung mit dem Samenstrang belassen und erst nach mehreren Tagen, wenn die völlige Einheilung des zunächst noch in der gewöhnlichen Art und Weise ernährten Organs erfolgt war, wurde der Samenstrang durchtrennt. Das Transplantat blieb während des ganzen individuellen Lebens erhalten und führte zu voller Ausbildung der sekundären Geschlechtsmerkmale, die manchmal, das heißt nur dann, wenn beide Hodentransplantate sehr gut entwickelt waren, zu beobachtende Steigerung des Geschlechtstriebes mag von der großen Menge des Sekretes herrühren, das in solchen Fällen in den Kanälchen gestaut und wieder resorbiert wird. Sehen wir doch sonst auch bei vielen Tieren eine starke Steigerung des Geschlechtstriebes, wenn der normale Abfluß der Spermatozoen aus den Hoden verhindert wird, besonders in der Brunst, wenn die Tiere aus irgendeinem Grunde nicht zur Ausübung des Geschlechtsaktes kommen.

In der fraglichen Arbeit selbst (1917) teilt nun Steinach auch die Ergebnisse seiner Versuche über die Keimdrüsenübertragungen auf andersgeschlechtliche Tiere mit. Hier soll zunächst nur das Ergebnis der Hodenübertragungen besprochen werden. Anfangs wird, wie auch in der früheren Mitteilung (1913), festgestellt, daß die Übertragung der Hoden schwerer gelingt als die der Eierstöcke, und daß das Transplantat niemals lange erhalten bleibt. Es wurden jeweils auf junge, noch nicht geschlechtsreife Meerschweinchen gleichzeitig Hoden und Ovarien anderer Tiere übertragen, die Implantation erfolgte gewöhnlich unter die Bauchhaut.

Der Hoden verliert hier „nach der Abschwellung“ seine Form, er wird plattgedrückt und bildet sich zurück. Die Samenkanälchen erfahren dabei eine starke Beeinträchtigung, ihr Durchmesser verringert sich zusehends, ihr Epithel bildet sich zurück bis es schließlich nur noch aus einer einfachen Schicht großer Zellen besteht, die Steinach für Sertolische Zellen hält. In Wirklichkeit handelt es sich um große indifferente Gebilde, aus denen sich, wie die Befunde an röntgenisierten Hoden deutlich genug zeigen, einerseits Spermatozyten, andererseits Sertolische Zellen entwickeln können. Im Gegensatz dazu erfährt das Zwischengewebe eine stärkere Ausdehnung, insbesondere vermehrt sich die Menge der Leydigschen Zellen, offenbar durch Umwandlung der spindeligen Bindegewebselemente in typische Zwischenzellen. Steinach bezeichnet das Transplantat jetzt als „isolierte, gewucherte Pubertätsdrüse“.

Zur Beurteilung dieses Vorgehens ist es nötig die Abbildung des betreffenden Hodens zu besehen (1917, l. c. Tafel 19, Abb. 2) und mit der eines normalen Hodens zu vergleichen (Abb. 1, l. c. 1917). Von einer Isolierung der „Pubertätsdrüse" also der Zwischenzellen kann für den unbefangenen Beobachter überhaupt nicht die Rede sein, es ist richtig, die Menge der Zwischenzellen ist relativ größer als im normalen Hoden, sie tritt jedoch immer noch hinter der Gesamtmenge des Kanälchenepithels zurück. Und wer beweist, daß nicht gerade von diesen Epithelien die Inkretion ausgeht? Die Veränderungen in der Menge der Zwischensubstanz sind offenbar in erster Linie durch die erhebliche Verringerung des Querschnittes der Samenkanälchen bedingt, berücksichtigt man dabei noch, daß die Gesamtgröße des transplantierten Hodens wesentlich zurückgegangen ist, so kann man ohne weiteres berechnen, daß wie im Falle des Saisondimorphismus auch hier keine bedeutende tatsächliche Vermehrung der Zwischenzellen stattgehabt haben kann.

Der transplantierte Hoden erfährt durch die schlechte Ernährung, gleichzeitig durch den Druck der umgebenden Organe eine Schädigung, und wie stets in solchen Fällen wirkt diese in erster Linie auf die Kanälchenepithelien ein. Diese bilden sich zurück, die Kanälchen schrumpfen und das widerstandsfähige Zwischengewebe füllt die größeren Lücken zwischen den Tubulis aus. Vielleicht mag es dabei auch hier und da zu einer leichten Vergrößerung der Zwischenzellen kommen, wie wir sie ja nach Kyrle gewöhnlich sehen, wenn eine Schädigung der Keimzellen eintritt, auf keinen Fall sind wir berechtigt, so wie Steinach dies tut, hier von einer isolierten „Pubertätsdrüse" zu reden.

Auf dem eben besprochenen Zustand erhält sich das Transplantat längere Zeit, höchstens einige Monate lang, während dessen macht sich sein inkretorischer Einfluß auf die Gestaltung der Geschlechtsmerkmale geltend. Schließlich verfallen aber die Epithelien der Kanälchen vollkommen, sie erliegen offenbar der dauernden Schädigung. Sobald dies geschehen ist, gehen auch die Leydigschen Zellen restlos zugrunde und bekunden damit deutlich genug ihre Abhängigkeit von den Samenzellen, sie können eben allein nicht bestehen. Mit dem völligen Zerfall der Samenkanälchen erlischt auch der Einfluß der Drüse auf den Körper, auch hier läßt sich also nicht mit Sicherheit entscheiden, von welcher der beiden Gewebsarten die Inkretion ausgeht. Angesichts der Tatsache aber, daß ein Einfluß des übertragenen Hodens auf den Körper nur so lange nachweisbar ist, als sich noch ungeschädigte Epithelzellen im Innern der Samenkanälchen finden und in Berücksichtigung der hohen Abhängigkeit, die die Zwischenzellen vom Zustand des Kanälchenepithels zeigen, ist auch hier, wie immer für den vorsichtigen Beobachter, die Wahrscheinlichkeit viel größer, daß den Samenzellen selbst auch die Hormonbildung obliegt.

Bevor ich die Ergebnisse weiterer Hodentransplantationen und die künstliche und natürliche Zwitterdrüsenbildung bespreche, will ich kurz auf die Ergebnisse eingehen, welche die Ovarienübertragungen zeitigten, jedoch auch wieder nur insoweit sie Klärung in der Frage der Zwischenzellen bringen können.

II. Die Übertragung der Eierstöcke.

Die Vorbedingungen für die Transplantation der Ovarien sind von vornherein viel günstiger, und zwar deshalb, weil der übertragene Eierstock an jeder beliebigen Stelle der Bauchhöhle unter fast ganz natürlichen Bedingungen einheilen kann, es kommt bei ihm niemals zu der Stauung des Sekretes, die ja besonders schädlich auf die Epithelien der Samenkanälchen wirkt und mit ein Hauptgrund für die rasche Rückbildung des übertragenen Hodens ist.

Der Gedanke, die Kastrationserscheinungen beim Menschen durch Implantation von Ovarialgewebe zu heilen, geht von Chrobak (1896) aus, sein Schüler Knauer war auch (1896, 1900) der erste, dem die Übertragung der Eierstöcke geglückt ist. Er exstirpierte bei Kaninchen beide Eierstöcke und pflanzte sie im ganzen beim gleichen Tier entweder zwischen die zwei Blätter des Ligamentum latum oder aber zwischen Faszie und Muskeln der Bauchdecke ein. Der Erfolg war gut, die histologische Untersuchung ergab, daß die Ovarien an der Implantationsstelle gut von Blutgefäßen durchwachsen wurden. Bei einem der behandelten Tiere, natürlich einem solchen, bei dem die Implantation intraperitoneal erfolgt war, trat 16 Monate nach der Operation Trächtigkeit ein, die Tragzeit verlief normal und endete mit der Geburt zweier voll ausgetragener Jungen, der deutlichste Beweis dafür, daß die Eierstöcke auch nach der Übertragung ihre physiologische Tätigkeit voll erfüllen.

Auch Grigorieff (1897) konnte an seinen Versuchstieren beweisen, daß Trächtigkeit nach Übertragung der Eierstöcke möglich ist, daß also die weiblichen Keimdrüsen nach der Transplantation in gewöhnlicher Weise funktionieren. Die Einwände, die von verschiedenen Seiten gegen diese Befunde erhoben wurden, sind in der Folgezeit durch die Mitteilungen sehr zahlreicher Operateure widerlegt worden, denen allen die Übertragung funktionstüchtiger Ovarien gelungen war. Meist beschränkten sich die Forscher jedoch auf die Ermittlung der physiologischen Ergebnisse, sie konnten zeigen, daß Trächtigkeit auch nach Übertragung der Keimdrüsen erfolgt, daß die sekundären Geschlechtsmerkmale sich gut ausbilden, bzw. daß die Folgen der Kastration ausbleiben.

Von einzelnen Forschern wurden die übertragenen Eierstöcke histologisch untersucht, die Ergebnisse dieser Beobachtungen sind etwas verschieden, je nach der Tierart, an der sie ausgeführt wurden, offenbar auch verschieden je nach dem Alter des Tieres, von dem das Transplantat stammt und auf das es übertragen wurde. Besonders wichtig sind in dieser Hinsicht die Mitteilungen von W. Schultz (1900), der als erster die Übertragung von Eierstöcken auch auf männliche Tiere ausführte[1]). Er konnte dabei zeigen, daß 4 Monate nach der Operation im Transplantat noch reife Follikel vorhanden waren, daß das Ovar also vollkommen eingeheilt und auch funktionstüchtig war. In einer späteren Mitteilung berichtet W. Schultz (1910) dann über die Ergebnisse der Ovarialübertragungen auf fremde Arten. Diese Versuche wurden vor allem deshalb ausgeführt, um zu prüfen, ob die Eier als Träger der Vererbung ein widerstandsfähigeres Plasma besitzen als die Somazellen. Herlitzka (1900) war nämlich auf Grund seiner, innerhalb der gleichen Art ausgeführten Übertragungen zu dem Ergebnis gelangt, daß das Ei gerade wegen seiner höheren Spezifität schwerer übertragbar sei als die anderen Gewebselemente des Ovarium.

Schultz (1910) konnte zunächst ganz allgemein die Angaben Ribberts (1904) bestätigen, daß von den übertragenen Eierstöcken nur die Oberflächenschicht erhalten bleibt, also in erster Linie das Keimepithel selbst mit den Primordialfollikeln, während alle tiefer gelegenen Teile zugrunde gehen. Aus dieser Tatsache ist nun ohne weiteres zu entnehmen, daß ein Transplantat um so größere Aussicht hat, längere Zeit erhalten zu bleiben, je kleiner es ist. Dadurch erklärt sich auch der Umstand, auf den schon Foà (1900, 1901) hingewiesen hatte, daß die Ovarien junger, noch nicht geschlechtsreifer Tiere sich besser zur Übertragung eignen, als die älterer Weibchen, in denen zahlreiche große Follikel enthalten sind. Es gelang nun Schultz die Ovarien von Hunden auf Kaninchen, von Kaninchen auf Meerschweinchen und von Meerschweinchen auf Kaninchen zu übertragen, desgleichen innerhalb derselben Art von einer Varietät auf die andere. Auch die Übertragung auf männliche, nicht kastrierte Tiere glückte.

Bei der Übertragung auf fremde Arten fanden sich innerhalb der Ureier und des Epithels der Primärfollikel noch acht Tage nach der Operation Mitosen, am 11. Tage sind die Transplantate noch gut erhalten, vom 14. Tage an bilden sich die Primärfollikel zurück, nach dem 17. Tage geht das ganze Ovar zugrunde. Große Follikel gehen viel rascher zugrunde, offenbar weil ihre Ernährung schwieriger ist. Die Epithelien und das Zwischen-

[1]) Ich betone diese Tatsache hier ausdrücklich, da ja gewöhnlich, aber wie aus den Schultzschen Mitteilungen hervorgeht zu Unrecht, angegeben wird, daß Steinach als erster die Übertragung von Eierstöcken auf männliche Tiere ausgeführt habe.

gewebe des Eierstockes verhalten sich wie die Eier selbst, die Primordialfollikel in den Ovarien älterer Tiere sind ebenso widerstandsfähig wie in denen jüngerer Tiere. Schließlich konnte Schultz noch feststellen, daß sich die Transplantate ganz gleich verhalten, wenn sie auf weibliche oder männliche Tiere übertragen werden, eine schädigende Wirkung, ausgehend von der andersgeschlechtlichen Keimdrüse, konnte also nicht beobachtet werden.

Bei der Übertragung auf andere Varietäten der gleichen Art waren die Ergebnisse wesentlich besser, hier fand sich in den Ovarien noch 158 Tage nach der Operation gut erhaltenes Keimepithel und Follikelzellen, in einem Falle konnte sogar ein gelber Körper nachgewiesen werden, offenbar war hier ein Follikel ausgereift und geplatzt.

Das Wichtige an den sehr genauen Untersuchungen Schultzens ist die Feststellung, daß in dem Transplantat dauernd, d. h. solange es überhaupt am Leben bleibt, Ureier und Primärfollikel nachgewiesen werden können, und daß die übrigen Gewebselemente des Ovar sich nicht länger erhalten, also keine höhere Widerstandsfähigkeit besitzen als die Follikel selbst.

Foà (1900, 1901) selbst war zu ähnlichen Ergebnissen gelangt, obwohl ihm nur die Übertragung der Ovarien ganz junger Kaninchen gelang. Daß der Erfolg aber ein vollkommener war, beweist der Umstand, daß eines der operierten Tiere trächtig wurde. Im Gegensatz zu Schultz betont aber Foà, daß Ovarien sich bei der Transplantation auf Weibchen länger erhalten lassen, als bei der Übertragung auf Männchen.

Auch Basso (1906), Higuchi (1910), Carmicheal und Marshall (1907, 1908) führten die Übertragung von Ovarien mit bestem Erfolg aus, die histologische Untersuchung ergab, daß anfangs, besonders in den zentralen Teilen des Organes, eine fettige Degeneration statt hat, m. E. handelt es sich um die Ausbildung von atretischen Follikeln, die ja reich an fetthaltigen Zellen sind. Wenn das Organ angeheilt ist und sich die Blutgefäßversorgung gebessert hat, so erfolgt eine Regeneration des Ovarialstroma, es stellen sich mehr oder weniger normale Verhältnisse her. Marshall und Jolly (1905—1908) machten dann darauf aufmerksam, daß die Ovarien der Ratte sich durch sehr große Widerstandsfähigkeit auszeichnen, es gelingt bei ihnen häufig die ganzen Organe zu übertragen, ohne daß sich in der Folgezeit schwerere Degenerationszeichen nachweisen lassen.

Mit die genauesten Untersuchungen über das histologische Verhalten der transplantierten Ovarien verdanken wir Ribbert (1898), er führte an Meerschweinchen die Autotransplantation aus. Am zweiten Tage nach der Operation finden sich noch keine wesentlichen Veränderungen am Keimepithel und den Primärfollikeln, während die größeren und größten Follikel schon deutlich Anzeichen des beginnenden Zerfalles aufweisen. Am dritten Tage ist das Keimepithel größer, protoplasmareicher als früher, teils ein-, teils mehrschichtig, die kleinen Follikel sind unverändert.

Am fünften Tage hat sich das Ovar auf das Zwei- bis Dreifache seines früheren Volumens vergrößert, das Keimepithel, die Tunica albuginea und die kleineren Follikel bleiben im grossen und ganzen unverändert, die großen zentralen Follikel dagegen gehen zugrunde, ihre Eier zerfallen, sie werden aufgelöst, ebenso die Follikelepithelzellen, offenbar findet dabei aber doch eine Vergrößerung der einzelnen Zellelemente statt, auf der die Volumsvermehrung des ganzen Organes beruht. Das bindegewebige Stroma nimmt am Untergang der Follikel gleichfalls teil, seine Spalten erweitern sich, es wird zellärmer, bis schließlich jugendliches Bindegewebe hineinwuchert. Etwa am 30. Tage zeigt es das nämliche Aussehen wie in einem normalen Ovar. Auch die gelben Körper gehen zugrunde, ihre Zellen werden aufgelöst, die Kerne zerfallen und der ganze Plasmaleib wird schließlich resorbiert.

Ribbert betont ausdrücklich, daß mit Ausnahme der Albuginea, des Keimepithels und der kleinen Follikel, die stets erhalten bleiben, das ganze Ovarialgewebe zugrunde geht, und zwar sind die Rückbildungsvorgänge mit dem 30. Tage gewöhnlich beendet. Von da ab beginnen wieder progressive Veränderungen, die kleinen Follikel wachsen, verdrängen das Stroma und bilden sich zu typischen Bläschenfollikeln um. Dieser Vorgang vollzieht sich im transplantierten Ovar viel rascher als normalerweise in der Zeit der Entwicklung. Es kommt zur normalen Follikelbildung, zum Follikelsprung und zur Ausbildung gelber Körper, kurz die übertragenen Eierstöcke verhalten sich, wenigstens bis zum 135. Tage nach der Operation, wie nicht transplantierte, abgesehen von den Rückbildungsvorgängen in den ersten Tagen und dem erwähnten überstürzten Follikelwachstum.

Waren die zuletzt besprochenen Arbeiten hauptsächlich zur Untersuchung des histologischen Baues der übertragenen Ovarien ausgeführt, so prüfte Halban (1899—1906) den Einfluß der transplantierten Ovarien auf die Ausbildung der sekundären Geschlechtsmerkmale. Er konnte zeigen, daß die Ovarien, die er neugeborenen Meerschweinchen unter die Haut übertrug, einheilten, es kam zur Ausbildung gelber Körper, die sekundären Geschlechtsmerkmale kamen voll zur Entwicklung, während sie bei Kastraten auf infantiler Stufe stehen blieben. Dadurch war die inkretorische Wirkung der Ovarien unter Ausschaltung des Nervensystems bewiesen. Des weiteren übertrug Halban bei Pavianen, die bekanntlich ähnlich wie der Mensch in bestimmten Zeitabständen regelmäßig menstruieren, die Ovarien unter die Haut und konnte zeigen, daß nach geglückter Operation der oestrische Zyklus nicht unterbrochen wird.

Hauptsächlich die günstigen Erfolge, die Halban bei seinen Eierstocksübertragungen erzielte, waren es auch, welche die Gynäkologen anregten, beim Menschen durch Auto- und Homoiotransplantationen die Ausfallserscheinungen nach Kastrationen zu bekämpfen. Die erste diesbezügliche Operation führte Morris (1895) aus, er nähte bei einer Frau, die er wegen Pelveoperitonitis chronica operierte, nach Entfernung beider Adnexe ein Stück Ovarium in den Stumpf der rechten Tube ein. Einen Monat nach der Operation trat Schwangerschaft ein, doch ging die Frucht im dritten Monat ab, erst vier Jahre nach diesem Eingriff hörte die Menstruation auf. Nach Unterberger (1918/19) ist der Fall jedoch nicht ganz einwandfrei, da es nicht sicher ist, daß nicht Reste eines Ovar an der natürlichen Stelle zurückgeblieben waren.

Auf die weiteren Mitteilungen über Ovarialtransplantationen beim Menschen will ich hier auch wieder nur insofern eingehen, als sie durch histologische Untersuchungen bestätigt sind. Pankow (1908) entfernte bei sieben Frauen aus verschiedenen Gründen die Ovarien und implantierte sie autoplastisch in die Plica vesico-uterina. Bei sechs der so behandelten Personen trat 3—6 Monate nach der Operation die Regel wieder ein. In einem Fall, der besonders genau beschrieben wird, bei dem die Operation wegen Osteomalazie ausgeführt wurde, traten in den ersten Wochen nach dem Eingriff besonders vor den Menstruationsterminen leichte Blutwallungen, verbunden mit Hitzegefühl im Kopfe ein, die Erscheinungen der Osteomalazie gingen zurück. 3 Monate nach der Operation trat die erste Menstruation ein, von da ab erfolgte sie regelmäßig alle 4 Wochen, gleichzeitig begannen aber auch die Zeichen der Osteomalazie wieder zuzunehmen. Nach 3½ Jahren wurden die transplantierten Ovarien wieder entfernt, sie unterschieden sich hinsichtlich des mikroskopischen Baues so gut wie gar nicht von normalen Eierstöcken. In der Hauptsache bestanden sie aus Rindensubstanz, doch war auch Marksubstanz und wohlerhaltene Markschläuche nachzuweisen. Daneben fanden sich zahlreiche Corpora candicantia, sowie gelbe Körper in allen Stadien der Entwicklung. Durch diese Feststellung wurde wieder der histologische Nachweis erbracht, daß das übertragene Ovar sich nach völliger Einheilung hinsichtlich seines Baues nicht von einem normalen Eierstock unterscheidet.

Im Gegensatz zu den eben referierten Tatsachen stehen nun die Beobachtungen von Tuffier, Gery und Vignes (1913). Bei einer 41 jährigen Frau wurde anläßlich einer Hysteroektomie die autoplastische Transplantation der Ovarien ausgeführt, 3 Jahre nach der Operation fand sich bei der Sektion nur ein kleiner, hufeisenförmiger Ovarialrest, der hauptsächlich aus Bindegewebe bestand. Das Keimepithel ist nur noch an wenigen Stellen lebensfähig erhalten geblieben, in seiner Umgebung finden sich vereinzelte Zysten und Narben von alten gelben Körpern. Es fragt sich nun, ob die hier festgestellten Rückbildungserscheinungen am Ovar die Folge der gleichzeitigen Entfernung des Uterus waren, oder aber durch andere Verhältnisse veranlaßt wurden, sie können wohl auch nur das physiologische Fortschreiten der Altersveränderungen darstellen, schließlich auch noch durch die Krankheit verursacht sein, die den Tod der Frau bedingte. Im allgemeinen hatte Tuffier (1914) bei seinen Eierstocksübertragungen sehr gute Erfolge, innerhalb von 5 Jahren führte er 119 Ovarialtransplantationen, darunter 109 autoplastische aus, nur 3 mal erfolgte keine Einheilung. Nach der Operation wurden gewisse Ausfallerscheinungen beobachtet, die jedoch stets mit dem Wiederbeginn der Menstruation verschwanden. Die erste Regel trat zwischen dem 2. und 7. Monat nach der Operation auf. Tuffier selbst bezeichnet die transplantierten Ovarien als „physiologisch vollwertig". Allem Anscheine nach bleiben die Ovarien, wie auch Unterberger (1918) annimmt, auch nach der Entfernung des Uterus noch eine Zeitlang funktionstüchtig, sie bilden sich aber, wie ja im Alter überhaupt, langsam zurück und verhindern durch ihre Anwesenheit im Körper das plötzliche Auftreten von Ausfallerscheinungen.

Auch die subkutane Übertragung der Eierstöcke wurde beim Menschen schon mit Erfolg ausgeführt, Kayser (1910) entfernte bei einer 37jährigen Frau, bei der schon 5 Jahre früher das rechte Ovar exstirpiert worden war, wegen einer Tuboovarialzyste die linken Adnexe und implantierte zwei keilförmige Stücke des Eierstockes, der allem Anscheine nach gesund war, in den Oberschenkel. Schon 44 Tage nach der Operation trat die erste Menstruation auf, die weiteren Blutungen waren unregelmäßig, stärker als früher. Die Frau fühlte sich vollkommen wohl, der Geschlechtstrieb war gegen früher gesteigert, der Uterus bildete sich nicht zurück.

In diesem Falle hatte also die Implantation kleiner Stücke des Ovar genügt, um die Ausfallerscheinungen hintanzuhalten. Auch Whitehouse (1914) stellte fest, daß die Übertragung kleiner Ovarialteile an und für sich ausreicht um die Kastrationsfolgen zu verhindern. Unterberger (1918) führte gleichfalls die Autotransplantation der Ovarien beim Menschen mehrfach mit gutem Erfolg aus und zeigte dabei, daß schon die Implantation kleinerer Ovarialpartien genügt, um die Folgen der Kastration zu verhindern.

Weit schlechter sind die Erfahrungen, die man beim Menschen mit der Homoiotransplantation der Eierstöcke gemacht hat, sie konnten jedoch ebensowenig wie die entsprechenden Versuche an Tieren zur Klärung der Frage nach der inkretorischen Tätigkeit der Zwischenzellen beitragen, so daß ich hier nicht auf sie einzugehen brauche. Ich will nur noch kurz Stellung nehmen zu einer Anschauung, die Unterberger (1918) anläßlich der Besprechung der Ovarientransplantation äußert. Er weist auf die Tatsache hin, daß durch die Versuche von Meisenheimer und Kopéc die völlige Unabhängigkeit der sekundären Geschlechtsmerkmale von den Keimdrüsen bei Schmetterlingen bewiesen ist. Diese Tatsache steht ja bekanntlich im Gegensatz zu den bei höheren Tieren ermittelten Verhältnissen und erschwert die einheitliche Deutung der Befunde recht beträchtlich, bzw. sie zeigt, daß Erscheinungen im Tierreich, die uns zunächst ganz gleich zu sein scheinen, doch durch verschiedene Verhältnisse bedingt sein können. Tandler und Groß (1913) sehen die Schwierigkeit der Erklärung dieser Befunde zwar ein, da sie aber recht wohl bemerken, daß die bei niederen Tieren ermittelten Tatsachen einer Verallgemeinerung ihrer Theorien im Wege stehen, so ziehen sie die Befunde Meisenheimers überhaupt nicht in den Bereich ihrer Besprechungen, da sie „in dieses, ihnen ferner liegende Wissensgebiet, nicht genügend Einblick haben“.

Ein solches Verfahren ist einfach, nützlicher für die Erkenntnis wäre es allerdings auch in solche „ferner liegende Wissensgebiete“ einzudringen, bevor man sich ein abschließendes Urteil über eine im Tierreich allgemein verbreitete Erscheinung gestattet. Unterberger (1918) dagegen folgert, daß die Keimdrüsen der Schmetterlinge noch keine inkretorische Tätigkeit ausüben, sie können nur eine exkretorische Tätigkeit verrichten, nämlich die Hervorbringung von Keimzellen. Bei den höheren Tieren sei die inkretorische Tätigkeit der Ovarien an die interstitiellen Zellen und die Luteinzellen der gelben Körper gebunden. Daß diese Schlußfolgerung auf Grund des bisher vorliegenden Tatsachenmaterials nicht berechtigt ist, brauche ich nicht nochmals zu betonen. Unterberger, der sich sehr viel mit Schmetterlingen beschäftigt hat, glaubt nun, daß im Eierstock des Schmetterlings das Corpus luteum fehle und daß deshalb keine inkretorische Funktion ausgeübt werden könne. Hätte er jemals ein Schmetterlingsovar histologisch untersucht, dann hätte er erkannt, daß nicht nur die gelben Körper, sondern überhaupt alle Zwischenzellen fehlen. Es ist aber falsch aus dieser Tatsache Rückschlüsse auf die fehlende Inkretion zu ziehen, denn bekanntlich finden sich auch in den Ovarien höherer Tiere, besonders in denen der Urodelen, deren inkretorische Tätigkeit über jedem Zweifel steht, da die Abhängigkeit der sekundären Geschlechtsmerkmale von ihrer Anwesenheit im Körper bewiesen ist, keine Zwischenzellen und keine Corpora lutea. Dies zeigt also nur wieder deutlich die eben schon festgestellte Tatsache, daß gleiche oder ähnliche Erscheinungen nicht immer bei allen Arten durch die nämlichen Vorkommnisse bedingt sind, ich erinnere an ähnliche Verhältnisse bei der Geschlechtsbestimmung, auch sie ist bei den einzelnen

Arten offenbar verschieden. Haben doch zahlreiche Versuche, an deren Zuverlässigkeit kein Zweifel möglich ist, gezeigt, daß sie bei vielen Tieren syngam, bei anderen progam, bei wieder anderen aber metagam stattfindet, hier wird also auf drei grundsätzlich verschiedenen Wegen doch immer die gleiche Erscheinung hervorgerufen.

In gleicher Weise ist es auch nicht notwendig, daß bei allen Tieren die Ausbildung der sekundären Geschlechtsmerkmale von der Inkretion der Keimdrüsen abhängt, bei vielen Arten besteht zweifellos eine ganz bestimmte, nicht mehr zu beeinflussende geschlechtliche Determinierung jeder Körperzelle von allem Anfang an, ja manche Bildungen, so besonders die später noch zu besprechenden Halbseitenzwitter, lassen es wahrscheinlich erscheinen, daß auch bei höheren Tieren die Körperzellen in gewisser Hinsicht geschlechtlich determiniert sind.

Es ist ja überhaupt unrichtig, den jungen Körper der höheren Tiere, so wie besonders Lipschütz dies tut, als asexuell zu bezeichen, denn bei allen Arten machen sich phychsiologischerweise recht erhebliche geschlechtliche Unterschiede schon in sehr frühem Alter geltend, die nicht nur die primären und sekundären Geschlechtsmerkmale betreffen. Ich erinnere nur an die erheblichen Unterschiede im Körperbau und der Gesamtgröße, die wir bei Neugeborenen, angeblich noch im „asexuellen Frühstadium" befindlichen Menschen erkennen, ich erinnere an die Unterschiede im Bau der Rinderembryonen, auf die besonders Keller (1920) hingewiesen hat. Ich erinnere schließlich auch an die Unterschiede, die zwischen männlichen und weiblichen Kastraten bestehen, die trotz der gewissen Ähnlichkeit beider Formen doch die Erkennung des ursprünglichen Geschlechts noch möglich machen.

Alle diese Tatsachen lassen es wahrscheinlich erscheinen, daß bei den höheren Arten der Körper, ebenso wie die Keimzellen geschlechtlich festgelegt ist, daß aber der inkretorische Einfluß der Keimdrüsen hier so groß ist, daß er die dem Soma innewohnende Tendenz vollkommen beeinflußt, durch die Wirkung der entgegengesetzt geschlechtlichen Drüse sogar ins Gegenteil verwandeln kann. Der Körper der höheren Tiere ist also ursprünglich weder asexuell, noch potentiell zwittrig, sondern geschlechtlich mehr oder weniger vollkommen determiniert. Er verhält sich in dieser Hinsicht gerade so wie der Körper der niederen Tiere. Verschieden ist nur seine Reaktionsfähigkeit auf den von den Keimdrüsen ausgeübten inkretorischen Einfluß. Sie fehlt bei niederen Tieren vollkommen und wird um so größer, je höher ein Lebewesen in der Tierreihe steht, bei Säugetieren ist sie so groß, daß durch außergewöhnliche Einflüsse, wie sie ja die Implantation der entgegengesetzt geschlechtlichen Keimdrüsen darstellt, die ursprünglich vorhandene Anlage in das Gegenteil gekehrt werden kann.

Ich komme nunmehr noch zur Besprechung der Eierstocksübertragungen, die Steinach (1911, 1912) ausführte. Er operierte an Meerschweinchen und Ratten, und zwar übertrug er die Ovarien auf vorher kastrierte Männchen, die Ergebnisse seiner Untersuchung decken sich im großen und ganzen mit denen seiner Vorgänger (Schultz, 1910). Die männlichen Tiere wurden im jugendlichen Zustand verschnitten, und zwar in einem Alter, in dem noch keine deutliche Ausbildung aller sekundären Geschlechtsmerkmale stattgefunden hatte. Die übertragenen Ovarien stammten von Tieren, die höchstens 2 bis 4 Wochen älter waren als die Versuchstiere selbst, die Implantation erfolgte teils intraperitoneal, teils subkutan. Die implantierten Ovarien heilen an, sie wachsen und reifen auch im Körper des männlichen Kastraten. Die Primärfollikel entwickeln sich zu Graafschen Follikeln, zum Teil kommen sie zu völliger Reife, zum Teil bilden sie sich zurück. Es finden sich auch echte gelbe Körper mit typischen Luteinzellen. Innerhalb von welcher Zeit sich diese Veränderungen abspielen wird nicht angegeben, wie ja überhaupt Steinach auch hier leider den histologischen Befunden nur sehr geringe Aufmerksamkeit zuwendet, seine Angaben auch nicht durch Abbildungen belegt. Er stellt allerdings in Aussicht, daß später einmal eine genaue Durcharbeitung der histologischen Bilder erfolgen werde. Ich sehe der Veröffentlichung dieser Arbeit, die bisher noch nicht erfolgt ist, — denn alle histologischen Angaben, die Steinach bisher gemacht hat, sind denkbarst oberflächlich — mit großer Spannung entgegen[1]).

Steinach betont nun auch den grundsätzlichen Unterschied im Verhalten der männlichen und weiblichen Keimdrüse bei der Übertragung. In jugendlichen Hoden werden die Keimzellen schwer geschädigt, hier kommt es angeblich nur zu einer Weiterentwickelung der Zwischenzellen, das ganze Transplantat geht rasch zugrunde. Der Untergang erfolgt zweifellos dann, wenn alle Samenzellen abgestorben sind, von diesem Augenblick an ist auch kein Einfluß auf die Ausbildung der sekundären Geschlechtsmerkmale mehr zu erkennen.

Anders die Ovarien. Hier bleiben auch die Keimzellen funktionstüchtig erhalten, wie Steinach selbst zugibt findet hier keine „Isolierung der Pubertätsdrüse" statt. Eine Isolierung tritt nur in den Fällen ein, wo

[1]) Mein hier und im folgenden abgegebenes Urteil bezieht sich dabei nur auf den histologischen Teil der Steinachschen Mitteilungen, die Hauptergebnisse seiner Versuche, durch die ja der Einfluß der Keimdrüsen im ganzen, also nicht der der Zwischenzellen in klarer Weise dargetan wird, will ich in keiner Weise angreifen. Sie stellen ja in der Hauptsache eine Bestätigung der früheren, von anderen Forschern gemachten Angaben dar.

durch Zufälle während des Heilungsprozesses die Keimzellen vernichtet werden und nur das Ovarialstroma erhalten bleibt. Allerdings gewähre die histologische Untersuchung doch einen wichtigen Anhaltspunkt dafür, „welche innersekretorischen Zellen auf die weibliche Pubertätsentwicklung einen maßgebenden Einfluß ausüben“. Die großen protoplasmareichen Zellen im Stroma erfahren nämlich eine Vermehrung, ihre Anhäufungen seien mehr oder weniger von Bindegewebe durchwachsen, ihre Wucherung im transplantierten Ovar sei auffallend. Diese protoplasmareichen Zellen bezeichnet Steinach als die „weiblichen Pubertätsdrüsenzellen“ und erblickt in ihnen das Gegenstück zu den Leydigschen Zwischenzellen des Hodens. Wichtig ist also, daß Steinach der Anschauung ist, es gäbe im Ovar verschiedene Arten von Zellen mit inkretorischer Tätigkeit, aber nur die eben geschilderten Elemente stellen die eigentliche „Pubertätsdrüse“ dar. Die Luteinzellen der gelben Körper werden also an dieser Stelle nicht zu der Pubertätsdrüse gerechnet.

Kammerer (1920) dagegen schreibt: „Pubertätsdrüse nennt Steinach die Zwischensubstanz (das Interstitium) des Testikels und des Ovariums: die obliterierten Follikel, Corpus luteum verum (bei Schwangerschaft), sowie die Auflösung dieser Gebilde im Stroma ovarii.“

Diese Erläuterung widerspricht nun zunächst den Angaben Steinachs, sie legt ein deutliches Zeugnis dafür ab, wie gering das Verständnis ist, das Kammerer den histologischen Verhältnissen entgegenbringt. Er verwirft ja auch grundsätzlich jede Art der histologischen Untersuchung und erläutert dies an mehreren Stellen seiner zahlreichen Veröffentlichungen, besonders in der „Haeckelfestschrift“ (1914), dort gibt er zur Erklärung seiner Stellung Gründe an, die ich nicht zu billigen vermag. Die Zwischenzellenfrage ist aber eine rein histologische Frage und kann nur durch sehr eingehende histologische Untersuchungen gelöst werden, durch die biologischen Versuche allein kann nur die Abhängigkeit der sekundären Geschlechtsmerkmale von den Keimdrüsen überhaupt dargetan werden. Niemals kann jedoch gezeigt werden, welcher Gewebsart die Erzeugung des spezifischen Inkretes obliegt, ohne daß im histologischen Bild genau das Verhalten der einzelnen Keimdrüsenanteile geprüft wird.

Da aber, wie selbst Steinach angibt, bei der Ovarienübertragung stets alle Gewebsteile des Eierstockes erhalten bleiben, so läßt sich auch nicht entscheiden, welche Gewebsart hier für die Ausbildung der sekundären Geschlechtsmerkmale verantwortlich zu machen ist. Erwähnt sei nur, daß bei den feminierten Männchen die Ausbildung der männlichen Merkmale gehemmt, die der weiblichen aber gefördert war. Die Tiere zeigten in bezug auf Größe, Haarkleid, Wachstum und Körperbau weibliches Verhalten, die Brustdrüsen vergrößerten sich, während Samenblasen, Prostata und Penis sich zurückbildeten. Wenn Tube und Uterus mit dem Ovar in das Männchen verpflanzt wurden, so wuchsen sie wie im weiblichen Körper zu geschlechtsreifen Organen heran.

Geht das Implantat zugrunde, so verhalten sich die behandelten Tiere wie echte Kastraten. Manchmal findet aber nur ein teilweises Zugrundegehen des Implantates statt. In diesem Falle zeigt die histologische Untersuchung, daß in dem Ovarialrest keine Follikel und auch keine gelben Körper vorhanden sind, hier läßt sich lediglich eine Wucherung der interstitiellen Zellen nachweisen. Die Wirkung dieses Implantates ist die nämliche wie die eines voll funktionierenden Ovar. Diese Angaben stehen offenbar im Gegensatz zu der oben erwähnten, von Steinach selbst gemachten Beobachtung.

Es ist natürlich schwer, aus solchen kurzen Mitteilungen, die durch keinerlei Abbildungen belegt sind, Rückschlüsse von weittragender Bedeutung zu ziehen. Vergleichen wir aber die Angaben histologisch gut geschulter Untersucher (bes. Ribberts) mit denen Steinachs, so erkennen wir, daß sich in den Transplantaten stets das Keimepithel und die Primärfollikel am widerstandsfähigsten erweisen. Über ihr Verhalten in den Transplantaten werden von Steinach überhaupt keine Angaben gemacht, es wird auch nicht erwähnt, in welcher Art und Weise der Untergang der einzelnen Ovarialbestandteile erfolgt. Demnach dürfen wir wohl annehmen, daß auch in diesen Ovarialresten noch Primäreier und Keimepithel erhalten waren, denn warum sollen sich gerade bei den Steinachschen Versuchen die Ovarien anders verhalten, als bei allen anderen Experimenten, wo die sich in ihnen abwickelnden Rückbildungsvorgänge gründlich untersucht wurden? Aus den Steinachschen Angaben läßt sich außerdem nicht erkennen, ob nicht die angeblich vermehrte „Pubertätsdrüse" in Wirklichkeit aus den fettig degenerierten Follikelepithelien und den Überresten der Corpora lutea besteht und inwieweit nicht noch kleine normale Follikel vorhanden sind, von denen die Inkretion ausgehen kann. Irgendwie als Gegenbeweis gegen die inkretorische Tätigkeit der Keimzellen selbst und der Follikelepithelien können jedenfalls die kurzen Angaben Steinachs nicht verwendet werden.

Im Jahre 1913 berichtet Steinach abermals über Feminierung von Männchen und auch über Maskulierung von Weibchen. Seine in der Einleitung des betreffenden Aufsatzes gemachte Erklärung, es sei ihm bei der Transplantation der Hoden gelungen die Zwischensubstanz „zu isolieren", entspricht nicht den Tatsachen. Denn in Wirklichkeit sind ja die Samenkanälchen in den Transplantaten, selbst wenn die Rückbildung in ihnen schon sehr weit fortgeschritten ist, stets noch von einer einfachen Epithelschicht großer, indifferenter Zellen ausgekleidet und es läßt sich deshalb nicht entscheiden, ob nicht gerade von diesen Elementen die Inkretion ausgeübt wird. Ein gestaltender Einfluß des Transplantates auf den Körper ist ja auch nur solange zu erkennen, als diese Zellelemente erhalten bleiben; gehen sie zugrunde, dann entarten auch die Zwischenzellen bindegewebig, das ganze Transplantat wird resorbiert und verliert jeden formgebenden Einfluß auf den Körper.

Steinach berichtet sodann über weitere erfolgreiche Übertragungen von Ovarien auf kastrierte Männchen, die Versuche wurden an Ratten ausgeführt, die behandelten Tiere zeigten sowohl äußerlich, als auch psychisch weibliches Verhalten, der Bau des Skeletts, das Haarkleid, die Entwickelung der Brustdrüsen, alles entsprach den gleichen Verhältnissen bei weiblichen Individuen.

Die Milchdrüsen zeigten bei den feminierten Männchen ganz besonderes Verhalten. Bei Tieren, bei denen die Anheilung der Ovarien von allem Anfang an eine vollständige war, entwickeln sich die Milchdrüsen nicht nur bis zu dem Grade der Ausbildung, wie wir ihn bei normalen Weibchen nach der Pubertät finden, sondern noch weiter, sie hyperplasieren und sondern reichlich Milch ab, ja es gelingt sogar junge Tiere anzulegen und zu ernähren. Der nämliche Erfolg läßt sich übrigens auch bei jugendlichen Weibchen durch Röntgenisation der Ovarien erzielen. Genauer eingehen werde ich auf diese Befunde erst bei der Besprechung der nächsten Arbeit Steinachs. Hier nur noch soviel, daß Steinach auch die Übertragung von Hoden in den Körper kastrierter weiblicher Tiere gelang, die betreffenden Individuen zeigten sowohl hinsichtlich des Körperbaues als auch ihrer psychischen Eigenschaften vollkommen männliches Verhalten. Selbstverständlich werden alle diese Erscheinungen nach der Anschauung Steinachs durch eine Hypertrophie der „Pubertätsdrüse“ bedingt.

Ausführlichere Mitteilungen über diese erhöhte Wirkung der inneren Sekretion der Keimdrüsen macht Steinach erst 1917 in seiner zusammen mit Holzknecht veröffentlichten Arbeit. Er teilt dort zunächst mit, daß maskulierte Weibchen vielfach normale Männchen des gleichen Wurfes an Körpergröße, Gewicht und Plumpheit der Formen übertreffen und führt diese Tatsache auf die Wirkung der „stark gewucherten Pubertätsdrüse“ zurück, deren mikroskopisches Verhalten in einer, kurze Zeit vorher, (Steinach, 1917) veröffentlichten Arbeit etwas eingehender als früher, aber immer noch reichlich oberflächlich geschildert wird. Der subkutan übertragene Hoden verliert seine Form, er wird platt gedrückt, das System der Samenkanälchen bildet sich zurück, ihr Inhalt verfällt der Degeneration, schließlich bleibt nur noch „die dauerhafte epitheliale Auskleidung in

Form der Sertolischen Zellen". Aus den beigegebenen Abbildungen ist recht deutlich zu erkennen, daß es sich bei den fraglichen Gebilden wieder um die bekannten großen, indifferenten Zellen handelt, die sich, falls eine Regeneration des Epithels, ein Wiederbeginn der Spermatogenese eintritt, in der Hauptsache in Spermatogonien und nur zum kleinsten Teil in Sertolische Zellen umwandeln. Sehr klar ist gleichzeitig aus den Abbildungen zu ersehen, daß zwar die Spermatogenese zum Stillstand gekommen ist, daß jedoch auch hier von einer völligen Ausschaltung des generativen Hodenanteiles nicht die Rede sein kann. Das Zwischengewebe erscheint im Vergleich zum normalen, nicht transplantierten Hoden allerdings vermehrt, doch kann diese Vermehrung auch hier wieder in der Hauptsache eine relative sein, die nur durch die unterbliebene Vergrößerung der Samenkanälchen vorgetäuscht wird. Denkbar wäre es auch, daß als Folge der durch die Transplantation bedingten Schädigung des Hodenparenchyms eine gewisse Wucherung der Zwischenzellen einsetzt, als Einleitung von regenerativen Vorgängen, wie dies ja Kyrle bei allen Hodenschädigungen beobachten konnte. Auf keinen Fall beweisen die Abbildungen die Anwesenheit einer isolierten „Pubertätsdrüse".

Was nun die von einem solchen Hoden ausgehende gesteigerte inkretorische Wirkung betrifft, so beruht sie aller Wahrscheinlichkeit nach gerade so wie nach der Ausführung der Vasektomie auf der Tatsache, daß die Produkte des Hodens, die normalerweise durch die Vasa deferentia abfließen, in der Drüse zurückgehalten und deshalb resorbiert werden müssen, also in einer Masse in den Körper kommen, wie es unter gewöhnlichen Umständen niemals stattfindet. Mit dieser Tatsache läßt sich die außergewöhnlich starke Wirkung des Transplantates ohne weiteres erklären, sie spricht wieder für eine von den Keimzellen selbst ausgehende Inkretion, denn Keimzellen sind es, die in den Samenkanälchen erzeugt und nach der Vasektomie, bei Übertragung des Hodens, in großer Menge zurückgehalten werden.

Entsprechende Erscheinungen wie bei maskulierten Weibchen konnten Steinach und Holzknecht (1917) auch nach Übertragung der Ovarien auf jugendliche Kastraten feststellen, das feminierte Männchen ist kleiner und viel graziler als seine normale, jungfräulich gehaltene Schwester. Das histologische Verhalten des Transplantates schildert Steinach (1917) wie folgt: im Gegensatze zum Hoden erweist sich das Ovar als sehr widerstandsfähig, selbst $3^1/_2$ Jahre nach der Übertragung treten bei den kastrierten Weibchen noch regelmäßig die Erscheinungen der Brunst auf, desgleichen findet periodische Milchsekretion statt. Dieses allein dürfte schon als Beweis dafür dienen, daß die Keimzellen im Transplantat nicht zerstört sein können, da ja ihr Wachstum, besonders die Ausbildung großer Follikel bei allen Tieren Vorbedingung für das Zustandekommen der Brunst ist.

Nach der Übertragung in ein verschnittenes Männchen bewirkt die weibliche Keimdrüse eine „Hyperfeminierung“ des betreffenden Wesens. Der Einfluß macht sich erstens darin geltend, daß die behandelten Männchen im Wachstum stark zurückbleiben und hinsichtlich der Feinheit des Knochenbaues normale Weibchen noch übertreffen. Außerdem kommt es bei ihnen zu einer überstürzten Entfaltung der weiblichen Geschlechtsmerkmale. Die Milchdrüsen vergrößern sich rasch erheblich, es kommt zur periodischen Milchabsonderung, eine Erscheinung die jahrelang, bis zum Tode des Tieres wiederkehrt und das feminierte Männchen befähigt, Junge zu säugen.

Die histologische Untersuchung ergibt nun auch, daß die Zahl der Bläschenfollikel um so mehr abnimmt, je mehr Zeit seit der Transplantation vergangen ist, die hervorstechendste Eigenschaft des übertragenen Ovar ist die nahezu allgemeine Obliteration der Follikel. Dies ist auch aus den Abbildungen zu erkennen, in den Transplantaten finden sich sehr zahlreiche atretische Follikel und zahlreiche gelbe Körper. Auch hier ist aber der von Steinach gezogene Schluß, daß das generative Gewebe früher oder später ganz zugrunde gehe und daß nur die „Pubertätsdrüse“ erhalten bleibe, unberechtigt. Er bedenkt nicht, daß die Ausbildung der gelben Körper sowohl als auch der atretischen Follikel stets an das Vorhandensein von Primordialeiern gebunden ist. Findet keine Reifung kleiner Follikel mehr statt, so kann es auch nicht mehr zur Ausbildung von Luteinzellen kommen, das ganze Ovar entartet dann narbig, bindegewebig, wie wir dies ja bei alternden Individuen deutlich beobachten können.

In diesem Falle bezeichnet nun Steinach „das System der obliterierenden Follikel und deren Auflösung im ovariellen Stroma als weibliche Pubertätsdrüse“ und gibt seiner Freude darüber Ausdruck, daß in der letzten Zeit angeblich in der gynäkologischen Literatur die starre Auffassung von der rein epithelialen Natur des Corpus luteum aufgegeben werde. Steinach unterscheidet nicht scharf zwischen Corpus luteum und atretrischem Follikel, er nimmt nur an, daß beides verwandte Bildungen sind und daß die von beiden Gewebsarten ausgehende Inkretion die nämlichen Wirkungen im Gefolge haben. Ich will hier nicht nochmals auf die schwierige Frage der Enstehung des atretischen Follikels eingehen, sondern nur betonen, daß gerade in der letzten Zeit die von Sobotta ermittelte Tatsache der rein epithelialen Abstammung der Granulosaluteinzellen wohl allgemein anerkannt wird. Wir haben es bei der Bildung der gelben Körper mit einer starken Wucherung der Follikelepithelzellen zu tun und auf der Ausbreitung dieses Luteingewebes beruht offenbar die gesteigerte Wirkung des transplantierten Ovar. Am Orte der Implantation sind die Ernährungsbedingungen eben doch nicht so günstig wie normalerweise, infolgedessen geht eine große Anzahl der Follikel zugrunde noch ehe sie voll ausgereift sind und dies hat die Entstehung zahlreicher Luteinzellen und damit die gesteigerte Inkretion zur Folge. In seinen Abbildungen unterscheidet Steinach nur fetthaltige und fettlose „Pubertätszellen", die Unterscheidung ist allerdings eine willkürliche, da Steinach auch hier niemals eine der spezifischen Methoden zur Darstellung der Zwischenzellen anwendet. Schon allein aus diesem Grunde kommt seinen histologischen Untersuchungen keine höhere Bedeutung zu.

Ähnliche Erfolge wie bei der Transplantation der Ovarien werden auch von Steinach und Holzknecht (1917) durch die Röntgenisation der Ovarien bei jugendlichen Meerschweinchen erzielt, die schon oben besprochen wurden. Im Anschluß an diese Versuche besprechen die beiden Autoren noch das Poblem der sexuellen Frühreife, deren Erklärung ihnen natürlich auch nicht die geringste Schwierigkeit bietet, die Frühreife ist in jedem Fall bedingt durch eine Hypertrophie der „Pubertätsdrüse". Hypophyse und Zirbeldrüse zeigten in dem einzigen Fall, der daraufhin untersucht wurde, „normales Aussehen", ihre Funktion kommt also nicht in Frage. Ganz abgesehen nun davon, daß selbst, wenn die Steinachsche Erklärung richtig wäre, doch immer noch die Frage zu lösen stände, warum gerade in diesen Fällen die „Pubertätsdrüse" sich so frühzeitig und exzessiv entwickelt, ist das Poblem der sexuellen Frühreife ein so verwickeltes und schwieriges, wir wissen, daß in vielen Fällen die fragliche Erscheinung durch Geschwülste der Keimdrüsen, in anderen durch Epiphysen und Hypophysentumoren verursacht werden, daß nur ein Untersucher, der in die ganze schwierige Frage überhaupt noch nicht tiefer eingedrungen ist, den Versuch machen kann solch schwierige Probleme in der Art und Weise wie Steinach zu erklären. Sicher ist, daß diese sexuelle Frühreife eine Anomalie darstellt, die sich nicht einfach mit einer außergewöhnlichen Funktion der Keimdrüsen erklären läßt, weshalb ich ja auch in dieser Besprechung, die nur die Frage der Zwischenzellen berücksichtigt, nicht näher auf sie eingehen kann.

III. Die künstliche und natürliche Zwitterbildung.

In seinen früheren Untersuchungen hatte Steinach des öfteren auf die Tatsache hingewiesen, daß die Übertragung einer Keimdrüse in ein andersgeschlechtliches Individuum nur nach vorheriger Kastration des betreffenden Tieres gelingt, werden die eigenen Keimdrüsen im Körper belassen, so verhindert die von diesen ausgeübte Inkretion die Anheilung der andersgeschlechtlichen Gonade. Steinach schloß aus dieser Tatsache auf eine antagonistische Wirkung der Keimdrüsenhormone. Die Wirkung dieses Antagonismus haben in der letzten Zeit sehr schön E. Hermann und Stein (1916) gezeigt, sie injizierten, wie oben schon erwähnt wurde, aus gelben Körpern hergestelltes Extrakt männlichen Meerschweinchen und Ratten. Über die Ausbildung der sekundären Geschlechtsmerkmale werden keine ausführlichen Angaben gemacht, sondern nur über das Verhalten der Hoden. Wurden die Injektionen bei jungen, wachsenden Tieren ausgeführt, so blieben die Hoden sehr stark im Wachstum zurück, die Spermatogenese kam nicht in Gang, dagegen trat eine leichte Vermehrung der Zwischenzellen ein. Bei alten Tieren war der Erfolg noch auffälliger. Bei ihnen kam die Spermatogenese zum Stillstand, das Kanälchenepithel bildete sich zurück, es zeigte zwar zahlreiche Kernteilungen, als Zeichen dafür, daß eine lebhafte Neubildung von Spermatozyten stattfand, niemals kam es jedoch noch zur Ausbildung von Spermatozoen. Der ganze Hoden verkleinerte sich recht beträchtlich, die Volumsverringerung war bedingt durch die Verengung der Samenkanälchen, wohingegen das Zwischengewebe, besonders auch die Leydigschen Zellen vermehrt erschienen. Inwieweit diese Vermehrung eine tatsächliche oder nur eine durch die Verkleinerung der Samenkanälchen vorgetäuschte war, läßt sich nicht entscheiden.

Diese Befunde zeigen also deutlich, daß durch die Injektion des Corpus luteum-Extraktes der generative Anteil des Hodens geschädigt wird, während die Zwischenzellen unversehrt bleiben. Daraus geht nun hervor, daß eine Wechselwirkung bzw. ein Antagonismus zwischen den Samenzellen und den Corpus luteum-Zellen besteht, falls die beobachteten Veränderungen nicht lediglich der Ausdruck der Tatsache sind, daß die Keimzellen viel empfindlicher sind als alle anderen Gewebsarten und dementsprechend auf eine Schädigung, wie sie die Einverleibung des heterosexuellen Hormons ja zweifellos bedeutet, am stärksten reagieren. Bestimmte Schlüsse auf eine Inkretion der Keim- oder Zwischenzellen lassen sich auch aus diesen Versuchen nicht ziehen.

Steinach (1917) versuchte nun diesem Antagonismus der Keimdrüsen dadurch gerecht zu werden, daß er auf ein vorher kastriertes männliches Individuum, das gewissermaßen einen „neutralen Organismus" darstellt, gleichzeitig männliche und weibliche Keimdrüsen übertrug. Die Verpflanzung geschah entweder sofort nach der Kastration oder erst einige Tage später. In einigen Fällen heilten auch beide Gonaden an und blieben mehr oder weniger lange Zeit erhalten. Die so behandelten Tiere verhielten sich hinsichtlich des Körperbaues, der Behaarung und der Größe wie Männchen, auch die männlichen sekundären Geschlechtsmerkmale kamen voll zur Entwicklung, gleichzeitig entwickelten sich aber auch die Milchdrüsen, die Brustwarzen wuchsen stark, sie erfuhren eine Ausbildung wie bei weiblichen Tieren. Durch diese künstliche Zwitterbildung wurde also bei den vorher kastrierten Männchen die Ausbildung sowohl der homologen als auch der heterologen Geschlechtsmerkmale erreicht. In psychischer Hinsicht kann man bald mehr ein Überwiegen der männlichen, bald mehr der weiblichen Charaktereigenschaften erkennen, die Psyche schwankt, je nachdem welche der beiden Keimdrüsen gerade inkretorisch die Oberhand hat.

In histologischer Hinsicht verhalten sich die Keimdrüsen, wenn sie weit entfernt voneinander implantiert werden, wie bei der gewöhnlichen Übertragung, anders wenn die Einheilung unmittelbar nebeneinander erfolgt. Dann entsteht angeblich eine „zwitterige Pubertätsdrüse". „Die Gewebe wachsen wild durcheinander und man sieht in demselben Schnitte in unmittelbarer Nachbarschaft Inseln mit den spezifischen männlichen und weiblichen Pubertätsdrüsenzellen". Die Samenkanälchen werden atrophisch, im Ovar gehen massenhaft Follikel zugrunde und geben so Veranlassung zur Bildung neuer Luteinzellen, von denen die Absonderung des weiblichen Inkretes ausgeübt wird.

Die Samenkanälchen zeigen, soweit sich dies aus der einzigen Abbildung, die von einer solchen Zwitterdrüse gegeben wird, schließen läßt, eine sehr schön erhaltene, einfache bis doppelte Auskleidung mit Spermatogonien, an der keine Spur des Zerfalls zu erkennen ist. Es ist deshalb auch nicht der geringste Grund zu der Annahme vorhanden, daß nicht gerade von diesen Zellen die Inkretion ausgeübt wird. Die Abbildungen der Zwischenzellen und Luteinzellen sind so stark schematisiert, daß es überflüssig ist über sie irgendwelche Betrachtungen anzustellen. Wie wichtig wäre es, in solchen Fällen die spezifischen Methoden zur Darstellung der Zwischenzellen anzuwenden! Schade, daß Steinach, dessen Verdienste um die experimentelle Erzeugung von Zwittern in keiner Weise geschmälert werden sollen, sich auch hier nicht zur genauen histologischen Prüfung der Befunde entschließen konnte!

An seine Beobachtungen knüpft Steinach nun wieder theoretische Spekulationen an, er glaubt die viel umstrittene, äußerst verwickelte Frage des Hermaphroditismus sehr einfach in der Art lösen zu können, daß jede Art von Zwitterbildung durch die Anwesenheit einer zwitterigen Pubertätsdrüse bedingt sei. Diese sei wieder die Folge einer unvollständigen Differenzierung der Keimstockanlage, während die normale, eingeschlechtliche Entwicklung durch eine vollständige Differenzierung der fraglichen Anlage bedingt sei.

Die „Pubertätsdrüse" könne also zwitterig sein, selbst wenn der generative Anteil der Keimdrüse eingeschlechtlich ist, und dadurch ließen sich alle Fälle von Pseudohermaphroditismus erklären, ja es sei überhaupt nicht richtig einen Hermaphroditismus verus und spurius zu unterscheiden, beide seien nur die Folge der Inkretion einer zwitterigen Pubertätsdrüse[1]).

Ich will hier nicht näher auf die äußerst schwierige Frage des Hermaphroditismus eingehen, da sie ja größtenteils außerhalb der hier besprochenen Erscheinungen liegt. Das Eine aber kann ich feststellen, daß nämlich die Steinachsche Erklärung bei einem auch nur einigermaßen tieferen Eindringen in den Stoff vollkommen versagt.

Was zunächst die Fälle von Pseudohermaphroditismus oder besser gesagt Teilzwittertum (Stieve, 1920) betrifft, so handelt es sich bei ihm um Lebewesen, welche bei Anwesenheit einer bestimmt geschlechtlichen Keimdrüse am Soma irgendwelche Merkmale aufweisen, die sonst nur dem anderen Geschlecht zukommen. Soweit nun histologische Untersuchungen an den fraglichen Keimdrüsen angestellt wurden, ergeben sie alle ganz normale Bilder. Was wenigstens die Hoden männlicher Teilzwitter betrifft, so konnte Bab (1920) ermitteln, daß bei dem von ihm untersuchten Fall, der vollkommen weiblichen Gesamthabitus zeigte, die Struktur des Hodengewebes in jeder Hinsicht normalen Verhältnisse entsprach, besonders zeigten auch die Leydigschen Zwischenzellen keinerlei Abweichungen von der gewöhnlichen Form. Des weiteren berichtet Pozzi [erwähnt nach Schminke und Romeis (1920)] über einen 33jährigen männlichen Teilzwitter mit weiblichem Charakter der Genitalien und der extragenitalen Geschlechtsmerkmale, daß die operativ entfernten Hoden vollkommen normale histologische Struktur zeigten, die Zwischenzellen waren in reichlicher Menge vorhanden, zeigten aber keinerlei von der Norm abweichendes Verhalten. Ich selbst fand (1920) bei einem männlichen Teilzwitter gleichfalls normal gebaute Hoden, auch bei ihm ließen die Zwischenzellen kein außergewöhnliches Verhalten erkennen. Das betreffende Wesen zeigte allerdings starken Bartwuchs, so daß hier der Einwand möglich wäre, es hätte nur in früheren Zeiten eine Absonderung von weiblichen Hormonen stattgefunden, die jedoch später durch eine rein männliche Inkretion verdrängt wurde. Unmöglich ist ein solcher Einwand aber bei den beiden Fällen von Bab und Pozzi, sie beweisen eben, daß es sich hier um ganz besondere Bildungen handelt, die sich nicht ohne weiteres mit einer außergewöhnlichen Inkretion der Keimdrüsen erklären lassen.

---

[1]) Der Anschauung Steinachs, daß die Bezeichnungen Hermaphroditismus verus und spurius nicht gut sind, kann ich vollkommen beipflichten, besser wäre es jedenfalls statt dessen die Ausdrücke Vollzwitter und Teilzwitter anzuwenden.

Sehr wichtig sind schießlich noch die Mitteilungen von Schminke und Romeis (1920) über einen männlichen Teilzwitter, der sowohl hinsichtlich der äußeren Genitalien als auch der sekundären Geschlechtsmerkmale vollkommen weibliches Verhalten zeigte und auch stets „als Weib gegolten" hatte. Nur die Stimme sei etwas tief gewesen. Die Sektion ergab doppelseitigen Leistenhoden, der linke Testikel war sarkomatös entartet, der rechte wurde einer peinlichst genauen, allen Anforderungen entsprechenden histologischen Untersuchung unterworfen, wobei im Gegensatz zu dem Vorgehen Steinachs spezifische Färbemethoden zur Darstellung der Zwischenzellen angewendet wurden. Es ergab sich nun, daß die Samenkanälchen etwas spärlicher entwickelt sind als gewöhnlich, sie liegen nur an einzelnen Stellen dicht beieinander, meist sind sie durch Bindegewebe getrennt. Ihr Lumen ist sehr eng, ihre Wand erheblich verdickt. Die Kanälchenepithelien werden von ovalen und rundlichen protoplasmareichen Zellen gebildet, die vielfach in das Kanälchenlumen abgestoßen sind. Ihr Leib ist mit Vakuolen gefüllt, die sich bei Osmiumsäurebehandlung schwärzen. An keiner Stelle finden sich, wie die beiden Forscher ausdrücklich betonen, typische Samenbildungszellen. Im Zwischengewebe finden sich bald einzeln, bald in kleineren Gruppen zusammengelagert, typische Zwischenzellen, als größere oder kleinere rundliche, einkernige Gebilde, deren Plasmaleib mit Pigment vollgepfropft ist. Das Pigment gibt die Fettreaktion. Die Zellgröße schwankt innerhalb weiter Grenzen, am häufigsten sind Zwischenzellen von mittlerer Größe zu finden, während die ganz großen Zellen nur vereinzelt vorkommen. Reinkesche Kristalle sind nicht nachzuweisen. An verschiedenen Stellen sind Geschwulstmetastasen eingelagert, nirgends finden sich dagegen weibliche „Pubertätsdrüsenzellen".

Der Fall liegt vollkommen eindeutig: Der Hoden zeigt ganz gewöhnlichen Bau der Zwischenzellen, dagegen erhebliche Veränderungen im Bau der Kanälchenepithelien. Die Ausbildung der sekundären Geschlechtsmerkmale ist rein weiblich, infolgedessen könnte man hier schließen, daß die außergewöhnliche inkretorische Tätigkeit der Samenzellen, die in ihrem histologischen Bau deutlich genug zum Ausdruck kommt für diese Verhältnisse verantwortlich zu machen sind, wohingegen der normale Bau der Zwischenzellen beweist, daß eine von ihnen ausgehende Inkretion für die vorgefundenen pathologischen Verhältnisse nicht in Frage kommen kann. Ich habe diesen Gedankengang nur deshalb voll ausgeführt, um zu zeigen, daß solche Fälle offenkundige Gegenbeweise gegen die Steinachsche Anschauung sind. In Wirklichkeit ist, wie schon des öfteren erwähnt, die Erklärung des Hermaphroditismus nicht so einfach, es handelt sich eben bei allen Zwitterbildungen um besondere Vorkommnisse, die in einer außergewöhnlichen Zusammensetzung der ganzen Anlage des betreffenden Lebewesens begründet sind.

Dies beweisen am deutlichsten die Halbseitenzwitter, welche in ihrer einen Hälfte männliches, in der anderen Hälfte weibliches Aussehen zeigen. Sie sind bei bestimmten Schmetterlingsarten ziemlich häufig, bei Wirbeltieren sind dagegen, soviel ich ersehen kann, nur drei einschlägige Fälle beschrieben; der von Weber (1899) geschilderte, nachgerade klassisch gewordene Fink, der von Poll (1909) beschriebene Gimpel und ein von Bond (1913/14)[1]) geschilderter Fasan. In allen diesen Fällen handelt es sich um Arten, bei denen sich die Männchen durch ihr besonders gefärbtes Federkleid von den Weibchen grundlegend unterscheiden. Allerdings ist die Ausbildung dieses Federkleides nicht unbedingt von der Anwesenheit der Geschlechtsdrüsen, bzw. von ihrer Entwicklung abhängig, denn auch bei jungen Finken und Gimpeln, die noch nicht geschlechtsreif sind, wachsen bei den Männchen rote Brustfedern nach, wenn das Nestkleid ausgerupft wird. Die Harzer Vogelfänger, die ja bekanntlich die jungen Gimpel aus dem Neste ausheben und abrichten, benützen dieses Merkmal um das Geschlecht der Tiere schon sehr frühzeitig zu erkennen. In den drei erwähnten Fällen zeigte nun die eine Körperhälfte das männliche, die andere das weibliche Federkleid.

Bei dem von Weber beschriebenen Finken war in der linken Körperhälfte ein Eierstock, in der rechten ein Hoden vorhanden, beide zeigten gewöhnlichen Bau, hier entsprach also die Ausbildung der sekundären Geschlechtsmerkmale vollkommen der in der betreffenden Körperhälfte befindlichen Keimdrüse. Im Gegensatz dazu besaß der Bondsche Fasan eine Zwitterdrüse, bei ihm scheint es sich überhaupt um keinen reinen Halbseitenzwitter zu handeln, da auch am Stoß die Bilateralität nicht vollkommen ausgebildet war, sondern nur derart, daß die Fahne jeder einzelnen Feder einerseits männliche, andererseits weibliche Zeichnung zeigte.

Zweifellos bildete sich aber in allen drei Fällen unabhängig von der Inkretion der Keimdrüsen die eine Körperhälfte auf Grund ihrer angeborenen Veranlagung zum Männchen, die andere aus dem gleichen Grunde zum Weibchen aus. Auch diese Fälle beweisen, daß Zwitterbildungen auf einer angeborenen Anomalie des ganzen Lebewesens, nicht bloß auf einer zwittrigen Anlage der Keimdrüsen beruhen.

Im ganzen genommen scheinen Halbseitenzwitter nicht so selten zu sein, als dies aus den bisherigen Angaben hervorgeht. Denn wie Weber (1890) angibt, sind von systematischen Zoologen bei Vögeln noch eine ganze

[1]) Erwähnt nach R. Goldschmidt (1920).

Reihe von ähnlichen Bildungen beschrieben, so beim Gimpel, bei Colaptes mexicanus Lws. und bei Tetrao tetrix. Auch beim Huhn scheinen ähnliche Fälle vorzukommen. Des weiteren schildert Kuschakewitsch (1910) einen Halbseitenzwitter beim Frosch.

Ich glaube im vorhergehenden an einigen Beispielen deutlich genug gezeigt zu haben, daß die Steinachsche Annahme zur Erklärung des Hermaphroditismus nicht genügt, seine Versuche zeigen nur, daß bei Anwesenheit zweier verschieden geschlechtlicher Keimdrüsen in einem Körper sowohl homo- als auch heterosexuelle Merkmale zur Entwicklung kommen können, sie erklären aber nicht warum bei Anwesenheit nur einer normal gebauten Keimdrüse, wie dies ja beim Zwitter häufig der Fall ist, sich auch heterosexuelle Geschlechtsmerkmale entwickeln.

Wie Steinach, so ist es auch Sand (1918) geglückt auf experimentellem Wege Zwitter zu erzeugen, er übertrug auf vorher kastrierte Ratten und Meerschweinchen gleichzeitig Hoden und Ovarien. Die Erfolge dieser Versuche waren recht ungünstig, die Übertragung in weibliche Tiere mißglückte stets, da immer der transplantierte Hoden ohne anzuheilen resorbiert wurde. Unter den vielen an männlichen Tieren ausgeführten Versuchen gelang es einmal bei einem Meerschweinchen Hoden und Ovarien zur Anheilung zu bringen, im übrigen wurde hier stets das Ovar resorbiert. Dagegen gelingt es nach Sand verhältnismäßig leicht einen Ovariotestis zu erzeugen, wenn man Ovarien junger Tiere mitten in das Hodengewebe einpflanzt. Sowohl bei Ratten als auch bei Meerschweinchen erhalten sich die Transplantate monatelang, ohne daß der Hoden geschädigt wird, noch 4 Monate nach der Operation fand Sand in den übertragenen Ovarien große Follikel und gelbe Körper, während die Spermatogenese ihren normalen Fortgang nahm. Beide Keimdrüsen sonderten dabei Inkret ab. Leider sind auch diese Versuche nicht geeignet klärend in der Zwischenzellenfrage zu wirken.

Anschließend an seine Untersuchungen über die experimentelle Zwitterbildung stellte Steinach auch noch die Behauptung auf, die Homosexualität des Menschen sei durch eine zwitterige „Pubertätsdrüse“ bedingt, sie sei durch Entfernung der zwitterigen Drüse und Implantation eines normalen Hodens zu heilen. Als Beweis für diese Annahme berichten Steinach und Lichtenstern (1918) über einen 30jährigen Homosexuellen, dessen abnorme Neigung sich seit dem Beginn der Pubertät zeigte und nur selten von kürzeren heterosexuellen Perioden unterbrochen worden war. Das Individuum wurde auch häufig von Männern mißbraucht, während es selbst nur selten normalen Verkehr mit Frauen ausübte. Potenz war ursprünglich vorhanden, erst in den letzten Jahren trat als Folge einer doppelseitigen Hodentuberkulose vollkommene Impotenz ein. Äußerlich zeigte das Lebewesen mehr weibliche Formen, starken Fettansatz an Hüften und Hals, stark entwickelte Brüste, aber nur wenig Bartwuchs. Im rechten Hoden war ein walnußgroßer Körper tastbar, der linke Hoden war mitsamt dem Nebenhoden schon im vorhergehenden Jahre entfernt worden. Nunmehr wurde auch der rechte Hoden exstirpiert und gleichzeitig der kryptorche Hoden eines normal empfindenden Mannes unter die Haut implantiert. Der Erfolg dieser Operation war gut, schon sehr bald erwachte der normale Geschlechtstrieb, weiblicher Fettansatz und die Brüste bildeten sich zurück, der Schnurrbart begann zu sprossen. Die Homosexualität war verschwunden, heterosexueller Geschlechtstrieb regte sich.

Von Wichtigkeit ist hauptsächlich das Ergebnis der histologischen Untersuchung. Aus dem kryptorchen Hoden, der zur Heilung der abnormen Neigung verwendet wurde, war vor der Übertragung ein kleines Stück ausgeschnitten worden, es zeigte folgenden Bau: Die Zahl der Samenkanälchen ist im ganzen verringert, in der Mehrzahl der Kanälchen sind keine Samenzellen nachweisbar, vielfach erscheinen sie stark verändert und besitzen atrophischen Kern. An vereinzelten Stellen finden sich aber auch vollkommen normale Spermatozoen, als deutlicher Beweis für die oben schon besprochene Tatsache, daß auch im kryptorchen Hoden die Spermatogenese fast niemals ganz zum Stillstand kommt. Die Sertolischen Zellen, das heißt die großen Spermatogonien sind ganz unverändert. Die Leydigschen Zellen erscheinen stellenweise vermehrt und zeigen größtenteils gewöhnlichen Bau. Nach der Angabe von Steinach und Lichtenstern stellt dieser Hoden eine „isolierte Pubertätsdrüse“ dar. Aus dieser Bemerkung kann man erkennen, wie freigebig Steinach die Bezeichnung „isolierte Pubertätsdrüse“ gebraucht, er belegt also mit diesem Namen jeden Hoden, in dem die Zwischenzellen „stellenweise etwas vermehrt“ sind, in dem sich aber massenhaft „Sertolische Zellen“ vorfinden und in dem auch der Vorgang der Samenentwicklung stattfindet, allerdings nicht in so reichlichem Maße wie normalerweise. Selbst bei der weitesten Fassung des Begriffes der „Pubertätsdrüse“ kann hier doch von einer Isolierung der Zwischenzellen und einer völligen Ausschaltung des generativen Hodenanteiles nicht die Rede sein. Es hat vielmehr auch in diesem Falle die Übertragung eines, wenigstens teilweise normal funktionierenden Hodens stattgefunden und demgemäß läßt es sich auch hier nicht entscheiden, von welchem Keimdrüsenanteil die geschlechtsspezifische Inkretabsonderung, die in diesem Falle zur Heilung der Homosexualität führte, ausgeht.

Die histologische Untersuchung des Hodens des Homosexuellen zeigt, daß das Gewebe größtenteils durch den Krankheitsprozeß zerstört ist. Nur an einer kleinen Stelle findet sich Drüsengewebe, in ihm sind nur wenige Samenkanälchen zu erkennen, ihre Wand ist verdickt, Samenzellen fehlen, ja sogar die Sertolischen Zellen sind größtenteils atrophisch. Im Gegensatz dazu erscheint das Zwischengewebe vermehrt, die Leydigschen Zellen sind sehr protoplasmareich, selten rundlich, sondern mehr eckig; häufig säulenförmig. Vielfach finden sich zwei- und dreikernige Leydigsche Zellen, nach der Anschauung der beiden Untersucher ein Vorkommnis, das sich sonst hauptsächlich bei Luteinzellen findet, in Wirklichkeit eine in jedem Hoden zu beobachtende, ganz gewöhnliche Erscheinung. Beachtenswert ist dabei noch, daß an diesem Hoden der Nebenhoden schon vor längerer Zeit entfernt war, die vorgefundenen Veränderungen können also, falls sie nicht einfach die Folge der Tuberkulose waren, wohl durch diesen Eingriff bedingt gewesen sein, auf keinen Fall können aus den histologischen Veränderungen irgendwelche Rückschlüsse auf die inkretorische Tätigkeit des betreffenden Hodens gezogen werden.

Ausführlicher berichtet Steinach (1918) später über den histologischen Bau des Hodens Homosexueller, die Untersuchungen wurden an den Testikeln von fünf, im Alter von 22 bis 43 Jahren stehenden, gesunden kräftigen Homosexuellen ausgeführt. Das Auffallendste an den Befunden ist der Umstand, daß in allen fünf Hoden schwerste Atrophie des generativen Anteiles, die offenbar mit zunehmendem Alter fortschreitet, nachzuweisen war. Die Querschnitte der Samenkanälchen sind verkleinert, ihre Wandungen teilweise verdickt und geschrumpft. In jüngeren Hoden sieht man zwischen den Sertolischen Zellen vereinzelte Spermatogonien liegen, nur in den oberflächlichsten Gewebsschichten begegnet man noch Spermatiden und Spermatozoen. In den tieferen Schichten fehlen diese Zellarten ganz, auch Spermatogonien sind nur in spärlicher Zahl vorhanden. Beim Hoden älterer Homosexueller ist diese Atrophie noch weiter fortgeschritten, die Samenkanälchen bieten das Bild der allgemeinen Verödung.

Ganz anders verhalten sich die Zwischenzellen, ihre Gesamtmasse ist nicht vermehrt, sondern eher verringert. Ein Teil von ihnen hat gewöhnliche Größe und Aussehen, ein anderer Teil erscheint verändert, er ist arm an Protoplasma, die Zellen erscheinen zum Teil geschrumpft, zum Teil vakuolisiert, die Zellgrenzen sind verwischt, nach der Ansicht Steinachs handelt es sich um Degenerations- oder Jugendformen. Es erscheint dabei merkwürdig, daß Steinach nicht in der Lage ist, diese beiden Formen auseinander zu halten. Doch davon erst später.

Neben diesen gewöhnlichen Zwischenzellen finden sich im Interstitium noch andere Gebilde, die vor allem durch ihre Größe auffallen, ihr Protoplasmaleib übertrifft den der gewöhnlichen Leydigschen Zellen um das Zwei- bis Dreifache. Häufig enthalten sie mehrere Kerne, sie färben sich im ganzen etwas heller, Kristalle, die in den kleinen Zwischenzellen sehr häufig vorkommen, finden sich in ihnen nur selten. Steinach bezeichnet diese Gebilde wegen ihrer Ähnlichkeit mit den Luteinzelllen der Ovarien als F-Zellen und folgert, daß ihnen die Absonderung desjenigen Inkretes zufällt, das für die Ausbildung der weiblichen Geschlechtsmerkmale verantwortlich zu machen ist. Leider hat Steinach es auch in diesem Falle unterlassen spezifische Methoden zur Darstellung der Zwischenzellen anzuwenden, die gegebenen Abbildungen sind wieder stark schematisiert und stechen erheblich von den vorzüglichen Abbildungen ab, die Schminke und Romeis (1920) in ihrer Arbeit bringen. Vor allem hat Steinach aber ganz darauf verzichtet den Bau der Zwischenzellen im Hoden normal empfindender Männer eingehender zu untersuchen. Es wäre ihm sonst vielleicht aufgefallen, daß seine Beschreibung vom Interstitium des „homosexuellen Hodens“ ganz genau auf jeden normalen Hoden zutrifft. Das bezeichnende an den Zwischenzellen ist ja gerade ihr Polymorphismus, in jedem Testikel lassen sich kleine, große und ganz große Leydigsche Zellen nachweisen, in jedem degenerierende und in jedem vor allem auch solche Zwischenzellen, deren Grenzen verwischt oder bei denen mehrere Kerne in einem Protoplasmaleib vereinigt sind. Der einzige Unterschied, den also der Hoden des Homosexuellen gegenüber dem des normal empfindenden Mannes bietet, ist der Umstand, daß in ihm die Samenzellen, also der generative Anteil in Rückbildung begriffen ist, nur er zeigt außergewöhnliche histologische Verhältnisse. Falls sich diese Beobachtung wirklich bestätigen sollte, wie wir gleich sehen werden, ist dies aber nicht der Fall, so wäre sie ein erneuter Beweis dafür, daß die Inkretion vom generativen Anteil des Hodens ausgeübt wird, denn er zeigt bei Störungen im Ablauf der Geschlechtsfunktionen Veränderungen, während die Zwischensubstanz das gewöhnliche Bild bietet. Den Versuch, die Diagnose der Homosexualität aus dem Verhalten der Zwischenzellen zu stellen, kann also nur derjenige machen, dem der normale Bau der Hodenzwischensubstanz völlig unbekannt ist.

Heilung der Homosexualität durch Implantation des Hodens eines normal empfindenden Mannes hat neuerdings auch Mühsam (1920) erzielt. Im einen Fall wurden dabei beide, im anderen nur der eine Hoden im Homosexuellen belassen, und trotzdem erfolgte durch die Übertragung eines gesunden Hodens die Unterdrückung der gleichgeschlechtlichen, die Erregung der andersgeschlechtlichen Neigungen. Dieses Ergebnis allein, das übrigens mit den Angaben Lichtensterns übereinstimmt, ist schon wichtig, es zeigt ja, daß nämlich zur Heilung der Homosexualität die Entfernung des kranken Hodens gar nicht nötig ist, es genügt vielmehr die gleichzeitige Anwesenheit des gesunden Testikels, um alle homosexuellen Neigungen zu unterdrücken. Auf die psychische Seite der ganzen Frage will ich hier nicht eingehen, ich betone nur die wichtige Tatsache, daß v. Hansemann und Benda, die zwei der von Mühsam (1920) entfernten Hoden Homosexueller genau untersuchten, in ihnen nicht die geringste Abweichung vom Bau eines normalen Testikels, weder hinsichtlich der Samenzellen, noch auch hinsichtlich des Zwischengewebes nachweisen konnten. Besonders Benda betont das ganz normale Verhalten der Samenzellen und der Zwischensubstanz, eine geringe Verbreiterung des Bindegewebes, die sich im Hoden eines 55jährigen aktiven Homosexuellen fand, kann nach der Ansicht des Untersuchers auch durch alle möglichen anderen Verhältnisse bedingt sein.

Bisher ist also lediglich der Beweis erbracht, daß die Homosexualität durch Implantation eines normalen Hodens geheilt, bzw. gebessert werden kann. Der Beweis dafür, daß die perversen Empfindungen wirklich in einer abnormen Beschaffenheit der Hoden begründet sind, steht noch aus, besonders da ja die Belassung des Hodens im Körper den normalen Heilungsverlauf nicht beeinträchtigt. Sollte die Homosexualität wirklich durch die außergewöhnliche inkretorische Tätigkeit der Testikel bedingt sein, so müßte sie auch durch einfache Kastration geheilt werden können. Diesbezügliche Versuche sind aber noch nicht angestellt. Solange dies aber der Fall ist, muß es noch offen bleiben, ob die gleichgeschlechtliche Empfindung nicht eine in der ganzen Anlage des Lebewesens begründete Abnormität darstellt, oder gar wie ja viele Psychiater, in erster Linie Kraepelin (1918) annehmen, nur eine Folge falscher Beeinflussung, falscher Erziehung. Sicher spielen hier gerade beim Menschen seelische Einflüsse eine hervorragende Rolle[1]). Es wäre dann denkbar, daß durch den Einfluß der implantierten normalen Drüse die ursprünglichen Anlagen unterdrückt werden, da der von ihr ausgehende, zu heterosexueller Betätigung drängende Reiz zu mächtig ist.

Als Beweis für die Richtigkeit seiner Anschauungen führt Steinach (1920) noch eine Ziege ins Treffen. Bei Ziegen soll Hermaphroditismus kein allzu seltenes Vorkommnis darstellen, es soll stets durch die Anwesenheit einer Zwitterdrüse bedingt sein. Im besonderen Falle handelte es sich um ein Tier, das äußerlich, sowohl hinsichtlich der Geschlechtsorgane als auch

[1]) Allerdings sind ja alle seelischen Vorgänge auch nur der Ausdruck von bestimmten körperlichen Veränderungen, deren Grundlage uns aber heute noch unbekannt ist.

der Größe und der ganzen Ausbildung die gleichen Verhältnisse zeigte wie ein gleichaltriges Weibchen. In der Zeit aber, wo ein Vergleichstier brünstig wurde, stellten sich bei dem Versuchstier keine Zeichen der Brunst ein, dagegen machten sich die Anzeichen eines ausgesprochenen männlichen Geschlechtstriebes bemerkbar. In den nächsten drei Monaten veränderte das Tier sich hinsichtlich des Körperbaues gar nicht, nur wurde sein Kopf etwas breiter. Dagegen steigerte sich der Geschlechtstrieb, die Ziege versuchte dauernd andere Tiere zu bespringen, es handelte sich nach der Anschauung Steinachs um „einen Fall schwerster Homosexualität eines weiblichen Individuums".

Im Alter von 10 Monaten wurde die Ziege getötet, Uterus und Tuben besaßen jungfräuliche Form und Größe, die Ovarien befanden sich an der gewöhnlichen Stelle. Mikroskopisch erwiesen sich beide Eierstöcke nach der Ansicht Steinachs als Ovotestes. Im einen Ovar findet sich im Stroma ein Stück Hodensubstanz, das das Aussehen eines kryptorchen Hodens besitzt. Es besteht aus unentwickelten Samenkanälchen[1]), die von großen, sehr gut erhaltenen Zellen ausgekleidet sind. Im Zwischengewebe finden sich zahlreiche Leydigsche Zellen von gewöhnlichem Bau und Aussehen, angeblich, aus den Abbildungen ist dies nicht zu erkennen, finden sich auch im ganzen Stroma des Ovar versprengte Inseln von Leydigschen Zellen. Die Abbildung, die diese Angabe belegen soll, kann ebensogut atretische Follikel darstellen, bewiesen ist das Vorkommen von männlichen Zwischenzellen im Stroma des Ovar keinesfalls.

Das zweite Ovar kann überhaupt nicht als Zwitterdrüse angesprochen werden, da sich in ihm keine Samenkanälchen finden, angeblich hat sich in ihm „die männliche Pubertätsdrüse" noch mehr isoliert, sie umgibt in großen Strängen die atretischen Follikel. In beiden Ovarien fällt der Mangel an reifen Follikeln auf.

Es handelt sich bei diesem Falle offenkundig um ein Tier mit mißbildeten Keimdrüsen, einerseits findet sich ein Ovotestis, andererseits ein Ovar, beiderseits fehlen die reifen Follikel und auf dieser Tatsache mag das Ausbleiben der Brunst, deren Abhängigkeit von der Anwesenheit reifer Follikel im Eierstock ja erwiesen ist, beruhen. Es mag schließlich auch sein, daß die Perversionen in der Äußerung des Geschlechtstriebes durch die Anwesenheit des Hodengewebes im Körper bedingt waren, auf keinen Fall kann diese Ziege als Beweis für die Inkretion der Zwischenzellen angeführt werden, da hier eben wieder die äußerst mangelhafte Ausbildung des generativen Keimdrüsenanteils mit einer Unterentwicklung der Genitalien einhergeht. Wahrscheinlich handelt es sich in diesem Fall um einen der

[1]) Der von Steinach angewendete Ausdruck atrophisch ist in diesem Falle unrichtig.

besonders bei Rindern häufiger zu beobachtenden Fälle eines sterilen weiblichen Zwillings, auf die ich weiter unten noch kurz zurückkommen werde.

Bei anderen Tierarten wurden experimentelle Zwitter nur zufällig erzeugt, anläßlich mißglückter Kastrationen mit nachfolgender Implantation der entgegengesetzt geschlechtlichen Keimdrüse; schon Foges (1902) hat auf kastrierte Hühner Hahnenhoden übertragen, es entwickelte sich bei den Tieren ein rein weibliches Gefieder, als deutliches Zeichen, daß die Kastration unvollständig war, die Sporenentwicklung unterblieb, dagegen zeigte bei zwei Tieren der Kamm eine Ausbildung, wie sie sonst nur bei Hähnen zu beobachten ist, wohl ein Beweis dafür, daß sich hier eine inkretorische Funktion der übertragenen Hoden geltend machte. Zu den gleichen Ergebnissen gelangte auch Pézard (1918), er entfernte bei vier Monate alten Hühnern das Ovar und implantierte Hoden. Auch diese Tiere zeigten weibliches Federkleid und männliche Kammbildung, die Sektion ergab, daß die Hoden zwar angeheilt waren, daß aber noch Reste des Eierstockes in der Bauchhöhle verblieben und zur Weiterentwicklung gekommen waren.

IV. Die Frage der sterilen Zwillingskälber.

Im Anschluß an diese Mitteilungen über den natürlichen und experimentell erzeugten Hermaphroditismus muß ich noch kurz eine Mißbildung besprechen, die bei gewissen Haustierarten, in erster Linie beim Rind, manchmal auch bei der Ziege nicht allzu selten zur Beobachtung kommt. Werden bei diesen Arten zweigeschlechtliche Zwillinge geworfen, so ist in der Mehrzahl der Fälle das Männchen vollkommen normal gebaut, das Weibchen ist aber nach den Angaben von Tandler und Keller (1916) in 94 von 100 Fällen steril. Die äußeren Genitalien können dabei gewöhnlichen Bau zeigen, sie können aber auch Mißbildungen aufweisen, häufig ist die Klitoris zu einem großen phallusartigen Organ umgewandelt. Uterus und Tuben zeigen entweder virginelles Verhalten oder aber mehr oder weniger schwere Veränderungen.

Wichtig ist das Verhalten der Keimdrüsen, sie zeigen niemals den Bau eines Ovar sondern stets die Struktur eines mehr oder weniger unterentwickelten Hodens. Tandler und Keller haben darauf hingewiesen, daß man bei den meisten dieser mißbildeten „weiblichen" Zwillinge die Keimdrüsen schon auf Grund des makroskopischen Befundes als Hoden ansprechen müsse, sie entsprechen in ihrem Aussehen vollkommen kryptorchen Testikeln. Dasselbe gelte auch hinsichtlich ihres histologischen Aufbaues. Sehr genau hat nun Magnusson (1918)[1]) die histologische

[1]) Dort ausführliches Verzeichnis der einschlägigen Arbeiten.

Struktur dieser Keimdrüsen untersucht und dabei überzeugend dargetan, daß es sich bei ihnen um Hoden handelt, die mehr oder weniger stark verkümmert sind, es lassen sich deutlich vier verschiedene Grade der Rückbildung unterscheiden. Auch Keller (1920) konnte bei einer Ziege, bei der sonst die gleichen Verhältnisse, nämlich unterentwickelte Genitalien von weiblichem Bau, vorlagen, eine hodenähnliche Keimdrüse feststellen.

Magnusson (1918) kommt nun auf Grund dieser Tatsache zu dem sehr einleuchtenden Schluß, der an und für sich besonders dann, wenn ausschließlich das ausgetragene Tier untersucht wird, zweifellos berechtigt ist, daß die fraglichen Individuen männliche „Pseudohermaphroditen" seien. Dies kann auf Grund der vorliegenden anatomischen Befunde nicht bestritten werden, handelt es sich doch um Tiere mit weiblichen sekundären Geschlechtsmerkmalen und männlichen Keimdrüsen.

Was die Entstehung der Mißbildung betrifft, so nimmt Magnusson an, daß es sich um eineiige Zwillinge handle, deren einer eben mißbildet sei. Zu einer ganz anderen Erklärung gelangen dagegen Tandler und Keller (1916). Sie bestreiten zunächst die Möglichkeit der eineiigen Zwillingsbildung, und zwar auf Grund der Tatsache, daß sich bei dem fraglichen Vorkommnis fast stets zwei gleich alte gelbe Schwangerschaftskörper in den Ovarien nachweisen lassen, was bei gewöhnlicher Trächtigkeit mit nur einem Embryo nur ganz ausnahmsweise der Fall ist. Außerdem spricht gegen die Eineiigkeit, wie Keller (1920) anführt, noch der Umstand, daß die beiden Zwillinge häufig recht verschiedene Pigmentverteilung in der Haut zeigen, was bei Eineiigkeit, wo ja eine große Übereinstimmung in den Erbanlagen vorhanden ist, nicht der Fall sein soll. Auch konnten Tandler und Groß (1916) feststellen, daß die Chorien der beiden Zwillinge niemals getrennt sind, sondern stets eine mehr oder weniger gut ausgebildete Gefäßanastomose zeigen. In dieser Vereinigung der Plazentarkreisläufe, die Magnusson für den Ausdruck der Eineiigkeit anspricht, erblicken Tandler und Keller das ursächliche Moment für die Entstehung der Mißbildung. Fehlen diese Gefäßverbindungen, so entwickelt sich der weibliche Zwitter vollkommen normal, sind sie aber vorhanden, so findet auf dem Wege der Blutbahn eine Maskulierung des weiblichen Zwillings statt, welche die Mißbildungen im Bereiche der Geschlechtsorgane zur Folge hat. Lipschütz (1919) geht nun so weit zu behaupten, daß der hermaphroditisch mißbildete weibliche Zwilling die nämlichen Erscheinungen zeige, wie sie Steinach im Experiment erzeugt habe. Pézard (1918) meint sogar, daß es bei dem mißbildeten Zwilling zuerst zu einer Atrophie des Ovarium, als Folge der inkretorischen Wirkung der männlichen Keimdrüse komme und erst dann könne das Inkret auf das Soma selbst wirken. Nach der Geburt sei dann der Einfluß des männlichen Zwillings ausgeschaltet und das betreffende Tier entwickle sich stets wie ein weiblicher Kastrat.

Allen diesen Untersuchern ist es offenbar entgangen, daß der mißbildete Zwilling ja gar keine Ovarien sondern Hoden besitzt, infolgedessen gar nicht als Weibchen, sondern wie Magnusson betont, solange die ursprüngliche Anwesenheit eines Eierstockes nicht bewiesen ist, nur als mißbildetes Männchen angesprochen werden kann. Das Merkwürdige dabei ist nun, daß der angebliche Einfluß von seiten des männlichen Zwillings sich nur in der Form der Keimdrüsen geltend machen soll, während die sekundären Geschlechtsmerkmale, die doch sonst die höchste Beeinflußbarkeit von seiten der Geschlechtsdrüsenhormone aufweisen, sich rein weiblich verhalten. Wie Keller in sehr dankenswerten Untersuchungen dargetan hat, zeigt der mißbildete Zwilling in jeder Hinsicht, auch in bezug auf die Körperformen und was besonders wichtig ist in bezug auf die Milchdrüse rein weibliches Verhalten. An diesem so sehr empfindlichen Organ soll also der von den Hoden des anderen Zwillings ausgehende Reiz der so stark ist, daß er Ovarien in Hoden umzuwandeln vermag spurlos vorübergehen? Dies ist eine Annahme, die allen Tatsachen, die wir sonst von der inkretorischen Wirkung der Keimdrüsen kennen, so vollkommen widerspricht, daß ich sie nicht als richtig anerkennen kann. Mir erscheint es viel wahrscheinlicher, daß die geringgradigen an das männliche Geschlecht anklingenden Erscheinungen, die Keller feststellt, sich viel leichter mit der Tätigkeit des im eigenen Körper befindlichen Hodens, als mit der des Zwillings erklären lassen.

Die sterilen Zwillingskälber sind eben Mißbildungen, bei denen sich rein weibliche Gestaltung des Körperbaues und der sekundären Geschlechtsmerkmale mit einer mangelhaft entwickelten männlichen Keimdrüse paart, es handelt sich um Abnormitäten, die in der ganzen Anlage des Keimes begründet sind, für die wir bisher noch keine völlig befriedigende Erklärung zu geben vermögen. Sei es nun, daß es sich um eineiige Zwillinge oder, was nach den Untersuchungen Kellers wahrscheinlicher ist, um zweieiige Zwillinge handelt, auf keinen Fall kann die Mißbildung durch die Hormonabsonderung des normalen männlichen Zwillings bedingt sein, da ja gerade die Organe, die die höchste Reaktionsfähigkeit gegenüber den Geschlechtshormonen besitzen, rein weibliches Verhalten zeigen. Wie sehr häufig gerade bei Mißbildungen, so sind wir auch hier nicht imstande, auf Grund der bisher vorliegenden Tatsachen eine ausreichende Erklärung zu geben. Das merkwürdigste an der ganzen Erscheinung ist ja zweifellos die Tatsache, daß trotz der Anwesenheit zweier männlicher Keimdrüsenpaare das des mißbildeten im eigenen Körper, das des normalen in dem des Zwillings, das dem gleichen Blutkreislauf angeschlossen ist, die sekundären Merkmale doch weibliches Verhalten zeigen. Es ist dies einer der Fälle, die für eine geschlechtlich determinierte Anlage des ganzen Organismus sprechen, geradeso wie die oben erwähnten Fälle der Halbseitenzwitter.

D. Andere Angaben über die Bedeutung der Zwischenzellen.

I. Der Einfluß des Klima auf den Bau der Keimdrüsen.

Als weiteren Beweis für die Richtigkeit seiner Anschauung führt Steinach zusammen mit Kammerer (1920) noch die Ergebnisse seiner Versuche über den Einfluß des Klima auf die Geschlechtsdrüsen an. Die beiden Untersucher bauen dabei von vornherein wieder auf der von ihnen vertretenen Anschauung auf, daß der Grad der Männlichkeit bei beiden Geschlechtern direkt proportional sei zur Masse der „Pubertätsdrüse". Meine Feststellung, daß bei Tieren mit periodischer Brunst keine wesentliche Schwankung in der Menge der Zwischensubstanz vorhanden sei, wird zwar anerkannt, doch übersehen Steinach und Kammerer, daß sie mit dieser Anerkennung eine der wichtigsten Stützen ihrer Anschauung preisgeben.

Die Versuchsanordnung war folgende: Wanderratten wurden dauernd bei einer Temperatur von 30—35° gehalten. Als Folge davon wurde das Haarkleid lichter, dagegen vergrößerte sich der Hodensack recht erheblich. Diese Vergrößerung war aber nicht durch eine Volumzunahme der Hoden bedingt, sondern offenbar nur durch eine Verdickung der Epidermis. Die Hoden selbst waren leichter als bei Tieren, die unter normaler Temperatur gehalten waren, hinsichtlich der Größe wiesen sie bei beiden Arten keine wesentlichen Unterschiede auf. Hinsichtlich der übrigen äußeren Geschlechtsmerkmale lassen sich bei den Hitzeratten nicht die erheblichen Geschlechtsunterschiede, besonders in der Größe und im Bau des Skelettes feststellen, wie bei den Kontrolltieren, im Gegenteil die Weibchen sind hier häufig größer als die Männchen, was deutlich zeigt, daß bei den Hitzetieren die Geschlechtsunterschiede zum Teil etwas verwischt werden.

Was aber die Keimdrüsen selbst betrifft, so zeigen sie bei drei Monate alten Männchen eine Ausbildung, wie sonst bei ausgewachsenen Tieren. Prostata und Samenblasen sind besonders groß. Ich möchte dazu aber bemerken, daß nach einem Vergleich der Abbildung Nr. 2 (S. 399) Samenblasen und Prostata bei den Hitzetieren nicht so stark ausgebildet sind, wie bei den von Steinach verjüngten, bei normaler Temperatur gehaltenen Tieren (Taf. 7, Abb. 2 im Aufsatz Verjüngung 1920). Bei dem Weibchen zeigten Tuben und Uterus außergewöhnliche Ausdehnung, bei beiden Geschlechtern war der Geschlechtstrieb stark gesteigert, die Potenz trat früher als gewöhnlich ein, auch die Fruchtbarkeit war beim bestimmten Temperaturoptimum, das Steinach auf 25° angibt, erhöht. Die Tabelle (S. 403) läßt allerdings ein etwas anderes Ergebnis erkennen. Es zeigt sich zwar, daß die Zahl der in einem Wurf abgesetzten Jungen bei 25° am höchsten ist, sie beträgt hier im Durchschnitt 13, bei 15° nur 12, der Unterschied dürfte innerhalb der Variabilität bzw. der Fehlergrenzen liegen. Daneben läßt sich aber feststellen, daß die Zahl der sterilen Weibchen schon bei 25° erheblich größer ist als bei niederen Temperaturen. Bei 10° und 15° sind 70% bzw. 68% der gehaltenen Weibchen fruchtbar, also mehr als zwei Drittel der beobachteten Tiere, bei 20° dagegen nur 50%, bei 25° 54%, also die Hälfte der Tiere, bei noch höherer Temperatur ist kaum ein Drittel der Tiere fruchtbar, hier nimmt auch die Zahl der Jungen in den einzelnen Würfen stark ab. Auch bei einer Dauertemperatur von nur 5° ist nur geringe Fruchtbarkeit vorhanden.

Diese Zahlen beweisen also deutlich, daß trotz der Steigerung des Geschlechtstriebes, trotz der erzielten Frühreife schon eine Temperatur von dauernd 20°, noch vielmehr eine höhere, eine schwere Schädigung der Keimdrüsen zur Folge hat, die sich in Verminderung der Fruchtbarkeit äußert.

Es erscheint sehr bezeichnend für die ganze Art der Untersuchung, daß gerade diese äußerst wichtige Tatsache vollkommen übersehen wird. Rückschlüsse auf die Zu- oder Abnahme der Fruchtbarkeit werden von Kammerer und Steinach nur aus der Zahl der in einem Wurf abgesetzten Jungen gezogen, dabei wird aber nicht beachtet, wie ungeheuer groß der Unterschied in der Zahl der unfruchtbaren Weibchen bei verschiedener Außenwärme ist. Und gerade dieser Umstand gibt bei den fraglichen Untersuchungen den Ausschlag.

Was nun das histologische Verhalten der Keimdrüsen betrifft, so geben die beiden Untersucher an, daß im Hoden das generative Gewebe durch die Hitzeeinwirkung in keiner Weise beeinflußt wird, aus den Abbildungen ist ein anderes Verhalten zu erkennen. Während hier nämlich alle auf dem Schnitt getroffenen Kanälchen im Kontrollhoden (Abb. 1, Taf. 20) das gewöhnliche Bild zeigen, sie sind mit reifen Samenfäden vollgepfropft, finden sich im Kanälchenlumen der beiden Hitzehoden nur spärliche Spermatozoen, von den fünf auf Abb. 2 (l. c.) gezeichneten Kanälchen zeigt nur einer, und zwar sehr wenig Samenfäden, in den übrigen vier sind keine Spermatozoen vorhanden, desgleichen zeigen von den sechs auf Abb. 3 (l. c.) wiedergegebenen Kanälchenquerschnitten eines Hitzehodens nur zwei einige wenige

Samenfäden, in den übrigen finden sich keine reife Spermatozoen. Dies sind Bilder, wie wir sie in den normal funktionierenden Rattenhoden niemals nachweisen können, in ihnen sind vielmehr stets, so wie dies Abb. 1 (l. c.) ganz gut darstellt, alle Kanälchen mit reifen Spermatozoen vollgepfropft.

Was die Ausbildung der Zwischensubstanz betrifft, so sind nach der Angabe von Steinach und Kammerer die Leydigschen Zellen im Hitzehoden vermehrt. Die Vermehrung wurde durch Zählungen der in einem Gesichtsfeld liegenden Zwischenzellen festgestellt und dadurch mein Einwand, daß es sich nur um eine relative, nicht um eine absolute Vermehrung handeln könne, den ich im einschlägigen Fall ja gar nicht erhoben habe, zu entkräftigen gesucht. Diese Methode, so mühsam sie an und für sich sein mag, ist jedoch nie imstande uns Aufschluß über die ganze in einem Hoden vorhandene Menge der Zwischensubstanz zu geben. Es ist ganz klar, daß bei einer Verkleinerung der Samenkanälchen bei gleichbleibender Zwischensubstanz die Menge der in einem Gesichtsfeld liegenden Zwischenzellen vermehrt sein muß, darin besteht ja gerade der Irrtum, auf den Tandler und Groß verfallen sind, eine solche Zählung kann uns aber niemals Aufschluß über das tatsächliche Mengenverhältnis der beiden Hodensubstanzen geben. Ein solcher Einblick kann nur bei Berücksichtigung der Gesamtgröße des Hodens gewonnen werden und es ist deshalb bedauerlich, daß Steinach es bei allen seinen Arbeiten peinlichst vermeidet, irgendwelche genaue Angaben über die Größe der Hoden und die Menge der einzelnen Zellarten zu machen, die eine Nachprüfung der Befunde doch wesentlich erleichtern würden.

Auf Grund der Zählungen kommen nun die beiden Wiener zu dem Ergebnis, daß bis zu einer Temperatur von 35° die Menge der in einem Gesichtsfeld liegenden Zwischenzellen zunimmt, von da ab trat erst eine Schädigung der Keimdrüsen ein, die eine Abnahme der Zwischensubstanz zur Folge hat. Die Abbildungen lassen gleichfalls eine leichte Vermehrung der Zwischenzellen bei den Hitzehoden erkennen. Eine wirklich beträchtliche Vermehrung ist aber laut den Zählungen erst bei Tieren zu erkennen, die längere Zeit bei einer Temperatur von 35° gehalten werden. Eine solche Temperatur bedingt aber, wie in der Arbeit selbst gezeigt wurde, schon eine sehr erhebliche Herabsetzung der Fruchtbarkeit, nur ein Drittel der Tiere ist noch fortpflanzungsfähig, eine Tatsache, die deutlich genug zeigt, daß hier eine schwere Schädigung der Keimdrüsen vorliegt, die wie immer, so auch hier, mit einer geringen Vermehrung der Zwischenzellen einhergeht.

Es erscheint aber immer noch ganz wesentlich, etwas genauer nachzusehen wie die Untersuchungen bei der betreffenden Arbeit vorgenommen wurden. Selbstverständlich kann das im histologischen Bild gewonnene Ergebnis nur dann Aufschluß über das relative Mengenverhältnis der beiden Hodenanteile geben, wenn jeweils ganz genau gleich dicke Schnitte verwendet werden, unsere technischen Einrichtungen setzen uns ja in die Lage diese Grundbedingung aller histologischen Vergleiche leicht zu erfüllen, und es wäre eigentlich gar nicht notwendig besonders darauf hinzuweisen, wenn nicht Kammerer und Steinach für ihre Zählungen „Schnitte von ähnlicher Dicke" verwendet hätten. Es ist klar, daß durch dieses Vorgehen der ganzen Untersuchung jeglicher Wert genommen ist, denn in einem dickeren Schnitt ist die Zahl der in einem Gesichtsfeld liegenden Zellen selbstverständlieh viel größer als in einem dünneren. Bezeichnend ist wieder, daß auch hier keine Maße angegeben werden. Die ungeheuren Schwankungen in der Zahl der Zwischenzellen bei demselben Tier, die die beiden Untersucher feststellen konnten, in einem Gesichtsfeld ist die Anzahl der Zwischenzellen 4—5mal so groß als in einem anderen des nämlichen Hodens, lassen den Wert der Untersuchungen an und für sich schon sehr zweifelhaft erscheinen[1]). Sehr lehrreich dafür aber, wie das Ergebnis der ganzen Untersuchungen zu bewerten ist, ist besonders der Fall 49 in Tabelle 4 (S. 407 l. c.). Bei diesem Tier wurden drei Schnitte ausgezählt, im einen schwankte die Zahl der Zwischenzellen im Gesichtsfeld zwischen 59 und 363, was einem Mittel von 211 entspricht, im andern Schnitt aber zwischen 23 und 118, was einem Mittel von 80 entspricht, die Zahl der Zwischenzellen ist also im einen Schnitt etwa dreimal so groß als im andern. Hinsichtlich des einzelnen Gesichtsfeldes ergibt sich ein Unterschied von 23 zu 363, der selbst wenn wir die Unterschiede die jeder Hoden in dieser Hinsicht zeigt berücksichtigen, doch außergewöhnlich groß ist. Der Gedanke liegt hier nahe, daß alle diese Unterschiede in der Hauptsache in der verschiedenen Schnittdicke begründet sind. Diese Tatsachen zeigen allein schon, wieviel von der Steinach-Kammererschen Untersuchung zu halten ist, sie sind aber, ganz abgesehen von der Ungenauigkeit, mit der sie ausgeführt wurden niemals imstande Aufschluß über die tatsächlich vorhandene Zwischenzellenmenge zu geben, also zu zeigen ob eine tatsächliche Vermehrung der Zwischenzellen stattgehabt hat. Die Leydigschen Zellen entstehen ja aus den spindeligen Elementen des Interstitium einfach durch Vergrößerung des Kernes und Plasmaleibes, ob eine tatsächliche Vermehrung der Zellen stattfindet, müssen noch weitere Untersuchungen zeigen, indirekte Mitosen lassen sich ja niemals nach-

[1]) Hoffentlich waren die Gesichtsfelder jedesmal gleich groß, Angaben darüber werden nicht gemacht und nach dem Verfahren der Schnittdicke sind wohl auch Zweifel in diesem Punkte berechtigt.

weisen, es finden sich aber auch keine Bilder, die an direkte Zellteilungen erinnern.

Kammerer (1920) wirft mir in einem Aufsatz zum 70. Geburtstage von Wilhelm Roux vor, ich beurteile die Lebensvorgänge zu einseitig vom histologischen Standpunkt aus. Solange ein solcher Vorwurf nur von Kammerer, dessen Vorgehen bei histologischen Untersuchungen ja soeben an Hand seiner eigenen Befunde gekennzeichnet wurde, erhoben wird, erübrigt es sich auf ihn einzugehen. Auch die Behauptung, daß durch meine einseitige histologische Betrachtungsweise die Verbreitung der kausalen Untersuchungsarten gehemmt werde, entspricht nicht den Tatsachen. Ich habe in allen meinen Arbeiten darauf hingewiesen, daß ein Verständnis der Lebensvorgänge nur möglich ist, wenn wir die tatsächlichen Erscheinungen mit den bei der anatomisch-histologischen Untersuchung gewonnenen Erfahrungen in Einklang bringen können. Wie Roux (1912) so sehr treffend feststellt, hat jedes Geschehen seine zureichende Ursache, nichts geschieht ohne zureichende Ursache.

Das Geschehen ermitteln wir in diesem Falle durch Beobachtung der Veränderungen am Körper, gegebenenfalls auch durch den Versuch. Die letzte Ursache ist hier im Körper selbst, in den Keimdrüsen gelegen, sie kann daher nur durch histologische Untersuchungen festgestellt werden, wenigstens dann, wenn es uns daran liegt zu entscheiden, welcher der beiden Keimdrüsenanteile hier für die „Beziehungskausalität“ in Frage kommt. Daß sich diese in entwicklungsmechanischer Hinsicht bedeutsame Frage nur an Hand von sehr genauen histologischen Untersuchungen, im Zusammenhang mit den Ergebnissen der im Versuche und bei Berücksichtigung der gewöhnlichen Gestaltungsvorgänge gewonnenen Erfahrungen entscheiden läßt, dürfte wohl jedem klar sein.

Histologische Untersuchungen müssen aber stets gründlich und eingehend sein, wenn Kammerer meine Arbeiten, nur weil sie diesen Forderungen entsprechen, als einseitig bezeichnet, so kann ich darin keinen Nachteil erblicken. Die Hinfälligkeit seiner anderen Einwände, die nicht den hier behandelten Stoff besprechen, werde ich gelegentlich an anderer Stelle zeigen.

Angeblich geht die Vermehrung der Zwischenzellen im Hoden der Hitzeratten auch bei Rückversetzung in normale Temperaturen, selbst in der dritten Generation noch nicht verloren, die Hitze erzeugt also Veränderungen am Hoden, die durch geringere Wärme nicht wieder ausgeglichen werden. Nach dem Vorhergesagten erübrigt es sich auf diese Angaben näher einzugehen.

Was nun den Bau der Ovarien betrifft, so findet selbstverständlich nach den Angaben von Steinach und Kammerer auch in ihnen eine lebhafte Vermehrung der „Pubertätsdrüsenzellen" statt. Die betreffende Abbildung zeigt ein Ovar, in dem sich eine große Anzahl gelber Körper findet, derartige Ovarien habe ich bei unseren heimischen Mäusearten während der Fortpflanzungszeit sehr häufig feststellen können, sie sind sicher kein besonderes Erzeugnis der Wärmeeinwirkung. Auch die beiden Wiener geben an, daß das Ovarium sehr viele gelbe Körper enthält, die offenbar durch Follikelatresie entstanden sind. Sie unterscheiden sich von den eigentlichen gelben Körpern nur durch ihre etwas geringere Größe, ihre Zellen gleichen im großen und ganzen den der echten, bei der Gravidität entstehenden gelben Körpern. Hier rechnet also Steinach selbst wieder die gelben Körper, bzw. ihre Luteinzellen, die aus dem Follikelepithel entstanden sind zur „Pubertätsdrüse", seine frühere oben besprochene Ansicht, daß die Pubertätsdrüse nur aus Thekazellen bestehe, hat er demnach wieder geändert. Es erscheint dabei ganz klar, daß sich im Ovar einer Tierart, die wie die Ratte alle 6—8 Wochen 10—14 Junge wirft, sehr viele gelbe Körper finden. Von einer Vermehrung der Luteinzellen als Folge der Wärmeeinwirkung kann also nur insoweit gesprochen werden, als durch den Temperatureinfluß die Zahl der geworfenen Jungen und damit auch die Zahl der gelben Körper vermehrt ist, nichts berechtigt aber zu der Anschauung, daß hier eine Vermehrung der Granulosaluteinzellen stattgehabt hat. Daß mit der Vermehrung der gelben Körper auch eine Steigerung ihrer inkretorischen Wirkung einhergeht erscheint selbstverständlich.

Leider werden gar keine Angaben über den Bau der Eierstöcke derjenigen Ratten gemacht, die infolge der Wärmewirkung unfruchtbar geworden waren. Ist bei ihnen vielleicht die Sterilität durch die Wucherung der „Pübertätsdrüse" bedingt?

Mit den allgemeinen Erörterungen die Kammerer und Steinach an ihre Befunde anknüpfen will ich mich nicht lange aufhalten. Sie führen darin die starke Ausbildung des Skrotum der Hamsterratte (Cricotemys gambiensis Wtrh.) auf die Hitzewirkung zurück und glauben auch, daß die besondere Form der Genitalien, die wir bei vereinzelten Tropentieren kennen, die Folge klimatischer Einflüsse seien, bedenken dabei aber nicht, daß Hunderttausende von anderen Arten der heißen Länder den gleichen Bau der Genitalien besitzen wie die Arten der gemäßigten und kalten Zone, daß an ihnen also der jahrhundertelange Einfluß des Klima spurlos vorübergegangen ist.

Am eigentümlichsten muten aber die Schlußfolgerungen an, die die beiden Wiener hinsichtlich des Menschen aus ihren Versuchen ziehen. Es ist hier nicht der Platz diese Erörterungen ausführlich zu besprechen, es genügt aber zu sagen, daß wie die beiden Untersucher selbst angeben, diese von ihnen entwickelten Gedankengänge mit den Ergebnissen der neueren anthropologischen Forschung zwar in Widerspruch stehen, sich dagegen sehr gut mit den längst widerlegten Angaben früherer Weltreisender in Einklang bringen lassen. Nach dieser Feststellung ist jede weitere Besprechung überflüssig.

II. Das Verhalten der Zwischenzellen bei „Verjüngungsversuchen".

Die ersten Versuche, die erloschene Potenz bei alternden Tieren durch operative Eingriffe wieder zu wecken, stammen von Harms (1914). Er implantierte einem senilen Meerschweinchenmännchen das Hodengewebe eines jugendlichen Tieres der gleichen Art und konnte kurze Zeit nach dem Eingriff die Wiederkehr von Libido und Potenz feststellen. Der Versuch muß zweifellos als geglückt bezeichnet werden und somit kommt Harms (1914) und nicht Steinach (1920) das Verdienst zu als erster auf die Möglichkeit einer Verjüngung, soweit wir dabei nur die geschlechtlichen Fähigkeiten im Auge haben, hingewiesen zu haben. Ebenso wie bei der Übertragung der Keimdrüsen auf das andere Geschlecht hat auch hier Steinach nur die Versuche seiner Vorgänger erweitert. Er ging dabei von der Annahme aus, daß die Entwicklung des Körpers in weitgehendster Weise durch die Keimdrüsen beeinflußt wird[1]).

Steinach verwendet als Versuchstiere ausschließlich Ratten, sie erreichen in unseren Breiten ein Alter von 27—30 Monaten, die ersten Alterserscheinungen beginnen jedoch schon zwischen dem 18.—23. Monat aufzutreten. Sie äußern sich in Abnahme des Körpergewichtes, Haarausfall am Skrotum und an anderen Hautstellen, Libido und Potenz sind herabgesetzt oder fehlen vollkommen, die Tiere sind faul, teilnahmslos, zeigen wenig Freßlust und putzen sich nur wenig. Die anatomische Untersuchung ergibt Trübung der Augenmedien, Fettlosigkeit des Gekröses, Schlaffheit der Muskulatur. Samenblasen und Prostata machen den Eindruck weitgehender Verkümmerung. Die Hodengröße ist verringert, die mikroskopische Untersuchung zeigt, daß die Mehrzahl der Samenkanälchen verengt ist, nur an ganz vereinzelten Stellen ist noch Spermatogenese zu erkennen, in den meisten Kanälchen ist das Epithel mehr oder weniger stark degeneriert.

---

[1]) Die betreffende Arbeit Steinachs (1920), die zur Zeit der Fertigstellung dieses Referats noch nicht im Druck erschienen war, verdanke ich, ebenso wie eine ganze Reihe anderer Sonderabzüge über das behandelte Gebiet der Liebenswürdigkeit von Herrn Geheimrat Professor Dr. Roux in Halle, dem ich auch hier meinen besten Dank ausspreche.

Die Zwischenzellen sind sowohl hinsichtlich der Zahl als auch hinsichtlich der Größe reduziert. Diese Angabe entspricht allerdings nicht den sonst festgestellten Tatsachen. Es ist eine längst bekannte Erscheinung, daß im alternden Hoden die Zwischenzellen vermehrt erscheinen. Tandler und Groß (1913) bringen mit ihr sogar die bei Greisen häufig zu beobachtende Steigerung des Geschlechtstriebes in Zusammenhang, ich selbst habe früher (Stieve, 1918) darauf hingewiesen, daß diese Vermehrung der Leydigschen Zellen im Greisenhoden wahrscheinlich nur eine relative, durch die starke Verkleinerung des Gesamtorgans, veranlaßt durch den Schwund des generativen Anteiles vorgetäuschte ist.

Angeblich ist bei den alternden Ratten auch der Herzschlag verlangsamt, die Tiere sind dauernd müde, unaufmerksam, mit gekrümmten Rücken laufen sie im Käfig herum und bieten ein Bild des Jammers und Elendes. Haben diese Erscheinungen einen gewissen Grad der Ausdehnung erreicht, dann führen sie rettungslos zum Tode, kein Eingriff kann sie aufhalten. Anders aber bei Tieren, bei denen sich eben erst die ersten Zeichen des Alters bemerkbar machen.

Bei solchen Rattenmännchen wurde die doppelte Unterbindung der samenabführenden Wege ausgeführt, und zwar um die zuführenden Blutgefäße möglichst zu schonen zwischen dem Hoden und dem Kopf des Nebenhodens. Der Erfolg ist gleich gut, ob nun der Eingriff einseitig oder doppelseitig ausgeführt wird, bei fünf Tieren muß der Versuch nach den Angaben Steinachs als geglückt bezeichnet werden[1]).

Schon wenige Tage nach dem Eingriff macht sich große Freßlust bei den Tieren geltend, Hand in Hand damit erholen und erneuern sich die Gewebe. Die frühere leichte Ermüdbarkeit ist verschwunden, die Tiere sind wieder äußerst lebhaft und putzen sich fleißig. Das Haar sproßt und wird wieder glatt und dicht, die frühere „vollständige Indifferenz und Impotenz oder schwaches Interesse wandeln sich in stürmische Leidenschaft und stärkste Potenz".

Wichtig sind die Ergebnisse der histologischen Untersuchung, denen allerdings der Gewohnheit Steinachs entsprechend nur sehr wenige Zeilen gewidmet werden. Sie liefern nämlich das merkwürdige Ergebnis, daß die Unterbindung des Nebenhodens anfänglich zwar eine Atrophie der Kanälchenepithelien im Hoden veranlaßt, die mit einer geringen Vermehrung der Zwischenzellen einhergeht, ihr folgt aber bald eine mehr oder

[1]) Als durch den Eingriff verjüngt bezeichne ich die Ratten der Protokollnummern 9, 3, 62, 31 und 56. Gegebenenfalls ließe sich noch Nr. 41 dazu zählen, obwohl hier die Beobachtungsdauer nur eine sehr kurze ist (35 Tage). Dann beliefe sich die Zahl der verjüngten Männchen auf 6, ist also immer im Vergleich zur Tragweite der Schlüsse, die aus den Versuchen gezogen werden sehr niedrig.

weniger vollständige Regeneration der Kanälchenepithelien, die zur Ausbildung reifer Samenfäden führt. Mit den Erscheinungen der Verjüngung geht also ein neues Aufflackern der Spermatogenese einher, und diese, die neue Vermehrung der Samenzellen muß wohl für alle Veränderungen am Soma verantwortlich gemacht werden. Die beiden senilen Tiere, deren Hoden untersucht wurden, zeigten 5 Wochen bzw. 8 Monate nach der Operation in der großen Mehrzahl der Kanälchen die Spermatogenese in vollem Gange.

Wird die Unterbindung nur einseitig ausgeführt, so hat sie nicht nur im behandelten Testikel sondern auch im anderen das Wiederaufflackern der Spermatogenese zur Folge, in diesem Falle wird nicht nur die Potentia coeundi, sondern auch die Potentia coecandi wieder geweckt. Die Nachkommen solcher Tiere sollen gesund und kräftig sein.

Bei der Ausführung der histologischen Untersuchungen begeht nun Steinach wieder einen groben Fehler, der jedem biologisch denkenden Menschen unverständlich erscheinen muß. Um die Veränderungen, die der senil-atrophische Hoden nach dem Eingriff durchmacht, kennen zu lernen, untersuchte er die Hoden einjähriger Tiere, die sich auf der Höhe der Geschlechtstätigkeit befinden und an denen die nämliche Operation ausgeführt wurde wie an den alternden Individuen Steinachs. Er bedenkt nicht, daß er in beiden Fällen ganz verschiedene Organe vor sich hat, das eine Mal den senil atrophischen Hoden, der nur mehr wenig Kraft zur Regeneration besitzt; das andere Mal das Organ im Stadium der Höchstleistung. Ganz verschieden muß sich bei beiden dieser Einfluß der nämlichen Operation geltend machen.

Wie ich schon anläßlich der Besprechung der von Bouin und Ancel ausgeführten Vasektomien ausführte, besteht die Schädigung des Hodens nach diesem Eingriff zunächst in einer Sekretstauung, diese wirkt durch den von ihr ausgehenden Druck atrophierend auf die Epithelien, die zurückgehaltenen Samenfäden werden resorbiert, viele spezifische Nukleine gelangen so in den Kreislauf und bewirken so die bekannte Steigerung des Geschlechtstriebes. Erst wenn die Spermatogenese zum Stillstande gekommen ist, und alles Sekret resorbiert wurde, hört der Druck auf die Epithelien auf, es kann zu einer Regeneration kommen.

Anders im senilen Hoden. Hier ist die Sekretstauung keine beträchtliche, sie genügt aber offenbar um so viel Nukleine in den Kreislauf zu bringen, daß die Spermatogenese neu angeregt wird. Die meisten Epithelien sind ohnehin atrophisch, bei ihnen genügt der schwache Reiz, der durch die Stauung des wenigen Sekretes bedingt ist gerade zur Anregung der Tätigkeit. Im senilen Hoden wird also die Regeneration des Samenepithels weit früher eintreten als im vollfunktionierenden, wo sie erst nach einer anfänglichen starken Rückbildung möglich ist. Die geringe Vermehrung der Zwischenzellen ist, wie Kyrle gezeigt hat, ja nur die Vorbereitung des ganzen Organes auf die Regeneration der Epithelien, sie ist im senilen Hoden zumeist ohnehin schon vorhanden.

Wenn also bei geschlechtsreifen Tieren das Epithel der Samenkanälchen schon 3 Monate nach der Vasektomie zu regenerieren beginnt, so können wir annehmen, daß das gleiche Ereignis beim senilen Hoden schon wenige Tage nach der Operation eintritt. Mit dieser Erscheinung hängt zweifellos das Wiedererwachen des Geschlechtstriebes und die ganzen anderen Veränderungen zusammen, die sich am Körper des behandelten Tieres beobachten lassen. Nebenbei bemerkt sind diese Angaben ein Gegenbeweis gegen die oben besprochene, hauptsächlich von Bouin und Ancel vertretene Anschauung, daß durch die Unterbindung des Vas deferens der ganze generative Anteil des Hodens vernichtet werde.

Dabei muß noch besonders auf einen Umstand hingewiesen werden, auf den auch Poll (1920) aufmerksam macht. Nach den eigenen Angaben Steinachs war bei keinem der verjüngten Rattengreise die Spermatogenese wirklich vollkommen erloschen, in den Hoden aller daraufhin untersuchten Tiere fanden sich vielmehr noch zahlreiche Kanälchen, die mit reifen Samenfäden erfüllt waren, wie besonders deutlich auch auf Abb. 1, Taf. VIII (l. c.) zu erkennen ist. Vollkommene Sterilität lag also bei keinem der Versuchstiere vor, durch den Eingriff selbst wurde niemals die ganz erloschene Samenbildung neu angeregt, sondern nur der ganze Vorgang gesteigert, und zwar sowohl im behandelten, als auch bei einseitiger Unterbindung im unbehandelten Hoden. Von einer Heilung der Impotenz kann also, selbst wenn die Versuche mit brünstigen Weibchen, auf deren höchst zweifelhaften Wert gleichfalls Poll (1920) hinweist, ein solches Verhalten zu beweisen scheinen, nicht gesprochen werden. Wir wissen ja, daß auch im Hoden des menschlichen Greises die Spermatogenese fast nie ganz zum Stillstand kommt, Bertholet (1909) fand noch im Hoden 90jähriger Männer reife Samenfäden in großer Menge. Die Impotenz des Menschen ist ja überhaupt gewöhnlich nicht durch den Stillstand der Samenbildung, sondern durch ganz andere Ursachen bedingt, so besonders durch nervöse oder allgemeine Schwäche. Dementsprechend wurde durch die Samenstrangunterbindung die Spermatogenese nur zu stärkerer Tätigkeit angeregt, neu belebt, nicht aber nach erfolgtem Stillstand wieder neu in Gang gebracht.

Die Folgen dieser Neubelebung der Spermatogenese sind am Soma deutlich wahrzunehmen, das Haarkleid gedeiht wieder in üppiger Fülle, die trüben Augenmedien hellen sich auf, die Muskulatur erstarkt, der Geschlechtstrieb stellt sich in alter Stärke wieder ein. Bei einseitig ausgeführter Unterbindung kommt, wie schon erwähnt, auch im nicht operierten Hoden die Spermatogenese wieder in Gang, die Tiere werden wieder zeugungsfähig und die auf diese Art erzielten Nachkommen sind gesund und kräftig.

Nach einiger Zeit stellen sich die Erscheinungen des Alters von neuem ein und führen dann sehr rasch zum Tode. Aber auch in diesem Falle kann das Senium noch aufgehalten werden, wenn dem Tier die Hoden eines jugendlichen Individuum implantiert werden. Wie oft sich dieser Vorgang wiederholen läßt, konnte noch nicht festgestellt werden, desgleichen kann Steinach keine Angaben darüber machen, ob durch die Verjüngung das Leben tatsächlich verlängert wird[1]).

Bei anderen Ratten wurde die Verjüngung dadurch erreicht, daß in der gleichen Weise, wie dies schon Harms ausgeführt hatte, in den Körper des alternden Männchens die Hoden eines jungen Tieres übertragen wurden. Der Erfolg war der nämliche, wie ihn Harms schildert.

Auch bei alternden Weibchen soll sich eine Verjüngung erzielen lassen, und zwar entweder durch Röntgenisation der Ovarien oder dadurch, daß die Eierstöcke eines jungen Tieres, am besten eignen sich dazu die Ovarien von 4 Monate alten Weibchen, implantiert werden. Ihre Anwesenheit im Körper regt die eigenen senilen Keimdrüsen zu erneuter Tätigkeit an, Primordialeier beginnen zu wachsen, es bilden sich neuerdings Bläschenfollikel und gelbe Körper und gleichzeitig vollziehen sich am Soma die nämlichen Veränderungen, die bei Männchen beobachtet wurden. Auch hier gehen also die Erscheinungen der Verjüngung mit einem Wachstum der Follikel, mit einer Vermehrung der Follikelepithelzellen einher und auch diese Tatsache spricht für die inkretorische Funktion dieser Zellen.

Ganz allgemein möchte ich zu den Versuchen, mögen sich ihre Ergebnisse nun in der Folgezeit bestätigen oder nicht, bemerken, daß das Altern eine Erscheinung ist, die den ganzen Körper gleichmäßig betrifft, sie beruht auf einer Abnützung aller Organe, nicht nur auf einer Atrophie der Keimdrüsen. Durch eine Wiederbelebung der Spermatogenese oder der Ovulation können vielleicht die Alterserscheinungen vorübergehend unterdrückt, besser gesagt verwischt werden, da augenblicklich der von den Keimdrüsen ausgehende Reiz alle anderen Lebensvorgänge übertönt, doch diese Besserung ist nur eine vorübergehende, sie führt zu einer überraschen Abnützung aller Organe, die dann, wie ja die Versuche deutlich genug zeigen, zu einem sehr raschen Zerfall hinleiten.

---

[1]) An einer Stelle der Arbeit wird allerdings angegeben, daß eine verjüngte Ratte 40 Monate alt wurde, also wesentlich älter als dies dem Durchschnitt entspricht.

Schon dieser Umstand allein läßt die Anwendung der Verjüngung beim Menschen äußerst gewagt erscheinen. Sie wurde bisher dreimal durch Lichtenstein bei Männern ausgeführt, und zwar „absichtlich ohne Wissen der Patienten“, um eine suggestive Beeinflussung auszuschließen. Auf die rechtliche Seite dieser Angelegenheit will ich hier nicht eingehen, ich selbst würde mich nie den Händen eines Chirurgen ausliefern, der anläßlich einer harmlosen Operation zu Versuchszwecken ohne Wissen des Behandelten beide Vasa deferentia unterbindet, also die völlige Sterilisation ausführt.

Der erste mitgeteilte Fall betrifft einen 44jährigen, früh gealterten Mann mit doppelseitiger Hydrozele, die heftigste Hodenschmerzen verursachte. Die Hydrozele wird beseitigt und gleichzeitig die doppelseitige Unterbindung des Vas deferens, also die völlige Sterilisation ohne Wissen des Behandelten ausgeführt!!! 2—3 Monate nach der Operation beginnt sich der Mann zu erholen, nach 4—5 Monaten kann er bereits als Schwerstarbeiter Verwendung finden. Die Potenz, die früher vollständig erloschen war, erwacht von neuem, Kopf- und Barthaar sprossen rascher. Trotz der schlechten Kriegsernährung beträgt die Gewichtszunahme innerhalb eines Jahres 12 kg.

Die einfachste Erklärung des Falles ist wohl die, daß durch Beseitigung der Varikozele die Gesundung des Patienten bewirkt wurde, der Druck, der zur Atrophie der Hoden führte, ist verschwunden, die starken Schmerzen kommen in Wegfall und damit ist das Wiedererwachen der Potenz und die Hebung des Allgemeinbefindens zu erklären.

Der zweite Fall betrifft einen 71jährigen Mann. Er leidet an einem schweren Hodenabszeß, der die völlige Entfernung des linken Hodens nötig macht. Gleichzeitig wird rechterseits die Unterbindung des Samenstranges ausgeführt. Der Kranke ist nach der Operation entfiebert, die Wunden heilen glatt. Kurze Zeit später tritt eine erhebliche Besserung des Allgemeinbefindens ein, die früheren Alterserscheinungen schwinden, die seit 8 Jahren erloschene Potenz kehrt wieder zurück, der Hunger ist ungeheuer gesteigert, das Haupthaar und der Bart wachsen rascher. Auch in diesem Falle ist nicht auszuschließen, daß die Besserung nicht durch die Beseitigung des Abszesses bedingt ist, wir sehen ja sehr häufig nach schweren Infektionskrankheiten eine sehr erhebliche Besserung des Allgemeinzustandes, weit über die vor der Erkrankung vorliegenden Verhältnisse hinaus, eintreten.

Der dritte Fall endlich betrifft einen 66jährigen Mann, der seit 5 Jahren an zunehmender Prostatahypertrophie und an Alterserscheinungen leidet. Seit einem halben Jahre besteht vollkommene Harnverhaltung, der Urin kann nur mittels des Katheters entleert werden. Als Folge dieser Erkrankung nimmt das Körpergewicht dauernd ab, der Patient leidet an Depressionszuständen.

Am 12. November 1919 wird die Prostata entfernt, die Wundheilung ist eine äußerst träge. Am 21. Januar 1920 wird hierauf beiderseits die Unterbindung des Vas deferens ausgeführt, vier Wochen später tritt wesentliche Besserung des Allgemeinbefindens ein, bald verschwinden die Alterserscheinungen, die Libido stellt sich wieder ein, die Potenz steigert sich zu einer Höhe „wie zur Jugendzeit“, das Aussehen ist blühend.

Was dem anatomisch gebildeten Leser dieser Schilderung besonders auffällt, ist der Umstand, daß 6 Wochen nach der Entfernung der Prostata noch die Unterbindung der Vasa deferentia ausgeführt wird. Es ist aber doch bekannt, daß bei der Prostatektomie fast immer die Vasa deferentia durchschnitten oder durchrissen werden müssen, sie heilen nie wieder zusammen, die Operation kommt also der Vasektomie vollkommen gleich. Es ist weiterhin selbstverständlich, daß in diesem Falle die Besserung einzig allein durch die Entfernung der Prostata erklärt werden muß, das lästige Katheterisieren kommt in Wegfall und mit ihm alle die anderen störenden Erscheinungen, die mit der Hypertrophie der Prostata verbunden sind.

Auch Payr (1920) weist darauf hin, daß die Entfernung der vergrößerten Prostata ein tatsächlich „oft wunderbar verjüngender Eingriff ist; er vermag vorzeitiges begonnenes Senium aufzuhalten, schon ausgesprochenes zu mildern“.

Der Eingriff bedingt zunächst die völlige Beseitigung der Harnstauung und befreit den Behandelten augenblicklich von großen Schmerzen, die Harninfektion kommt in Wegfall, das schmerzhafte Katheterisieren ist überflüssig, die Nachtruhe kehrt wieder. In vielen Fällen läßt sich auch eine starke Herabsetzung des vorher oft erheblich gesteigerten Blutdruckes feststellen, sehr häufig wurde auch eine Änderung in der Geschlechtstätigkeit beobachtet, die bis dahin vollkommen erloschene Potenz kehrt wieder, wie Payr angibt, „manchmal sogar in zu reichlichem Maße“. „Die geistige Frische, das wiederkehrende Gedächtnis, die neu gewonnene Spannkraft, Arbeitslust und -freude, Gewichtszunahme und erhöhte Muskelkraft können oft von den Patienten nicht genug gerühmt werden“.

Payr nimmt nun an, daß die Prostatektomie eine modifizierte Steinachsche Operation darstelle, da eben bei der Entfernung der Vorsteherdrüse die Ductus ejaculatorii in der Regel durchtrennt werden und nicht mehr zusammenheilen. „In praxi macht also die Prostatektomie die Verschließung der abführenden Samenwege, nur nicht plötzlich, im Sinne Steinachs ohne jede Schädigung der Ernährung von Hoden oder Nebenhoden — nur an anderer, peripher gelegener Stelle.“

Es fragt sich nun lediglich, ob die im Anschluß an die Entfernung der Prostata eintretende Besserung des Allgemeinbefindens wirklich die Folge der Samenstrangunterbindung oder aber die der eigentlichen Prostatektomie ist. Nur der von Steinach angeführte Fall, in dem der günstige Erfolg des Eingriffes anfangs ausblieb und erst nach der Vasektomie in Erscheinung trat, deutet auf die Richtigkeit der ersten Annahme hin. Da hier aber der Beweis, daß bei der Entfernung der Prostata die Vasa deferentia erhalten blieben, nicht erbracht wurde, so muß der Fall als Beleg für die Wirkung der Steinachschen Operation in Wegfall kommen.

Es besteht also nicht der geringste Grund dafür, anzunehmen, daß der Erfolg der Prostatektomie in der Durchtrennung der Vasa deferentia begründet ist. Auch Payr erwähnt merkwürdigerweise gar nicht, daß niemals eine gesunde, sondern eben nur eine erkrankte Prostata entfernt wird, der Eingriff befreit den gewöhnlich sehr alten Patienten von quälenden Beschwerden, der operierte Mann wird wieder gesund. Wir sehen dann nach der Prostatektomie die nämlichen Erscheinungen auftreten, wie wir sie auch nach der Heilung anderer Krankheiten beobachten können, nach Entfernung bösartiger, zur Kachexie führender Geschwülste und besonders auch, wie schon erwähnt, nach akuten Injektionskrankheiten.

Während ihres Bestehens ist auch die Potenz gewöhnlich erloschen, sei es wegen der allgemeinen Schwäche des befallenen Wesens, sei es wegen der oben besprochenen, unmittelbar nachweisbaren Schädigungen des Keimgewebes. Mit der Gesundung tritt auch eine Regeneration des Keimgewebes ein und Hand in Hand damit beginnt die Geschlechtstätigkeit von neuem zu erwachen. Bisher hat man diese, nach Krankheiten zu beobachtenden Gesundungsvorgänge ganz allgemein als „Rekonvaleszenz" bezeichnet. An der Stelle dieses Ausdruckes mag man ruhig die Bezeichnung „Verjüngung" setzen. Sie ist durch die Genesung des Gesamtkörpers und nicht durch die Vermehrung der Zwischenzellen bedingt.

Eine Massenzunahme, vielleicht auch eine zahlenmäßige Vermehrung der Leydigschen Zellen im Hoden besteht zweifellos während der Krankheit selbst, sie geht bei der Regeneration des Keimgewebes zurück, außerdem kommt sie bei den in der Wärme gehaltenen Tieren (Steinach und Kammerer, 1920) und schließlich am sinnfälligsten im Hoden von Trinkern zur Beobachtung.

Wenn nun, wie Steinach und seine Anhänger dies annehmen, die „Verjüngung" einzig und allein durch die Massenzunahme der Zwischenzellen, „durch die Vergrößerung der alternden Pubertätsdrüse" bedingt ist, warum schickt man die Greise nicht einfach in die Tropen oder läßt sie überreichliche Mengen von Alkohol zu sich nehmen? In beiden Fällen wird ja der nämliche Erfolg wie durch die Unterbindung der Vasa deferentia erzielt und besonders die letzte Form der „Verjüngung" böte doch, hauptsächlich vom Standpunkt des Greises betrachtet gegenüber dem operativen Eingriff gewisse Annehmlichkeiten.

Gerade ein Vergleich mit den im Versuch gewonnenen Erfahrungen, durch die wir wissen, daß eine Vermehrung der Zwischenzellen infolge von Allgemeinschädigungen zweifellos eintritt, ohne eine verjüngende Wirkung zu erzielen, lehrt uns deutlich, daß für die Besserung des Allgemeinbefindens, die bei Ratten festgestellt wurden — und zwar nur bei diesen, denn die Erscheinungen beim Menschen waren stets durch die Heilung einer Krankheit bedingt — nur die Neubelebung der Spermatogenese, die verstärkte Tätigkeit der Samenzellen, die Kranken und Trinkern fehlt, verantwortlich gemacht werden kann.

Die Erfolge der Steinachschen „Verjüngungsversuche" sind in der Tagespresse reichlich angepriesen worden und zwar vielfach in einer Art, wie sie sonst in der wissenschaftlichen Forschung nicht üblich ist. Zudem darf nicht verhehlt werden, daß die Steinachschen Schilderungen den, der die einschlägige Literatur kennt, nicht zu begeistern vermögen. Sie erinnern zum Teil wörtlich an die begeisterten Schilderungen, die Brown Séquard von den Erfolgen seiner Hodenextraktinjektionen gibt, sie erinnern noch mehr an die rührige Anpreisung, die Poehl seinem „Sperminum" angedeihen ließ, beide Versuche haben ja einer eingehenden Prüfung nicht standgehalten.

Was die Ausführung der Operation beim Menschen betrifft, so hat die doppelseitige Unterbindung des Vas deferens, falls sich die Steinachschen Angaben wirklich bewahrheiten sollten, in erster Linie eine Steigerung des Geschlechtstriebes zur Folge, die ja, da die Fakultas coecandi unmöglich ist, nur als Störung empfunden werden kann. Wird aber durch die einseitige Unterbindung auch die Fähigkeit Nachkommen zu zeugen wieder geweckt, so sind gegen ein solches Vorgehen vom rassenhygienischen Standpunkt die schwersten Bedenken geltend zu machen. Die Kinder alter Eltern sind an und für sich meist schwächlich, was für Nachkommen müssen da erst einem Hoden entstammen, der nach langanhaltender Degeneration nur durch einen künstlichen Eingriff zu erneuter Tätigkeit aufgepeitscht wird!

Aber noch andere Bedenken machen sich geltend, die den Erfolg der ganzen Sache zweifelhaft erscheinen lassen. Die doppelseitige Unterbindung des Vas deferens wurde ja beim alternden Menschen schon sehr häufig ausgeführt, und zwar zur Heilung der Prostatahypertrophie. Es hat sich aber herausgestellt, daß sie auf diese Krankheit ohne Einfluß ist, auch eine „verjüngende Wirkung“ wurde bei den behandelten Männern, falls nicht die Prostata gleichzeitig mit entfernt wurde, niemals beobachtet. Desgleichen wird fast bei jeder Prostatektomie die doppelseitige Durchreißung des Vas deferens ausgeführt, die hierbei manchmal festgestellte „verjüngende Wirkung“ beruht aber wie oben besprochen nur auf der Heilung der Krankheit.

Beim Weibe wird schließlich die Röntgenisation der Ovarien schon seit langer Zeit zur Heilung schwerer Uterusblutungen vorgenommen, und zwar mit sehr gutem Erfolg. Die Beseitigung der Beschwerden, der Wegfall des starken Blutverlustes hat auch hier eine starke Besserung des Allgemeinbefindens zur Folge, von einer Verjüngung im Steinachschen Sinne haben sachlich urteilende Beobachter noch nie berichtet.

Die angeführten Tatsachen zeigen deutlich genug, daß wir uns von einer Verjüngung beim Menschen nicht viel erwarten dürfen. Ob sich die an einer geringen Zahl von Ratten beobachteten Erscheinungen auch anderwärts feststellen lassen, bleibt abzuwarten. Wichtig für die hier angeführten Betrachtungen ist nur die Tatsache, daß die Veränderungen am Soma durch ein Wiederaufleben der Spermatogenese veranlaßt sind, sie bilden einen neuen Beleg dafür, daß die Inkretion der Hoden von den Samenzellen, nicht von den Zwischenzellen ausgeht.

Payr (1920) macht nun noch darauf aufmerksam, daß es beim Menschen im Anschluß an die Unterbindung der samenableitenden Wege in vielen Fällen zu recht bedenklichen Nebenerscheinungen kommt, die nach meinem Dafürhalten ohne weiteres die Ausführung der Operation, besonders wenn sie „ohne Wissen des Behandelten“ geschieht, verbieten. Häufig trat nach dem Eingriff rapider, durch nichts aufzuhaltender Verfall der Kräfte ein, körperliche und geistige Erschöpfung und häufig auch schwere Geistesstörungen, diese „Nebenerscheinungen“ führten bei einer ganzen Reihe der Behandelten sogar rasch zum Tode, der Eingriff bewirkte also gerade das Gegenteil von einer Verjüngung.

Socin-Burckhardt (erwähnt nach Payr) betont zudem, daß im Anschluß an die Entfernung der Prostata und die Durchreißung der Vasa deferentia bei den Behandelten ein auffallend rasches Altern zu beobachten war.

Nach alledem läßt sich sagen, daß die Steinachsche Operation beim Menschen eher schädlich als nützlich zu wirken scheint. Aber auch bei Tieren muß ihr Erfolg als höchst zweifelhaft bezeichnet werden, wenn wir die letzten Angaben von Harms (1920) berücksichtigen. Er gibt zunächst einen ausführlichen Bericht über seinen früher vorgenommenen Verjüngungsversuch, aus dem deutlich zu ersehen ist, daß die von ihm vorgenommene

Übertragung der Hoden eines jungen Meerschweinchens auf ein alterndes Männchen eine Art von Verjüngung, vielleicht sogar eine Verlängerung des Lebens bedingte.

Des weiteren betont Harms, daß sich der nämliche Erfolg, den Steinach durch die Unterbindung des Vas deferens erzielte, auch dadurch erreichen läßt, daß bei einem im Anfangszustand des Alterns stehenden Tiere ein Hoden in die Bauchhöhle geschoben und dort befestigt wird. Im Anschluß daran kommt es gleichfalls zu einer Vermehrung der Zwischenzellen im Hoden und zu Verjüngungserscheinungen am ganzen Körper. Dieser künstlich erzeugte Kryptorchismus bedingt eben gleichfalls eine Zurückhaltung der Samenzellen und hat infolgedessen die gleiche Wirkung wie die Vasektomie.

Bei sehr alten Tieren läßt sich nach Harms die Verjüngung nur durch Einpflanzung einer jugendlichen Keimdrüse erzielen, offenbar sind hier die Hoden nicht mehr zur Neubildung von Samenzellen befähigt.

Der Wert aller dieser Versuche erscheint aber doch äußerst zweifelhaft, wenn wir berücksichtigen, daß Harms auch bei greisen Tieren, an denen kein Eingriff vorgenommen wurde oft eine Verjüngung für eine gewisse Zeit beobachten konnte, für die sich keine äußere Ursache feststellen ließ. Solange wir aber über diese Tatsache nicht ganz ins klare gekommen sind, ist es überflüssig sich über den Wert der Verjüngungsoperationen zu unterhalten, da es sich ja nie ausschließen läßt, daß nicht gerade bei dem behandelten Tier eine selbstständige Verjüngung eingetreten wäre.

Es mag ja überhaupt noch dahingestellt bleiben, ob die an Tieren gewonnenen Befunde sich ohne weiteres auch auf die beim Menschen obwaltenden Verhältnisse übertragen lassen. Denn gerade beim Menschen spielen ja die vom Nervensystem ausgehenden, seelischen Einflüsse bei der Geschlechtstätigkeit eine große Rolle, während ihre Bedeutung beim instinktiven Handeln des Tieres mehr oder weniger in Wegfall kommt. Im Gegensatz zu tierischen Kastraten ist der menschliche Kastrat hinsichtlich seines psychischen Verhaltens niemals vollkommen asexuell, sondern er besitzt, wie ja besonders die Beobachtungen an Skopzen lehren stets noch eine gewisse Neigung zum andern Geschlecht, in vielen Fällen sogar einen mehr oder weniger stark ausgebildeten Geschlechtstrieb, ja manchmal ist der menschliche Kastrat sogar noch zu aktiver geschlechtlicher Betätigung befähigt. Diese Tatsachen dürften wohl genügen um zu zeigen, daß beim Menschen ein lokaler Eingriff, selbst wenn er die alternden Keimdrüsen nochmals zu vorübergehender Tätigkeit anregen könnte, nicht imstande sein kann, die Leidenschaften wie in der Jugend zu wecken, ganz abgesehen davon, daß er ja niemals das Altern des ganzen Körpers aufzuhalten vermag.

Und noch ein Umstand ist bei diesen Versuchen zu bedenken, der ihre Anwendung auf den Menschen besonders gewagt erscheinen läßt. Zweifellos bestehen ja gewisse Wechselbeziehungen zwischen den Keimdrüsen und dem Gesamtorganismus, dergestalt, daß eine starke Tätigkeit der Keimdrüsen stets eine erhebliche Menge von Nährstoffen für sich beansprucht, die dem übrigen Körper entzogen wird. So sehen wir in der Pubertät mit der Entwicklung der Keimdrüsen das Körperwachstum zum Stillstand kommen, tritt dagegen bei jugendlichen Frauen Schwangerschaft ein, durch die ja die Entwicklung der Ovarien vorübergehend gehemmt wird, so setzt wieder erneutes, stärkeres Wachstum ein, obwohl sicherlich eine große Menge von Nährstoffen durch den wachsenden Embryo und die Gebärmutter verbraucht werden.

Reichlicher Fettansatz erfolgt nach Entfernung der Keimdrüsen, bzw. bei Tieren außerhalb der Geschlechtsperiode. Besonders sinnfällig kommen ja diese Wechselbeziehungen gerade bei Tieren mit zyklischem Ablauf der Brunst zur Geltung, bei denen die Keimdrüsen in der Fortpflanzungszeit zweifellos auf Kosten des übrigen Soma ihre Tätigkeit entfalten.

Alle diese Tatsachen zwingen zu dem Schluß, daß die Ovarien und besonders auch die Hoden die zum Aufbau der spezifischen Keimzellen nötigen Stoffe dem übrigen Körper entziehen, und zwar in einer Menge, die weit beträchtlicher ist als es das gegenseitige Größenverhältnis von Keimdrüsen und Körper vermuten läßt.

Im Alter sind die Stoffwechselvorgänge im ganzen Körper herabgesetzt, alle Organe arbeiten nicht mehr so lebhaft wie früher, der Darmkanal ist nicht mehr zur Verarbeitung großer Nahrungsmengen befähigt. Die Keimdrüsen erfahren eine weitgehende Rückbildung, die schließlich zum völligen Erlöschen ihrer Tätigkeit führt, während die übrigen Organe noch weiter ihre Tätigkeit verrichten, zwar nicht mit der gleichen Lebhaftigkeit wie früher, aber doch noch so, daß der Organismus als ganzes erhalten bleibt.

Werden nun durch irgend einen Eingriff die alternden Keimdrüsen zur erneuten Tätigkeit aufgepeitscht, oder werden junge, wenn ich mich so ausdrücken darf, anspruchsvolle Keimdrüsen in den Körper verpflanzt, so tritt offenbar ein Mißverhältnis in den gesamten Stoffwechselvorgängen ein, indem Ovarien oder Hoden mehr Nährstoffe benötigen, als dies dem ganzen Haushaltungsplan des alternden Organismus entspricht. Als Folge davon werden auch die Organe des Stoffwechsels, besonders der Magendarmkanal zu erneuter stärkerer Tätigkeit angeregt, der ganze Körper wird noch einmal zu einer außergewöhnlichen Leistung gezwungen, durch die aber seine Leistungsfähigkeit, die unter gewöhnlichen Verhältnissen noch lange hätte fortbestehen können, rasch erschöpft wird. Tritt dieser Zeitpunkt ein, so verfällt der ganze Organismus außergewöhnlich rasch, er geht im „akuten Senium" zugrunde, da eben alle Organe völlig erschöpft wurden und auch nicht mehr zu dem Leben befähigt sind, wie es sonst im Greisenalter besteht. Auf eine kurze Zeitspanne der „Verjüngung", die nichts anderes ist als eine unnatürliche Aufpeitschung jugendlicher Triebe und eine Veränderung des ganzen Stoffwechsels folgt ein um so rascherer Verfall.

Sollten also wirklich jemals „Verjüngungsversuche" im Sinne Steinachs auch beim Menschen gelingen, der Beweis, daß dies möglich ist, konnte bisher noch nicht erbracht werden, so haben wir stets damit zu rechnen, daß ebenso wie bei den Ratten auf den Zeitabschnitt der neugeweckten Jugendtriebe schon nach kurzer Dauer ein Verfall der Kräfte erfolgt, der in kürzester Zeit zum Tode führt, oder aber, daß wie die oben angeführten Beispiele zeigen, der Verfall auch schon vor der Verjüngung eintritt, da der alternde Körper nicht imstande ist den Ansprüchen der zu neuer, stärkerer Tätigkeit angeregten Keimdrüsen zu genügen.

Zusammenfassung.

In den Keimdrüsen beider Geschlechter finden sich bei den höheren Wirbeltieren große Zellen, die aus den spindelförmigen Gebilden des Bindegewebes entstehen. Ihr Plasmaleib zeigt die verschiedensten Formen und ist mit Pigment oder mit Granulis angefüllt, die sich bei Osmiumsäurebehandlung schwärzen. Diese Zellen, die Zwischenzellen, entstehen schon ziemlich früh, während der Embryonalentwicklung, und sind zu gewissen Zeiten des Fötallebens in großer Menge vorhanden, ihre Zahl nimmt bis zur Pubertätszeit gleichmäßig ab, erfährt aber unmittelbar vor der Geschlechtsreife zumeist eine leichte Vermehrung.

Diesen Zwischenzellen sind die eigentlichen Keimzellen gegenüber zu stellen, die in der frühen Embryonalzeit aus dem Keimepithel entstehen. Sie bilden zunächst große Zellen, bei denen in der weiteren Entwicklung eine Sonderung, eine Arbeitsteilung eintritt. Ein Teil von ihnen gestaltet sich zu den eigentlichen Keimzellen um, also im Ovar zu den Ureiern, im Hoden zu den Ursamenzellen, der andere Teil dient zur Ernährung der spezifischen Geschlechtszellen, er bildet im Eierstock die Follikelepithelzellen, im Hoden die Sertolischen Zellen.

Im Hoden findet nach der Geschlechtsreife bis zum Greisenalter fortdauernd eine Neubildung von Samenzellen statt, bei Arten mit zyklischem

Ablauf der Brunst allerdings nur in bestimmten Zeiten des Jahres. Die nämlichen Verhältnisse finden wir auch im Ovar bei den Weibchen verschiedener niederer Tierarten, auch bei ihnen kommt es noch beim ausgewachsenen Lebewesen kurz nach der Beendigung der eigentlichen Fortpflanzungstätigkeit zu einer mehr oder weniger starken Vermehrung der Oogonien. Im Gegensatz dazu haben die eigentlichen Eizellen bei den höheren Tierarten, insbesondere bei den Säugetieren und Vögeln, wahrscheinlich auch bei den Reptilien ihre Teilungsfähigkeit unter physiologischen Verhältnissen verloren, die ganze Menge der Eier, die während des späteren Lebens zur Ablage kommen können, wird hier während eines verhältnismäßig kurzen Abschnittes des Embryonallebens gebildet, nach dieser Zeit haben die eigentlichen Keimzellen die Teilungsfähigkeit verloren, sie sind nur noch mit einer außergewöhnlichen Wachstumsenergie begabt, die sie befähigt große Mengen von Nährstoffen in ihrem Plasmaleib aufzuspeichern. Nur die Follikelepithelien, die ja gleichfalls aus dem Keimepithel entstanden sind, also entsprechend abgeänderte Keimzellen darstellen, denen lediglich die Aufgabe zukommt die eigentlichen, zur Fortpflanzung bestimmten Keimzellen zu ernähren, behalten während des ganzen Lebens ihre Teilungsfähigkeit bei.

Was nun die inkretorische Tätigkeit der Keimdrüsen betrifft, so haben wir einerseits einen geschlechtsspezifischen, andererseits einen das Wachstum regelnden Einfluß zu unterscheiden. Dieser wird von den Keimdrüsen beider Geschlechter in gleicher Weise ausgeübt und bedingt den Abschluß des Knochenwachstums und dadurch die Ebenmäßigkeit des Körperbaues. Kommt er in Wegfall, so zeigen besonders die langen Röhrenknochen der Gliedmaßen ein außergewöhnliches Wachstum. Der geschlechtsspezifische Einfluß der Keimdrüsen macht sich in der Ausbildung der sekundären Geschlechtsmerkmale geltend, wahrscheinlich erfolgt unter seiner Einwirkung auch schon in der frühesten Zeit des Embryonallebens die geschlechtsspezifische Bildung der keimleitenden und der Begattungsorgane. In jedem Falle aber ist bei den höheren Lebewesen die Entwicklung des Körpers schon im intrauterinen und präpuberalen Leben eine geschlechtlich differenzierte, schon hier machte sich am Körperbau der verschiedene Einfluß der Keimdrüsen deutlich geltend, wenngleich die eigentliche Ausbildung der sekundären Geschlechtsmerkmale erst während und nach der Pubertät erfolgt.

Werden bei einem höheren Lebewesen beide Keimdrüsen entfernt, so machen sich als Folge des Eingriffes Veränderungen am Körper geltend, sie sind verschieden bei beiden Geschlechtern, verschieden je nach dem Alter, in dem der Eingriff erfolgt.

Die präpuberale Kastration verzögert den normalen Abschluß des Knochenwachstums, sie verhindert außerdem die Ausbildung der sekundären Geschlechtsmerkmale. Infolgedessen ähneln sich die Kastraten beider Geschlechter bei den meisten Arten mehr als die voll ausgebildeten Geschlechtsformen. Es ist aber falsch, diese Kastratenform, so wie dies Tandler und Groß, sowie Kammerer tun, als dritte Artform den beiden Geschlechtsformen gegenüber zu stellen, es handelt sich bei ihr vielmehr um eine krankhafte, durch den Ausfall des wachstumsregulierenden Keimdrüseninkretes bedingte Bildung, die wir ebensowenig als besondere Artform unterscheiden dürfen, wie die bei Dysfunktion oder Fehlen der Schilddrüse entstehenden Bildungen, die sich gleichfalls in beiden Geschlechtern ähnlich sein können.

Die postpuberale oder Spätkastration bedingt bei beiden Geschlechtern Unfruchtbarkeit und das mehr oder weniger rasche Erlöschen des Geschlechtstriebes. Am Körper des Weibes vollziehen sich dabei keine oder nur geringe Veränderungen, nur in besonderen Fällen kommt es noch zur vollen Entwicklung von Merkmalen, die eigentlich dem männlichen Geschlecht zukommen, deren Ausbildung aber offenbar durch die Anwesenheit der weiblichen Drüse unterdrückt wird, ich erinnere hier besonders an das Federkleid und die Sporen mancher Hühnervögel. Beim männlichen Geschlecht bildet sich als Folge der Spätverschneidung gewöhnlich ein Teil der sekundären Geschlechtsmerkmale zurück, der Körper neigt außerdem meist zu außergewöhnlichem Fettansatz. Die Rückbildung betrifft besonders diejenigen Merkmale, deren geschlechtsspezifische Entwicklung während des ganzen postpuberalen Lebens bis zum Senium eine Steigerung erfährt.

Mit den anatomisch nachweisbaren Veränderungen am Körper gehen auch jeweils entsprechende Veränderungen der Seele Hand in Hand, die sich ebenso während wie nach der Pubertät, als auch nach der Kastration deutlich nachweisen lassen. Sie besitzen beim Menschen allerdings eine mehr oder weniger hochgradige Unabhängigkeit von der Anwesenheit der Keimdrüsen, ja sie bewirken bei ihm sogar häufig eine geschlechtsspezifische Entwicklung auch der Kastraten in seelischer Hinsicht, wie ja die an Skopzen ausgeführten Untersuchungen deutlich beweisen.

Mag aber der gestaltende Einfluß der Keimdrüsen auf den Gesamtorganismus bei vielen höheren Arten auch noch so sinnfällig sein, hinsichtlich seiner biologischen Bedeutung tritt er doch erheblich zurück im Vergleiche zu derjenigen Tätigkeit der Gonaden, die als ihre eigentliche bezeichnet werden muß, die Erzeugung der Geschlechtszellen, die zur Erhaltung der Art dienen. Im Vergleiche mit ihr muß der Einfluß auf den übrigen Körper als untergeordnet bezeichnet werden, denn alle in nachweisbarem Abhängigkeitsverhältnis von der Anwesenheit der Keimdrüsen stehenden Merkmale dienen nur dazu, die sinngemäße Vereinigung der beiden verschiedengeschlechtlichen Keimzellen zu vermitteln oder die Brutpflege zu ermöglichen und zu erleichtern.

Offenbar sondern also die Keimzellen ein Hormon ab, das verschieden in beiden Geschlechtern wie sie selbst, am Körper die Ausbildung der sekundären Geschlechtsmerkmale bedingt und außerdem das Knochenwachstum zum Abschluß bringt. Diese letzte Erscheinung kann allerdings auch dadurch hervorgerufen werden, daß in der Zeit der Geschlechtsreife, in der die männlichen Geschlechtszellen eine starke Vermehrung, die weiblichen eine erhebliche Vergrößerung erfahren, dem übrigen Körper ein großer Teil der Nährstoffe entzogen wird und daß nur aus diesem Grunde, nicht aber als Folge der Absonderung eines bestimmten, das Wachstum hemmenden Inkretes, sich die Epiphysenfugen schließen. Wir sehen ja auch sonst, besonders bei Tieren mit periodischer Brunst, daß während der Geschlechtsreife dem übrigen Körper Nährstoffe entzogen werden, und zwar weit mehr als rein der Menge nach zum Aufbau der Keimzellen benötigt werden.

Dabei erscheint der Gedanke, daß die Keimzellen selbst, während ihrer Vermehrung bzw. während ihres Wachstums eine inkretorische Tätigkeit entfalten, keineswegs außergewöhnlich, sehen wir ja auch bestimmte Bakterienarten, besonders Starrkrampf- und Diphtheriebazillen, sich gleichzeitig vermehren und ein den ganzen Körper des erkrankten Lebewesens vergiftendes Hormon absondern.

Die Keimzellen können sich also ebenso wie manche Bakterien verhalten, sie ernähren sich auf Kosten des übrigen Körpers, teilen und vergrößern sich und sondern gleichzeitig ein spezifisches Inkret ab, das seinerseits wieder am Körper die entsprechenden Veränderungen hervorruft. Bei allen niederen Tierarten, bei denen sich überhaupt die Abhängigkeit der sekundären Geschlechtsmerkmale von der Anwesenheit einer Keimdrüse beweisen läßt, — bekanntlich ist dies keineswegs immer der Fall — sind wir ohne weiteres zu dieser Annahme gezwungen. In ihren Keimdrüsen finden sich neben vereinzelten bindegewebigen Elementen nur Keimzellen und Follikelzellen, also umgewandelte Abkömmlinge des Keimepithels, von ihnen muß also die geschlechtsspezifische Wirkung ausgehen, fällt ja auch die Ausbildung der sekundären Geschlechtsmerkmale hier stets mit einer stärkeren Vermehrung oder Vergrößerung der Keimzellen zusammen.

Diese letzte Tatsache läßt sich allerdings auch bei höheren Arten, bei Vögeln und Säugetieren feststellen, auch hier entspricht im intrauterinen sowohl als im postfötalen Leben einer Vermehrung oder Vergrößerung der Keimzellen stets ein Zeitabschnitt der Entwicklung, in dem die sekundären Geschlechtsmerkmale deutlicher zur Ausbildung kommen. Unmittelbar nach der Differenzierung der Keimzellen aus dem Keimepithel, nach der ersten Anlage der Keimdrüsen erfolgt die Differenzierung der keimleitenden Wege zu männlichen oder weiblichen Zeugungsorganen. Dann tritt gewissermaßen eine Ruhepause ein, während ihres Bestehens erfahren weder die Keimzellen selbst eine wesentliche Vermehrung oder Vergrößerung, noch kommen am Körper die Geschlechtsunterschiede deutlicher zur Ausbildung. Dieser Abschnitt der Entwicklung, der bis zur Pubertätszeit dauert, wird häufig unrichtigerweise als die asexuelle Jugendzeit bezeichnet, obwohl sich auch während seiner Dauer am ganzen Körper, nicht nur an den sekundären Geschlechtsmerkmalen mehr oder weniger deutliche sexuelle Verschiedenheiten nachweisen lassen. Sie betreffen die Größe und Form des ganzen Lebewesens, den Knochenbau, die Muskulatur, die Behaarung und besonders auch die seelische Tätigkeit.

Die eigentliche Pubertät ist bei allen höheren Tieren und auch beim Menschen durch eine erhebliche Vermehrung der männlichen Samenzellen, und durch ein stark gesteigertes Wachstum der weiblichen Eizellen gekennzeichnet. Hand in Hand mit ihnen geht am Körper die Ausbildung der sekundären Geschlechtsmerkmale. Es heißt tatsächlich den Dingen Gewalt antun, wollte man hier den ursächlichen Zusammenhang bestreiten.

Sehr deutlich tritt diese Abhängigkeit bei Tieren mit periodischer Brunst in Erscheinung, wo sich die Vorgänge der Geschlechtsreife alljährlich wiederholen, nach der Fortpflanzungszeit aber gewissermaßen wieder der präpuberale Zustand hergestellt wird, während dessen das Tier nicht zur Fortpflanzung befähigt ist. Allerdings wird dieser Zeitabschnitt bei den Weibchen häufig mehr oder minder vollkommen durch die Brutpflege ausgefüllt. Bei allen diesen Arten fällt die alljährliche Ausbildung der sekundären Geschlechtsmerkmale mit einer erheblichen, meist besonders starken Vermehrung der Samenzellen beim Männchen, mit einem raschen Wachstum der Eifollikel beim Weibchen zusammen und tut so deutlich genug den inneren Zusammenhang zwischen beiden Erscheinungen kund.

Beim weiblichen Säugetier spielt außerdem während der ersten Tage der Schwangerschaft die starke Vergrößerung der Epithelzellen der geplatzten Follikel, also der gewucherten abgeänderten Keimzellen eine hervorragende Rolle, die in den späteren Zeiten der Trächtigkeit nur mehr dazu dient, das erneute Heranreifen von Follikeln zu verhindern.

Im Gegensatz zu dieser hohen Bedeutung der Keimzellen kommt den Zwischenzellen der Keimdrüsen nur eine untergeordnete Aufgabe zu. Sie entstehen stets aus den spindeligen Zellen des Bindegewebes und sind dazu bestimmt, die Nährstoffe, die zum Aufbau der Keimzellen benötigt werden, in sich zu speichern.

Im Hoden unterliegt dabei die Gesamtmasse der Zwischenzellen auch bei Tieren mit periodischer Brunst weit geringeren Schwankungen als die der Keimzellen, doch hat eine Vermehrung der Samenzellen stets auch eine geringe Verbreiterung des Zwischengewebes zur Folge. In den Zeiten der Geschlechtsruhe erscheint im Hoden die Menge der Zwischensubstanz relativ am größten, und doch läßt sich während dieser Abschnitte kaum ein Einfluß von seiten der Testikel auf den Körper nachweisen.

Eine stärkere Vermehrung erfahren die Hodenzwischenzellen nur dann, wenn das Keimgewebe sich unter dem Einfluß irgendwelcher äußeren Schädigungen zurückbildet. Derartige krankhafte Vorgänge können durch Druck auf die Testikel, wie beim Kryptorchismus, durch Sekretstauung, wie bei der Unterbindung der samenleitenden Wege, durch den Einfluß der Röntgenstrahlen oder aber als Folge von Allgemeinerkrankungen des Organismus bedingt sein. Alle diese Schädigungen bewirken, daß die hochgradig empfindlichen Keimzellen sich zurückbilden, gleichzeitig vermehren und vergrößern sich die Zwischenzellen, sie stapeln Nährstoffe in sich auf und bereiten so die Regeneration des Keimgewebes vor, die sofort nach dem Aufhören der Schädigung, häufig sogar noch während ihrer Einwirkung einsetzt. Ist aber die Beeinflussung der Hoden eine sehr starke, daß sie zur völligen Rückbildung aller Samenzellen führt, so tritt stets auch eine rasche bindegewebige Entartung aller Zwischenzellen ein.

Aus diesem Grunde gelingt es niemals das Zwischengewebe des Hodens wirklich vollkommen abzusondern, denn solange wir im Hoden noch unversehrte Zwischenzellen nachweisen können sind stets auch noch unversehrte Ursamenzellen vorhanden. Meist findet an einzelnen Stellen des Organes auch noch Samenbildung statt und es läßt sich daher niemals bestreiten, daß nicht von diesen wenigen Zellen diejenige Menge spezifischen Inkretes abgesondert wird, die zur Hervorrufung und Erhaltung der sekundären Geschlechtsmerkmale genügt. Auf jeden Fall wissen wir, daß der Einfluß des Hodengewebes besonders auch bei Transplantaten erlischt, sobald jegliche Spur der Keimzellen untergegangen ist.

Daß die Keimzellen allein zur Erzeugung der sekundären Geschlechtsmerkmale genügen, beweisen uns aber schlagend alle diejenigen Arten, in deren Hoden sich keine Spur von Zwischenzellen nachweisen läßt. Es wäre allerdings möglich, daß im Verlaufe der Phylogenese die Keimzellen der höheren Arten die Fähigkeit zur Absonderung des geschlechtsspezifischen Inkretes verloren und an die Zwischenzellen abgetreten haben. Wahrscheinlich erscheint ein solcher Vorgang aber schon allein aus theoretischen Gründen nicht, denn wie sollte eine Eigenschaft der dem Kanälchenepithel entstammenden Samen und Eizellen auf die Bindegewebselemente übergehen?

Doch wir müssen hier nicht unsere Zuflucht zu theoretischen Betrachtungen nehmen, zeigen uns doch die Tatsachen klar genug den richtigen Sachverhalt. In den vorhergehenden Ausführungen habe ich ja deutlich gezeigt, daß alle bisherigen Untersuchungen nicht imstande waren, eine inkretorische Tätigkeit der Hodenzwischenzellen darzutun, sie zeigen vielmehr durchweg deutlich, daß auch bei den höheren Arten die Absonderung des geschlechtsspezifischen Inkretes von den Keimzellen selbst ausgeht, bzw. von ihren Abkömmlingen den Sertolischen Zellen.

Ebenso liegen die Verhältnisse im Eierstock. Auch in ihm entstehen die Zwischenzellen teils unmittelbar aus den spindelförmigen Gebilden des Stroma, teils aber aus der bindegewebigen Hülle der Follikel, als Thekaluteinzellen bei der Rückbildung der Follikel, wie sie physiologischerweise stets in jedem Ovar stattfindet. In ihnen werden offenbar die beim Untergange der Follikel frei werdenden Nährstoffe gespeichert, um später beim Heranwachsen neuer Primordialeier erneute Verwendung zu finden. Ob in diesen Thekaluteinzellen, so wie dies Bucura (1914) annimmt, der gleichfalls die inkretorische Tätigkeit der Zwischenzellen bestreitet, gleichzeitig eine Speicherung von geschlechtsspezifischem Inkret stattfindet, läßt sich heute noch nicht mit Sicherheit entscheiden. Ich halte einen solchen Vorgang aber nicht für wahrscheinlich, da die Ergebnisse der bisherigen Untersuchungen dafür sprechen, daß das von den Ei und Follikelzellen abgesonderte Hormon sehr rasch an den Körper abgegeben wird, denn seine Wirkung fällt unmittelbar mit dem Wachstum der Follikel zusammen.

Treffen äußere Schädigungen, insbesondere die Folgen von Allgemeinerkrankungen oder die Einwirkung der Röntgenstrahlen die Ovarien, so gehen auch in ihnen fast ausschließlich die Keimzellen selbst zugrunde, während die Zahl der Zwischenzellen, besonders durch die bei der Atresie der großen Follikel in Menge neu gebildeten Thekaluteinzellen stark vermehrt wird. Wir sehen hier also im Grunde genommen den nämlichen Vorgang, den wir im Hoden bei der Einwirkung äußerer Schädigungen beobachten können: Der krankhafte Zerfall der Keimzellen ist von einer Wucherung der Zwischenzellen begleitet. Dadurch wird die Keimdrüse sehr reich an Nährstoffen, die bei der Regeneration zum Aufbau der neu heranwachsenden Keimzellen verwendet werden.

Auch beim Eierstock ist es noch niemals gelungen, die Zwischensubstanz vollkommen von den Ei- und Follikelzellen zu trennen, auch von ihm sehen wir eine inkretorische Wirkung auf den Gesamtorganismus nur so lange ausgehen, wie sich noch unversehrte Follikel in ihm befinden. Auch beim Weib wird also die Absonderung des geschlechtsspezifischen

Inkretes durch die Keimzellen selbst, bzw. ihre veränderten Abkömmlinge, die Follikelepithelien bewirkt.

Den bindegewebigen Zwischenzellen kommt im Hoden wie im Eierstock eine rein ernährende Tätigkeit zu, sie speichern in sich die zum Aufbau der Keimzellen nötigen Stoffe, sie stellen aber nicht eine Drüse mit innerer Sekretion dar.

Schliersee, den 23. September 1920.

Erwähnte Arbeiten.

Abderhalden, E., 1914, Abwehrfermente des tierischen Organismus gegen Körperblutplasma und zellfremde Stoffe, ihr Nachweis und ihre diagnostische Bedeutung zur Prüfung der Funktion der einzelnen Organe. 3. und 4. Aufl., Berlin.

Adachi, S., 1915, Über das Vorkommen doppelt brechender Lipoide in menschlichen Ovarien und Uteris nebst einer Bemerkung über Fettablagerung in denselben Organen. Zentralbl. f. Gynäkologie. Bd. 76.

Aimé, P., 1906, Les cellules interstitielles de l'ovaire chez le cheval. Compt. rend. Soc. Biol. Bd. 58.

Derselbe, 1907, Arch. Zool. expériment. Ser. 4. Bd. 7.

Derselbe, 1908, Figures de division dans les nucléoles des grandes cellules de l'organe de Bidder, chez Bufo calamita. Compt. Rend. Assoc. Anat. 10. Réunion.

Aimé, P., et Champy, Chr., 1909, Les cellules interstitielles de l'organe de Bidder du Crapaud. Compt. rend. Assoc. Anat. 11. Réunion. Nancy.

Dieselben, 1909, Note sur l'ablation de l'organe de Bidder. Compt. rend. Soc. biol. Paris, Bd. 67.

Albers-Schönberg, 1903, Über eine bisher unbekannte Wirkung der Röntgenstrahlen auf den Organismus der Tiere. Münch. med. Wochenschr.

Allen, B. M., 1903, The embryonic development of the ovary and testis of the Mammalia. Biol. Bull. Marin. biol. laboratory Woods Hall Mars. Bd. 5.

Derselbe, 1904, The embryonic development of the ovary and testis of the Mammalia. Amer. Journ. of Anat. Bd. 3.

Derselbe, 1905, The origin of the sex-cords and rete-cords of Chrysemys. Science Bd. 21. N. S.

Derselbe, 1906, The embryonic development of the rete-cords and sex-cords of Chrysemys. Amer. Journ. of Anat. Bd. 5.

Alterthum, E., 1899, Folgezustände nach Kastration und die sekundären Geschlechtscharaktere. Beitr. z. Geburtsh. u. Gynäkol. Bd. 2.

Ammon, O., 1896, L'infantilisme et féminisme au conseil de revision. L'Anthropologie.

Ancel, P., 1902, Histogénèse et structure de la glande hermaphrodite d'Helix pomatica. Archives de Biologie. Bd. 19.

Derselbe, 1903, Les follicules pluriovulaires et le déterminisme du sex. Compt. rend. Soc. Biol. Bd. 55.

Derselbe, 1903, Sur le déterminisme cytosexuelle des gamètes. Période de différenciation sexuelle dans la glande hermaphrodite de Limax maximus. Arch. de Zool. expérimente. Bd. 1.

Ancel, P. et Bouin P., 1903, Recherches sur le rôle de la glande interstitielle du testicule, Hypertrophie compensatrice expérimentale. Compt. rend. de l'Acad. des Scienc.

Dieselben, 1904, L'apparition des caractères sexuels secondaires est sous la dépendence de la glande interstitielle du testicule. Compt. rend. de l'Acad. des Sciences.

Ancel, P. et Bouin, P., 1903, Histogénèse de la glande interstitielle du testicule chez le porc. Compt. rend. Soc. Biol. Bd. 55.

Dieselben, 1904, Sur l'existence de deux sortes de cellules interstitielles dans le testicule du cheval. Compt. rend. Soc. Biol. Bd. 56.

Dieselben, 1904, La glande interstitielle du testicule. Examen critique des essais de vérification expérimentale de son rôle sur l'organisme. Compt rend. Soc. Biol. Bd. 56.

Dieselben, 1904, Sur la glande interstitielle du testicule des mammifères (Réponse a M. G. Loisel). Compt. rend. Soc. Biol. Bd. 56.

Dieselben, 1904, Tractus génital et testicule chez le porc cryptorchide. Compt. rend. Soc. Biol. Bd. 56.

Dieselben, 1904, L'infantilisme de la glande interstitielle du testicule. Compt. rend. l'Acad. des Scienc.

Dieselben, 1904, Sur les relations qui existent entre le dévelopment du tractus génital et celui de la glande interstitielle chez le porc. Compt. rend. d. Assoc. des Anat. Toulouse.

Dieselben, 1908, Rut et corps jaune chez la chienne. Compt. rend. Soc. Biol. Bd. 65.

Dieselben, 1908, Sur la fonction du corps jaune vrai sur l'uterus. Compt. rend. Soc. Biol. Bd. 66.

Dieselben, 1908, Action du corps jaune vrai sur l'uterus. Compt. rend. Soc. Biol. Bd. 66.

Dieselben, 1908, Action du corps jaune vrai sur la glande mammaire. Compt. rend. Soc. Biol. Bd. 66.

Dieselben, 1908, Démonstration expérimentale de l'action du corps jaune sur l'uterus et la glande mammaire. Compt. rend Soc. Biol. Bd. 66.

Dieselben, 1909, Le développement de la glande mammaire pendant la gestation est déterminé par le corps jaune. Compt. rend. Soc. Biol. Bd. 67.

Dieselben, 1911, Recherches sur les fonctions du corps jaune gestatif. Journ. de Physiol. et de la Pathologie générale. Bd. 13.

Dieselben, 1911, Sur l'existence d'une glande myométriale endocrine chez la lapin gestante. Compt. Rend. Assoc. des Anat. 13. Réunion, Paris.

Ancel, P. et Villemin, 1908, Sur la dégénérescence de la glande séminale déterminée par l'ablation du feuillet parétal de la vaginale. Compt. rend. Soc. Biol. Bd. 66.

Dieselben, 1908, Sur la cause de la menstruation chez la femme. Compt. rend. Soc. Biol. Bd. 66.

Dieselben, 1908, Période cataméniale coincidant avec l'époque ou le corps jaune à son maximum de développement il est vraisemblable que la menstruation est sous la dépendance du corps jaune. Sur l'éctopie expérimentale de l'ovaire et son retentissement sur le tractus génital. Compt. rend. Soc. Biol. Bd. 66.

Dieselben, 1912, Sur le déterminisme de l'accouchement. Compt. Rend. de l'académie des Sciences.

Arbassier, H., 1914, Revue critique de l'action des rayons X sur l'ovaire en gynécologie. Thèse de Paris.

Arthaud, G., 1885, Étude sur le testicule sénile. Thèse, Paris.

Aschner, B., 1913, Über brunstartige Erscheinungen (Hyperämie und Hämorrhagien am weiblichen Genitale) nach subkutanen Injektionen von Ovarial- und Plazentarextrakt. Arch. f. Gynäkol. Bd. 99.

Derselbe, 1914, Über Morphologie und Funktion des Ovariums. Inaug.-Diss., Halle.

Derselbe, 1914, Über Morphologie und Funktion des Ovariums unter normalen und pathologischen Verhältnissen. Arch. f. Gynäkologie. Bd. 102.

Derselbe, 1918, Die Blutdrüsenerkrankungen des Weibes und ihre Beziehungen zur Gynäkologie und Geburtshilfe. Wiesbaden.

Auby, Jeandelize, Richon, 1906, A propos d'un type d'infantile à longs membres avec persistence des cartilages epiphyses. Compt. rend. Soc. Biol. Bd. 61.

Bab, H., 1915, Zur medikamentösen Behandlung der innersekretorischen Ovarialinsuffizienz. Medizinische Klinik. Bd. 11.

Derselbe, 1920, Neueres und Kritisches über die Beziehungen der inneren Sekretion zur Sexualität und Psyche. Jahreskurse für ärztliche Fortbildung.

Babes, V., 1909, Lésions fines des testicules dans la Rage. Compt. Rend. Soc. Biol. Bd. 64.

Baer, C. E. von, 1827, De ovi mammalium et hominis genesi epistola. Lipsiae.

Bajardi, 1886, Annali di Ostetricia e di Ginecologia.

Bardeleben, K. von, 1897, Beitrag zur Histologie des Hodens und zur Spermatogenese beim Menschen. Arch. f. Anatomie und Physiologie. Anat. Abt. Suppl.-Bd.

Derselbe, 1897, Die Zwischenzellen des Säugetierhodens. Anatomischer Anzeiger. Bd. 13.

Barker, L. F., 1915, On abnormalities of the endocrine functions of the gonads in the male. American Journal of medical Science.

Barnabó, V., 1909, Sulla riproduzioni della cellule interstitiali del testicolo. Bollet. della Società zool. ital.

Derselbe, 1911, Nuove ricerche esperimentale sulle cellule interstitiale del testicolo. Boll. Soc. ital. Ser. 11. Bd. 12.

Derselbe, 1911, Ulteriore ricerchi esperimentale sul valore funzionale delle cellule interstitiali di testicolo. Policlin. Roma. Bd. 18.

Derselbe, 1912, Ancora sulla resezione de testicolo. Policlinico, Sez. prat. Bd. 19.

Derselbe, 1913, Ulteriori ricerche sperimentali sulla secrezione interna testicolare. Policlinico, Sez. chir. Bd. 20.

Derselbe, 1913, Réplica al Dott A Marassini; sur rapporti tra ghiandole sessuali et ipofisi. Policlinico, Sez. chir. Bd. 20.

Bartel, J., 1908, Über die hypoplastische Konstitution und ihre Bedeutung. Wien. klin. Wochenschr. 1908.

Basch, K., 1903, Über die Ausschaltung der Thymus. Wiener klin. Wochenschr.

Derselbe, 1909, Über experimentelle Auslösung der Milchabsonderung. Monatsschr. f. Kinderheilkunde.

Derselbe, 1910, Über experimentelle Milchauslösung und über das Verhalten der Milchabsonderung bei den zusammengewachsenen Schwestern Blažek. Deutsche med. Wochenschr,

Derselbe, 1911, Die Brustdrüsensekretion des Kindes als Maßstab der Stillfähigkeit der Mutter. Münch. med. Wochenschr.

Derselbe, 1912, Plazenta, Fötus und Ovarium in ihren Beziehungen zur experimentellen Milchauslösung (Prioritätsanspruch). Arch. f. Gynäkol. Bd. 96.

Derselbe, 1914, Thymus. Im Lehrbuch der Organotherapie von Wagner, v. Jauregg und G. Bayer.

Basso, 1906, Über Ovarialtransplantation. Arch. f. Gynäkologie. Bd. 77.

Beißner, H., 1898, Die Zwischensubstanz des Hodens und ihre Bedeutung. Arch. f. mikr. Anat. Bd. 51.

Beloff, N., 1910, Sur la question du rôle des corps jaunes des ovaires. Congress internat. d'obstétr. et de gynécol. St. Petersburg.

Benthin, W., 1910, Follikelatresie in kindlichen Ovarien. Arch. f. Gynäkologie. Bd. 74.

Derselbe, 1911, Über Follikelatresie in Säugetierovarien. Arch. f. Gynäkologie. Bd. 54.

Derselbe, 1914, Neuere Forschungsergebnisse über Eierstock und innere Sekretion. Gynäkol. Rundschau. Bd. 8.

Berger, 1901, Beitrag zur Kastration und deren Folgezustände. Inaug.-Diss., Greifswald.

Bergonié et Tribondeau, 1905, a) Action des rayons X sur le testicule du rat blanc. Compt. rend. Soc. Biol. Bd. 56.

Dieselben, 1905, L'aspermatogénèse expérimentale après une exposition aux rayons X. Compt. rend. Soc. Biol. Bd. 56.

Bergonié et Tribondeau, 1905, c) Action des rayons X sur l'ovaire de la lapine. Compt. rend. Soc. Biol. Bd. 56.

Dieselben, 1905, e) Aspermatogenèse expérimentale les rayons X est elle définitive? Ebenda. Bd. 56.

Dieselben, 1905, f) Lésions du testicule avec des doses de rayons X comment se produisent elles? Ebenda. Bd. 56.

Dieselben, 1907, a) Processus involutif des follicules ovariens après roentgenisation de la glande génitale femelle. Compt. rend. Soc. Biol. Bd. 62.

Dieselben, 1907, b) Altération de la glande interstitielle après roentgenisation de l'ovaire. Ebenda. Bd. 62.

Berkowitsch, 1908, De l'obésité d'origine génitale chez la femme. Thése. Paris.

Berthold, 1849, Transplantation der Hoden. Arch. f. Anat. u. Physiol. Physiol. Abt.

Bertholet, E., 1909, Über Atrophie des Hodens bei chronischem Alkoholismus. Zentralbl. f. allgemeine Pathologie. Bd. 20.

Bidder, 1846, Vergleichend-anatomische und histologische Untersuchungen über die männlichen Geschlechts- und Harnwerkzeuge der nackten Amphibien.

Biedl, A., 1916, Innere Sekretion. III. Auflage. 2. Teil. Berlin-Wien. Urban und Schwarzenberg.

Birch-Hirschfeld, 1874, Lehrbuch der pathologischen Anatomie. Bd. II.

Bischoff, 1844, Beweis der von der Begattung unabhängigen periodischen Reifung und Loslösung der Eier. Gießen.

Derselbe, 1854, Beiträge zur Lehre von der Menstruation und Befruchtung. Zeitschr. f. rationelle Medizin. Neue Folge. Bd. 4.

Derselbe, 1878, Über die Zeichen der Reife der Säugetiereier. Arch. f. Anat. u. Physiol. Anat. Abh.

Bloch, J., 1915, Erwiderung auf den Artikel H. Bab: Zur medikamentösen Behandlung der innersekretorischen Ovarialinsuffizienz. Med. Klinik. Bd. 11.

Derselbe, 1915, Zur Behandlung der sexuellen Insuffizienz. Mediz. Klinik. Bd. 11.

Böhm, J. A. und Davidoff, M. von, Lehrbuch der Histologie des Menschen. Wiesbaden.

Böshagen, 1904, Über die verschiedenen Formen der Rückbildungsprodukte der Eierstocksfollikel und ihre Beziehungen zu den Gefäßveränderungen des Ovariums. Zeitschr. f. Geburtsh. u. Gynäkol. Bd. 53.

Boll, Fr., 1871, Untersuchungen über den Bau und die Entwicklung der Gewebe. Arch. f. mikr. Anat. Bd. 7.

Bond, C. I. 1913/1914, On a Case of Unilateral Development. Journ. Genetics Bd. 3. (Erwähnt nach Goldschmidt, 1920.)

Bonnet, R., 1920, Lehrbuch der Entwicklungsgeschichte. 4. Aufl. Berlin. Parey.

Borchardt, L., 1909, Funktion und funktionelle Erkrankung der Hypophyse. Ergebn. d. inneren Med. u. Kinderheilk. Bd. 3.

Derselbe, 1911, Die Bedeutung der Hormone für die innere Medizin. Beihefte d. Med. Klinik. Bd. 7.

Boring, 1912, The interstitial cells and the supposed internal secretion of the chicken testis. Biol. Bull. Marine Biol. Laborat. Woods Hole Mars. Bd. 22.

Boring und Pearl, 1917, Sex Studies 9. Interstitial cells in the reproductive organs of the chicken. Anatomical Record. Bd. 13.

Dieselben, 1918, Sex Studies. 10. The corpus luteum in the ovaric of the domestic fowl. American Journ. of Anatomie. Bd. 23.

Born, G., 1874, Über die Entwicklung des Eierstockes des Pferdes. Arch. f. Anat. u. Phys.

Derselbe, 1881, Experimentelle Untersuchungen über die Entstehung der Geschlechtsunterschiede. Breslauer ärztl. Zeitschr.

Bottermund, 1896, Über die Beziehungen der weiblichen Sexualorgane zu den oberen Luftwegen. Monatsschr. f. Geburtsh. u. Gynäkolog.

Bouin, P., 1902, Les deux glandes à sécrétion interne de l'ovaire, la glande interstitielle et le corps jaune. Rev. méd. de l'Est.

Derselbe, 1904, L'infantilisme et la glande interstitielle du testicule. Compt. rend. d. l'Acad. des Sciences.

Bouin P. et Ancel, P., 1903, Sur les cellules interstitielles du testicule des mammifères et leur signification. Compt. rend. Soc. Biol. Bd. 55.

Dieselben, 1903, Sur la signification de la glande interstitielle du testicule embryonnaire. Compt. rend. Soc. Biol. Bd. 55.

Dieselben, 1903, Recherches sur les cellules interstitielles du testicule des mammifères. Archives de Zool. expér. et générale. 4. Serie. Bd. 1.

Dieselben, 1904, Sur les variationes dans le développement du tractus génital chez les animaux cryptorchides et leur cause. Bibl. anatom. Bd. 13.

Dieselben, 1904, La glande interstitielle chez les vieillards, les animaux âgés et des infantiles expérimentaux. Arch. de Zool. expériment. et gén. Bd. 1.

Dieselben, 1904, Sur l'hypertrophie compensatrice de la glande interstitielle du testicule. Réponse à M. G. Loisel. Compt. rend. Soc. Biol. Bd. 56.

Dieselben, 1904, Sur le déterminisme des caractères sexuels secondaires et de l'instinct sexuel. Compt. rend. Soc. Biol. Bd. 56.

Dieselben, 1904, La glande interstitielle à seul, dans le testicule, une action générale sur l'organisme. Démonstration expérimentale. Compt. rend. de l'Acad. des Sciences.

Dieselben, 1904, Recherches sur la signification physiologique de la glande interstitielle du testicule chez les mammifères. Journal de Physiologie et de la Pathologie. Bd. 6.

Dieselben, La glande interstitielle du testicule et la défence de l'organisme. Hypertrophie ou atrophie partielle de la glande interstitielle au cours de certains maladies chez l'homme. Compt. rend. Soc. Biol. Bd. 57.

Dieselben, 1905, Hypertrophie ou atrophie de la glande interstitielle dans certains conditions expérimentales. Compt. rend. Soc. Biol. Bd. 57.

Dieselben, 1905, A propos du trophospongium et des canales du suc. Compt. rend. Soc. Biol. Bd. 57.

Dieselben, 1906, Sur l'effect des injections de l'extrait de glande interstitielle du testicule chez la chienne. Compt. rend. Soc. Biol. Bd. 61.

Dieselben, 1908, Différenciation d'une membrane propre d'origine épithéliale. Compt. rend. Soc. Biol. Bd. 65.

Dieselben, 1908, Sur le follicule de Graaf mur et de la formation du corps jaune ches la chienne. Compt. rend. Soc. Biol. Bd. 65.

Dieselben, 1909, Sur les homologies et la signification des glandes à sécrétion interne de l'ovaire. Compt. rend. Soc. Biol. Bd. 67.

Dieselben, 1910, Recherches sur les fonctions du corps jaune gestatif. Journal de Physiologie et de Pathologie général. Bd. X.

Dieselben, 1912, Sur l'évolution de la glande mammaire pendant la gestation. Déterminisme de la phase glandulaire gravidique. Note préliminaire. Compt. rend. Soc. Biol. Bd. 72.

Dieselben, 1913, Determination des cellules excrétices par le procédé des injections physiologique des matières colorantes. Compt. rend. Soc. Biol. Bd. 74.

Dieselben, 1913, Sur les cellules du myométrium qui prennent le carmin des injections physiologiques. Compt. rend. Soc. Biol. Bd. 74.

Dieselben, 1914, Sur le rôle du corps jaune dans le déterminisme expérimental de la sécretion mammaire. Compt. rend. Soc. Biol. Bd. 76.

Bouin, P., Ancel, P. et Villemin, 1907, Glande interstitielle de l'ovaire et rayons X. Compt. rend. Soc. Biol.

Bourne, 1884, On certain abnormalities in the common frog. Quarterly Journal microsc. Science.

Boyces and Biadles, 1893, A further contribution to the study of the hypophysis cerebri. Journ. of Path. et Bacter.

Bresca, G., 1910, Experimentelle Untersuchungen über die sekundären Sexualcharaktere der Tritonen. Archiv f. Entw.-Mech. Bd. 29.

Brissand, 1897, De l'infantilisme myxoedemateuse Nouv. Icon. de la Salp. Bd. 9.

Derselbe, 1907, L'infantilisme vrai Nouv. Icon. de la Salp. Bd. 20.

Brissaud et Menge, 1904, Gigantisme. Rev. neural.

Dieselben, 1904, Type infantil du gigantisme. Nouv. Icon. de la Salp. Bd. 17.

Brown-Séquard, 1889, Expérience démontrant la puissance dynamogénique chez l'homme d'un liquide extrait de testicules d'animaux. Archives de Physiol. norm. et pathol.

Derselbe, 1889, Du rôle physiologique et thérapeutique d'un suc extrait de testicules d'animaux d'après nombre de faits observés chez l'homme. Archives de Physiol. norm. et pathol.

Derselbe, 1889, Des effets produits chez l'homme par des injections souscoutanées d'un liquide retiré des testicules frais du cobaye et de chien. Compt. rend. Soc. Biol.

Derselbe, 1890, Exposé de faits nouveaux à l'égard de l'influense sur les centres nerveuse d'un liquide extrait de testicules animaux. Arch. de Physiol. norm. et path.

Derselbe, 1890, Remarques sur les effets produits sur la femme par des injections souscoutanées d'un liquide retire de l'ovaire d'animaux. Arch. de Physiol. norm. et path.

Derselbe, 1891, Exposé de faites nouveaux montrant la puissance du liquide testiculaire contre l'affaiblissement du certaines maladies et en particulier la tuberculose Pulmonaire. Arch. de Physiol, norm. et pathol.

Derselbe, 1891, Remarques sur la spermine et liquide testiculaire. Arch. de Physiol. norm. et pathol.

Derselbe, 1892, Liquide testiculaire. Arch. de Physiol. norm. et pathol.

Derselbe, 1893, Progrès de nos connais à l'égarde liquide testiculaire. Arch. de Physiol. norm. et pathol.

Brown-Séquard et d'Arsonval, 1891, Recherches sur les extraits liquides retirés des glandes et d'autres parties de l'organisme. Arch. de Physiol. norm. et pathol.

Dieselben, 1893, Nouvelles remarques sur les injections souscoutanées et intraveneuses d'extraits organiques. Arch. de Physiol. norm. et pathol.

Dieselben, 1893, Influense physiologique et pathologique du liquide orchitique sur l'organisme. Arch. de Physiol. norm. et pathol.

Bucura, J. C., 1907, Beiträge zur inneren Funktion des weiblichen Genitales. Zeitschr. f. Heilk. Bd. 28.

Derselbe, 1909, Zur Therapie der klimakterischen Störungen und der Dyspareunie. Münch. med. Wochenschr.

Derselbe, 1909, Über die Bedeutung der Eierstöcke. Volkmannsche Sammlung Nr. 187/188.

Derselbe, 1910, Temporäre Sterilisation der Frau. Wien. klin. Wochenschr.

Derselbe, 1911, Vorzeitige Deciduaausstoßung bei Uterus bicornis nebst Bemerkungen zur Physiologie der Gebärmutter und zur Menstruation während der Schwangerschaft. Wien. klin. Wochenschr.

Derselbe, 1913, Zur Theorie der inneren Sekretion des Eierstockes. Zentralbl. f. Gynäkol. Bd. 37.

Derselbe, 1913, Geschlechtsunterschiede beim Menschen. Wien.

Derselbe, 1918, Die Eigenart des Weibes. Wien.

Bühler, A., 1902, Rückbildung der Eifollikel bei Wirbeltieren. I. Fische. Morphol. Jahrb. Bd. 30.

Derselbe, 1902, Beitrag zur Kenntnis der Eibildung beim Kaninchen und der Markstränge des Eierstockes beim Fuchs und Menschen. Zeitschr. f. wissenschaftl. Zool. Bd. 30.

Bühler, A., 1911, Beiträge zur Kenntnis der Eibildung beim Kaninchen und der Markstränge beim Fuchs und beim Menschen. Zeitschr. f. wissenschaftl. Zool. Bd. 58.

Bunge, 1906, Defekt der inneren Genitalien. Zeitschr. f. Geburtsh. u. Gynäkol. Bd. 57.

Büschke u. Schmidt, 1905, Über die Wirkung der Röntgenstrahlen auf Drüsen. Deutsche med. Wochenschr. 1905.

Busquet, 1910, La fonction sexuelle. Paris.

Büttner, 1909, Zur Lehre von der rudimentären Entwicklung der Müllerschen Gänge. Beitr. z. Geburtsh. u. Gynäkol. Bd. 14.

Cagnetto, G., 1904, Anatomische Beziehungen zwischen Akromegalie und Hypophysentumoren. Virchow-Archiv. Bd. 176.

Derselbe, 1907, Neuer Beitrag zum Studium der Akromegalie. Virchow-Archiv. Bd. 187.

Carmicheal, 1907, The possibilities of ovarian grafting in the human subject. Journ. of obstetr. and gyn.

Carmicheal and Marshall, 1907, The correlation of the ovarian and uterine functions. Proc. roy. Soc. Ser. B. Bd. 79.

Dieselben, 1908, Compensatory hypertrophy in the ovary. Journ. of Physiol. Bd. 36.

Dieselben, 1908, On the occurrence of compensatory hypertrophy in the ovary. Journ. of Physiol. Bd. 36.

Castex, 1894, Soc. française de laryng. et d'atol. Erwähnt nach Tandler u. Groß 1913.

Castle, W. E. and Phillipps, J. C., 1909, A succesful ovarian transplantation in the guinea-pig, and its bearing on problems of genetics. Science. N. S. Bd. 30.

Dieselben, 1911, On germinal transplantation in vertebrates. Carnegie Institution Publication. Nr. 144.

Cerruti, 1903, Contribuzione per le studio dell' organo di Bidder nei Bufonidi II. Presensa di spermie nell' organo. Bolletinio di Natural. in Napoli. Ser. 1. Bd. 17.

Derselbe, 1903, Contribuzione per le studio dell'organo di Bidder nei Bufonidae. Rendi e Academ. Scient. fis. et math. Ser. 3. Bd. 9.

Derselbe, 1903, A proposito della penetrazione di ovuli in ovuli nell' organo di Bidder di Bufo vulgaris, Laur. maschino. Bull. de Soc. nat. Napoli. Ser. 1. Bd. 17.

Derselbe, 1904, Sopra due casi di anomalia dell' aporato ripproduttore nel Bufo vulgaris. Laur. Anat. Anz. Bd. 30.

Derselbe, 1905, Di una speziale penetrazione di ovuli in ovuli adiacenti nel Bufo vulgaris. Laur. Atti del Accademia delle Science fisiche et matematiche. Bd. 12.

Cazzi e Berté, 1884, Contributo all' anatomia dell ovario della donna gravida. Rivista clinica. Ginglio.

Cevolotto, G., 1909, Über Verpflanzungen und Gefrierungen des Hodens. Frankf. Zeitschr. f. Pathol. Bd. 3.

Champy, Chr., 1906, Etude histologique du testicule d'un homme, qui présentait les charactères d'un castrat. Compt. rend. Soc. Biol. Bd. 62.

Derselbe, 1909, Note sur les cellules interstitielles du testicule chez les Batrachiens anoures. Compt. rend. Soc. Biol. Bd. 64.

Derselbe, 1913, La Spermatogénèse des Batrachiens. Arch. des Zoolog. expérimental. Bd. 52.

Champy, Chr. et Gley, E., 1911, Sur le toxicité des extraits de corps jaune. Immunisation rapide consécutive à l'injection de petits doses de ces extraits. Compt. rend. Soc. Biol. Bd. 71.

Dieselben, 1911, Action des extraits d'ovaires sur la pression artérielle. Compt. rend. Soc. Biol. Bd. 71.

Chiarugi, 1885, Ricerche sulla struttura del ovaia della Lepre. Istituto anatomico di e Siena.

Chrobak, R., 1896, Über Einverleibung von Eierstockgeweben. Zentralbl. f. Gynäkol. Bd. 20.

Chrobak u. v. Rosthorn, 1908, Die Erkrankungen der weiblichen Geschlechtsorgane. II. Teil. Die Mißbildungen der weiblichen Geschlechtsorgane. Wien u. Leipzig.

Cilleuls des, 1912, A propos du déterminisme des caractères sexuels secondaires chez les oiseaux. Compt. rend. Soc. Biol. Bd. 64.

Cimoroni, A., 1908, Sull' ipertrofia dell'ipofisi cerebrale negli animalis stisoidati. Sperm. Bd. 61.

Claude, H. et Gorgerot, H., 1908, Insuffisance pluriglandulaire endocrinienne. Journ. de Physiol. et de Pathol. générale. Bd. 10,

Clivio, J., 1903, Di alcuno particolarità anatomiche osservate in ovaie infantili. Ann. Ostetr. e Ginecol.

Coert, H., J., 1898, Over de Ontwikkeling en den Bouw van de Geschlachtsklier bij de Zoogdieren meer in het bijsonder van den Eierstok. Inaug.-Diss. Leiden. Erwähnt nach Bühler, 1906.

Cohn, T., 1903, Zur Histologie und Histogenese des Corpus luteum und des interstitiellen Ovarialgewebes. Arch. f. mikr. Anat. Bd. 62.

Derselbe, 1904, Bemerkungen zur Histologie und Drüsenfunktion des Corpus luteum. Eine Erwiderung an Lubosch Anat. Anz. Bd. 25.

Cohn, F., 1913, Die innersekretorischen Beziehungen zwischen Mamma und Genitale. Monatsschr. f. Geburtsh. u. Gynäkol. Bd. 37.

Colombio, C., 1914, Über Transplantation der Ovarien beim Menschen. Gynäkol. Rundschau. Bd. 8.

Comte, 1898, Contribution à l'étude de hypophyse humaine et de ses relations avec le corps thyroide. Zieglers Beiträge z. path. Anat. Bd. 23.

Consentino, 1897, Sulla quistione della svilipo e della maturazione del follicolo di Graaf durante la gravidanza. Arch. d. ostetr. e Ginecol. Bd. 4.

Cordes, H., 1898, Untersuchungen über den Einfluß akuter und chronischer Allgemeinerkrankungen auf die Testikel, speziell auf die Spermatogenese, sowie Betrachtungen über das Auftreten von Fett im Hoden. Virchows Archiv. Bd. 151.

Coudray, P., 1907, Die Therapie der Ectopia testis. Wien. med. Presse 1907.

Cunningham, J. F., 1900, Sexual dimorphisme in the animal kingdom. London.

Derselbe, 1908, The heredity of Secondary Sexual Caracters in relation to Hormon. Arch. f. Entw.-Mech. Bd. 26.

Cushing, X., 1906, Sexual Infantilism with Optic Atrophy in cases of Tumor Affecting the Hypophysis Cerebri. Journ. of Nerv. and Ment Disease.

Dewitz, J., 1908, Untersuchungen über die Geschlechtsunterschiede. Zentralbl. f. Physiol. Bd. 22.

Derselbe, 1912, Untersuchungen über die Geschlechtsunterschiede. Zentralbl. f. Physiol. Bd. 26.

Disselhorst, R., 1898, Über Asymmetrien und Geschlechtsunterschiede der Geschlechtsorgane. Arch. f. wissensch. u. prakt. Tierheilk. Bd. 24.

Derselbe, 1908, Gewicht und Volumszunahme der männlichen Keimdrüsen bei Vögeln und Säugern während der Paarungszeit. Unabhängigkeit des Wachstums. Anat. Anz. Bd. 32.

Dor, Maisonnave et Meurids, 1905, Relentissement expérimental de la croissance par l'opothérapie orchitique. Compt. rend. Soc. Biol. Bd. 57.

Dubreuil, G. et Regaud, Cl., 1909, Sur les relations fonctionelles des corps jaunes avec l'utérus non gravide. II. Statistique des variations de volume de l'utérus par rapport à l'état des ovaries. Présence et absense de corps jaunes. Compt. rend. Soc. Biol. Bd. 66.

Dubreuil, G. et Regaud, Cl., 1909, Sur les relations etc. III. États successivs de l'utérus chez le même sujet aux diverses phases de la période prégravidique. Compt. rend. Soc. Biol. Bd. 66.

Dieselben, 1909, Sur les follicules ovariens hémorragiques et sur le méchanisme de la déhiscence des follicules. Compt. rend. Soc. Biol. Bd. 66.

Duckworth, 1894, Notes on the Anatomy of an Eunuchoid man. Journ. of Anat. and Physiol. Bd. 41.

Dungern, E. von und Hirschfeld, E., 1910, Über die Giftigkeit des Blutes nach der Injektion protoplasmatischer Substanzen und während der Schwangerschaft und über passive Allergie gegenüber Hodensubstanzen. Zeitschr. f. Immunitätsf. Bd. 8.

Dupré et Pagniez, 1902, Infantilisme dégéneratif (Type Lorain) compliqué de dusthyroide pubérale (Type Brissaud). Nouv. Iconogr. de la Salpêtriere. Nr. 2.

Dürck, H., 1907, Über die Zwischenzellenhyperplasie des Hodens. Verhandl. d. Deutschen pathol. Gesellsch. 11. Tagung zu Marburg.

Ebner, V. von, 1871, Untersuchungen über den Bau der Samenkanälchen. Untersuch. a. d. Inst. f. Physiol. u. Histol. in Graz. Herausg. v. A. Rollet. Bd. 2.

Derselbe, 1888, Zur Spermatogenese bei den Säugetieren. Arch. f. mikr. Anat. Bd. 31.

Derselbe, 1902, Handbuch der Gewebelehre des Menschen von A. Koelliker. 6. umgearb. Aufl. Leipzig, W. Engelmann.

Eiselsberg, A. von und Frankl-Hochwart, L. von, 1907, Operative Behandlung der Tumoren der Hypophysisgegend. Neurol. Zentralbl.

Dieselben, 1908, Neuer Fall von Hypophysisoperation bei Degeneratio adiposo-genitalis. Wiener klin. Wochenschr.

Engelmann, 1902, Über das Vorkommen von Fett im kryptorchidischen und normalen Hoden. Inaug.-Diss., Bern.

Erdheim und Stumme, 1908, Schwangerschaftsveränderungen der Hypophyse. 37. Chirurgenkongress, Berlin.

Dieselben, 1909, Über die Schwangerschaftsveränderungen der Hypophyse. Zieglers Beiträge zur Pathologie. Bd. 46.

Essen-Müller, E., 1904, Doppelseitige Ovariotomie im Anfang der Schwangerschaft, ausgetragenes Kind. Monatsschr. f. Geburtsh. u. Gynäkol.

Etienne, Jeandelize et Richon, 1906, Malformations organiques multiples chez un castrat naturel. Compt. rend. Soc. Biol. Bd. 62.

Etzold, 1891, Entwicklung der Hoden bei Fringilla domestica. Inaug.-Diss.

Exner, S., 1903, Physiologie der männlichen Geschlechtsfunktionen. Handb. d. Urologie von Frisch und O. Zuckerkandl. Bd. 1. Wien.

Exner, A., 1909, Beiträge zur Pathologie der Hypophyse. 81. Versammlung Deutscher Naturf. u. Ärzte in Salzburg.

Eymer, H., 1913, Die Röntgenstrahlen in der Gynäkologie. Hamburg.

Faber, A., 1910, Beitrag zur Röntgentherapie bei gynäkologischem Leiden. Zeitschr. f. Röntgenkunde. Bd. 12.

Derselbe, 1911, Einwirkung der Röntgenstrahlen auf die Sexualorgane von Tier und Mensch. Fortschritte auf dem Gebiet der Röntgenstrahlen. Bd. 16.

Falta, 1909, Über die Korrelation der Drüsen mit innerer Sekretion. Ergebn. d. wissenschaftl. Med. Heft 3.

Félizet et Branca, 1898, Histologie du testicule ectopique. Journ. de l'Anat. et de la Physiol.

Dieselben, 1901, Sur les cellules interstitielles du testicule ectopique. Compt. rend. d. l. Soc. de Biol. Bd. 53.

Dieselben, 1902, Recherches sur le testicule en ectopie. Compt. rend. d. l. Soc. de Biol. Bd. 54.

Dieselben, 1902, Origine des cellules interstitielles du testicule. Compt. rend. Soc. Biol. Bd. 54.

Felix, W., 1911, Die Entwicklung der Harn- und Geschlechtsorgane. Im Handb. der Entwicklungsgeschichte des Menschen von Keibel und Mall. Bd. 2. Leipzig. S. Hirzel.

Felix und Bühler, 1906, Die Entwicklung der Keimdrüsen und ihrer Ausführungsgänge. In O. Hertwigs Handbuch der vergleichenden und experimentellen Entwicklungsgeschichte der Wirbeltiere. Bd. 3, 1. Jena, Gustav Fischer.

Fellner, O. O., 1913, Experimentelle Untersuchungen über die Wirkung von Gewebsextrakten aus der Plazenta und den weiblichen Sexualorganen auf das Genitale. Arch. f. Gynäkol. Bd. 100.

Fellner, O. O. und Neumann, F., 1912, Einfluß der Radiumemanation auf die Genitalorgane von Kaninchen. Zeitschr. f. Röntgenkunde. Bd. 14.

Fichera, G., 1905, Sulla ipertrofia della ghiandola pituitaria consecutiva alla castratione. Policlinico sez chir.

Derselbe, 1905, Sur l'hypertrophie de la glande pituitaire consécutive à la castration. Archives italiennes de Biologie. Bd. 43.

Finotti, 1897, Zur Pathologie und Therapie des Leistenhodens nebst einigen Bemerkungen über die großen Zwischenzellen des Hodens. Arch. f. klin. Chir. Bd. 55.

Firket, J., 1914, Recherches sur l'organogenèse de glandes sexuelles des oiseaux. Note prélim. Anat. Anz. Bd. 46.

Derselbe, 1914, Recherches sur l'organogenèse des glandes sexuelles chez les oiseaux. Arch. de Biol. Bd. 29.

Fischel, A., 1914, Zur normalen Anatomie und Physiologie der weiblichen Geschlechtsorgane von Mus decumanus, sowie über die experimentelle Erzeugung von Hydro- und Pyosalpinx. Arch. f. Entw.-Mech. Bd. 39.

Fitzimons, 1912, A hen ostrich with the plumage of a cock. Agr. Il. Univ. South-Africa. Bd. 4.

Fleck, G., 1905, Zur Frage der inneren Sekretion von Ovarium und Plazenta. Zentralbl. f. Gynäk.

Foà, C., 1901, Sull' inesto delle ovaie e dei testicilo. Riv. di biol. gen. Bd. 3. Archives italiennes de Biologie. Bd. 35.

Derselbe, 1909, Sui fattoria che determinato la fonzione della ghiandola mammaria. Archivio de Fisiologia. Bd. 5.

Foges, A., 1898, Zur Hodentransplantation bei Hähnen. Zentralbl. f. Physiol. Bd. 12.

Derselbe, 1901, Schwangerschaftshypertrophie der Mammae und Nebenmammae. Wiener klin. Wochenschr.

Derselbe, 1902, Zur Lehre von den sekundären Geschlechtscharakteren. Pflügers Arch. Bd. 93.

Derselbe, 1903, Ein Fall von Hermaphroditismus masculinus internus. Festschr. f. Chrobak. Wien.

Derselbe, 1905, Zur physiologischen Beziehung zwischen Mamma und Genitale. Zentralbl. f. Physiol. Bd. 19.

Derselbe, 1907, Ovarientransplantation in die Milz. Wiener klin. Wochenschr.

Derselbe, 1908, Ovarientransplantation in die Milz. Wiener klin. Wochenschr.

Foth, H. von, 1910, Über abnorme Lage der männlichen Keimdrüsen mit besonderer Berücksichtigung des Kryptorchismus. Leipzig.

Fränkel, E., 1905, Über Pathogenese und Ätiologie der Orchitis fibrosa. Mitteilungen aus den Hamburgischen Staatskrankenhäusern. Bd. 5.

Derselbe, 1909, Diskussionsbemerkungen zum Vortrag Simmonds. Biologische Abteilung des ärztlichen Vereins in Hamburg. Sitzung vom 2. November 1909. Münch. med. Wochenschr.

Fraenkel, L., 1901, Versuche über den Einfluß der Ovarien auf die Insertion des Eies. Verh. d. Gesellsch. f. Gynäkol.

Fraenkel, L., 1903, Die Funktion des Corpus luteum. Arch. f. Gynäkol. Bd. 68.

Derselbe, 1904, Weitere Experimente über die Funktion des Corpus luteum. 76. Versamml. deutscher Naturf. u. Ärzte, referiert im Zentralbl. f. Gynäkol.

Derselbe, 1904, Weitere Mitteilungen über die Funktion des Corpus luteum. Verh. d. geburtsh.-gynäkol. Gesellsch. in Wien, referiert im Zentralbl. f. Gynäkol.

Derselbe, 1905, Vergleichende histologische Untersuchungen über das Vorkommen drüsiger Formationen im interstitiellen Eierstocksgewebe (glande interstitielle de l'ovaire). Arch. f. Gynäkol. Bd. 75.

Derselbe, 1909, Über innere Sekretion des Ovariums. Zeitschr. für Gynäkol. und Geburtshilfe. Bd. 64.

Derselbe, 1914, Normale und pathologische Sexualphysiologie des Weibes. In Liepmann, Handb. d. gesamten Frauenheilk. Bd. III. Leipzig, 1914.

Fraenkel, M., 1912, Röntgenbestrahlungsversuche an tierischen Ovarien zum Nachweis der Vererbung erworbener Eigenschaften. Arch. f. mikr. Anat. Bd. 80.

Derselbe, 1914, Röntgenstrahlenversuche an tierischen Ovarien. II. Arch. f. mikr. Anat. Bd. 84.

Franqué, O. von, 1919, Innere Sekretion des Eierstockes. Biol. Zentralbl. Bd. 39.

Franz, 1909, Zur Entwicklung des knöchernen Beckens nach der Geburt. Beitr. zur Geburtsh. und Gynäkol. Bd. 13.

Friedmann, F., 1898, Rudimentäre Eier im Hoden von Rana viridis. Arch. f. mikr. Anat. Bd. 52.

Derselbe, 1898, Beiträge zur Kenntnis der Anatomie und Physiologie der männlichen Geschlechtsorgane. Arch. f. mikr. Anat. Bd. 52.

Fromme, 1910, Über die infantilen Störungen beim weiblichen Geschlecht. Med. Klinik. Nr. 41.

Gamma, C., 1913, Sul comportamento della cellule interstiziali del testicolo negli stati morbosi generali del organismo. Grossi e lipoidi nelle cellule interstitiali. Arch. p. l. scienz. med. Bd. 38.

Ganfini, 1902, Struttura e sviluppo delle cellule interstitiale del Testicolo. Arch. ital. di anatomia e embryologia. Bd. 1.

Derselbe, 1903, Le cellule interstitiali de testicolo negli animali ibernanti. Boll. Acad. med. Genova. Jahrg. 17.

Garnier, Ch., 1897, Les filaments basaux des cellules glandulaires. Bibl. anat.

Derselbe, 1900, De la structure et de fonctionnement des cellules glandulaires. Journ. de l'Anat. et de la Physiolog.

Derselbe, 1909, Cryptorchide chez l'homme adulte stérile avec conservation de la fonction diastématique. Compt. rend. Soc. Biol. Bd. 67.

Gauß, C. J., 1910, Erfolge in Tiefenbestrahlungen in der Gynäkologie und Geburtshilfe. Deutscher Röntgenologenkongreß 1910.

Geyer, K., 1913, Untersuchungen über die chemische Zusammensetzung der Insektenhämolymphe und ihre Bedeutung für die geschlechtliche Differenzierung. Zeitschr. f. wissensch. Zool. Bd. 105.

Gianelli, L., 1909, Ricerche sullo sviluppo delle cellule interstitiali dell' ovario et del testicola di Lepus caniculus. Atti Acad. Sc. med. e nat. Ferrara. Bd. 1/2.

Giard, A., 1886, De l'influense de certains parasites rhizocéphales sur les caractères sexuels extérieurs de leur hôte. Compt. rend de l'Acad. des Scienc. Bd. 103.

Derselbe, 1887, Sur la castration parasitaire chez l'Eupagurus Bernhardus Linné et chez la Gebia stellata Montagn. Compt. rend. de l'Acad. d. Sciences. Bd. 104.

Derselbe, 1889, Sur la castration parasitaire de l'Hypericum perforatum par la Cecidomya hyperia Bremi et par l'Erysiphe martii Leo. Compt. rend. de l'Acad. Scienc. Bd. 109.

Derselbe, 1889, Sur la castration parasitaire de Typhlocyba par une larve d'Hyménoptère et par une larve de Diptère. Compt. rend. de l'Acad. Scienc. Bd. 109.

Giard, A., 1904, Comment la castration agit-elle sur les caractère sexuels secondaires? Compt. rend. Soc. Biol. Bd. 56.

Giard, A. et Julien, Ch., 1904, La castration parasitaire et ses conséquences biologiques chez les animaux et les végétaux. Rev. gén. de sciences. Jahrg. 5.

Giokowitsch, J. et Ferry, G., 1912, Sur les rapports de l'ovulation et de la menstruation. Compt. rend. Soc. Biol. Bd. 72.

Glaevecke, 1899, Körperliche und geistige Veränderungen im menschlichen Körper nach künstlichem Verlust der Ovarien. Arch. f. Gynäkol. Bd. 35.

Goldmann, E., 1909, Die äußere und innere Sekretion des gesunden und kranken Organismus im Lichte vitaler Färbung. Beitr. z. klin. Chir. Bd. 64. Auch als Sonderabdruck. Tübingen, Verlag von Laapp.

Derselbe, 1910. Die innere und äußere Sekretion des gesunden und kranken Organismus im Lichte der vitalen Färbung. Verhandl. d. Deutsch. pathol. Gesellschaft. 14. Tagung in Erlangen.

Goldschmidt, R., 1920, Mechanismus und Physiologie der Geschlechtsbestimmung. Berlin, Bornträger.

Goodale, H. D., 1910, Some results in castration in ducks. Biol. Bull. Bd. 20.

Derselbe, 1913, Castration in relation to the secondary sexual characters of brown leghorns. American Naturalist.

Derselbe, 1916, Gonadectomy in relation to the secondary sexual character of some domestic birds. Carnegie Institution Publications Washington.

Gottschalk, S., 1896, Über die Kastrationsatrophie der Gebärmutter. Zentralbl. f. Gynäkol.

Derselbe, 1910, Über die Beziehung der Konzeption zur Menstruation und über die Eieinbettung beim Menschen. Arch. f. Gynäkol. Bd. 91.

Gräfenberg, E. und This, J., 1911, Beiträge zur Biologie der männlichen Geschlechtszellen. Zeitschr. f. Immunitätsforsch. Bd. 10.

Griffiths, J., 1894, Observations on the Appendix of the Testicule, and the Cystes of the Epididymis, the vasa efferentia, the rete Testis. Journ. of Anat. and Physiol. Bd. 28

Griffiths, M. A., 1894, Retained Testis in Man and in the Dog. Journ. of Anat. and Physiol. Bd. 28.

Derselbe, 1894, The Condition of the Testis and Prostata Gland in Eunuchoid Person. Journ. of Anat. and Physiol. Bd. 28.

Grigorieff, 1897, Die Schwangerschaft bei Transplantation der Eierstöcke. Zentralbl. f. Gynäkol. Bd. 21.

Groß et Sencert, 1905, Décollement épiphysaire chez un castrat naturel adulte. Compt. rend. Soc. Biol.

Gruber, W., 1868, Die kongenitale Anorchie beim Menschen. Med. Jahrbücher Bd. 15.

Grünbaum, 1907, Milchsekretion nach Kastration. Deutsche med. Wochenschr.

Gudden, von, 1876, Über die Exstirpation der einen Niere und der Testikel beim neugeborenen Kaninchen. Virchows Archiv Bd. 66.

Guerrini, G., 1904, Sulla funzione della ipofisi. Speriment. Bd. 58.

Derselbe, 1905, Sur une hypertrophie secondaire expérimentale de l'hypophyse. Arch. ital. de Biol. Bd. 43.

Derselbe, 1905, Über die Funktion der Hypophyse. Zentralbl. f. allgem. Pathol. u. pathol. Anat. Bd. 16.

Guizetti, P., 1905, Über die normale und pathologische Struktur der Wand der gewundenen Samenkanälchen beim erwachsenen Menschen. Zieglers Beitr. Bd. 37.

Guthrie, 1910, Survival of engraftet tissue. Journ. of Experim. Med. Bd. 12.

Hackenbruch, P., 1888, Experimentelle und histologische Untersuchungen über die kompensatorische Hypertrophie der Testikel. Inaug.-Diss. Bonn.

Halban, J, 1899, Über Ovarientransplantation. Wiener klin. Wochenschr.

Halban, J., 1901, Über den Einfluß der Ovarien auf die Entwicklung des Genitales. Monatsschr. f. Geburtsh. u. Gynäkol. Bd. 12.

Derselbe, 1901, Ovarium und Menstruation. Sitzungsber. d. kais. Akad. d. Wissensch. in Wien. Bd. 110.

Derselbe, 1903, Die Entstehung der Geschlechtscharaktere. Arch. f. Gynäkol. Bd. 70.

Derselbe, 1904, Schwangerschaftsreaktionen der fötalen Organe und ihre puerperale Involution. Zeitschr. f. Gynäkol. u. Geburtsh. Bd. 53.

Derselbe, 1905, Die innere Sekretion von Ovarium und Plazenta und ihre Bedeutung für die Funktion der Milchdrüse. Arch. f. Gynäkol. Bd. 75.

Derselbe, 1906, Über ein bisher nicht beachtetes Schwangerschaftssymptom (Hypertrichosis graviditatis. Wiener klin. Wochenschr.

Derselbe, 1911, Zur Lehre von der Menstruation. Zentralbl. f. Gynäkol.

Derselbe und Köhler, R., 1914, Die Beziehungen zwischen Corpus luteum und Menstruation. Arch. f. Gynäkol. Bd. 103.

Halberstätter, 1905, Die Einwirkung der Röntgenstrahlen auf Ovarien. Berl. klin. Wochenschr.

Haller, A. von, 1765, Elementa physiologiae corporis humani. Bern.

Hanaoka, Über das Schicksal des Hodens nach Entfernung der Tunica vaginalis und der Tunica albuginea. Beitr. z. klin. Chir. Bd. 88.

Hansemann, D. von, 1895, Über die sogenannten Zwischenzellen des Hodens und deren Bedeutung bei pathologischen Veränderungen. Virchows Archiv Bd. 142.

Derselbe, 1896, Über die Zwischenzellen des Hodens. Pflügers Archiv.

Derselbe, 1912, Kurze Bemerkungen über die Leydigschen Zwischenzellen des Hodens. Arch. f. Entw.-Mech. Bd. 34.

Derselbe, 1909, Deszendenz und Pathologie. Berlin.

Derselbe, 1912, Kurze Bemerkungen über die Leydigschen Zwischenzellen des Hodens. Arch. f. Entw.-Mech. der Organismen Bd. 34.

Harms, W., 1909, Über Degeneration und Regeneration der Daumenschwielen und Drüsen bei Rana fusca. Pflügers Archiv Bd. 128.

Derselbe, 1910, Hoden- und Ovarialinjektionen bei Rana fusca. Pflügers Archiv Bd. 133.

Derselbe, 1911, Über den Einfluß des kastrierten auf den normalen Komponenten bei Parabiose von Rana. Sitzungsber. d. Gesellsch. z. Förder. d. Naturwissensch. in Marburg. Nr. 2.

Derselbe, 1912, Beeinflussung der Daumenballen der Kastraten durch Transplantation auf normale Rana fusca. Zool. Anz. Bd. 39.

Derselbe, 1913, Überflanzung von Ovarien in eine fremde Art. I. Versuche an Lumbriciden. Arch. f. Entw.-Mech. Bd. 34.

Derselbe, 1913, Überpflanzung von Ovarien in eine fremde Art. II. Versuche an Tritonen. Arch. f. Entw.-Mech. Bd. 35.

Derselbe, 1913, Über das Auftreten von zyklischen, von den Keimdrüsen unabhängigen sekundären Sexusmerkmalen bei Rana fusca Rös. Zool. Anzeiger Bd. 42.

Derselbe, 1913, Die Brunstschwielen von Bufo vulgaris und die Frage ihrer Abhängigkeit von den Hoden oder den Bidderschen Organen. Zool. Anzeiger Bd. 42.

Derselbe, 1914, Über die innere Sekretion des Hodens und Bidderschen Organes von Bufo vulgaris Laur. Sitzungsber. d. Gesellsch. z. Förder. d. ges. Naturwissensch. in Marburg.

Derselbe, 1914, Experimentelle Untersuchungen über die innere Sekretion der Keimdrüsen und deren Beziehung zum Gesamtorganismus. Jena, G. Fischer.

Derselbe, 1920, Über Versuche zur Verlängerung des Lebens und zur Wiedererweckung der Potenz. Zool. Anzeiger. Bd. 51.

Harvey, R. J., 1875, Über die Zwischensubstanz des Hodens. Zentralbl. f. d. med. Wissensch. Bd. 3.

Harz, 1883, Beiträge zur Histologie des Ovariums der Säugetiere. Arch. f. mikr. Anat. Bd. 22.

Heape, W., 1890, Preliminary note on the transplantation and growth of mammalian ova, within a uterine foster-mother. Proc. roy. Soc. Bd. 48.

Derselbe, 1898, Further note on the transplantation. Proc. roy. Soc. Bd. 62.

Derselbe, 1905, The source of the stimulus which causes the development of the mammary gland and the secretion of milk. Proc. phis. Soc. Dezember 1905.

Derselbe, 1906, The source of the stimulus which causes the development of the mammary gland and the secretion of milk. Journ. of Physiol. Bd. 34.

Hegar, A., 1876, Kastration bei Frauen. Volkmanns Sammlung klin. Vorträge.

Derselbe, 1878, Die Kastration der Frauen. Volkmanns Sammlung Nr. 136—138.

Derselbe, 1894, Der Geschlechtstrieb. Stuttgart 1894.

Derselbe, 1898, Abnorme Behaarung und Uterus duplex. Hegars Beitr. z. Geburtsh. u. Gynäkol. Bd. 1.

Derselbe, 1901, Zur abnormen Behaarung. Beitr. z. Geburtsh. u. Gynäkol. Bd. 4.

Derselbe, 1903, Korrelationen der Keimdrüsen und Geschlechtsbestimmung. Beitr. z. Geburtsh. u. Gynäkol. Bd. 7.

Derselbe, 1905, Entwicklungsstörungen, Fötalismus und Infantilismus. Münch. med. Wochenschr.

Derselbe, 1910, Entwicklungsstörungen. Deutsche med. Wochenschr.

Hegar, K., 1910, Studium zur Histogenese des Corpus luteum und seiner Rückbildungsprodukte. Arch. f. Gynäkol. Bd. 91.

Heineke, A., 1905, Experimentelle Untersuchungen über die Einwirkung der Röntgenstrahlen auf innere Organe. Mitteil. a. d. Grenzgeb. d. Med. u. Chir. Bd. 14.

Heineke, H., 1904, Zur Kenntnis der Wirkung der Radiumstrahlen auf tierische Gewebe. Münch. med. Wochenschr.

Derselbe, 1913, Wie verhalten sich die blutbildenden Organe bei der modernen Tiefenbestrahlung? Münch. med. Wochenschr.

Henderson, 1904, On the relationship of the thymus to the sexual organs. The journ. of physiol. Bd. 31.

Henle, M., 1866, Handbuch der Anatomie des Menschen. Bd. II. Braunschweig.

Herff, von, erwähnt nach Tandler und Groß 1913.

Hering, E., 1881, 18 Fälle von unfruchtbaren Zwillingen. Repetitorium f. Tierheilk.

Herlitzka, 1900, Transplantation des ovaires. Arch. ital. de biol.

Derselbe, 1900, Einiges über Ovarientransplantation. Biolog. Zentralbl.

Derselbe, 1900, Sul trapiamento dei testicoli. Arch. f. Entw.-Mech. Bd. 9.

Herrmann, E., 1909, Demonstration von Ovarien beim Status lymphaticus bezw. hypoplasticus. Zentralbl. f. Physiol. Bd. 23.

Derselbe, 1915, Über eine wirksame Substanz im Eierstock und in der Plazenta. Monatsschrift f. Geburtsh. u. Gynäkol. Bd. 41.

Derselbe und Neumann, J., 1912, Über die Lipoide der Gravidität und deren Ausscheidung nach vollendeter Schwangerschaft. Wiener klin. Wochenschr.

Derselbe und Stein, M., 1916, Über die Wirkung eines Hormones des Corpus luteum auf männliche und weibliche Keimdrüsen. Wiener klin. Wochenschr.

Dieselben, 1919, Heterologe Reizstoffwirkung auf bestimmte Systeme bzw. Geschlechtsmerkmale bei männlichen Kaninchen. Zentralbl. f. Gynäkol. Bd. 34.

Herrmann, M., 1913, Etudes expérimentales sur les lésions histologiques du testicule consécutives aux traumatismes du cordon. Arch. de méd. expérim. et d'anat. pathol. Bd. 25.

Herxheimer und Hoffmann, 1908, Über die anatomischen Wirkungen der Röntgenstrahlen auf den Hoden. Deutsche med. Wochenschr.

Hida, S. und Kuga, K., 1911, Einfluß der Röntgenstrahlen auf den Hoden des Kaninchens und Hahnes. Fortschr. a. d. Geb. d. Röntgenstrahlen. Bd. 17.

Higuchi, 1910, Über Transplantation der Ovarien. Arch. f. Gynäkol. Bd. 91.

Hikmet et Regnault, 1906, Les eunuques de Constantinople. Bull. et Mém. Soc. Anthropol. Paris.

Hirschfeld, M., 1916, Über Geschlechtsdrüsenausfall. Neurolog. Zentralbl.

His, W., 1865, Beobachtungen über den Bau des Säugetier-Eierstockes. Arch. f. mikr. Anat. Bd. 1.

Hitschmann, E. und Adler, 1908, Bau der Uterusschleimhaut des geschlechtsreifen Weibes mit besonderer Berücksichtigung der Menstruation. Monatsschr. f. Geburtsh. u. Gynäkol. Bd. 27.

Hochenegg, J., 1908, Geheilter Fall von Hypophysentumor. 37. Chirurgenkongreß.

Derselbe, 1909, Ablation von Hypophysentumoren. Wiener klin. Wochenschr.

Derselbe, 1910, Zur Therapie der Hypophysentumoren. Zentralbl. f. Chir. Bd. 100.

Hoelzl, H., 1893, Über die Metamorphosen der Graafschen Follikel. Virchows Archiv Bd. 134.

Hofbauer, J., 1905, Mikroskopische Studien zur Biologie der Genitalorgane im Fötalalter (Fettbefunde, Ödeme, „menstruelle“ Erscheinungen, Eireifung). Arch. f. Gynäkol. Bd. 77.

Hoffmann, K. F., 1908, Über den Einfluß der Röntgenstrahlen auf den Kaninchenhoden. Inaug.-Diss. Bonn.

Hofmeister, 1872, Untersuchungen über die Zwischensubstanz im Hoden der Säugetiere. Sitzungsber. d. math.-naturwissensch. Klasse d. k. Akad. d. Wissensch. in Wien. Bd. 65.

Hofstätter, R., 1912, Über Kryptorchismus und Anomalien des Descensus testiculi. Klin. Jahrb. Bd. 26.

Holchich, 1905, Exhibition of antlers of deer showing arrest of development due castration. Proc. Zool. Soc.

Holzbach, 1909, Die Hemmungsbildungen der Müllerschen Gänge im Lichte der vergleichenden Anatomie und Entwicklungsgeschichte. Beitr. z. Geburtsh. u. Gyn. Bd. 14.

Honoré, Ch., 1899, Recherches sur l'ovaire du lapin. II. Recherches sur la formation du corps jaune. Arch. de Biol. Bd. 16.

Hooper, D., 1913, Transplantation homoplastique d'un ovaire chez une femme atteinte d'aménorrhoée avec troubles mentaux. Austr. méd. journ.

Hoven, H., 1914, Histogenèse du testicule des Mammifères. Anat. Anz. Bd. 47.

Huber, C. and Morris, G. M., 1913, The morphology of the seminiferous tubules of mammalia. Anat. Record. Bd. 7.

Hudovernig et Popovits, 1903, Gigantisme précoce avec développement précoce des organes génitaux. Nouv. Icon. Bd. 16.

Hunter, J., 1780, Account of an extraordinary pheasant. Philosoph. Transact. Bd. 70.

Derselbe, 1802, Observations on the glands between the rectum and bladder called vesicula seminalis in Obs. on certain parts of the animal economy. London.

Iscovesco, H., 1913, Sur les propriétés d'un lipoide (II. Bl.) extrait du testicule. Compt. rend. Soc. Biol. Bd. 75.

Jacobson, 1828, Det konlige Danske Videns Habernes Selskahs Naturvidenskabelige og matematiske Aufhandlinger. Tredje Deel. Erwähnt nach Ognew 1908.

Jacobson, A., 1879, Zur pathologischen Histologie der traumatischen Hodenentzündung. Virchows Archiv Bd. 75.

Jankowsky, J., 1904, Beitrag zur Entstehung des Corpus luteum. Arch. f. mikr. Anat. Bd. 64.

Janošik, J., 1885, Histologische embryologische Untersuchungen über das Urogenitalsystem. Sitzungsber. d. k. Akad. d. Wissensch. in Wien. Bd. 91.

Derselbe, 1888, Zur Histologie des Ovariums. Ebenda Bd. 96.

Janošik, J., 1890, Bemerkungen über die Entwicklung des Genitalsystems. Ebenda Bd. 99.

Derselbe, 1897, Die Atrophie der Follikel und ein seltsames Verhalten der Eizelle. Arch. f. mikr. Anat. Bd. 48.

Joachimsthal, 1899, Über Zwergwuchs und verwandte Wachstumsstörungen. Deutsche med. Wochenschr.

Jörgensen, M., 1910, Zur Entwicklungsgeschichte des Eierstockes von Proteus anguineus. Festschrift für R. Hertwig, Bd. 1.

Jong, de L., 1914, Etude anatomo-clinique de l'ovaire chez la femme. La glande interstitielle chez les tuberculeuses et les fibromateuses. Thèse de Paris.

Derselbe, 1914, L'ovaire chez les fibromateuses (glande interstitielle). Annal. de gynecol. Jahrg. 41. Bd. 11.

Kammerer, P., 1907, Regeneration sekundärer Sexualcharaktere bei den Amphibien. Arch. f. Entw.-Mech. Bd. 25.

Derselbe, 1912, Ursprung der Geschlechtsunterschiede. Fortschritte d. naturwissensch. Forschung. Bd. 5.

Derselbe, 1914, Ernst Haeckel und ich. — Der Planet und der Kieselstein. In: Was wir Ernst Haeckel verdanken. Jena.

Derselbe, 1915, Allgemeine Biologie. Stuttgart.

Derselbe, 1919, Steinachs Forschungen über Entwicklung, Beherrschung und Wandlung der Pubertät. Ergebn. d. inn. Med. u. Kinderheilk. Bd. 17.

Derselbe, 1920, Wilhelm Roux und Ernst Haeckel, Dem Begründer der Entwicklungsmechanik zum 70. Geburtstage. Der Monist, Jahrg. 1920.

Kasai, K., 1908, Über die Zwischenzellen des Hodens. Virchows Archiv Bd. 194.

Kaufmann, E., 1907, Über Zwischenzellengeschwülste des Hodens. Verhandl. d. Deutsch. pathol. Gesellsch. zu Dresden 1907.

Kawasoye, M., 1912, Kann ein transplantiertes Ovarium sich ebenso entwickeln wie ein in loco gebliebenes? Zeitschr. f. Geburtsh. Bd. 71.

Kayser, E., 1910, Zur Frage der Transplantation der Ovarien beim Menschen. Berl. klin. Wochenschr.

Kehrer, E., 1910, Die Entwicklungsstörungen beim weiblichen Geschlecht. Beitr. z. Geburtsh. u. Gynäkol. Bd. 15.

Kehrer, F. A., 1910, Die Ursachen des Infantilismus. Beitr. z. Geburtsh. u. Gynäkol. Bd. 15.

Derselbe, 1911, Zwergwuchs. Beitr. z. Geburtsh. u. Gynäkol. Bd. 16.

Derselbe, 1911, Zwergwuchs. Zentralbl. f. Gynäkol. Nr. 39.

Keitler, H., 1904, Über das anatomische und funktionelle Verhalten der belassenen Ovarien nach Exstirpation des Uterus. Monatsschr. f. Geburtsh. u. Gynäkol. Bd. 20.

Keller, K., 1916, Die Körperform des unfruchtbaren Zwillings beim Rinde. Jahrbuch für wissenschaftl. u. prakt. Tierzucht. Bd. 10.

Derselbe, 1917, Über die unfruchtbaren Zwillinge des Rindes. Verhandl. d. zool.-botan. Gesellsch. in Wien.

Derselbe, 1920, Über somatische Geschlechtsmerkmale beim Rinderfötus. Wiener tierärztliche Monatsschr. Bd. 7.

Derselbe, 1920, Zur Frage der sterilen Zwillingskälber. Wiener tierärztl. Monatsschr. Bd. 7.

Derselbe und Tandler, J., 1916, Über das Verhalten der Eihäute bei der Zwillingsträchtigkeit des Rindes. Wiener tierärztl. Monatsschr.

Keller, R., 1914, Über Veränderungen am Follikelapparat des Ovarium während der Schwangerschaft. Beitr. f. Geburtsh. u. Gynäkol. Bd. 19.

Keppler, 1891, Das Geschlechtsleben des Weibes. Wiener med. Wochenschr.

King, H. D., 1908, The structure and Development of Bidders Organ in Bufo lentiginosus. Journ. of Morphol. Bd. 19.

King, H. D., 1910, Some anomalies in the genital Organs of Bufo lentiginosus ant their probable significance. Americ. Journ. of Anat. Bd. 10.

Kingsbury, B. F., 1913, Morphogenesis of the mammalian ovary. Americ. Journ. of Anat. Bd. 15.

Derselbe, 1914, The interstitial cells of the mammalian ovary. Felis domestica. The americ. Journ. of Anat. Bd. 16.

Kisch, H., 1904, Über Feminismus männlicher lipomatöser Individuen. Wiener klin. Wochenschr.

Derselbe, 1904, Die Lipomatosis als Degenerationszeichen. Berl. klin. Wochenschr.

Kiutsi, 1912, Über die innere Sekretion des Corpus luteum. Monatsschr. f. Geburtsh. u. Gynäkol. Bd. 36.

Klatt, B., 1913, Experimentelle Untersuchungen über die Beziehungen zwischen Kopulation und Eiablage beim Schwammspinner. Biolog. Zentralbl. Bd. 33.

Klebs, E., 1863, Die Eierstockseier der Säugetiere und Vögel. Virchows Arch. Bd. 28.

Kleinhaus, 1904, Experimentelles zur Corpus luteum-Frage. 76. Versamml. deutsch. Naturf. u. Ärzte in Breslau. Ref. in Zentralbl. f. Gynäkol.

Klose, H. und Vogt, H., 1910, Klinik und Biologie der Thymusdrüse mit besonderer Berücksichtigung ihrer Beziehungen zu Knochen- und Nervensystem. Beitr. klin. Chir. Bd. 69.

Knappe, E., 1886, Das Biddersche Organ Morpholog. Jahrbuch Bd. 11.

Knauer, A., 1896, Einige Versuche von Ovarialtransplantation an Kaninchen. Zentralbl. f. Gynäkol. Bd. 20.

Derselbe, 1899, Über Ovarialtransplantation. Wiener klin. Wochenschr.

Derselbe, 1900, Die Ovarientransplantation. Arch. f. Gynäkol. Bd. 60.

Koch, K., 1910, Zwischenzellen und Hodenatrophie. Virchows Archiv Bd. 202.

Koch, R., 1915, Die gegenwärtigen Anschauungen über den Infantilismus. Frankfurter Zeitschr. f. Pathol. Bd. 16.

Koelliker, A., 1854, Mikroskopische Anatomie oder Gewebelehre des Menschen. 1. Aufl., zweiter Bd., zweite Hälfte, S. 392. Leipzig, W. Engelmann.

Derselbe, 1898, Einige Bemerkungen über den Eierstock des Pferdes. Verhandlungen der anatom. Gesellsch. 12. Tagung.

Derselbe, 1902, Handbuch der Gewebelehre der Menschen. 6. Aufl. III. Bd. von V. v. Ebner in Wien. Leipzig, Engelmann.

Kohn, A., 1914, Morphologische Grundlagen der Organotherapie. Abschnitt über die Generationsorgane. In Jauregg und Bayer. Lehrb. d. Organotherapie, Leipzig.

Kon, J., 1908, Hypophysenstudien. Zieglers Beitr. z. Pathol. Bd. 44.

Kopéc, St., 1908, Experimentaluntersuchungen über die Entwicklung der Geschlechtscharaktere bei Schmetterlingen. Bull. Akad. Scienc. Cracovie.

Derselbe, 1910, Über morphologische und histologische Folgen der Kastration und Transplantation bei Schmetterlingen. Bull. Akad. Scienc. Cracovie.

Derselbe, 1911, Untersuchungen über Kastration und Transplantation bei Schmetterlingen. Arch. f. Entw.-Mech. Bd. 33.

Derselbe, 1911, Über den feineren Bau der Zwitterdrüse von Symmantria dispari L. Zool. Anz. Bd. 37.

Derselbe, 1913, Nochmals über die Unabhängigkeit der Ausbildung sekundärer Geschlechtscharaktere von den Gonaden bei Lepidopteren. Zool. Anz. Bd. 43.

Korentschewsky, W. G., 1913, Die Beziehungen zwischen Schild- und Keimdrüsen in Verbindung mit deren Einfluß auf den Stoffwechsel. Zeitschr. f. experiment. Pathol. u. Therapie. Bd. 16.

Kraepelin, E., 1918, Geschlechtliche Verirrung und Volksvermehrung. Münch. med. Wochenschr.

Kreis, O., 1899, Die Entwicklung und Rückbildung des Corpus luteum spurium beim Menschen. Arch. f. Gynäkol. Bd. 58.

Krönig, 1893, Befruchtung intra puerperium. Zentralbl. f. Gynäkol.

Krusen, W., 1912, The present status of corpus luteum organotherapy. Am. journ. of obstetri and dis. of women and children. Bd. 66.

Kuschakewitsch, 1910, Entwicklungsgeschichte der Keimdrüse von Rana esculenta. Ein Beitrag zum Sexualitätsproblem. Festschr. f. R. Hertwig.

Kyrle, J., 1909, Über Strukturanomalien im menschlichen Hodenparenchym. Verhandl. der deutschen pathol. Gesellschaft, 13. Tagung.

Derselbe, 1909, Demonstration von Hoden beim Status lymphaticus beziehungsweise hypoplasticus. Zentralbl. f. Physiol. Bd. 23.

Derselbe, 1910, Beiträge zur Kenntnis der Zwischenzellen des menschlichen Hodens. Zentralbl. f. allg. Pathol. u. pathol. Anat. 21.

Derselbe, 1910, Über experimentelle Hodenatrophie. Verhandl. d. deutschen pathol. Gesellschaft. 16. Tagung.

Derselbe, 1910, Über Entwicklungsstörungen der männlichen Keimdrüsen im Jugendalter. Wiener klin. Wochenschr.

Derselbe, 1911, Über die Regenerationsvorgänge im tierischen und menschlichen Hoden. Sitzungsber. d. kaiserl. Akad. d. Wissenschaften in Wien. 120. III. Abt.

Derselbe, 1913, Experimenteller Beitrag zur Frage des Regenerationsvermögens des Rete testis. Verhandl. d. deutschen pathol. Gesellschaft in Marburg. 16. Tagung.

Derselbe, 1913, Über Entwicklungsstörungen der männlichen Keimdrüsen im Jugendalter. Zentralbl. f. allgem. Pathol. u. pathol. Anat. Bd. 24.

Derselbe, 1915, Über Hodenunterentwicklung im Kindesalter. Beitr. z. pathol. Anat. und allgem. Pathol. 1915. Bd. 60.

Derselbe, 1920, Über die Hypoplasie der Hoden im Jugendalter und ihre Bedeutung für das weitere Schicksal der Keimdrüsen. Wiener klin. Wochenschr. 33. Jahrg.

Kyrle, J. und Schopper, K. J., 1913, Untersuchungen über den Einfluß des Alkohols auf Leber und Hoden des Kaninchens. Wiener klin. Wochenschr.

Lacassagne, 1913, Etude histologique des effets produits sur l'ovaire par les rayons X. Thèse med. de Lyon.

Derselbe, 1913, Les résultats expérimentaux de l'irradiation des ovaires. Annales de gynéc. et d'obst. et Presse médicale. Bd. 89.

Lambert, 1907, Sur l'action des extraits du corps jaune de l'ovaire. Compt. rend. Soc. Biol. Bd. 62.

Landam, 1890, Über einige Anomalien der Brustdrüsensekretion. Deutsche med. Wochenschr.

Langhans, V. H., 1909, Experimentelle Untersuchungen zur Frage der Fortpflanzung. Verhandl. d. deutschen Zool. Gesellschaft.

Lauche, A., 1915, Experimentelle Untersuchungen an den Hoden, Eierstöcken und Brunstorganen erwachsener und jugendlicher Grasfrösche (Rana fusca Rös.) Arch. f. mikr. Anat. Bd. 86.

Launois, L., 1894, Castration et atrophie de la prostate. Assoc. franc. pour l'avancement des sciences. Congrès de Caen.

Derselbe, 1894, De l'atropie de la prostate. De la castration dans l'hypertrophie de la prostate. Ann. d. mal. d. org. gén. de méd.

Derselbe, 1903, Les cellules sidérophiles de l'hypophyse chez la femme enceinte. Compt. rend. Soc. Biol. Bd. 55.

Derselbe, 1903, Glucosurie et hypophuse. Arch. gén. de méd.

Derselbe, 1904, Recherches sur la glande hypophysaire de l'homme. Thèse de Paris.

Launois, P. E. et Cléret, M., 1910, Le syndrom hypophysaire adiposo-génital. Gaz. hôp. Nr. 5 u. 7.

Launois L. et Roy, 1902, Gigantisme et infantilisme. Nouv. Icon. Bd 15.
Dieselben, 1902, Gigantisme et Castration Révue internat. de méd. et chir.
Dieselben, 1903, Des relations qui existant entre l'état des glandes genitales mâles et le développement du squelette. Soc. de Biol.
Dieselben, 1904, Etudes biologiques sur les géants. Paris 1904.
Lécaillon, A., 1909, Sur la structure qu'acquiert le canalicule séminifère de la Taupe commune (Talpa europaea L.) après la période de reproduction. Compt. rend Acad. Sc. Bd. 148.
Derselbe, 1909, Sur les cellules interstitielles du testicule de la taupe (Talpa europaea L.) considerée en déhors de la période de reproduction. Compt. rend. soc. biol. Paris. Bd. 66.
Lémos, M., 1906, Infantilisme et dégénérescence psychique. Nouv. Icon. de la Salp.
Lenhossék, M. von, 1896, Zur Kenntnis der Zwischenzellen des Hodens. Vortrag in der anatomischen Sektion der Naturforschergesellschaft in Frankfurt a. M.
Derselbe, 1897, Beiträge zur Kenntnis der Zwischenzellen des Hodens. Hist. Arch. f. Anat. u. Entw.-Gesch.
Lenz, J., 1913, Vorzeitige Menstruation, Geschlechtsreife und Entwicklung (Menstruation, pubertas et evolutio praecox) mit besonderer Berücksichtigung der Skelettentwicklung. Arch. f. Gynäkol. Bd. 99.
Leopold und Ravano, 1907, Neuer Beitrag zur Lehre von der Menstruation und Ovulation. Arch. f. Gynäkol. Bd. 83.
Lespinasse, V., 1913, Transplantation of the testicle. Journal of American medical Association. Bd. 61.
Lesser, L., 1900, Ein Fall von Hypertrichosis universalis und frühzeitiger Geschlechtsreife. Zeitschr. f. klin. Med. Bd. 41.
Leukardt, R., 1853, Abschnitt Zeugung in R. Wagners Handwörterbuch der Physiologie. Bd. 4.
Leupold, E., 1920, Beziehungen zwischen Nebennieren und männlichen Keimdrüsen. 4. Heft der Veröffentlichungen aus dem Gebiete der Kriegs- und Konstitutionspathologie von L. Aschoff und W. Koch. Jena, Gustav Fischer.
Leydig, Fr., 1850, Zur Anatomie der männlichen Geschlechtsorgane und Analdrüsen der Säugetiere. Zeitschr. f. wissensch. Zool. Bd. 2.
Derselbe, 1857, Lehrbuch der Histologie des Menschen und der Wirbeltiere. Frankfurt a. M.
Lichtenstern, R., 1916, Mit Erfolg ausgeführte Hodentransplantation am Menschen. Münchn. med. Wochenschr.
Lillie, F. R., 1916, The theory of the freemartin. Science. Bd. 43.
Derselbe, 1917, The Free-Martin; a Study of the Action of Sex-Hormones in the foetal Lief of Cattle. Journ. of exp. Zool. Bd. 23.
Derselbe, 1917, The theory of the freemartin. Il of Experiment. Zool. Bd. 23.
Limon, M., 1901, Etude histologique et histogénique de la glande interstitielle de l'ovaire. Thèse de Nancy.
Derselbe, 1903, Etude histologique et histogénique de la glande interstitielle de l'ovaire. Archives d'Anatomie microscopique. Bd. 5.
Derselbe, 1904, Observations sur l'état de la „glande interstitielle“ dans les ovaires transplantés. Journ. physiol. et pathol. gén. Bd. 6.
Derselbe, 1904, Note sur le transplantation de l'ovaire. Compt. rend. Soc. biol. Paris. Bd. 56.
Derselbe, 1904, Glande interstitielle bei transplantierten Ovarien. Journ. de Physiol. et Pathol. général. Bd. 4, 6.
Linding, P., 1915, Zur Pathologie der Brustdrüsensekretion. Zentralbl. f. Gynäkol. 76.
Lingel, A., 1900, Zur Frage nach dem Einflusse der Kastration auf die Entwicklung der Milchdrüse. Inaug.-Diss., Freiburg i. Br.

Lingen, L. von, 1909, Die innere Sekretion der Ovarien und die Beziehung derselben zu anderen Organen. Petersb. med. Wochenschr.

Linke, J., 1911, Die Bedeutung der Eierstöcke für die Entstehung des Geschlechts. Medizinische Klinik.

Lipschütz, A., 1914, Steinachs Forschungen über Feminierung und Maskulierung. Die Umschau. Bd. 18.

Derselbe, 1916, Entwicklung eines penisartigen Organs beim maskulierten Weibchen. Akad. Anz. Nr. 27. Sitzungsber. d. math.-naturw. Klasse v. 14. XII. 1916.

Derselbe, 1916, Körpertemperatur als Geschlechtsmerkmal. Akad. Anz. Nr. 22.

Derselbe, 1917, Über die Abhängigkeit der Körpertemperatur von der Pubertätsdrüse. Pflügers Archiv. Bd. 168.

Derselbe, 1917, Die Gestaltung der Geschlechtsmerkmale durch die Pubertätsdrüsen. Akad. Anz. Nr. 10. Sitzung d. math.-naturw. Klasse v. 26. April.

Derselbe, 1917, Geschlechtsmerkmale und Geschlechtsdrüsen. Mitteil. d. Naturforsch. Gesellsch. in Bern. Sitzung v. 2. Juni.

Derselbe, 1917, On the Internal Secretion of the Sexual Glands. Journ. of Physiol. Bd. 51.

Derselbe, 1917, Pubertätsdrüsen und Sexualität. Zeitschr. f. Sexualwissensch. Bd. 4.

Derselbe, 1918, Umwandlung der Klitoris in ein penisartiges Organ bei der experimentellen Maskulierung. Arch. f. Entw.-Mech. Bd. 44.

Derselbe, 1918, Prinzipielles zur Lehre von der Pubertätsdrüse. Arch. f. Entw.-Mech. Bd. 44.

Derselbe, 1918, Die Gestaltung der Geschlechtsmerkmale durch die Pubertätsdrüse. Arch. f. Entw.-Mech. Bd. 44.

Derselbe, 1918, Steinachs neue Untersuchungen über die Verpflanzung von Keimdrüsen und die Heilung der Homosexualität. Die Umschau. Bd. 22.

Derselbe, 1919, Die Pubertätsdrüse und ihre Wirkungen. Bern. E. Bircher.

Lode, A., 1895, Zur Transplantation des Hodens bei Hähnen. Wien. klin. Wochenschr.

Derselbe, 1904, Experimenteller Beitrag zur Physiologie der Samenblasen. Sitzungsber. d. kaiserl. Akad. d. Wissensch. zu Wien. Math.-naturw. Klasse.

Loeb, L., 1907, Über die experimentelle Erzeugung von Knoten von Deziduagewebe im Uterus des Meerschweinchens nach stattgefundener Kopelation. Zentralbl. f. allgem. Pathol. u. pathol. Anat. Bd. 18.

Derselbe, 1908, Über die künstliche Erzeugung der Dezidua und über die Bedeutung der Ovarien für die Deziduabildung. Zentralbl. f. Physiol. Bd. 22.

Derselbe, 1909, Über die Bedeutung des Corpus luteum. Zentralbl. f. Physiol. Bd. 23.

Derselbe, 1909, Beitrag zur Analyse des Gewebewachstums. III. Die Erzeugung von Deziduen im Uterus des Kaninchens. Arch. f. Entw.-Mech. Bd. 27.

Derselbe, 1910, The experimental production of the maternal placenta. Proc. path. Soc. Philadelphia.

Derselbe, 1910, The function of corpus luteum, the experimental production of the maternal placenta and the mechanisme of the sexual cycle in the female organisme. Med. Record. Bd. 77.

Derselbe, 1910, The reaction of the uterine mucosa towords foreign bodies introduced into the uterine cavity. Proc. Soc. of exp. Biol. Bd. 7.

Derselbe, 1910, Der normale und pathologische Zyklus im Ovarium der Säugetiere. Virchows Archiv. Bd. 206.

Derselbe, 1910, Weitere Untersuchungen über die künstliche Erzeugung der mütterlichen Plazenta und über die Mechanik des sexuellen Zyklus des weiblichen Säugetierorganismus. Zentralbl. f. Physiol. Bd. 24.

Derselbe, 1911, Der normale und pathologische Zyklus von Ovarien der Säugetiere. Virchows Archiv 208.

Loeb, L., 1911, Untersuchungen über die Ovulation nebst einigen Bemerkungen über die Bedeutung der sogenannten „interstitiellen Drüse“ des Ovariums. Zentralbl. f. Physiol. Bd. 25.

Derselbe, 1911, Über Hypertrophie und zyklische Veränderungen des Säugetierovariums und über ihre Beziehungen zur Sterilität. Zentralbl. f. Physiol. Bd. 25.

Derselbe, 1911, Über die Bedeutung des Corpus luteum für die Periodizität des sexuellen Zyklus beim weiblichen Säugetierorganismus. Deutsche med. Wochenschr.

Derselbe, 1911, Beiträge zur Analyse des Gewebewachstums. IV. Über den Einfluß von Kombinationsreizen auf das Wachstum des transplantierten Uterus des Meerschweinchens. Arch. f. Entw.-Mech. Bd. 31.

Derselbe, 1912, The experimental production of an early stage of extrauterine pregnancy. Proc. soc. exper. biol. and med. Bd. 9.

Derselbe, 1913, The influenze of pregnancy on the cyclic changes in the uterus. American Journ. of Physiol. Bd. 31..

Derselbe, 1913, On the influence of pregnancy on the cyclic changes in the uterus. Journ. of Biol. Chemistry. Bd. 14.

Loewy, A., 1903, Neuere Untersuchungen zur Physiologie der Geschlechtsorgane. Ergebnisse der Physiologie Bd. 2.

Derselbe, 1910, Versuche über die Rückgängigmachung der Ermüdungserscheinungen bei Muskelarbeit. Berl. klin. Wochenschr.

Derselbe, 1914, Bemerkungen zu der Arbeit von A. Reprew: Das Spermin als Oxydationsferment. Pflügers Arch. Bd. 159.

Derselbe und Richter, 1899, Sexualfunktion und Stoffwechsel. Pflügers Arch. 1899. Supplement.

Dieselben, 1902, Zur Frage nach dem Einfluß der Kastration auf den Stoffwechsel. Zentralbl. f. Physiol.

Loisel, G., 1901, Grenouille femelle présentant les caractères sexuels secondaires du mâle. Compt. rend. Soc. Biol. Bd. 53.

Derselbe, 1902, Etude sur la spermatogénèse chez lonceau domestique. Journ. de l'Anat. et de la Physiol. 1902.

Derselbe, 1902, Sur le lieu d'origine, la nature et le rôle de la sécrétion interne du testicule. Compt. rend. Soc. Biol. Bd. 54.

Derselbe, 1902, Sur l'origine embryonnaire et l'évolution de la sécrétion interne du testicule. Compt. rend. Soc. Biol. Bd. 54.

Derselbe, 1903, La sexualité. Revue scient. Ser. 4. Bd. 19.

Derselbe, 1903, Croissance comparée en poids et en longneur des foetus mâle et femelle dans l'espèce humaine. Compt. rend. Soc. Biol. Bd. 55.

Derselbe, 1903, Les poisons des glandes génitales. I. Recherches et expérimentation chez l'oursin. Compt. rend. Soc. Biol. Bd. 55.

Derselbe, 1904, Sur les sécrétions chimiques de la glande génitale mâle. (à propos d'une prétendue glande interstitielle du testicule). Compt. rend. Soc. Biol. Bd. 56.

Derselbe, 1904, Les caractères sexuels secondaires et le fonctionnement des testicules chez la grenouille. Compt. rend. Soc. Biol. Bd. 56.

Derselbe, 1904, Sur l'origine et la double signification des cellules interstitielles du testicule. Compt. rend. Soc. Biol. Bd, 56.

Derselbe, 1904, Recherches sur les ovaires de grenouilles vertes. Compt. rend. Soc. Biol. Bd. 56.

Derselbe, 1904, Recherches comparatives sur les toxalbumines contenues dans divers tissus de grenouille. Compt. rend. Soc. Biol. Bd. 56.

Derselbe, 1905, Conservations des poisons génitaux Compt. rend. Soc. Biol. Bd. 57.

Derselbe, 1905, Les poisons des glandes génitaux (suite). IV. Recherches sur les mammifères. Conclusions générals. Compt. rend. Soc. Biol. Bd. 57.

Loisel, G., 1905, Substances toxiques des oeufs extrait de tortue et de poule. Compt. rend. Soc. Biol. Bd. 57.

Derselbe, 1905, Les phénomènes de sécrétion dans les glandes génitales. Revue générale et faits nouveaux. Journ. de l'Anat. et d. l. Physiol. Bd. 41.

Derselbe, 1905, Stérilité et alopécie les cobayes soumis antérieurement à l'influence des poisons ovariens de grénouille. Compt. rend. Soc. Biol. Bd. 57.

Derselbe, 1905, Recherches des graisses et des léathines dans les testicules de cobayes en évolution. Compt. rend. Soc. Biol. Bd. 57.

Derselbe, 1905, Les substances graisses dans les glandes génitales d'oursin en activité sexuelle. Compt. rend. Soc. Biol. Bd. 57.

Derselbe, 1905, Considérations générales sur la toxicité des produits génitaux. Compt. rend. Soc. Biol. Bd. 57.

Derselbe, 1905, Expériences sur la toxicité des oeufs de canards. Compt. rend. Soc. Biol. Bd. 57.

Derselbe, 1905, Croissance des cobayes normeaux ou soumis à l'action du sel marin ou du sperme de cobaye. Compt. rend. Soc. Biol. Bd. 57.

Derselbe, 1905, Toxité du liquide séminale de cobaye, de chien et de tortue. Compt. rend. Soc. Biol. Bd. 57.

Derselbe, 1905, Contribution à l'étude de l'hybridité Oefs de canards domestiques et de canards hybrides. Compt. rend. Soc. Biol, Bd. 57.

Lortet, 1896, Allongement des membres inferiores chez un eunuque. Arch. d'anthropol. criminelle. Lyon.

Lubarsch, O., 1896, Über das Vorkommen krystallinischer und krystalloider Bildungen in den Zellen des menschlichen Hodens. Virchows Archiv. Bd. 145.

Lubosch, W., 1903, Die Morphologie des Neunaugeneies. Jenaische Zeitschr. f. Naturw. Bd. 38.

Derselbe, 1904, Das Corpus luteum der Säugetiere und seine Beziehungen zu dem der Anamnier. Zur Abwehr! Anat. Anz. Bd. 25.

Lucien, M. et Parisot, 1908, Etude physiologique et anatomique du thymus dans l'athrepsie. Réunion biol. de Nancy. 21. Nov. 1908.

Dieselben, 1908, Variations pondérables de l'hypophyse consécutivement à la thyroïdectomie. Réun. biol. de Nancy. 21. Nov. 1908.

Dieselben, 1908, Influence de la thymectomie sur la croissance. Soc. médic. Nancy. 22. Juli 1908.

Dieselben, 1909, Modifications du poid de la thyroide après la thymectomie. Compt. rend. Soc. Biol. Bd. 66.

Dieselben, 1909, La sécrétion interne du thymus. Rôle des corpuscules de Hassal. Compt. rend. Soc. Biol. Bd. 67.

Dieselben, 1909, Modification de l'appareil squelettique consécutivement à l'ablation du thymus chez le lapin. Compt. rend. Ass. Anat. Suppl.

Dieselben, 1910, Le rôle du thymus dans certains états pathologiques. Rev. méd. de l'ouest. Mai 1910.

Dieselben, 1910, Le rôle du thymus dans certains états pathologiques. Arch. de med. expériment. et. d'anat. pathol. Bd. 22.

Ludwig u. Tomsa, 1862, Die Lymphwege des Hodens. Sitzungsber. d. math.-naturw. Klasse d. kaiserl. Akad. d. Wissensch. in Wien.. Bd. 46.

Lüthje, H., 1903, Über die Kastration und ihre Folgen. Arch. f. exper. Pathol. u. Pharmakol. Bd. 48 u. 50.

Mac Donald, E, 1910, Lutein extract in the treatment of discrased menstruation and the premature menopause. Journ. of Americ. med. Assoc. Bd. 55.

Mac Lead, 1880, Contribution à l'étude de la structure de l'ovaire des Mammifères. Arch. de Biol. Bd. 1.

Magnusson, 1918, Geschlechtslose Zwillinge. Eine gewöhnliche Form von Hermaphroditismus beim Rinde. Arch. f. Anat. u. Physiol. Anat. Abt.

Marcotti, A., 1914, Über das Corpus luteum menstruationis und das Corpus luteum graviditatis. Arch. f. Gynäkol. Bd. 103.

Marshall, A. M., 1884, On certain abnormal conditions of the reproductive organs in the frog. The Journ. of Anat. et Physiol.

Marshall, F. A. H., 1903, Oestrons cycle and formation of the corpus luteum in Steep. Philos transact. of the Roy. Soc. of London. Ser. B. Bd. 196.

Derselbe, 1910, The physiologie of reproduction. London. Verl. v. Longmans & Co.

Derselbe, 1911, On the Ovarian factor concerned in the recurrence oestrus. Journ. of Physiol. Bd. 43.

Derselbe, 1911, The male generative cycle in the hedgehog; with experiments on the functioral correlation between the essential and accessory sexual organs. Journ. of Physiol. Bd. 43.

Derselbe, 1911, On the ovarian factor concerned in the recurrence of oestrus. Journ. of Physiol. Bd. 43.

Marshall, F. A. H, and Jolly, W. A. 1905, Contributions to the physiology of mammalian reproduction. II. The ovary as organ of internal secretion. Phil. Transact. Roy. Soc. Bd. 198.

Dieselben, 1906, Preliminary communication upon ovarien transplantation and its effect on the uterus. Proc. Physiol. soc. London.

Dieselben, 1907, Results of removal and transplantations of ovaries. Trans. Royal. Soc. Edinburgh. 45.

Dieselben, 1908, On the results of heteroplastic ovarian transplantation as compared with those produced by transplantation in the same individual. Quart. Journ. of exp. Phys. Bd. 1.

Martin, A., 1894, Kastration der Frauen. Eulenburgs Real-Enzyklopädie. 3. Aufl.

Mathieu, Ch., 1898, De la cellule interstitielle du testicule et de ses produits de sécrétion (cristalloides). Thèse de Nancy.

Matignon, J., 1896, La castration industrielle en Chine. Gaz. hebd. méd. Bordeaux. Bd. 17.

Derselbe, 1899, Superstition Crime et Misère de Chine. Lyon.

Maximow, A., 1899, Die histologischen Vorgänge bei der Heilung von Hodenverletzungen und die Regenerationsfähigkeit des Hodengewebes. Zieglers Beiträge z. pathol. Anat. u. allgem. Pathol. Bd. 26.

Mayer, A., 1908, Ein Beitrag zur Lehre von der Hyperplasie der Genitalien und vom Infantilismus auf Grund von klinischen Beobachtungen. Hegars Beitr. z. Geburtsh. u. Gynäkol. Bd. 12.

Derselbe, 1910, Hypoplasie und Infantilismus in Geburtshilfe und Gynäkologie. Hegars Beitr. z. Geburtsh. u. Gynäkol. Bd. 15.

Mazzetti, L., 1911, I caratteri sessuali secondarî e le cellule interstitiale del testiculo. Anat. Anz. Bd. 38.

Meige, H., 1895, L'infantilisme, le féminisme et les hermaphrodites antiques. L'anthropologie.

Derselbe, 1902, L'infantilisme. Gaz. des trôp.

Derselbe, 1902, L'infantilisme chez la femme. Nouv. Icon. de Salp.

Derselbe, 1902, Le gigantisme. Arch. gén. de médicine.

Meigs, 1849, Obstetric, the science and the art. Philadelphia.

Meisenheimer, J., 1907, Ergebnisse über einige Versuchsreihen von Exstirpation und Transplantation der Geschlechtsdrüsen bei Schmetterlingen. Zool. Anz. Bd. 32.

Derselbe, 1908, Über den Zusammenhang von Geschlechtsdrüsen und sekundären Geschlechtsmerkmalen bei den Arthropoden. Verh. d. deutsch. Zool. Gesellsch.

Derselbe, 1910, Zur Ovarialtransplantation bei Schmetterlingen. Zool. Anz. Bd. 35.

Meisenheimer, J., 1911, Über die Wirkung der Hoden und Ovarialsubstanz auf die sekundären Geschlechtsmerkmale des Frosches. Zool. Anz. Bd. 38.

Derselbe, 1912, Experimentelle Studien zur Soma und Geschlechtsdifferenzierung. I. Teil 1909). II. Teil. Jena. G. Fischer.

Derselbe, 1913, Äußere Geschlechtsmerkmale und Gesamtorganismus in ihren gegenseitigen Beziehungen. Verh. d. deutsch. Zool. Gesellsch.

Mendel, K., 1910, Die Wechseljahre des Mannes. Neurol. Zentralbl.

Menge, 1910, Bildungsfehler der weiblichen Genitalien. In Veits Handb. d. Gynäkol. 2. Aufl. Bd. 6.

Merkel, 1871, Die Stützzellen des menschlichen Hodens. Reicherts Arch. f. Anat.

Messing, W., 1877, Anatomische Untersuchungen über den Testikel der Säugetiere. Inaug.-Diss. Dorpat.

Meves, F., 1897, Über die Entwicklung der männlichen Geschlechtszellen von Salamandra maculosa. Arch. f. mikr. Anat. Bd. 48.

Meyer, R., 1911, Über Corpus luteum -Bildung beim Menschen. Arch. f. Gynäkol. Bd. 93.

Derselbe, 1912, Transplantation embryonaler Keimdrüsen auf erwachsene Individuen. Arch. f. mikr. Anat. Bd. 79.

Derselbe, 1912, Beitrag zur Kenntnis der Röntgenstrahlenwirkung auf die anatomische Struktur des menschlichen Uterus und der Ovarien. Zentralbl. f. Gynäkol. Bd. 36.

Derselbe, 1913, Über die Beziehungen der Eizelle und des befruchteten Eies zum Follikelapparat, sowie des Corpus luteum zur Menstruation. Arch. f. Gynäkol. Bd. 100.

Meyer, R. u. Runge, C., 1913, Über Corpus luteum-Bildung und Menstruation in ihrer zeitlichen Zusammengehörigkeit. Zentralbl. f. Gynäkol. Bd. 37.

Mihálkovics, G. von, 1885, Untersuchungen über die Entwicklung des Harn- und Geschlechtsapparates der Amnioten. Intern. Monatsschr. f. Anat. u. Histol. 3. Abhandl.

Derselbe, 1895, Struktur der Samenkanälchen. Festschr. z. 25jähr. Jubiläum von Prof. Kovács. Budapest.

Derselbe, 1873, Beiträge zur Anatomie und Histologie des Hodens. Berichte der kgl. sächs. Akad. d. Wissensch. Math.-phys. Klasse.

Miller, J. W., 1910, Die Rückbildung des Corpus luteum. Arch. f. Gynäkol. Bd. 91.

Derselbe, 1913, Corpus luteum und Schwangerschaft. Das jüngste operativ erhaltene menschliche Ei. Berl. klin. Wochenschr.

Derselbe, 1914, Corpus luteum, Menstruation und Gravidität. Arch. f. Gynäkol. Bd. 101.

Mita, G., 1914, Physiologische und pathologische Veränderungen der menschlichen Keimdrüse von der fötalen bis zur Pubertätszeit, mit besonderer Berücksichtigung der Entwicklung. Beitr. z. allgem. Pathol. u. pathol. Anat. Bd. 58.

Moebius, P. J., 1903—1905, Beiträge zur Lehre von den Geschlechtsunterschieden, Geschlechter der Tiere. Heft 9—16. Halle.

Derselbe, 1903—1906, Über die Wirkungen der Kastration. Halle 1903, Leipzig 1906.

Monterosso, B., 1914, Ulteriore ricerche sulla granulosa del follicolo ovarico nei mammiferi (cagna). Arch. f. Zellforschung. Bd. 12.

Montgomery, Th., 1910, Are Particular Chromosomes Sex Determinantes? Biol. Bull. Woods Hole. Bd. 19.

Derselbe, 1910, The significance of the courtship and second arycharakters of traneads. American Naturalist. Bd. 44.

Derselbe, 1911, Differentiation of the human cells of Sertoli. Biol. Bull. Woods Hole. Bd. 21.

Monturo, 1903, Sulle cellule midollari dell' ovaie del coniglio. Arch. d'Anat. et Embryol.

Morgan, 1915, Demonstration of the appareance after castration of cockfeathering in a henfeathered cockerel. Proc. Soc. Exp. Biol. and Med. Bd. 13.

Morris, 1895, New York. med. Journ. Erwähnt nach Unterberger 1918/19.

Mosselmann et Rubay, 1902, Cryptorchide et Spermatogénèse chez le cheval. Annal. de Médicin veterinaire. Bruxelles. Bd. 51.

Moure, 1894, De l'influence de l'ovariotomie sur la voix de la femme. Revue de Laryngol. Bd. 14.

Mühsam, R., 1920, Über die Beeinflussung des Geschlechtslebens durch freie Hodenüberpflanzung. Deutsche med. Wochenschr.

Müller, E., 1905, Über die Beeinflussung der Menstruation durch zerebrale Herderkrankungen. Neurol. Zentralbl.

Müller, W., 1915, Beitrag zur Frage der Strahlenwirkung auf tierische Zellen, besonders die der Ovarien. Strahlentherapie. Bd. 5.

Münzer, A., 1910, Über die innere Sekretion der Keimdrüsen. Berl. klin. Wochenschr.

Derselbe, 1911, Über die zerebrale Lokalisation des Geschlechtstriebes. Berl. klin. Wochenschr.

Murcotty, A., 1914, Über das Corpus luteum menstruationis und das Corpus luteum graviditatis. Ein Beitrag zur Lehre von der Ovulation und Menstruation. Arch. f. Gynäkol. Bd. 103.

Nagel, W., 1888, Über die Entwicklung der Sexualdrüsen und der äusseren Geschlechtsteile beim Menschen. Sitzungsber. d. kgl. Akad. d. Wissenschaften zu Berlin.

Derselbe, 1889, Über die Entwicklung des Urogenitalsystems beim Menschen. Arch. f. mikr. Anat. Bd. 34.

Derselbe, 1896, Die weiblichen Geschlechtsorgane. In Bardelebens Handbuch der Anatomie des Menschen. Bd. 7, II. Teil. Jena.

Nazzari, 1906, Contributo allo studio anatomo-pathologico delle cisti dell' ipofisi cerebrale e dell' infantilismo. Policlinico sez. med.

Neurath, R., 1909, Die vorzeitige Geschlechtsentwicklung. Ergebnisse der inneren Medizin und Kinderheilkunde. Bd. 4.

Derselbe, 1909, Die vorzeitige Geschlechtsentwicklung (Menstruatio praecox). Wiener med. Wochenschr.

Derselbe, 1911, Über Fettkinder, hypophysäre und eunuchoide Adipositas im Kindesalter. Wiener klin. Wochenschr.

Nielsen, M., 1910, Histologische Untersuchungen über retinierte Hoden beim Klopfhengst. Monatsschr. f. prakt. Tierheilk. Bd. 17.

Niskoubina, N., 1908, Sur la structure du corps jaune pendent et après la gestation. Compt. rend. Soc. Biol. Bd. 65.

Derselbe, 1908, Recherches expérimentales sur la function du corps jaune pendent la gestation. Compt. rend. Soc. Biol. Bd. 65.

Nothnagel, H., 1886, Über Anpassungen und Ausgleichungen bei pathologischen Zuständen. Zeitschr. f. klin. Med. Bd. 11.

Nußbaum, M., 1880, Zur Differenzierung des Geschlechtes im Tierreich (Von der Bedeutung der Hodenzwischensubstanz). Arch. f. mikr. Anat. Bd. 18.

Derselbe, 1897, Die Entstehung des Geschlechtes bei Hydatina senta. Arch. f. mikr. Anat. Bd. 49.

Derselbe, 1904. Untersuchung des Hodensekretes auf die Entwicklung der Brunstorgane der Landfrösche. Sitzungsber. d. Niederrh. Gesellsch. f. Natur- u. Heilk. v. 23. Okt. 1904 (u. 22. Mai 1906).

Derselbe, 1905, Innere Sekretion und Nerveneinfluß. Merkel-Bonnet Ergebnisse der Anatomie und Entwicklungsgeschichte. Bd. 15.

Derselbe, 1906, Innere Sekretion und Nerveneinfluß. Anat. Anz. Bd. 29.

Derselbe, 1906, Über Regeneration der Geschlechtsorgane. Sitzungsber. der Niederrh. Gesellsch. f. Natur- u. Heilk. Bonn.

Derselbe, 1906, Über den Einfluß der Jahreszeit, des Alters und der Ernährung auf die Form der Hoden und Hodenzellen der Batrachier. Arch. f. mikr. Anat. Bd. 68.

Nußbaum, M., 1907, Über die Abhängigkeit der Sekretion der Drüsen der Daumenschwiele der Rana fusca vom Nervus cutaneus antibrachi et manus lateralis. Anat. Arch. Bd. 30.

Derselbe, 1907, Experimentelle Bestätigung der Lehre von der Regeneration im Hoden einheimischer Urodelen. Pflügers Archiv. Bd. 119.

Derselbe, 1909, Über die Beziehung der Keimdrüsen zu den sekundären Geschlechtscharakteren. Pflügers Archiv. Bd. 129.

Derselbe, 1909, Hoden und Brunstorgane des braunen Landfrosches (Rana fusca). Pflügers Archiv. Bd. 126.

Derselbe, 1909, Über Geschlechtsbildung bei Polypen. Pflügers Archiv. Bd. 129.

Derselbe, 1912, Über den Bau und die Tätigkeit der Drüsen. VI. Der Bau und die zyklischen Veränderungen der Samenblase von Rana fusca. Archiv. f. mikr. Anat. Bd. 80.

O'Donoghue, C. H., 1913, Über die Corpora lutea bei einigen Beuteltieren. Arch. f. mikr. Anat. Bd. 84.

Ognew, S. J., 1908, Die Bidderschen Organe der Kröten. Arch. f. mikr. Anat. Bd. 71.

Oudemans, J. Th., 1898, Falter aus kastrierten Raupen. Zool. Jahrb. Bd. 22.

Paladino, G., 1904, La mitosi nel corpo luteo e le recenti congitture sulla significatione di questo. Rend. acad. Sc. fis. et mat. Bd. 12.

Derselbe, 1904, Sulla rigenerazione del parenchyma ovarico e sul tipo di struttura del l'ovaja di Delfina. Rend. acad. Sc. fis. et mat. Bd. 12.

Derselbe, 1904, Sur la régéneration du parenchyme et sur le type de structure de l'ovaire de la femelle du dauphin. Arch. ital. Biol. Bd. 42.

Paladino, M., 1887, Ulteriori ricerche sulla des truzione e rinovamento continuo del parenchyma ovarico nei Mammiferi. Napoli.

Pankow, O., 1908, Was lehren uns die Nachbeobachtungen von Reinplantation der Ovarien beim Menschen? Zentralbl. f. Gynäkol.

Derselbe, 1908, Über die Reinplantation der Ovarien beim Menschen. Beitr. z. Geburtsh. u. Gynäkol. Bd. 12.

Derselbe, 1909, Der Einfluß der Kastration und der Hysterektomie auf das spätere Befinden der operierten Frauen. Münch. med. Wochenschr.

Derselbe, 1911, Über die ovarielle Ursache interner Blutungen. Monatsschr. f. Geburtsh. u. Gynäkol.

Pardi, U., 1914, Sur les cellules interstitielles ovariques de la lapine et sur les éléments de la thèque interne de l'ovaire humain hors de la gestation et durant celle-ci. Arch. ital. de Biol. Bd. 62.

Parhon, C. et Goldstein, 1909, Sur l'éxistence d'un antagonisme entre le fonctionnement de l'ovaire et celui du corps thyreoide. Compt. rend. Soc. Biol. Bd. 66.

Dieselben, 1909, Note sur les lipoides des ovaires. Compt. rend. Soc. Biol. Bd. 66.

Dieselben, 1909, Les sécrétions internes. (Rumän. Arbeiten.) Paris.

Parhon, C. et Mihaélesco, 1908, Sur un cas d'infantilisme dysthyroidien et dysorchitique. Journ. de Neurol.

Parodi, U., 1913, Sull' azione degli estratti di placenta. Sperimento. Bd. 67.

Pasewaldt, G., 1888, Experimentelle und histologische Untersuchungen über die kompensatorische Hypertrophie der Ovarien. Inaug.-Diss. Bonn.

Paton, Noël L., 19 4, The relationship of the thymus to the sexual organs. Journ. of Physiolog. Bd. 32.

Derselbe, 1905, The influence of adrenalin and thyroid extract on the metabolism in diabetes mellitus. Scottish med. and surg. Journ. Bd. 11.

Derselbe, 1911, The thymus and the sexual organs. III. Their relationship to the growth of animal. Journ. of Physiol. Bd. 42.

Derselbe, 1913, The nervous and chemical regulators of metabolism. London 1913.

Payr, E., 1920, Über die Steinachsche Verjüngungsoperation. Zentralbl. f. Chir. Bd. 47.
Pellegrini, R., Sulla correlazione tra le ghiandole a secrezione interna. Atti. R. Istit. Veneto di Sc. lett. et arti. Bd. 73.
Peritz, 1910, Über Eunuchoide. Neurol. Zentralbl.
Derselbe, 1911, Der Infantilismus. Ergebn. d. inn. Med. u. Kinderheilk. Bd. 7.
Peters, E., 1910, Die Wirkung lokalisierter, in Intervallen erfolgender Röntgenbestrahlungen auf Blut, blutbildende Organe, Nieren und Testikel. Fortschr. a. d. Geb. d. Röntgenstrahlen. Bd. 16.
Pézard, 1912, Sur la détermination des caractères sexuels secondaires chez les Gallinacés. Compt. rend. Acad. Sciences. Paris. Bd. 154.
Derselbe, 1914, Développement expérimental des ergots et croissance de la crête chez les femelles des Gallinacès. Compt. rend. Acad. Sciences. Paris. Bd. 158
Derselbe, 1915, Transformation expérimentale des caractères sexuels secondaires chez les Gallinacés. Compt. rend. Acad. Sciences. Paris. Bd. 166.
Derselbe, 1918, Le conditionnement physiologique des caractères sexuels secondaires chez les oiseaux. Paris.
Pflüger, O., 1863, Die Eierstöcke der Säugetiere und des Menschen. Leipzig.
Pick, L., 1895, Über Neubildungen am Genitale bei Zwittern. Arch. f. Gynäkol. Bd. 76.
Derselbe, 1914, Über den wahren Hermaphroditismus des Menschen und der Säugetiere. Arch. f. mikr. Anat. Bd. 84.
Pirche, 1902, De l'influence de la castration sur le développement du squelette. Thèse de Lyon.
Pittard, E., 1903, La castration chez l'homme et les modifications qu'elle apporte. Compt. rend. de l'acad. d. sciences. Bd. 136.
Derselbe, 1904, La taille, le buste, le membre inferiéur chez les individus qu'ont subi la castration. Compt. rend. de l'acad. d. sciences. Bd. 139.
Plato, J., 1896, Die interstitiellen Zellen des Hodens und ihre physiologische Bedeutung. Arch. f. mikr. Anat. Bd. 48.
Derselbe, 1897, Zur Kenntnis der Anatomie und Physiologie der Geschlechtsorgane. Arch. f. mikr. Anat. Bd. 50.
Pocoock, 1905, The effects of castration on the horns of the Prongbuck. Proc. Zool. Soc.
Poehl, A., 1894, Einwirkung des Spermins auf den Stoffumsatz bei Autointoxikationen. Zeitschr. f. klin. Med.
Derselbe, 1903, Verwendung physiologischer Katalysatoren als Heilmittel. Deutsche med. Wochenschr.
Derselbe, 1908, Über die Wirkung des Sperminum Poehl (Poehlinum) bei verschiedenen Krankheiten. Petersburg.
Derselbe, Tardanoff und Wachs, 1905, Rationelle Organotherapie. Aus dem Russischen übersetzt. St. Petersburg.
Pojarkow, E., 1913, L'influence du jeune sur le travail des glandes sexuelles du chien. Compt. rend. Soc. biol. Bd. 74.
Poll, H., 1909, Zur Lehre von den sekundären Geschlechtscharakteren. Sitzungsber. d. Gesellsch naturf. Freunde. Jahrg. 1909, 6.
Derselbe, 1912/13, Ursprung und Wesen der Geschlechtscharaktere. Veranstaltungen der Stadt Berlin zur Förderung des naturwissenschaftlichen Unterrichts. Berlin.
Derselbe, 1911, Mischlingsstudien. V. Vorsamenbildung bei Mischlingen. Arch. f. mikr. Anat. Bd. 77.
Derselbe, 1911, Mischlingsstudien. VI. Eierstock und Ei bei fruchtbaren und unfruchtbaren Mischlingen. Arch. f. mikr. Anat. Bd. 78.
Derselbe, 1912, Mischlingsstudien. VII. Mischlinge von Phasiamus und Gallus. Sitz.-Ber. d. kgl. preuß. Akad. d. Wissensch. Bd. 38.
Derselbe, 1920, Mischlingsstudien. VIII. Pfaumischlinge nebst einem Beitrag zur Kern-Erbträger-Lehre. Arch. f. mikr. Anat. Bd. 94.

Poll, H., 1920, Zwischenzellengeschwülste des Hodens bei Vogelmischlingen. Zieglers Beitr. z. pathol. Anat. u. allgem. Pathol. Bd. 67.

Derselbe, 1920, Die biologischen Grundlagen der Verjüngungsversuche von Steinach. Medizinische Klinik.

Derselbe und Tiefensee, W., 1907, Mischlingsstudien. II. Die Histologie der Keimdrüsen bei Mischlingen. Sitz.-Ber. d. kgl. preuß. Akad. d. Wissensch. Bd. 6.

Poncet, 1877, Influence de la castration sur le développement du squelette. Congr. Ass. franc. Havre.

Popoff, N., 1909, L'ovule mâle et le tissu interstitiel du testicule chez les animaux et chez l'homme. Arch. de Biol. Bd. 24.

Potts, F. A., 1906, The modification of the sexual characters of the hermit oral caused by the parasite Petogaster (Castration parasitaire of Giard). Quart. Journ. microsc. science. Bd. 50.

Derselbe, 1909, Some phenomena associated with parasitism. Parasitology Bd. II.

Poyet, 1894, Soc. franc. de laryng. et d'otol. Erwähnt nach Tandler und Groß 1913.

Preyl, F., 1896, Zwei weitere ergographische Versuche über die Wirkung orchitischen Extraktes. Pflügers Archiv Bd. 62.

Rabl, H., 1899, Beitrag zur Histologie des Eierstockes des Menschen und der Säugetiere nebst Bemerkungen über die Bildung von Hyalin und Pigment. Anat. Hefte Bd. 11.

Rasmussen, 1917, Seasonal changes in the interstitial cells of the testis in the woodchuck (Marmota morax). Americ. Journ. of Anat. Bd. 22.

Derselbe, 1918, Cyclic changes in the interstitial cells of the ovary and testis in the woodchuck (Marmota morax). Endocrinology Bd. 2.

Rathke, H., 1825, Beiträge zur Geschichte der Tierwelt. III. Neueste Schriften der naturforschenden Gesellschaft in Danzig. Bd. 1. Heft 4.

Redlich, 1896, Ein Fall von Gigantismus infantilis. Wiener klin. Rundschau.

Regaud, Cl., 1900, Note sur le tissu conjonctif du testicule chez le rat. 2. Mitt. Compt. rend. de la soc. de biol. Bd. 52.

Derselbe, 1904, Etat des cellules interstitielles du testicule chez la taupe. Compt. rend. de l'Assoc. des Anat. Supplément.

Derselbe et Dubreuil, G., 1909, Sur les relations fonctionelles des corps jaunes avec l'utérus non gravide. I. État de la question et méthode de recherches. Compt. rend. Soc. Biol. Bd. 66.

Dieselben, 1909, Action des rayons de Roentgen sur le testicule des animaux impubères. Ann. d'Electrobiol. et Radiol. Bd. 12.

Regaud, Cl. et Policard, 1901, Etude comparative du testicule de porc normal impubère et ectopique au point de vue des cellules interstitielles. Compt. rend. Soc. Biol. Paris. Bd. 53.

Dieselben, 1901, Fonction glandulaire de l'épithélium ovarique et de ses diverticules tubuliformes chez la chienne. Compt. rend. Soc. biol. Paris. Bd. 53.

Dieselben, 1901, Notes histologiques sur l'ovaire des mammifères. Compt. rend. Assoc. anatom.

Regen, G., 1909, Kastration und ihre Folgeerscheinungen bei Gryllus campestris. II. Mitt. Zool. Anz. Bd. 35.

Reifferscheid, K., 1910, Histologische Studien über die Beeinflussung menschlicher und tierischer Ovarien durch Röntgenstrahlen. Zentralbl. f. Gynäkol. Bd. 18.

Derselbe, 1910, Histologische Untersuchungen über die Beeinflussung der Ovarien durch Röntgenstrahlen. Zeitschr. f. Röntgenkunde. Bd. 12.

Derselbe, 1910, Die Röntgentherapie in der Gynäkologie. Zwanglose Abhandlungen aus dem Gebiete der med. Elektrologie und Röntgenkunde. Leipzig.

Derselbe, 1915, Die Einwirkung der Röntgenstrahlen auf tierische und menschliche Eierstöcke. Strahlentherapie Bd. 5.

Reinke, Fr., 1896, Beiträge zur Histologie des Menschen. I. Über Kristalloidbildungen in den interstitiellen Zellen des menschlichen Hodens. Arch. f. mikr. Anat. Bd. 47.

Richon, L. et Jeandelize, P., 1903, Influence de la castration et de l'ovariotomie totales sur le développement des organes génitaux externes chez le jeune lapin. Compt. rend. Soc. Biol. Bd. 53.

Dieselben, 1903, Influence de la castration et de la résection du canal déférent sur le développement des org. génitaux externes. Compt. rend. hebd. de la Soc. de Biol.

Dieselben, 1905, Castration pratiquée chez le lapin jeune. Etat du squelette chez l'adulte. Examen radiographique. Compt. rend. Soc. Biol. Bd. 57.

Dieselben, 1905, Remarques sur la tête osseuse des lapins adultes castrés dans le jeune âge. Compt. rend. Soc. Biol. Bd. 57.

Dieselben, 1910, Courbe de croissance chez le lapin castré. Compt. rend. Soc. Biol. Bd. 68.

Dieselben, 1910, Courbe de croissance chez le lapin ayant subi la résection des canaux déferents. Compt. rend. Soc. Biol. Bd. 68.

Richter und Loewy, 1899, Sexualfunktion und Stoffwechsel. Du Bois Arch. Supplement.

Ribbert, 1890, Über kompensatorische Hypertrophie der Geschlechtsdrüsen. Virchows Archiv Bd. 120.

Derselbe, 1898, Über Transplantation von Ovarien, Hoden und Mamma. Roux. Arch. f. Entw.-Mech. Bd. 7.

Rieger, C., 1900, Die Kastration. Jena.

Rittor, H., 1912, Klinische Beobachtungen über die Beeinflussung der Ovarien durch Röntgenstrahlen. Strahlentherapie Bd. 1.

Röder, 1898, Über die Gärtnerschen Gänge beim Rind. Arch. f. wissensch. u. prakt. Tierheilk. Bd. 24.

Rörig, A.. 1899, Über die Wirkungen der Kastration von Cervus (cariacus) mexicanus auf die Schädelbildung. Arch. f. Entw.-Mech. Bd. 8.

Derselbe, 1899, Welche Beziehungen bestehen zwischen den Reproduktionsorganen der Zerviden und der Geweihbildung derselben? Arch. f. Entw.-Mech. Bd. 8.

Derselbe, 1900, Über Geweihbildung und Geweihentwicklung I. Arch. f. Entw.-Mech. Bd. 10.

Derselbe, 1900, II. Geweihentwicklung in histologischer und histogenetischer Hinsicht. Arch. f. Entw.-Mech. Bd. 10.

Derselbe, 1901, Die normale Geweihentwicklung und Geweihbildung in biologischer und morphologischer Hinsicht. Arch. f. Entw.-Mech. Bd. 11.

Derselbe, 1901, Abnorme Geweihbildungen und ihre Ursachen. Arch. f. Entw.-Mech. Bd. 11.

Derselbe, 1906, Das Wachstum des Geweihes von Cervus elaphus. C. barbarus und C. canadiensis. Arch. f. Entw.-Mech. Bd. 20.

Derselbe, 1907, Gestaltende Korrelationen zwischen abnormer Körperkonstitution der Zerviden und Geweihbildung. Arch. f. Entw.-Mech. Bd. 23.

Derselbe, 1908, Das Wachstum des Geweihes von Capreolus vulgaris. Arch. f. Entw.-Mech. Bd. 25.

Derselbe, 1910, Über E. Bergstroems Theorie der Bedeutung der Klauendrüse für die Geweihbildung. Arch. f. Entw.-Mech. Bd. 31.

Rösel, A. J., 1758, Historia naturalis ranarum.

Rößle, 1914, Das Verhalten der menschlichen Hypophyse nach Kastration. Virchows Archiv Bd. 216.

Romeis, B., 1919, Taschenbuch der mikroskopischen Technik von Böhm und Oppel. München-Berlin. R. Oldenbourg.

Derselbe, 1920, Steinachs Verjüngungsversuche. Münch. med. Wochenschr.

Rost, G. und Krüger, Fr., 1914, Wirkung von Strahlentherapie auf die Keimdrüsen des Kaninchens. Münch. med. Wochenschr.

Rost, G. und Krüger, Fr., 1914, Experimentelle Untersuchungen über die Wirkungen von Thorium X auf die Keimdrüsen des Kaninchens. Strahlentherapie Bd. 4.

Roux, W., 1912, Terminologie der Entwicklungsmechanik der Tiere und Pflanzen. Leipzig, W. Engelmann.

Derselbe, 1916, Entwicklungsmechanik. In „Das Land Goethes". Stuttgart 1916.

Derselbe, 1920, Bemerkungen zur Analyse des Reizgeschehens und der funktionellen Anpassung, sowie zum Anteil dieser Anpassung an der Entwicklung des Reiches der Lebewesen. Arch. f. Entw.-Mech. Bd. 46.

Roy, 1903, Contribution à l'étude du gigantisme. Thèse de Paris.

Rubaschkin, W., 1912, Zur Lehre von der Keimbahn der Säugetiere. Über die Entwicklung der Keimdrüsen. Anatom. Hefte Bd. 46.

Ruge, C., 1913. Über Ovulation, Corpus luteum und Menstruation. Arch. f. Gynäkol. Bd. 100.

Runge, 1907, Beitrag zur Anatomie der Ovarien Neugeborener und Kinder vor der Pubertätszeit. Arch. f. Gynäkol. Bd. 80.

Sacchi, erwähnt nach Biedl 1916.

Sandes, E. P., 1904, The Corpus luteum of Dasyurus viverrinus. Proc. Linnean Soc. New South Wales Bd. 28.

Sänger, H., 1912, Über ein primäres und ein metastatisches Ovarialkarzinom mit Milchbildung in den Brustdrüsen. Monatsschr. f. Geburtsh. u. Gynäkol. Bd. 36.

Sainmont, G., 1906/07, Recherches relatives à l'organogénèse du testicule et de l'ovaire chez le chat. Arch. de Biol. Bd. 22.

Sainton, P., 1902, Un cas d'eunuchoidisme familial. Nouv. Icon. Bd. 15.

Sand, K., 1918, Experimentelle Studier over Koenskarakterer hos Pattedyr. Kopenhagen.

Derselbe, 1919, Pflügers Archiv Bd. 173.

Scanzoni, 1853, Über die Fortdauer der Ovulation während der Schwangerschaft. Beitr. z. Geburtsh. u. Gynäkol. Würzburg.

Schaeff, E., 1907, Jagdtierkunde. Berlin, Paul Parey.

Schaeffer, A., 1911, Vergleichend histologische Untersuchungen über die interstitielle Eierstockdrüse. Arch. f. Gynäkol. Bd. 94.

Schaffer, J., 1920, Vorlesungen über Histologie und Histogenese nebst Bemerkungen über Histotechnik und das Mikroskop. Leipzig, W. Engelmann.

Schenk, F., 1909, Giftwirkung des menschlichen Plazentasaftes bei Kaninchen. Zentralbl. f. Gynäkol.

Derselbe, 1910, Über gesteigerte Reaktionsfähigkeit gravider Tiere gegen subkutane Gewebsinjektionen. Münch. med. Wochenschr.

Schickele, G., 1913, Die Bedeutung der Keimdrüsen für das Auftreten der Brunstveränderungen. Zeitschr. f. experim. Med. Bd. 1.

Schiffmann, J., 1914, Über Ovarialveränderungen nach Radium- und Mesothoriumbestrahlung. Zentralbl. f. Gynäkol. Bd. 38.

Schminke, A. und Romeis, B., 1920, Anatomische Befunde bei einem männlichen Scheinzwitter und die Steinachsche Hypothese über Hermaphroditismus. Arch. f. Entw.-Mech. Bd. 47.

Schöneberg, K., 1913, Die Samenbildung bei Enten. Arch. f. mikr. Anat. Bd. 83.

Scholtz, W., 1904, Über die Wirkung der Röntgen- und Radiumstrahlen. Deutsch. med. Wochenschr.

Schroeder, R., 1913, Über die zeitlichen Beziehungen der Ovulation und Menstruation. Arch. f. Gynäkol. Bd. 101.

Derselbe, 1913, Neue Aussichten über die Menstruation und ihr zeitliches Verhalten zur Ovulation. Monatsschr. f. Geburtsh. u. Gynäkol. Bd. 38.

Derselbe, 1915, Anatomische Studien zur normalen und pathologischen Physiologie des Menstruationszyklus. Arch. f. Gynäkol. Bd. 104.

Schrön, O., 1863, Beitrag zur Kenntnis der Anatomie und Physiologie des Eierstockes der Säugetiere. Zeitschr. f. wissenschaftl. Zool. Bd. 12.

Schüller, A., 1907, Keimdrüsen und Nervensystem. Arbeiten a. d. Neurol. Inst. zu Wien.

Derselbe, 1907, Über Infantilismus. Wiener med. Wochenschr.

Derselbe, 1907, Über die Beziehungen zwischen Keimdrüsen und den nervösen Zentralorganen bei Schwachsinnigen. Gesellschaft Deutscher Nervenärzte, Vers. in Dresden.

Schultz, W., 1900, Transplantation der Ovarien auf männliche Tiere. Zentralbl. f. allgem. Pathol. u. pathol. Anat.

Derselbe, 1902, Über Ovarienverpflanzung. Monatsschr. f. Geburtsh u. Gynäkol.

Derselbe, 1910, Verpflanzungen der Eierstöcke auf fremde Spezies, Varietäten und Männchen. Arch. f. Entw.-Mech. Bd. 29.

Schultze, W. H., 1913, Über die männlichen Geschlechtsorgane. Handb. f. allgem. Pathol. u. pathol. Anatomie im Kindesalter von Brüning und Schwalbe. Bd. 2/I. Jena, 1913.

Seitz, L., 1905, Die Follikelatresie während der Schwangerschaft, insbesondere die Hypertrophie und Hyperplasie der Theca interna-Zellen (Theca-Luteinzellen) und ihre Beziehung zur Corpus Luteum-Bildung. Arch. f. Gynäkol. Bd. 77.

Derselbe, 1911, Ovarialhormone und Wachstumsursachen der Myome. Münch. med. Wochenschr.

Derselbe, 1913, Innere Sekretion und Schwangerschaft. Leipzig.

Seitz, L., Wintz, H. und Fingerhut, L., 1914, Über die biologische Funktion des Corpus luteum, seine chemischen Bestandteile und deren therapeutische Verwendung bei Unregelmäßigkeiten der Menstruation. Münch. med. Wochenschr.

Seldin, 1903, Über die Wirkung der Röntgen- und Radiumstrahlen auf innere Organe und den Gesamtorganismus der Tiere. Fortschr. a. d. Gebiete d. Röntgenstrahlen. Bd. 7.

Derselbe, 1904, Über die Wirkung der Röntgen- und Radiumstrahlen auf innere Organe und den Gesamtorganismus der Tiere. Königsberg.

Sellheim, H., 1898, Zur Lehre von den sekundären Geschlechtscharakteren. Beitr. z. Geburtsh. u. Gynäkol. Bd. 1.

Derselbe, 1899, Kastration und Knochenwachstum. Beitr. z. Geburtsh. u. Gynäkol. Bd. 2.

Derselbe, 1901, Kastration und sekundäre Geschlechtscharaktere. Beitr. z. Geburtsh. u. Gynäkol. Bd. 5.

Derselbe, 1906, Die Physiologie der weiblichen Genitalien. Nagels Handb. d. Physiol. Bd. 2.

Senat, 1900, Contribution à l'étude du tissu conjonctiv du testicule. Thèse de Lyon.

Shattok, C. G. and Seligmann, C. G., 1904, Observations upon the aequirement of secondary sexual characters indicating the formation of an internal secretion by the testicle. Proc. Royal Soc. of London, Bd. 72 und Transact. pathol. Soc. Bd. 56 (1903).

Dieselben, 1907, Example of incomplete glandular hermaphroditism in domestic fowl. Transaction pathol. soc. Bd. 58.

Derselbe, 1908, Some experiments made to test the action of extract of adrenal cortex. Proceedings of the Roy. Soc. of London.

Dieselbe, 1910, Oophorectomie and the growth of the pelvis in the cow. Roy. soc. of med. Lancet.

Simmonds, M., 1909/10, Über die Einwirkung von Röntgenstrahlen auf die Hoden. Fortschritte auf dem Gebiete der Röntgenstrahlen. Bd. 14.

Derselbe, 1910, Über Geburtsschädigung des Hodens. Verhandl. der Deutschen pathol. Gesellsch. 14. Tagung in Erlangen.

Derselbe, 1910, Über Fibrosis testis. Virchows Archiv. Bd. 201.

Derselbe, 1913, Über Mesothoriumschädigung des Hodens. Deutsche med. Wochenschr.

Simon, S., 1913, Untersuchungen über die Einwirkung der Röntgenstrahlen auf die Eierstöcke. Inaug.-Diss. Bonn.

Slaviansky, 1870, Zur normalen und pathologischen Histologie des Graafschen Bläschens. Virchows Archiv. Bd. 51.

Derselbe, 1870, Quelques données sur le développement et la maturation des vésicules de Graaf pendant la grossesse. Annal de la gynécol. Bd. 9.

Smith, G., 1906, Fauna und Flora des Golfes von Neapel. 29. Monographie. Rizozephala.

Derselbe, 1909, Mr J. T. Cunningham on the Heredity of Secondary Sexual Characters. Arch. f. Entw-.Mech. Bd. 27.

Derselbe, 1910—1911, Studies in the experimental analysis of Sex. Quart. journ. micr. Scienc. Bd. 54, 55, 56, 57.

Derselbe, 1913, On the Effect of Castration on the Thumb of the Frog. (Rana fusca). Zool. Anz. Bd. 41.

Smith, G. and Schuster, E., 1912, On the Effect of the Removal and Transplantation of the Gonad of the Frog. Quart. Journ. of micr. Scienc. Bd. 57.

Sobotta, J., 1895, Die Bildung des Corpus luteum bei der Maus. Anat. Anz. Bd. 10.

Derselbe, 1896, Über die Bildung des Corpus luteum bei der Maus. Arch. f. mikr. Anat. Bd. 47.

Derselbe, 1897, Über die Bildung des Corpus luteum beim Kaninchen. Anat. Hefte. Bd. 8.

Derselbe, 1898, Noch einmal zur Frage des Corpus luteum. Arch. f. mikr. Anat. Bd. 53.

Derselbe, 1898, Über die Entstehung des Corpus luteum der Säugetiere. Ergebn. d. Anat. u. Entwicklungsgesch. Bd. 8.

Derselbe, 1899, Über das Corpus luteum der Säugetiere. Verhandl. d. anat. Ges. in Tübingen.

Derselbe, 1901, Über die Entstehung des Corpus luteum der Säugetiere. Ergebn. d. Anat. u. Entwicklungsgesch. Bd. 11.

Derselbe, 1904, Das Wesen, die Entwicklung und die Funktion des Corpus luteum. Sitzungsber. d. physik.-med. Ges. in Würzburg.

Derselbe, 1906, Über die Bildung des Corpus luteum beim Meerschweinchen. Anat. Hefte. Bd. 32.

Derselbe, Soli, U. (erwähnt nach Biedl) 1906, Comportamento dei testicolo negli animali strumizzati. Policlinico.

Derselbe, 1907, Les testicules chez les animaux ayant subi l'ablation de Thymus. Presse médicale.

Derselbe, 1907, Comment se comportent les testicules chez les animaux privés de thymus. Arch. ital. de Biolog. Bd. 47.

Sollas, J. B. D., 1911, Note on parasitic castration in the earthworm Lumbricus herculeus. Annals and Mag. of Nat. Hist. Bd. 7.

Spangaro, S., 1902, Über die histologischen Veränderungen des Hodens und Samenleiters von der Geburt an bis zum Greisenalter. Anat. Hefte. Bd. 18.

Specht, O., 1906, Mikroskopische Befunde an röntgenisierten Kaninchenovarien. Arch. f. Gynäkol. Bd. 78.

Spengel, W., 1876, Das Urogenitalsystem der Amphibien. Arb. d. Zool.-zootom. Instit. in Würzburg. Bd. 3.

Derselbe, 1884, Zwitterbildung bei Amphibien. Biol. Zentralbl. Bd. 4.

Spiegelberg, 1862, Über die Verkümmerung der Genitalien bei (angeblich) verschieden geschlechtlichen Zwillingskälbern. Zeitschr. f. rat. Med. v. Henle u. Pfeuffer. (Ausführl. Ref in Vierteljahrsschr. f. wissensch. Veterinärkunde. Bd. 17, 1862).

Skrobanski, K. R., 1904, Über die Entwicklung der Ovarialeier bei den Säugetieren. 9. Kongr. russ. Ärzte.

Steche, O., 1912, Die sekundären Geschlechtscharaktere der Insekten und das Problem der Vererbung des Geschlechts. Zeitschr. f. indukt. Abstamm.- u. Vererbungslehre. Bd. 8.

Steinach, E., 1894, Untersuchungen zur vergleichenden Physiologie der männlichen Geschlechtsorgane. Pflügers Archiv. Bd. 56.

Derselbe, 1910, Geschlechtstrieb und echt sekundäre Geschlechtsmerkmale als Folge der innersekretorischen Funktion der Keimdrüsen. Zentralbl. f. Physiol. Bd. 24

Derselbe, 1911, Umstimmung des Geschlechtscharakters bei Säugetieren durch Austausch der Pubertätsdrüsen. Zentralbl. f. Physiol. Bd. 25.

Derselbe, 1912, Willkürliche Umwandlung von Säugetier-Männchen in Tiere mit ausgeprägt weiblichen Geschlechtscharakteren und weiblicher Psyche. Pflügers Archiv. Bd. 144.

Derselbe, 1913, Feminierung von Männchen und Maskulierung von Weibchen. Zentralbl. f. Physiol. Bd. 27.

Derselbe, 1916, Experimentell erzeugte Zwitterbildungen beim Säugetier. Akad. Anz. Nr. 12. Sitzung d. math.-naturw. Klasse v. 11. Mai.

Derselbe, 1917, Pubertätsdrüsen und Zwitterbildung. Arch. f. Entw.-Mech. Bd. 42.

Derselbe, 1920, Künstliche und natürliche Zwitterdrüsen und ihre analogen Wirkungen. I. Die antagonistisch-geschlechtsspezifische Wirkung der Sexualhormone vor und nach der Pubertät. Arch. f. Entw.-Mech. Bd. 46.

Derselbe, 1920, Künstliche und natürliche Zwitterdrüsen usw. II. Künstliche Zwitterdrüsen bei Säugern und Vögeln. Arch. f. Entw.-Mech. Bd. 46.

Derselbe, 1920, Künstliche und natürliche Zwitterdrüsen usw. Experimentelle und histologische Beweise für den ursächlichen Zusammenhang von Homosexualität und Zwitterdrüse. Arch. f. Entw.-Mech. Bd. 46.

Derselbe, 1920, Histologische Beschaffenheit der Keimdrüse bei homosexuellen Männern. Arch. f. Entw.-Mech. Bd. 46.

Derselbe, 1920, Verjüngung durch experimentelle Neubelebung der alternden Pubertätsdrüse. Berlin. Verlag von Julius Springer und Arch. f. Entw.-Mech. Bd. 46.

Steinach, E. u. Holzknecht, G., 1917, Erhöhte Wirkungen der inneren Sekretion bei Hypertrophie der Pubertätsdrüsen. Arch. f. Entw.-Mech. Bd. 42.

Steinach, E. u. Lichtenstern, R., 1918, Umstimmung der Homosexualität durch Austausch der Pubertätsdrüsen. Münch. med. Wochenschr. 1918.

Steinach, E. u. Kammerer, P., 1919, Klima und Mannbarkeit. Akad. Anz. Nr. 18. Sitzungsber. d. math.-naturw. Klasse.

Dieselben, 1920, Klima und Mannbarkeit. Arch. f. Entw.-Mech. Bd. 46.

Stieda, L., 1897, Die Leydigsche Zwischensubstanz des Hodens. Arch. f. mikr. Anat. Bd. 48.

Stieve, H., 1918, Die Entwicklung des Eierstockeies der Dohle (Colaeus monedula). Arch. f. mikr. Anat. Bd. 92.

Derselbe, 1918, Über experimentell, durch veränderte äußere Bedingungen hervorgerufene Rückbildungsvorgänge am Eierstock des Haushuhnes (Gallus domesticus). Arch. f. Entw.-Mech. Bd. 44.

Derselbe, 1919, Das Verhältnis der Zwischenzellen zum generativen Anteil im Hoden der Dohle (Colaeus monedula). Arch. f. Entw.-Mech. Bd. 45.

Derselbe, 1920, Das Skelett eines Teilzwitters. Arch. f. Entw.-Mech. Bd. 46.

Derselbe, 1920, Die Entwicklung der Keimzellen des Grottenolmes (Proteus anguineus). I. Die Spermatogenese. Arch. f. mikr. Anat. Bd. 93.

Derselbe, 1920, Verjüngung durch experimentelle Neubelebung der alternden Pubertätsdrüse von E. Steinach. Die Naturwissenschaften Bd. 8.

Derselbe, 1920, Die inkretorische Tätigkeit der Keimdrüsen und ihr Einfluß auf die Gestaltung des Körpers. Die Naturwissenschaften Bd. 8.

Stoeckel, W., 1901, Über die zystische Degeneration der Ovarien bei Blasenmole. Zugleich ein Beitrag zur Histogenese der Luteinzellen. Festschr. f. Fritsch.

Stöhr, Ph., (1918), Lehrbuch der Histologie. 7. Aufl. v. O. Schultze. Jena. G. Fischer.
Strakosch, W., 1915, Das Schicksal der Follikelsprungstelle. Arch. f. Gynäkol. Bd. 104.
Stratz, C. H., 1898, Der geschlechtsreife Säugetiereierstock. Haag.
Tandler, J., 1908, Untersuchungen an Skopzen. Wien. klin. Wochenschr.
Derselbe, 1910, Über den Einfluß der innersekretorischen Anteile der Geschlechtsdrüsen auf die äußere Erscheinung des Menschen. Wien. klin. Wochenschr. Jahrg. 23.
Derselbe, 1910, Geschlechtsdrüsen und äußere Erscheinungen des Menschen. Die Umschau. 1910.
Derselbe, 1910, Über den Einfluß der Geschlechtsdrüsen auf die Geweihbildung bei Renntieren. Wien. Akad. Anz. 1910.
Derselbe, 1913, Entwicklungsgeschichte und Anatomie der weiblichen Genitalien. Sonderabdruck a. d. Handb. f. Frauenheilk. v. Menge u. Opitz. Wiesbaden.
Derselbe, 1913, Konstitution und Rassenhygiene. Zeitschr. f. angew. Anat. u. Konstitutionslehre. Bd. I.
Tandler, J. und Groß, S., 1907, Einfluß der Kastration auf den Organismus. Wiener klin. Wochenschr.
Dieselben, 1908, Untersuchungen an Skopzen. Wiener klin. Wochenschr.
Dieselben, 1909, Über den Einfluß der Kastration auf den Organismus. I. Beschreibung eines Eunuchenskeletts. Arch. f. Ent.-Mech. Bd. 27.
Dieselben, 1910, Über den Einfluß der Kastration auf den Organismus. II. Die Skopzen. Arch. f. Entw.-Mech. Bd. 30.
Dieselben, 1910, Über den Einfluß der Kastration auf den Organismus. III. „Die Eunuchoide". Arch. f. Entw.-Mech.. Bd. 29.
Dieselben, 1911, Über den Saisondimorphismus des Maulwurfhodens. Arch. f. Entw.-Mech. Bd. 33.
Dieselben, 1913, Über den Saisonsdimorphismus des Maulwurfhodens. Entgegnung auf die Bemerkung von D. v. Hansemann. Arch. f. Entw.-Mech. Bd. 35.
Dieselben, 1913, Die biologischen Grundlagen der sekundären Geschlechtscharaktere. Berlin, J. Springer.
Tandler, J. und Keller, K., 1909, Über die Körperform der weiblichen Kastraten beim Rind. Zentralbl. f. Physiol. Bd. 23.
Dieselben, 1910, Über den Einfluß der Kastration auf den Organismus. IV. Die Körperform der weiblichen Frühkastraten des Rindes. Arch. f. Entw.-Mech. Bd. 31.
Dieselben, 1911, Über das Verhalten des Chorions bei verschieden geschlechtlicher Zwillingsgravidität des Rindes und über die Morphologie des Genitales der weiblichen Tiere, die einer solchen Gravidität entstammen. Deutsche Tierärztl. Wochenschr.
Tannenberg, 1799, Spicilegium observatorum circa partes genitales masculas avium. Göttingen.
Thaler, A. H., 1904, Über das Vorkommen von Fett und Kristallen im menschlichen Testikel unter normalen und pathologischen Verhältnissen. Zieglers Beiträge. Bd. 36.
Thaon, P., 1907, Contribution à l'étude des glandes à sécretion interne: L'hypophyse à l'état normal et dans les maladies. Thèse de Paris.
Derselbe, 1907, Note sur la sécrétion de l'hypophyse et ses vaisseaux évacuateurs. Compt. rend. Soc. Biol. Bd. 63.
Derselbe, Toxicité des extraits de prostate; leur action sur la pression artérielle et de rythme cardiaque. Compt. rend. Soc. Biol. Bd. 63.
Theilhaber, A., 1911, Die Rolle der Ovarien und der Uterusmuskulatur bei der Entstehung und dem Verlaufe der Uterusblutungen. Arch. f. Gynäkol. Bd. 94.
Thibierge, 1899, Radiographie dans un cas infantilisme myxoedoemateux. Gazette des Hôpit.

Thibierge et Gastinel, 1909, Un cas de gigantisme infantil. Nouv. Icon.

Timofejew, K., 1914, Zur Frage über die Entwicklung des Corpus luteum im menschlichen Eierstock. Inaug.-Diss. Kasan.

Todde, C., 1913, Le ghiandole sessuali nelle maladie mentali. Sperimento. Bd. 67.

Tourneux, 1879, Des cellules interstitielles de l'ovaire. Journ. de l'Anatomie et de la Physiologie. Bd. 15.

Derselbe, 1879, Des cellules interstitielles du testicule. Journ. de l'anat. et de la phys. Bibl. anat. Bd. 13.

Derselbe, 1904, Cellules interstitielles. Bibl. Anat. Suppl.-Bd.

Derselbe, 1904, Hermaphroditisme de la glande génitale chez la taupe femelle adulte et la localisation des cellules interstitielles dans le segment spermatique. Ass. des Anat. Toulouse VI. session. und Bibl. anat. Suppl.-Bd.

Tschernischoff, A., 1914, Die Eierstocküberpflanzung, speziell bei Säugetieren. Zugleich ein Beitrag zur Frage der Transplantationsimmunität. Zieglers Beitr. z. allgem. Pathol. u. pathol. Anat. Bd. 59.

Tuffier, Th., 1914, Les greffes ovariennes humaines. Journ. de Chir. Nr. 5.

Tuffier, Géry et Vignes, 1903, Presse méd.

Tuffier et Vignes, 1914, Etude anatomique de quatre greffes ovariennes chez la femme. Annal. Gynécol. et Obstétr. Jahrg. 41.

Derselbe, 1914, Etude anatomique sur l'involution d'un ovaire greffé et remarques sur le processus histologique de la greffe. Annal. Gynaecol. et Obstetr. Jahrg. 41.

Unterberger, F., 1918/19, Die Transplantation der Ovarien. Arch. f. Gynäkol. Bd. 110.

Van Beneden, J., 1880, Contribution à la connaissance de l'ovaire des Mammifères. Arch. de Biolog. Bd. 1.

Van der Stricht, O., 1901, L'atrésie ovulaire et l'atrésie folliculaire du follicule de De Graaf, dans l'ovaire de chauve-souris. Verhandl. d. Anat. Ges. zu Bonn.

Derselbe, 1901, La rupture du follicule ovairique et l'histogénèse du corps jaune. Compt. rend. de l'assoc. des Anat. Lyon.

Derselbe, 1901, La ponte ovarique et l'histogénèse du corps jaune. Bull. de l'Acad. roy. de Belg.

Verebély, 1912, Ein Fall von Pubertas praecox und Ovarialgeschwulst. Wien. klin. Wochenschr.

Villemin, F., 1905, Sur la régeneration de la glande séminale après destruction par les rayons X. Compt. rend. Soc. Biol. Bd. 57.

Derselbe, 1908, Sur le rôle du corps jaune ovarien chez la femme et la lapine. Compt. rend. Soc. Biol. Bd. 66.

Derselbe, 1908, Sur les rapports du corps jaune avec la menstruation et le rut. Compt. rend. Soc. Biol. Bd. 66.

Derselbe, 1908, L'ovulation est-elle spontanée chez la lapine. Compt. rend. Soc. Biol Bd. 66.

Derselbe, 1908. Le corps jaune considéré comme glande à sécrétion interne de l'ovaire. Thèse de Lyon.

Derselbe, 1910, Sur l'action physiologique des injections intravasculaires d'extrait de corps jaunes. Compt. rend. Soc. Biol. Bd. 68.

Vitanza, 1897, Sulla maturità en cad. periodica dell' ovula nella donna e nei mammiferi durante la gravidanza. Atti della Soc. Ital. di Ostetr. e Ginecol. Bd. 4

Voinov, D., 1905, Les spermatotoxines et la glande interstitielle. Compt. rend. Soc. Biol. Bd. 58.

Derselbe, 1905, Sur le rôle probable de la glande interstitielle. Compt. rend. Soc. Biol. Bd. 58.

Voinov, D., 1905, La glande interstitielle du testicule à un rôle de défense génitale. Arch. de zool. éxpériment. et général. Ser. 4. Bd. 3.

Vorch, O., 1909, Die Kastration und ihre Wirkungen auf den Organismus; der gegenwärtige Stand nach der Frage von der inneren Sekretion. Jahrb. f. wiss. u. prakt. Tierzucht. Bd. 4.

Voss, H., 1913, Zur Frage der Entwicklungsstörungen des kindlichen Hodens. Zentralbl. f. allgem. Pathol. u. pathol. Anat. Bd. 34.

Waldeyer, W., v., 1875, Über Bindegewebszellen. Arch. f. mikr. Anat. Bd. 11.

Derselbe, 1895, Sitzungsberichte der Berliner Akademie der Wissenschaften. Sitzung v. 11. Juli 1895.

Wallart, J., 1904, Über die Ovarialveränderungen bei Blasenmole und bei normaler Schwangerschaft. Zeitschr. f. Geburtsh. u. Gynäkol. Bd. 43.

Derselbe, 1907, Untersuchungen über die interstitielle Eierstockdrüse beim Menschen. Arch. f. Gynäkol. Bd. 81.

Derselbe, 1908, Untersuchungen über das Corpus luteum und die interstitielle Eierstockdrüse während der Schwangerschaft. Zeitschr. f. Geburtsh. u. Gynäkol. Bd. 63.

Derselbe, 1908, Über das Verhalten der interstitiellen Eierstockdrüse bei Osteomalacie. Zeitschr. f. Geburtsh. u. Gynäkol. Bd. 61.

Derselbe, 1909, Chemische Untersuchungen über den Luteingehalt des gelben Körpers während der Gravidität. Hegars Beitr. z. Geburtsh. u. Gynäkol. Bd. 14.

Derselbe, 1914, Über Frühstadien und Abortivformen der Corpus luteum-Bildung. Arch. f. Gynäkol. Bd. 103.

Wallart, J., u. Hüssy, 1912, Interstitielle Drüse und Röntgenkastration. Zeitschr. f. Geburtsh. u. Gynäkol. Bd. 72.

Watson, A., 1919, A Study of the seasonal Changes in Avian testes. The Journ. of Physiol.

Weber, A., 1904, Die Histologie des Eierstockes im Klimakterium. Monatsschr. f. Geburtsh. u. Gynäkol. Bd. 20.

Weber, M., 1899, Über einen Fall von Hermaphroditismus bei Fringilla coelebs. Zool. Anz. Bd. 13.

Weichselbaum, A., 1910, Über Veränderungen der Hoden bei chronischem Alkoholismus. Verhandl. d. Deutsch. pathol. Gesellsch. 14. Tagung in Erlangen.

Whitehouse, B., 1914, The autoplastic ovarian graft and its clinical value. Brit. med. Journ.

Whitehead, R. H., 1904, The Embryonic Development of the Interstitial Cells of Leydig. American. Journ. of Anat. Bd. 3.

Derselbe, 1908, A peculiar case of cryptorchism and its hearing upon the problem of the function of the interstitial cells of the testis. The anat. Record. Bd. 2.

Derselbe, 1909, The interstitial Cells of the Testis of an hermaphrodite Horse. Anat. Record. Bd. 3.

Derselbe, 1912, A microchemical study of the fatty bodies in the interstitial cells in the testis. Anat. Record. Bd. 6.

Derselbe, 1912—1913, On the chemical nature of certain granules in the interstitial cells of the testis. The american Journ. of Anat. Bd. 14.

Whitehouse, 1913, The autoplastic ovarian graft and its clinical value. Brit. med. journ.

Wiching, 1903, Beiträge zur Frage des allgemeinen Riesenwuchses. Deutsche med. Wochenschr.

Winiwarter, V. von, 1900, Recherches sur l'ovogenèse et l'organogenèse de l'ovaire des Mammifères. Arch. de Biol. Bd. 16.

Derselbe, 1908, Das interstitielle Gewebe der menschlichen Ovarien. Anat. Anz. Bd. 33.

Winiwarter, V. von, 1912, Observations cytologiques sur les cellules interstitielles du testicule humain. Anat. Anz. Bd. 41.

Winiwarter, H. von und Sainmont, G., 1909, Xanthosomes (corps jaunes) partiels. Considerations sur le rat et l'ovulation. Arch. de Biol. Bd. 24.

Dieselben, 1912, Nouvelles Recherches sur l'Ovogenèse et l'Organogenèse de l'Ovaire des Mammifères (Chat). Extrait des Archives de Biologie. Bd. 24. Lüttich.

Winkel, von, 1899, Über die Einteilung, Entstehung und Benennung der Bildungshemmungen der weiblichen Sexualorgane. Samml. klin. Vorträge. Nr. 251 u. 252.

Witschi, E., 1914, Studien über die Geschlechtsbestimmung bei Fröschen. Arch. f. mikr. Anat. Bd. 86.

Wittich, von, 1853, Beiträge zur morphologischen und histologischen Entwicklung der Harn- und Geschlechtswerkzeuge der nackten Amphibien. Zeitschr. f. wissenschaftl. Zool. Bd. 4.

Wolff, B., 1901, Demonstration eines neugeborenen Kindes von abnorm starker Entwicklung. Zeitschr. f. Geburtsh. u. Gynäkol. Bd. 45.

Derselbe, 1914, Zur Kenntnis der Entwicklungsanomalien bei Infantilismus und vorzeitiger Geschlechtsreife. Arch. f. Gynäkol. Bd. 94.

Zoth, O., 1896, Zwei ergographische Versuchsreihen über die Wirkung orchitischen Extraktes. Pflügers Arch. Bd. 62.

Derselbe, 1898, Neue Versuche (Hantelversuche) über die Wirkung orchitischen Extraktes. Pflügers Arch. Bd. 69.